# 锥优化的光滑牛顿法研究

迟晓妮　万仲平　著

北京交通大学出版社
·北京·

## 内容简介

本书共13章，主要内容包括绪论、预备知识、一类下层为二阶锥规划的双层规划问题的二阶充分条件、二阶锥互补问题的一类单参数光滑函数的雅可比相容性、二阶锥互补问题单参数光滑 Fischer-Burmeister 函数类的雅可比相容性、二阶锥互补问题的光滑广义 Fischer-Burmeister 函数的雅可比相容性、二阶锥互补问题的双参数效益函数类、二阶锥互补问题的新非精确光滑方法、欧几里得若尔当代数上的水平线性权互补问题、对称锥权互补问题的正则化非单调非精确光滑牛顿法、求解圆锥规划的非单调光滑牛顿法、圆锥规划的非单调线搜索光滑牛顿法及圆锥互补问题的正则化非精确光滑牛顿法等。

本书可以作为运筹学、管理科学、应用数学和工程学专业高年级本科生和研究生的教材或参考书，也可供从事相关研究的教师、科研人员参考。



**图书在版编目（CIP）数据**

锥优化的光滑牛顿法研究/迟晓妮，万仲平著．—北京：北京交通大学出版社，2022.12
ISBN 978－7－5121－4823－9

Ⅰ．① 锥…　Ⅱ．① 迟…　② 万…　Ⅲ．① 圆锥-最优化算法-牛顿法-研究
Ⅳ．① O242.23

中国版本图书馆 CIP 数据核字（2022）第 202201 号

**锥优化的光滑牛顿法研究**
ZHUI YOUHUA DE GUANGHUA NIUDUNFA YANJIU

---

责任编辑：黎　丹
出版发行：北京交通大学出版社　　电话：010－51686414　　http：//www.bjtup.com.cn
地　　址：北京市海淀区高梁桥斜街44号　　邮编：100044
印 刷 者：北京虎彩文化传播有限公司
经　　销：全国新华书店
开　　本：185 mm×260 mm　　印张：12　　字数：300 千字
版 印 次：2022年12月第1版　　2022年12月第1次印刷
定　　价：59.00元

---

本书如有质量问题，请向北京交通大学出版社质监组反映。对您的意见和批评，我们表示欢迎和感谢。
投诉电话：010－51686043，51686008；传真：010－62225406；E-mail：press@bjtu.edu.cn。

# 前　言

作为数学规划领域的一个重要分支，锥优化问题(包括线性规划、线性互补问题、二阶锥规划、二阶锥互补问题、圆锥规划、圆锥互补问题、对称锥规划、对称锥互补问题等)内容新、涵盖面广、理论丰富，且有广泛的应用背景．锥优化问题具有以下3个特征：它与组合优化、不确定优化、鲁棒优化、博弈与均衡理论等分支有着密切的联系；与经典的非线性规划问题相比，具有更广泛的应用背景，其研究问题涉及金融、管理、交通、控制、通信、电力等诸多领域；二阶锥具有优美的几何结构和鲜明的代数特征．因此锥优化的研究有着非常重要的意义，已经成为当前一个非常活跃和热门的研究方向．全书主要介绍了几类锥优化问题的光滑函数和光滑牛顿法，反映了作者及其研究小组多年来在锥优化方面的研究积累．本书适合用作运筹学、管理科学、应用数学和工程类专业高年级本科生和研究生的教材或参考书，也可供从事相关研究的教师、科研人员参考．

本书的主要内容如下：

(1)探讨一类下层为二阶锥规划的双层规划问题的二阶充分条件．当双层规划的下层优化问题存在不确定性时，运用鲁棒优化方法可转化为一类下层为二阶锥规划的双层规划问题(SOCBLP)；证明在适当的假设下，其下层优化问题的 Lagrange 乘子集值映射是上半连续的，基于此，探讨了二阶锥规划的双层规划问题与其 KKT 形式之间的相似和关系；推导出在可行点处临界锥的具体形式，并在适当的假设下证明 M-稳定点处的二阶充分性条件是二阶增长条件成立的充分条件．

(2)研究二阶锥互补问题(SOCCP)的几类光滑函数(一类单参数光滑函数、单参数 Fischer-Burmeister 光滑函数类和光滑广义 Fischer-Burmeister 函数)的雅可比相容性．二阶锥(SOC)互补函数及其光滑函数在求解二阶锥互补问题方面得到广泛研究，而光滑函数的雅可比矩阵相容性对于实现牛顿法或牛顿类方法的快速收敛具有重要作用．本书研究了几类二阶锥互补函数的方向导数和B-次微分，提出其光滑函数，并推导光滑函数的雅可比计算公式．基于这些结果，证明了几类光滑函数的雅可比相容性，这将对实现光滑方法的快速收敛起到重要作用．此外，本书给出了二阶锥互补函数的次梯度与其光滑函数的梯度之间的距离上界，这将有助于在光滑方法中适当地调整参数．

(3)研究二阶锥互补问题的双参数效益函数类．基于单参数互补函数类的二阶锥互补问题，提出了一类双参数效益函数．通过新的效益函数类，二阶锥互补问题可以转化为无约束极小化问题．可以证明新的效益函数类具有一些好的性质．特别地，如果函数 $F$ 和 $G$ 具有联合一致笛卡儿 P-性质，则它提供了一个全局误差界．而且在比大多数现有条件弱的条件下，它具有有界水平集．二阶锥互补问题的初步数值结果表明，基于新效益函数类的效益函数方法是有效的．

(4)提出一种求解二阶锥互补问题的新的非精确光滑方法．该方法通过引入一个正则化的 Chen-Harker-Kanzow-Smale 光滑函数，将二阶锥互补问题转化为一个等价的非线性方程组．在每次迭代中，运用牛顿法求解方程组，比运用精确搜索节省计算工作量．在较弱条件下，可证得该方法具有全局收敛性和局部二次收敛性．

(5)研究欧几里得若尔当代数上的水平线性权互补问题(wHLCP)，给出了一些解的存在性和唯一性结果，并提出求解对称锥权互补问题(wSCCP)的正则化非单调非精确光滑牛顿法．对于欧几里得若尔当代数上的一对线性变换，引入 $R_0$、R 和 P 性质的概念，讨论 wHLCP 在非零（拓扑）度条件下的可解性，并给出 $\mathbf{R}^n$ 上的唯一性结果．这些结论可以很自然地应用到内点系统．然后提出求解对称锥权互补问题的正则化非单调非精确光滑牛顿法．算法将正则化参数视为一个独立变量，因此它与许多现有的算法相比，更简单、易实现．在每次迭代中，算法只需求得方程组的近似解．另外，算法中的非单调线搜索包含了两种常用的非单调形式．在单调假设下，证明算法全局收敛且局部二阶收敛．一些数值结果表明了算法的有效性．

(6)研究圆锥规划问题(CCP)的非退化和严格互补性质，提出求解圆锥规划问题和圆锥互补问题(CCCP)的三种非单调光滑牛顿法．圆锥规划问题是指在仿射空间与圆锥的笛卡儿乘积的交集上实现线性函数的极小化或极大化．通过运用圆锥与二阶锥之间的代数关系，将圆锥规划问题和圆锥互补问题转化为二阶锥互补问题．分别基于求解二阶锥互补问题的单参数光滑函数和正则化 Fischer-Burmeister 光滑函数等，并结合新的非单调线搜索，提出了求解圆锥规划问题和圆锥互补问题的三种光滑牛顿法．算法对初始点不作要求，在每次迭代中只需求解一个线性方程组并执行一次线搜索．在无须严格互补的条件下，证明算法具有全局收敛性和局部二次收敛性．最后，一些初步的数值结果表明了所提出的非单调光滑牛顿法求解圆锥规划问题和圆锥互补问题的有效性．

本书由迟晓妮总体策划、主要编写和统一定稿，其中迟晓妮编写了第 1，2，4～13 章，万仲平执笔写了第 3 章．此外，刘文丽、杨绮丽和张璐等研究生也做了大量的校对工作．本书的完成得益于研究小组全体成员的大力支持，在此一并表示感谢！

本书出版得到了国家自然科学基金(项目编号：11861026)和广西自然科学基金(项目编号：2021GXNSFAA220034)的资助．

由于作者水平有限，书中难免存在不足之处，恳请读者批评指正！

著　者<br>2022 年 5 月

# 符号说明

| 符号 | 说明 |
| --- | --- |
| $\boldsymbol{x}$ | 任意向量 |
| $\mathcal{J}$ | 欧几里得若尔当代数 |
| $K$ | 对称锥 |
| $\boldsymbol{w}$ | 权向量 |
| $\mathbf{R}^n$ | $n$ 维实列向量集 |
| $\mathbf{R}^n_+$ | $n$ 维非负实列向量集 |
| $\mathbf{R}^{m\times n}$ | $m\times n$ 维实数矩阵集 |
| $\circ$ | 若尔当积 |
| $\\|\cdot\\|$ | 向量或矩阵的欧几里得范数 |
| $\lambda_1(\boldsymbol{x})$，$\lambda_2(\boldsymbol{x})$ | 向量 $\boldsymbol{x}$ 的谱值 |
| $\boldsymbol{u}^{(1)}(\boldsymbol{x})$，$\boldsymbol{u}^{(2)}(\boldsymbol{x})$ | 向量 $\boldsymbol{x}$ 的分别与 $\boldsymbol{\lambda}_1$，$\boldsymbol{\lambda}_2$ 相伴的谱向量 |
| $\partial_B G$ | 函数 $G$ 的 $B$-次微分 |
| $\partial G$ | 函数 $G$ 的 $Clarke$ 广义雅可比 |
| $\boldsymbol{A}\oplus\boldsymbol{B}$ | 对于两个矩阵 $\boldsymbol{A}$ 和 $\boldsymbol{B}$，定义 $\boldsymbol{A}\oplus\boldsymbol{B}=\begin{bmatrix}\boldsymbol{A} & \boldsymbol{0}\\ \boldsymbol{0} & \boldsymbol{B}\end{bmatrix}$ |
| $\alpha=O(\beta)$ | 当 $\beta\to 0$ 时，$\alpha/\beta$ 是一致有界的 |
| $\alpha=o(\beta)$ | 当 $\beta\to 0$ 时，$\alpha/\beta$ 趋于零 |

# 目　录

# 第1章　绪　　论

锥优化问题是一类新的优化问题，其不仅在传统学科，如工业设计、投资组合等领域有着广泛应用，而且在新兴学科，如稀疏优化、人工智能等领域也有着重要应用．作为线性优化问题的推广，锥优化问题的理论和算法更为丰富．常见的锥优化问题包括对称锥优化问题、二阶锥优化问题和圆锥优化问题等．

目前，关于对称锥优化问题的研究已获得了一些较好的成果[1-8]．如 Faraut 和 Korányi[1]运用欧几里得若尔当代数理论对对称锥进行了系统分析，从而使人们对对称锥有了较为全面的了解．Schmieta 和 Alizadeh[2]借助欧几里得若尔当代数技术，研究了对称锥上的多项式时间内点算法．Fang，He 和 Hu[3]构造出新的 Fisher-Burmeister 光滑函数，并基于新函数，提出了二阶锥规划的光滑牛顿法，证得该算法在一定假设下为 Q-二次收敛．Huang 和 Ni[4]通过推广光滑算法的两个一般框架来求解对称锥上的互补问题．Ni 和 Gu[5]引入了对称锥上的一类单参数光滑函数，探讨了其强制性；基于该类光滑函数，推广了一个光滑牛顿法来求解对称锥互补问题，并在适当的假设下证得该算法具有全局收敛性和局部超线性收敛性．求解对称锥优化问题的光滑方法的基本思想为：将其转化为无约束方程组求解，以得到对称锥优化问题的解．在转化的过程中，一般需要借助光滑函数．通过对光滑函数的 Lipschitz 连续性和强制性等相关性质的分析，判断该函数能否运用于对称锥优化问题的转化．对此，Fukushima，Luo 和 Tseng[6]首次将光滑函数推广到求解二阶锥互补问题．之后，修乃华和韩继业[7]提出了对称锥互补问题中若干有待解决的问题，并探讨了对称锥互补问题的互补函数及算法．Liu，Zhang 和 Liu[8]把 Fisher-Burmeister（FB）光滑函数及 Chen-Mangasarian（CM）类光滑函数推广至对称锥互补问题中，给出了相应的雅可比计算公式，并证得这些光滑函数关于光滑参数是 Lipschiz 连续的．

作为对称锥的特例，近年来二阶锥优化问题备受关注．许多数学问题可转化为二阶锥优化问题求解，如鲁棒线性规划、鲁棒最小二乘、极小化最大范数、凸双曲线约束等[9]．而且，二阶锥优化在工程、管理等方面也应用广泛，如滤波器设计、加权阵列天线设计、桁架设计、机器人技术中的抓力优化等[10]．作为线性规划和互补问题的推广[11-14]，人们积极探讨二阶锥规划[15]、二阶锥互补问题[16,17]和二阶锥权互补问题等．Chi，Wan 和 Hao[18]基于单参数互补函数类的二阶锥互补问题（SOCCP），提出了一类双参数效益函数，且证得新的效益函数类在一定条件下具有全局误差界和有界水平集．此外，Chi，Wan 和 Hao[19]还证得在适当的假设下，一类下层为二阶锥规划的双层规划问题的 Lagrange 乘子集值映射是上半连续的，且在此基础上探讨了二阶锥规划的双层规划问题（SOCBLP）与其 KKT 形式之间的相似和关系，并推导出可行点处临界锥的具体形式．

圆锥是一个有尖点的闭凸锥，当超球截面与旋转轴之间的旋转角为45°时，圆锥退化为二阶锥，因此二阶锥可视为圆锥的特例．但由于圆锥是非自对偶的，即非对称性，使得圆锥优化的研究更加困难．Zhou，Chen，Huang和Mordukhovich等研究了关于圆锥的性质、谱分解、与圆锥相伴的向量值函数及圆锥规划的变分分析等[20-22]．Miao，Guo和Qi等人[23]给出了构造求解圆锥互补问题的互补函数的方法，并提出了几个求解这类非对称圆锥互补问题的效益函数．Bai，Gao和Wang[24]给出了求解凸二次圆锥规划的原始-对偶内点算法．Bai，Ma和Zhang[25]基于核函数提出了一种求解圆锥规划的多项式时间内点算法．Alzalg和Pirhaji[26]提出了求解圆锥规划的原始-对偶路径跟踪算法．Chi，Wan和Zhu等人[27]研究了圆锥规划问题（CCP）的非退化性和严格互补，并提出了求解圆锥规划问题的非单调光滑牛顿法．

求解锥优化的方法有很多，如内点法[28]、（非内部连续）光滑牛顿法[29-31]、光滑正则化方法[33]、效益函数法[32,34-36]等．其中光滑牛顿法具有优越的数值性能和理论结果[30,37-41]，因此成为众多算法中最有效的方法之一．与内点法不同，光滑牛顿法对初始点的选取没有限制，且不需要迭代点始终在严格可行解集中．在适当的假设下，光滑牛顿法[4,35]具有全局收敛性和局部超线性（或二次）收敛性．Smale[37]最早将光滑牛顿法应用到线性互补问题与线性规划中．Qi和Sun[38]将光滑方法用于求解非光滑向量值方程．Chen，Qi和Sun[39]提出了首个在不需要严格互补的条件下具有全局及局部超线性收敛的光滑牛顿法．Qi，Sun和Zhou[30]设计了一个求解非线性互补问题和箱约束变分不等式[40]的新的光滑牛顿算法，该算法在较弱的条件下仍具备较好的收敛性．此外，光滑牛顿法因具备良好的收敛性质和数值结果，也逐渐开始被应用到求解锥优化相关问题中．

目前，对锥优化的研究已取得一定的成果[42-45]．如何深入探讨锥优化的相关理论，以及如何设计出更高效的算法求解锥优化问题值得我们继续研究．

# 第 2 章 预备知识

本章介绍欧几里得若尔当代数的基本概念及性质，它是研究锥优化理论和算法的重要工具，更详细的内容可参见文献［1］. 同时本章给出了函数的强半光滑性和雅可比相容性等概念.

## 2.1 锥的定义

设 $J$ 是有限维向量空间，下面给出锥的定义.

若 $J = J^{n_1} \times J^{n_2} \times \cdots \times J^{n_m}$，其中 $n_1, \cdots, n_m \geqslant 1, n = n_1 + n_2 + \cdots + n_m$，则

$$K = \{\boldsymbol{x} \circ \boldsymbol{x} \mid \boldsymbol{x} \in J\} \subset J$$

为对称锥. 若对称锥满足

$$K^{n_i} = \{\boldsymbol{x}_i = (x_{i1}, \boldsymbol{x}_{i2}) \in \mathbf{R} \times \mathbf{R}^{n_i - 1} \mid x_{i1} - \| \boldsymbol{x}_{i2} \| \geqslant 0\}$$

则对称锥退化为 $n_i$ 维二阶锥（SOC），其中 $\|\cdot\|$ 表示欧几里得范数. 此时 $K \subset \mathbf{R}^n$，表示有限个二阶锥的笛卡儿积，即 $K = K^{n_1} \times K^{n_2} \times \cdots \times K^{n_m}$. 二阶锥 $K^{n_i}$ 的拓扑内部(interior)和边界(boundarg)分别定义为

$$\text{int } K^{n_i} = \{\boldsymbol{x}_i = (x_{i1}, \boldsymbol{x}_{i2}) \in \mathbf{R} \times \mathbf{R}^{n_i - 1} \mid x_{i1} > \| \boldsymbol{x}_{i2} \| \}$$

$$\text{bd } K^{n_i} = \{\boldsymbol{x}_i = (x_{i1}, \boldsymbol{x}_{i2}) \in \mathbf{R} \times \mathbf{R}^{n_i - 1} \mid x_{i1} = \| \boldsymbol{x}_{i2} \| \}$$

$n$ 维圆锥 $C_\theta^n$ 定义为

$$C_\theta^n = \{\boldsymbol{x} = (x_1, \boldsymbol{x}_{2:n}) \in \mathbf{R} \times \mathbf{R}^{n-1} \mid \cos\theta \| \boldsymbol{x} \| \leqslant x_1\}$$

易知

$$C_\theta^n = \{\boldsymbol{x} = (x_1, \boldsymbol{x}_{2:n}) \in \mathbf{R} \times \mathbf{R}^{n-1} \mid \| \boldsymbol{x}_{2:n} \| \leqslant x_1 \tan\theta\}$$

圆锥的拓扑内部和边界分别定义为

$$\text{int } C_\theta^n = \{\boldsymbol{x} = (x_1, \boldsymbol{x}_{2:n}) \in \mathbf{R} \times \mathbf{R}^{n-1} \mid \cos\theta \| \boldsymbol{x} \| < x_1\}$$

$$= \{\boldsymbol{x} = (x_1, \boldsymbol{x}_{2:n}) \in \mathbf{R} \times \mathbf{R}^{n-1} \mid \|\boldsymbol{x}_{2:n}\| < x_1 \tan\theta\}$$

$$\operatorname{bd} C_\theta^n = \{\boldsymbol{x} = (x_1, \boldsymbol{x}_{2:n}) \in \mathbf{R} \times \mathbf{R}^{n-1} \mid \cos\theta \|\boldsymbol{x}\| = x_1\}$$

$$= \{\boldsymbol{x} = (x_1, \boldsymbol{x}_{2:n}) \in \mathbf{R} \times \mathbf{R}^{n-1} \mid \|\boldsymbol{x}_{2:n}\| = x_1 \tan\theta\}$$

当旋转角 $\theta = 45°$时，$n$ 维圆锥简化为 $n$ 维二阶锥，即

$$K^n = \{\boldsymbol{x} = (x_1, \boldsymbol{x}_{2:n}) \in \mathbf{R} \times \mathbf{R}^{n-1} \mid \|\boldsymbol{x}_{2:n}\| \leqslant x_1\}$$

## 2.2 与锥相关的基础知识

在 $J$ 上定义双线性映射“$\circ$”，使得对任意 $\boldsymbol{x},\boldsymbol{s} \in J$，有 $(\boldsymbol{x},\boldsymbol{s}) \mapsto \boldsymbol{x} \circ \boldsymbol{s}$. 对任意 $\boldsymbol{x},\boldsymbol{s},\boldsymbol{y} \in J$，若满足：

(1) $\boldsymbol{x} \circ \boldsymbol{s} = \boldsymbol{s} \circ \boldsymbol{x}$;

(2) $\boldsymbol{x} \circ (\boldsymbol{x}^2 \circ \boldsymbol{s}) = \boldsymbol{x}^2 \circ (\boldsymbol{x} \circ \boldsymbol{s})$，这里 $\boldsymbol{x}^2 = \boldsymbol{x} \circ \boldsymbol{x}$;

(3) $\langle \boldsymbol{x} \circ \boldsymbol{s}, \boldsymbol{y} \rangle = \langle \boldsymbol{s}, \boldsymbol{x} \circ \boldsymbol{y} \rangle$，

其中，$\boldsymbol{x} \circ \boldsymbol{s}$ 为 $\boldsymbol{x}$ 和 $\boldsymbol{s}$ 的若尔当积，则称 $(J, \circ)$ 为欧几里得若尔当代数（简记 $\mathscr{J}$）. 注意，以上定义的若尔当代数一般不满足结合律，即 $\forall\, \boldsymbol{x},\boldsymbol{s},\boldsymbol{y} \in J$，$\boldsymbol{x} \circ (\boldsymbol{s} \circ \boldsymbol{y}) \neq (\boldsymbol{x} \circ \boldsymbol{s}) \circ \boldsymbol{y}$. 设总存在 $\boldsymbol{e} \in J$，对任意 $\boldsymbol{x} \in J$ 满足 $\boldsymbol{x} \circ \boldsymbol{e} = \boldsymbol{e} \circ \boldsymbol{x}$，则 $\boldsymbol{e}$ 称为 $J$ 的单位元. 若元素 $\boldsymbol{c} \in J$ 且 $\boldsymbol{c} \circ \boldsymbol{c} = \boldsymbol{c}$，则 $\boldsymbol{c}$ 称为幂等元.

二阶锥为对称锥的一个特例. 下面回顾与二阶锥 $K^n$ 相关的欧几里得若尔当代数的相关概念[1].

任意向量 $\boldsymbol{x} = (x_1, \boldsymbol{x}_{2:n}) \in \mathbf{R} \times \mathbf{R}^{n-1}$ 和 $\boldsymbol{s} = (s_1, \boldsymbol{s}_{2:n}) \in \mathbf{R} \times \mathbf{R}^{n-1}$，在二阶锥中的欧几里得若尔当代数定义为

$$\boldsymbol{x} \circ \boldsymbol{s} = (\boldsymbol{x}^{\mathrm{T}} \boldsymbol{s}, x_1 \boldsymbol{s}_{2:n} + s_1 \boldsymbol{x}_{2:n})$$

其单位元为 $\boldsymbol{e} = (1,0,\cdots,0)^{\mathrm{T}} \in \mathbf{R}^n$.

**定义 2.1**[1] 任意 $\boldsymbol{x} = (x_1, \boldsymbol{x}_{2:n}) \in \mathbf{R} \times \mathbf{R}^{n-1}$，定义矩阵

$$\boldsymbol{L}(\boldsymbol{x}) = \begin{bmatrix} x_1 & \boldsymbol{x}_{2:n}^{\mathrm{T}} \\ \boldsymbol{x}_{2:n} & x_1 \boldsymbol{I}_{n-1} \end{bmatrix}$$

其中，$\boldsymbol{I}_{n-1}$ 表示 $(n-1) \times (n-1)$ 的单位矩阵.

从定义 2.1 易知，$\boldsymbol{x} \circ \boldsymbol{s} = \boldsymbol{L}(\boldsymbol{x})\boldsymbol{s} = \boldsymbol{L}(\boldsymbol{s})\boldsymbol{x}$，且 $\boldsymbol{x} \in \operatorname{int} K^n \Leftrightarrow \boldsymbol{L}(\boldsymbol{x}) \succ 0$.

任意 $\boldsymbol{x} = (x_1, \boldsymbol{x}_{2:n}) \in \mathbf{R} \times \mathbf{R}^{n-1}$ 的谱分解为[9]

$$\boldsymbol{x} = \lambda_1 \boldsymbol{u}^{(1)} + \lambda_2 \boldsymbol{u}^{(2)}$$

其中，$\lambda_1, \lambda_2$ 是 $\boldsymbol{x}$ 的谱值，$\boldsymbol{u}^{(1)}, \boldsymbol{u}^{(2)}$ 为相应的谱向量，

$$\lambda_i = x_1 + (-1)^i \|\boldsymbol{x}_{2:n}\|$$

$$u^{(i)}=\begin{cases}\frac{1}{2}\left[1,(-1)^i\frac{\boldsymbol{x}_{2:n}}{\|\boldsymbol{x}_{2:n}\|}\right], \boldsymbol{x}_{2:n}\neq\boldsymbol{0}\\ \frac{1}{2}[1,(-1)^i\boldsymbol{\omega}], \quad\quad \boldsymbol{x}_{2:n}\neq\boldsymbol{0}\end{cases}$$

这里 $\boldsymbol{\omega}\in\mathbf{R}^{n-1}$ ，是任意满足 $\|\boldsymbol{\omega}\|=1$ 的向量．通过谱分解，纯量函数可以推广到二阶锥上的向量值函数．对任意给定的 $p\in(1,+\infty)$ ，定义向量值函数

$$|\boldsymbol{x}|^p=|\lambda_1(\boldsymbol{x})|^p\boldsymbol{u}_1(\boldsymbol{x})+|\lambda_2(\boldsymbol{x})|^p\boldsymbol{u}_2(\boldsymbol{x}),\mathbf{x}\in\mathbf{R}^n$$

$$\sqrt[p]{\boldsymbol{x}}=\sqrt[p]{\lambda_1(\boldsymbol{x})}\boldsymbol{u}_1(\boldsymbol{x})+\sqrt[p]{\lambda_2(\boldsymbol{x})}\boldsymbol{u}_2(\boldsymbol{x}),x\in K^n$$

对任意 $\boldsymbol{x}=(x_1,\boldsymbol{x}_{2:n})\in\mathbf{R}\times\mathbf{R}^{n-1}$ ，设 $\lambda_1,\lambda_2$ 和 $\boldsymbol{u}^{(1)},\boldsymbol{u}^{(2)}$ 为向量 $\boldsymbol{x}$ 的谱值和谱向量，则[1]

(1) $\boldsymbol{u}^{(1)}$ 和 $\boldsymbol{u}^{(2)}$ 在若尔当积下正交，长度为 $1/\sqrt{2}$ ，即

$$\boldsymbol{u}^{(1)}\circ\boldsymbol{u}^{(2)}=\boldsymbol{0},\quad \|\boldsymbol{u}^{(1)}\|=\|\boldsymbol{u}^{(2)}\|=1/\sqrt{2}$$

(2) $\boldsymbol{u}^{(1)}$ 和 $\boldsymbol{u}^{(2)}$ 满足 $\boldsymbol{u}^{(i)}\circ\boldsymbol{u}^{(i)}=\boldsymbol{u}^{(i)},i=1,2$.

(3) $\lambda_1$ 和 $\lambda_2$ 非负（或为正）当且仅当 $\boldsymbol{x}\in K^n$（或 $\boldsymbol{x}\in\operatorname{int}K^n$）.

(4) $\boldsymbol{x}$ 的行列式、迹和欧氏范数可用 $\lambda_1$ 和 $\lambda_2$ 表示：

$$\det(\boldsymbol{x})=\lambda_1\lambda_2$$

$$\operatorname{tr}(\boldsymbol{x})=\lambda_1+\lambda_2$$

$$2\|\boldsymbol{x}\|^2=\lambda_1^2+\lambda_2^2$$

(5) $\boldsymbol{x}^2=\lambda_1^2\boldsymbol{u}^{(1)}+\lambda_2^2\boldsymbol{u}^{(2)}$ .

(6) 任意 $\boldsymbol{x}\in K^n$ ，$\sqrt{\boldsymbol{x}}=\sqrt{\lambda_1}\boldsymbol{u}^{(1)}+\sqrt{\lambda_2}\boldsymbol{u}^{(2)}$ .

(7) 若 $\boldsymbol{x}\in\operatorname{int}K^n$ ，则 $x^{-1}=\lambda_1^{-1}\boldsymbol{u}^{(1)}+\lambda_2^{-1}\boldsymbol{u}^{(2)}$ ，且 $\boldsymbol{L}(\boldsymbol{x})$ 可逆，

$$\boldsymbol{L}^{-1}(\boldsymbol{x})=\frac{1}{\det(\boldsymbol{x})}\begin{bmatrix}x_1 & -\boldsymbol{x}_{2:n}^{\mathrm{T}}\\ -\boldsymbol{x}_{2:n} & \frac{\det(\boldsymbol{x})}{x_1}\boldsymbol{I}_{n-1}+\frac{\boldsymbol{x}_{2:n}\boldsymbol{x}_{2:n}^{\mathrm{T}}}{x_1}\end{bmatrix}$$

其中，$\det(\boldsymbol{x})=x_1^2-\|\boldsymbol{x}_{2:n}\|^2$．易知 $\boldsymbol{x}^2=\boldsymbol{x}\circ\boldsymbol{x}$．如果 $\boldsymbol{x}\in\operatorname{int}K^n$ ，有 $\boldsymbol{x}\circ\boldsymbol{x}^{-1}=\boldsymbol{e}$.

对任意 $\rho\in\mathbf{R}$ ，定义 $\rho_+=\max\{0,\rho\}$ ，$\rho_-=\min\{0,\rho\}$ . 令 $\Pi_{K^n}(z)$ 是 $\boldsymbol{z}$ 在二阶锥 $K^n$ 上的投影，则

$$\Pi_{K^n}(\boldsymbol{z})=(\lambda_1(\boldsymbol{z}))_+\boldsymbol{u}^{(1)}(\boldsymbol{z})+(\lambda_2(\boldsymbol{z}))_+\boldsymbol{u}^{(2)}(\boldsymbol{z})$$

设 $K$ 是一个锥，则它的对偶锥[9]定义为

$$K^*=\{\boldsymbol{s}\,|\,\langle\boldsymbol{s},\boldsymbol{x}\rangle\geqslant 0,\forall\boldsymbol{x}\in K\}$$

其中，$\langle\cdot,\cdot\rangle$ 为欧几里得若尔当内积．众所周知，二阶锥是自对偶锥，即 $(K^n)^*=K^n$ .

下面给出圆锥的一些结果，以及圆锥与二阶锥[47]之间的代数关系．

当 $\theta=45°$时，有[47]

$$\begin{bmatrix}x_1\\ \boldsymbol{x}_{2:n}\end{bmatrix}\in C_\theta^n\Leftrightarrow\begin{bmatrix}x_1\tan\theta\\ \boldsymbol{x}_{2:n}\end{bmatrix}\in K^n\Leftrightarrow\begin{bmatrix}\tan\theta & \boldsymbol{0}^{\mathrm{T}}\\ 0 & \boldsymbol{I}_{n-1}\end{bmatrix}\begin{bmatrix}x_1\\ \boldsymbol{x}_{2:n}\end{bmatrix}\in K^n$$

即

$$\begin{bmatrix} x_1 \\ \boldsymbol{x}_{2:n} \end{bmatrix} \in C_\theta^n \Leftrightarrow \boldsymbol{H}\begin{bmatrix} x_1 \\ \boldsymbol{x}_{2:n} \end{bmatrix} \in K^n$$

其中，$\boldsymbol{H} = \begin{bmatrix} \tan\theta & \boldsymbol{0}^{\mathrm{T}} \\ 0 & \boldsymbol{I}_{n-1} \end{bmatrix} \in \mathbf{R}^{n\times n}$.

**定理 2.1**[47]　令 $K^n$ 为二阶锥，$C_\theta^n$ 为圆锥，则 $C_{\frac{\pi}{2}-\theta}^n$ 表示为

$$C_{\frac{\pi}{2}-\theta}^n = \left\{\boldsymbol{x} = (x_1, \boldsymbol{x}_{2:n}) \in \mathbf{R}\times\mathbf{R}^{n-1} \;\middle|\; \|\boldsymbol{x}_{2:n}\| \leqslant \tan\left(\frac{\pi}{2}-\theta\right)x_1\right\}$$

故

(1) $C_\theta^n = \boldsymbol{H}^{-1}K^n$, $K^n = \boldsymbol{H}C_\theta^n$.

(2) $\boldsymbol{H}K^n = C_{\frac{\pi}{2}-\theta}^n$, $C_{\frac{\pi}{2}-\theta}^n = \boldsymbol{H}^2C_\theta^n$.

(3) $(C_\theta^n)^* = C_{\frac{\pi}{2}-\theta}^n$, $(((C_\theta^n)^*)^* = C_\theta^n$.

由定理 2.1 易知，运用 $C_\theta^n = \boldsymbol{H}^{-1}K^n$ 和 $(C_\theta^n)^* = \boldsymbol{H}K^n$ 可将圆锥规划问题转化为二阶锥规划问题.

下面回顾与圆锥 $C_\theta^n$ 相伴的向量的谱分解. 对任意 $\boldsymbol{x} = (x_1, \boldsymbol{x}_{2:n}) \in \mathbf{R}\times\mathbf{R}^{n-1}$，与圆锥 $C_\theta^n$ 相伴的谱分解可定义为[47]

$$\boldsymbol{x} = \lambda_1(\boldsymbol{x})\boldsymbol{u}^{(1)}(\boldsymbol{x}) + \lambda_2(\boldsymbol{x})\boldsymbol{u}^{(2)}(\boldsymbol{x})$$

这里 $\lambda_1(\boldsymbol{x})$，$\lambda_2(\boldsymbol{x})$ 为 $\boldsymbol{x}$ 的谱值：

$$\lambda_1(\boldsymbol{x}) = x_0 - \|\bar{\boldsymbol{x}}\|\cot\theta, \lambda_2(\boldsymbol{x}) = x_0 + \|\bar{\boldsymbol{x}}\|\tan\theta$$

$\boldsymbol{u}^{(1)}(\boldsymbol{x})$，$\boldsymbol{u}^{(2)}(\boldsymbol{x})$ 为相应的谱向量：

$$\boldsymbol{u}^{(1)}(\boldsymbol{x}) = \frac{1}{1+\cot^2\theta}\begin{bmatrix} 1 & \boldsymbol{0} \\ 0 & \cot\theta\boldsymbol{I}_{n-1} \end{bmatrix}\begin{bmatrix} 1 \\ -\boldsymbol{\omega} \end{bmatrix} = \begin{bmatrix} \sin^2\theta \\ -\boldsymbol{\omega}\sin\theta\cos\theta \end{bmatrix}$$

$$\boldsymbol{u}^{(2)}(\boldsymbol{x}) = \frac{1}{1+\tan^2\theta}\begin{bmatrix} 1 & \boldsymbol{0} \\ 0 & \tan\theta\boldsymbol{I}_{n-1} \end{bmatrix}\begin{bmatrix} 1 \\ \boldsymbol{\omega} \end{bmatrix} = \begin{bmatrix} \cos^2\theta \\ \boldsymbol{\omega}\sin\theta\cos\theta \end{bmatrix}$$

若 $\bar{\boldsymbol{x}} \neq \boldsymbol{0}$，则 $\boldsymbol{\omega} = \dfrac{\bar{\boldsymbol{x}}}{\|\bar{\boldsymbol{x}}\|}$；若 $\bar{\boldsymbol{x}} = \boldsymbol{0}$，则 $\boldsymbol{\omega} \in \mathbf{R}^{n-1}$，是满足 $\|\boldsymbol{\omega}\| = 1$ 的任意向量.

## 2.3 相关概念

**定义 2.2**[48]　对于不可微函数 $h:\mathbf{R}^m \to \mathbf{R}^n$，考虑函数 $h_\varepsilon:\mathbf{R}^m \to \mathbf{R}^n$，其中参数 $\varepsilon > 0$. 若该函数具有以下性质：

(1) 对任意 $\varepsilon > 0$，$h_\varepsilon$ 都是可微的；

(2) 对任意 $\boldsymbol{x} \in \mathbf{R}^m$ 都有 $\lim\limits_{\varepsilon \to 0} h_\varepsilon(\boldsymbol{x}) = h(\boldsymbol{x})$，

则称函数 $h_\varepsilon$ 为 $h$ 的光滑函数．

**定义 2.3**[49]　设函数 $G:\mathbf{R}^m \to \mathbf{R}^n$ 在 $\boldsymbol{x} \in \mathbf{R}^m$ 附近局部 Lipschitz 连续．

(1) 如果 $G$ 在 $\boldsymbol{x}$ 方向可微，且对任意 $V \in \partial G(\boldsymbol{x} + \Delta \boldsymbol{x})$，有

$$G(\boldsymbol{x} + \Delta \boldsymbol{x}) - G(\boldsymbol{x}) - V(\Delta \boldsymbol{x}) = o(\| \Delta \boldsymbol{x} \|)$$

其中，$\partial G$ 在 Clarke[50]意义下表示 $G$ 的广义雅可比矩阵，则称 $G$ 在 $\boldsymbol{x}$ 处是半光滑的．

(2) 如果 $G$ 在 $\boldsymbol{x}$ 处是半光滑的，且

$$G(\boldsymbol{x} + \Delta \boldsymbol{x}) - G(\boldsymbol{x}) - V(\Delta \boldsymbol{x}) = O(\| \Delta \boldsymbol{x} \|^{1+p})$$

则称 $G$ 在 $\boldsymbol{x}$ 处 $p$ 阶（$0 < p < \infty$）半光滑．如果 $G$ 在 $\boldsymbol{x}$ 处 1 阶半光滑，则称 $G$ 在 $\boldsymbol{x}$ 处强半光滑．

如果函数 $G:\mathbf{R}^m \to \mathbf{R}^n$ 在 $\mathbf{R}^m$ 中处处半光滑（或 $p$ 阶半光滑），则称其为半光滑（或 $p$ 阶半光滑）函数．半光滑函数包括光滑函数、分段光滑函数、凸函数和凹函数．（强）半光滑函数的组合仍然是（强）半光滑函数[51]．

半光滑性与算法的局部收敛性分析密切相关．半光滑的概念最初由 Mifflin[51]引入，并被 Qi 和 Sun[49]推广到向量值函数．

**定义 2.4**　令 $G:\mathbf{R}^m \to \mathbf{R}^n$ 是局部 Lipschitz 函数．根据 Rademacher 定理[50]，$G$ 几乎处处可微．$G$ 在 $\boldsymbol{z}$ 处的 Bouligand-(B-)次微分和 Clarke 次微分分别由下式定义

$$\partial G_{\mathrm{B}}(\boldsymbol{z}) = \left\{ \lim_{\hat{\boldsymbol{z}} \to \boldsymbol{z}} \nabla G(\hat{\boldsymbol{z}}) \,\middle|\, \hat{\boldsymbol{z}} \in D_G \right\}$$

$$\partial G(\boldsymbol{z}) = \operatorname{conv} \partial G_{\mathrm{B}}(\boldsymbol{z})$$

其中，$D_G$ 表示 $G$ 的可微点集．如果 $G$ 在 $\boldsymbol{z}$ 处连续可微，则 $\partial G(\boldsymbol{z}) = \{\nabla G(\boldsymbol{z})\}$．

利用 Clarke 次微分的概念，Chen 等人[39]首次提出了雅可比相容性这一概念，从而将非光滑函数的广义雅可比与光滑函数的雅可比联系起来[48]．

**定义 2.5**[39]　设 $G:\mathbf{R}^m \to \mathbf{R}^n$ 为局部 Lipschitz 函数．对任意 $\varepsilon > 0$，$G_\varepsilon:\mathbf{R}^m \to \mathbf{R}^n$ 是连续可微函数，且对任意 $\boldsymbol{z} \in \mathbf{R}^m$，有 $\lim\limits_{\varepsilon \to 0} G_\varepsilon(\boldsymbol{z}) = G(\boldsymbol{z})$．若对任意 $\boldsymbol{z} \in \mathbf{R}^m$，有

$$\lim_{\varepsilon \to 0} \operatorname{dist}(\nabla G_\varepsilon(\boldsymbol{z}), \partial G(\boldsymbol{z})) = 0$$

则称 $G_\varepsilon$ 满足雅可比相容性．

由于集合 $\partial G(\boldsymbol{z})$ 在任意点 $\boldsymbol{z} \in \mathbf{R}^m$ 处是紧集，所以在 $\operatorname{dist}(\nabla G_\varepsilon(\boldsymbol{z}), \partial G(\boldsymbol{z}))$ 的定义中出现的“inf”可以被“min”替代[50]．

**定义 2.6**　称非线性映射 $f = (f_1, \cdots, f_m)$，$f_i:\mathbf{R}^n \to \mathbf{R}^{n_i}$，具有

(1) 笛卡儿 P-性质，如果对于任意 $\boldsymbol{x}, \boldsymbol{y} \in \mathbf{R}^n$ 且 $\boldsymbol{x} \neq \boldsymbol{y}$，存在一个指标 $v \in \{1, 2, \cdots, m\}$ 使得

$$\langle \boldsymbol{x}_v - \boldsymbol{y}_v, f_v(\boldsymbol{x}) - f_v(\boldsymbol{y}) \rangle > 0$$

(2) 笛卡儿 $\mathrm{P}_0$-性质，如果对任意 $\boldsymbol{x}, \boldsymbol{y} \in \mathbf{R}^n$ 且 $\boldsymbol{x} \neq \boldsymbol{y}$，存在一个指标 $v \in \{1, 2, \cdots, m\}$ 使得

$$\boldsymbol{x}_v \neq \boldsymbol{y}_v \text{ 且 } \langle \boldsymbol{x}_v - \boldsymbol{y}_v, f_v(\boldsymbol{x}) - f_v(\boldsymbol{y}) \rangle \geqslant 0$$

显然，单调函数必然具有笛卡儿 $P_0$ - 性质．因此，假设一个函数具有笛卡儿$P_0$ -性质，比互补问题中常用的单调性假设更弱．

**定义 2.7** 称一个矩阵 $\boldsymbol{M} \in \mathbf{R}^{n\times n}$ 具有

(1) 笛卡儿 P - 性质，如果对于每个非零的 $\boldsymbol{z} = (\boldsymbol{z}_1, \cdots, \boldsymbol{z}_m) \in \mathbf{R}^n$ ，其中 $\boldsymbol{z}_i \in \mathbf{R}^{n_i}$ ，存在一个指标 $v \in \{1,2,\cdots,m\}$ 使得

$$\langle \boldsymbol{z}_v, (\boldsymbol{Mz})_v \rangle > 0$$

(2) 笛卡儿 $P_0$ - 性质，如果对于每个非零的 $\boldsymbol{z} = (\boldsymbol{z}_1, \cdots, \boldsymbol{z}_m) \in \mathbf{R}^n$ ，其中 $\boldsymbol{z}_i \in \mathbf{R}^{n_i}$ ，存在一个指标 $v \in \{1,2,\cdots,m\}$ 使得

$$\boldsymbol{z}_v \neq \boldsymbol{0}, \text{且} \langle \boldsymbol{z}_v, (\boldsymbol{Mz})_v \rangle \geqslant 0$$

此外，如果一个连续可微映射 $f$ 具有笛卡儿 P - 性质（或笛卡儿 $P_0$ - 性质），那么它在任意 $\boldsymbol{x} \in \mathbf{R}^n$ 处的转置雅可比矩阵 $\nabla f(\boldsymbol{x})$ 具有相应的笛卡儿 P - 性质（或笛卡儿 $P_0$ - 性质）[53].

$\mathbf{R}^n$ 上笛卡儿 $P_0$ - 性质的概念是由 Facchinei 和 Pang[54]首先提出．最近，Chen，Qi[55]和 Kong，Tuncel，Xiu[56]分别将笛卡儿 $P_0$ - 性质的概念推广到半正定锥和欧几里得若尔当代数上．

**定义 2.8[57]** 令矩阵 $\boldsymbol{Q} = [\boldsymbol{A} \quad \boldsymbol{B} \quad \boldsymbol{C}]$ ，其中 $\boldsymbol{A}, \boldsymbol{B} \in \mathbf{R}^{(n+l)\times n}$ 和 $\boldsymbol{C} \in \mathbf{R}^{(n+l)\times l}$ ，则称矩阵 $\boldsymbol{Q}$ 具有笛卡儿混合 $P_0$ - 性质当且仅当 $\boldsymbol{C}$ 列满秩，且满足

$$\left.\begin{array}{c} \boldsymbol{Au} + \boldsymbol{Bv} + \boldsymbol{Cw} = \boldsymbol{0}, (\boldsymbol{u}, \boldsymbol{v}) \neq (\boldsymbol{0}, \boldsymbol{0}), \boldsymbol{w} \in \mathbf{R}^l \\ \boldsymbol{u} = (\boldsymbol{u}_1, \cdots, \boldsymbol{u}_m) \in \mathbf{R}^{n_1} \times \cdots \times \mathbf{R}^{n_m} \\ \boldsymbol{v} = (\boldsymbol{v}_1, \cdots, \boldsymbol{v}_m) \in \mathbf{R}^{n_1} \times \cdots \times \mathbf{R}^{n_m} \end{array}\right\}$$

存在一个指标 $i$ 使得

$$(\boldsymbol{u}_i, \boldsymbol{v}_i) \neq (\boldsymbol{0}, \boldsymbol{0}), \langle \boldsymbol{u}_i, \boldsymbol{v}_i \rangle \geqslant 0$$

显然，当 $m = n$ 和 $n_1 = \cdots = n_m = 1$ 时，矩阵 $\boldsymbol{Q}$ 具有笛卡儿混合 $P_0$ - 性质，即矩阵 $\boldsymbol{Q}$ 具有混合 $P_0$ - 性质．[54]

# 第 3 章　一类下层为二阶锥规划的双层规划问题的二阶充分条件

当双层规划的下层优化问题存在不确定性时，运用鲁棒优化方法可转化为一类下层为二阶锥规划的双层规划问题（SOCBLP）. 本章证明在适当的假设下，一类二阶锥规划的双层规划问题的下层优化问题的 Lagrange 乘子集值映射是上半连续的. 基于此，探讨二阶锥规划的双层规划问题与其 Karush-Kuhn-Tucker（KKT）形式之间的相似和关系，推导出可行点处临界锥的具体形式，并在适当的假设下证明 M-稳定点处的二阶充分性条件是二阶增长条件成立的充分条件.

鲁棒优化方法是求解不确定性优化问题的一种有效方法[58]. 当双层规划问题(BLP)[59,60]的下层优化问题存在不确定性时，运用鲁棒优化方法可转化为一类下层为二阶锥规划的双层规划问题[61].

目前关于二阶锥规划的双层规划问题的研究尚不多见，已有文献大多是关于二阶锥互补约束数学规划问题（SOCMPCC）的. 如 Jiang[62]研究了二阶锥互补集的 Aubin 性质，以及求解二阶锥均衡约束优化问题的最优性条件和光滑方法. Ding，Sun 和 Ye[63]推导出半定锥互补约束数学规划问题（SDCMPCC）的 S-稳定点、M-稳定点和 C-稳定点的显式表达式，并给出了该问题局部解的约束规范条件. Wu，Zhang 和 Zhang 研究了含二阶锥约束广义方程的数学规划问题[64]和二阶锥互补约束数学规划问题[65]的稳定点概念、必要最优性条件及二阶充分条件. Yamamura，Okuno，Hayashi 和 Fukushima[66]提出了求解二阶锥互补约束数学规划问题的光滑序列二次规划方法，并证得其在笛卡儿 $P_0$-性质和非退化假设下具有全局收敛性. Ejiri[61]将非线性二阶锥规划的双层规划问题转化为二阶锥互补约束数学规划问题，提出了一种光滑方法，并在适当的假设下证明该算法全局收敛到二阶锥规划的双层规划问题的 Clarke-（C-）稳定点. Yan 和 Fukushima[67]将上述结果和光滑方法推广到对称锥互补约束数学规划问题.

## 3.1　问 题 引 入

本节考虑如下一类二阶锥规划的双层规划问题：

$$\begin{aligned}&\min_{x,y} F(\boldsymbol{x},\boldsymbol{y})\\&\text{s.t.}\quad \boldsymbol{x}\in X,\boldsymbol{y}\in Y(\boldsymbol{x})\end{aligned}\tag{3-1}$$

其中 $X \subseteq \mathbf{R}^n$，$F:\mathbf{R}^n \times \mathbf{R}^m \to \mathbf{R}$ 是一个二次连续可微函数．这里 $Y(\boldsymbol{x}) \subseteq \mathbf{R}^m$，表示如下带有参变量 $\boldsymbol{x}$ 的二阶锥规划问题（SOCP）的解：

$$\begin{aligned} \min_{y\in Y} \quad & f(\boldsymbol{x},\boldsymbol{y}) \\ \text{s. t.} \quad & \boldsymbol{A}(\boldsymbol{x})\boldsymbol{y}+\boldsymbol{b}(\boldsymbol{x})=\boldsymbol{0} \\ & \boldsymbol{y}\in K^m \end{aligned} \tag{3-2}$$

其中 $f:\mathbf{R}^n \times Y \to \mathbf{R}$，$Y \subseteq \mathbf{R}^m$，为三次连续可微函数，$\boldsymbol{A}(\boldsymbol{x}) = [\boldsymbol{A}^1(\boldsymbol{x}),\boldsymbol{A}^2(\boldsymbol{x}),\cdots,\boldsymbol{A}^S(\boldsymbol{x})] \in \mathbf{R}^{r\times m}$，$\boldsymbol{A}^j(\boldsymbol{x}) \in \mathbf{R}^{r\times m_j}$，且 $\boldsymbol{b}(\boldsymbol{x}) \in \mathbf{R}^r$，均二次连续可微．$K^m$ 为有限个二阶锥[68]的笛卡儿乘积，即

$$K^m = K_{m_1} \times K_{m_2} \times \cdots \times K_{m_s}$$

其中，$m = m_1 + m_2 + \cdots + m_s$，$K_{m_j}(j=1,2,\cdots,s)$ 是维数为 $m_j$ 的二阶锥（SOC），即

$$K_{m_j} = \left\{ \boldsymbol{y}^j = (y_1^j,\overline{\boldsymbol{y}}^j) \in \mathbf{R}\times\mathbf{R}^{m_j-1} \,\middle|\, y_1^j - \|\overline{\boldsymbol{y}}^j\| \geqslant 0 \right\}$$

这里 $\|\cdot\|$ 表示欧几里得范数．易证二阶锥 $K_{m_j}$ 是自对偶的凸锥．二阶锥 $K_{m_j}(j=1,2,\cdots,s)$ 的拓扑内部和边界分别定义为

$$\operatorname{int} K_{m_j} = \left\{ \boldsymbol{y}^j = (y_1^j,\overline{\boldsymbol{y}}^j) \in \mathbf{R}\times\mathbf{R}^{m_j-1} \,\middle|\, y_1^j > \|\overline{\boldsymbol{y}}^j\| \right\}$$

$$\operatorname{bd} K_{m_j} = \left\{ \boldsymbol{y}^j = (y_1^j,\overline{\boldsymbol{y}}^j) \in \mathbf{R}\times\mathbf{R}^{m_j-1} \,\middle|\, y_1^j = \|\overline{\boldsymbol{y}}^j\| \right\}$$

显然，若 $m = m_1 = m_2 = \cdots = m_s = 1$，则 $K^m = \mathbf{R}_+^m$，从而问题（3－1）退化为经典的双层规划问题（BLP）．

下面假设 $Y = \mathbf{R}^m$，$X = \{\boldsymbol{x} \in \mathbf{R}^n \mid g(\boldsymbol{x}) \leqslant 0, h(\boldsymbol{x}) = 0\}$，其中 $g:\mathbf{R}^n \to \mathbf{R}^p$ 和 $h:\mathbf{R}^n \to \mathbf{R}^q$ 为二次连续可微函数．本章令 $X \subseteq \mathbf{R}^n$ 是非空紧集，问题（3－2）的可行集非空，且 $f(\boldsymbol{x},\cdot)$ 对任意 $\boldsymbol{x} \in X$ 是凸的．

由于二阶锥的笛卡儿乘积 $K^m$ 是一个凸集，因此问题（3－2）是一个凸二阶锥规划问题．然而，问题（3－1）的可行集一般是非凸的．二阶锥规划的双层规划问题通常是一个非凸不可微的优化问题，其可行集在某些情形是不连通的，且当 $m \geqslant 3$ 时约束域一般不是多面体，因此很难直接求解二阶锥规划的双层规划问题[69]．类似于双层规划问题，最常用的方法是考虑二阶锥规划的双层规划问题的 KKT 形式．当下层问题是凸问题时，KKT 条件替代下层问题从而得到二阶锥规划的双层规划问题的 KKT 形式．但是，二阶锥规划的双层规划问题等价于其 KKT 形式吗？文献［70］已经证明，作为二阶锥规划的双层规划问题的特例，双层规划问题不能局部等价于其对应的 MPCC（互补约束数学规划问题）．

本章将研究问题（3－1）与其 KKT 形式之间的关系，并探讨问题（3－1）的二阶充分条件．

## 3.2 相关概念及引理

首先，介绍 Mordukhovich 广义微分[71]和变分分析的一些概念[72]．

给定一个闭集 $A\subseteq\mathbf{R}^n$ 和一点 $\boldsymbol{x}_0\in A$，令 $\hat{N}_A(\boldsymbol{x}_0)$ 表示 $A$ 在点 $\boldsymbol{x}_0$ 处的正则（Frèchet）法锥，其定义为

$$\hat{N}_A(\boldsymbol{x}_0)=\left\{\boldsymbol{x}^*\in\mathbf{R}^n\;\middle|\;\limsup_{\boldsymbol{x}\xrightarrow{A}\boldsymbol{x}_0}\frac{\langle\boldsymbol{x}^*,\boldsymbol{x}-\boldsymbol{x}_0\rangle}{\|\boldsymbol{x}-\boldsymbol{x}_0\|}\leqslant 0\right\}$$

则 $A$ 在点 $\boldsymbol{x}_0$ 处的极限（Mordukhovich）法锥 $N_A(\boldsymbol{x}_0)$ 可定义为

$$N_A(\boldsymbol{x}_0)=\limsup_{\boldsymbol{x}\xrightarrow{A}\boldsymbol{x}_0}\hat{N}_A(\boldsymbol{x})$$

其中“limsup”是集合的 Painlevè-Kuratowski 外极限[72]．若 $A$ 为凸集，则 $N_A(\boldsymbol{x}_0)=\hat{N}_A(\boldsymbol{x}_0)$，为凸分析意义下的经典法锥．

令 $X$ 和 $Y$ 为有限维 Hilbert 空间．若对于任意 $\boldsymbol{h}\in X$，极限

$$f'(\boldsymbol{x};\boldsymbol{h})=\lim_{t\downarrow 0}\frac{f(\boldsymbol{x}+t\boldsymbol{h})-f(\boldsymbol{x})}{t}$$

都存在，则称映射 $f:X\to Y$ 在点 $\boldsymbol{x}\in X$ 处方向可微．

设 $S:\mathbf{R}^n\rightrightarrows\mathbf{R}^m$ 为多值函数，其图 $\operatorname{gph}S=\{(\boldsymbol{x},\boldsymbol{y})\in\mathbf{R}^n\times\mathbf{R}^m\mid\boldsymbol{y}\in S(\boldsymbol{x})\}$ 是闭集且 $(\boldsymbol{x}_0,\boldsymbol{y}_0)\in\operatorname{gph}S$．定义多值函数 $D^*S(\boldsymbol{x}_0,\boldsymbol{y}_0):\mathbf{R}^m\rightrightarrows\mathbf{R}^n$ 如下

$$D^*S(\boldsymbol{x}_0,\boldsymbol{y}_0)(v)=\{\boldsymbol{\omega}\in\mathbf{R}^n\mid(\boldsymbol{\omega},-\boldsymbol{v})\in N_{\operatorname{gph}S}(\boldsymbol{x}_0,\boldsymbol{y}_0)\}$$

称之为 $S$ 在点 $(\boldsymbol{x}_0,\boldsymbol{y}_0)$ 处的（极限）协导数[71]．

若对任意满足 $\Gamma(\boldsymbol{x}_0)\subset\Omega$ 的开集 $\Omega$，都存在 $\boldsymbol{x}_0\in\mathbf{R}^n$ 的一个开邻域 $U_\delta(\boldsymbol{x}_0)$，使得对任意 $\boldsymbol{x}\in U_\delta(\boldsymbol{x}_0)$ 有 $\Gamma(\boldsymbol{x})\subset\Omega$[59]，则称点到集合的闭映射 $\Gamma:\mathbf{R}^n\rightrightarrows\mathbf{R}^m$ 在点 $\boldsymbol{x}_0\in\mathbf{R}^n$ 处上半连续（或外半连续[72]）．

**引理 3.1**[9]　令 $K^m=K_{m_1}\times K_{m_2}\times\cdots\times K_{m_s}$．若 $\boldsymbol{y}\in K^m$ 和 $\boldsymbol{v}\in K^m$ 满足 $\boldsymbol{y}\circ\boldsymbol{v}=\boldsymbol{0}$，则对所有 $j=1,2,\cdots,s$，或者① $\boldsymbol{y}^j=\boldsymbol{0}$；或者② $\boldsymbol{v}^j=\boldsymbol{0}$；或者③存在 $\sigma_j>0$ 使得 $\boldsymbol{y}^j=\sigma_j(v_1^j;-\bar{\boldsymbol{v}}^j)$．

**引理 3.2**[73,74]　若 $\boldsymbol{u}\in\mathbf{R}^m$ 和 $\boldsymbol{z}=(z_1,\bar{\boldsymbol{z}})\in\mathbf{R}\times\mathbf{R}^m$ 满足或者① $z_1\geqslant\|\bar{\boldsymbol{z}}\|$；或者② $-z_1>\|\bar{\boldsymbol{z}}\|$；或者③ $|z_1|<\|\bar{\boldsymbol{z}}\|$，那么函数 $\Pi_{K_m}(\cdot)$ 在 $\boldsymbol{z}$ 的邻域内是一个连续可微函数，且

$$\Pi'_{K_m}(\boldsymbol{z},\boldsymbol{u})=J\Pi_{K_m}(\boldsymbol{z})\boldsymbol{u}$$
$$D^*\Pi_{K_m}(\boldsymbol{z})(\boldsymbol{u})=\{J\Pi_{K_m}(\boldsymbol{z})\boldsymbol{u}\}$$

此外，下式成立：

(1) 若 $z_1\geqslant\|\bar{\boldsymbol{z}}\|$，则 $J\Pi_{K_m}(\boldsymbol{z})=\boldsymbol{I}_m$；

(2) 若 $-z_1>\|\bar{\boldsymbol{z}}\|$，则 $J\Pi_{K_m}(\boldsymbol{z})=\boldsymbol{0}$；

(3) 若 $|z_1|<\|\bar{\boldsymbol{z}}\|$，则

$$J\Pi_{K_m}(\boldsymbol{z})=\frac{1}{2}\begin{bmatrix}1 & \dfrac{\bar{\boldsymbol{z}}^{\mathrm{T}}}{\|\bar{\boldsymbol{z}}\|}\\ \dfrac{\bar{\boldsymbol{z}}}{\|\bar{\boldsymbol{z}}\|} & \boldsymbol{I}_{m-1}+\dfrac{z_1}{\|\bar{\boldsymbol{z}}\|}\boldsymbol{I}_{m-1}-\dfrac{z_1}{\|\bar{\boldsymbol{z}}\|}\cdot\dfrac{\bar{\boldsymbol{z}}\bar{\boldsymbol{z}}^{\mathrm{T}}}{\|\bar{\boldsymbol{z}}\|^2}\end{bmatrix}$$

对于任意 $\boldsymbol{u}=(u_1,\bar{\boldsymbol{u}})\in\mathbf{R}\times\mathbf{R}^{m-1}$，其中 $\|\bar{\boldsymbol{u}}\|\neq 0$，定义矩阵值映射 $P(\boldsymbol{u})$ 为

$$P(\boldsymbol{u})=\frac{1}{2}\begin{bmatrix}1 & \dfrac{\bar{\boldsymbol{u}}^{\mathrm{T}}}{\|\bar{\boldsymbol{u}}\|}\\ \dfrac{\bar{\boldsymbol{u}}}{\|\bar{\boldsymbol{u}}\|} & \boldsymbol{I}_{m-1}+\dfrac{u_1}{\|\bar{\boldsymbol{u}}\|}\boldsymbol{I}_{m-1}-\dfrac{u_1}{\|\bar{\boldsymbol{u}}\|}\cdot\dfrac{\bar{\boldsymbol{u}}\bar{\boldsymbol{u}}^{\mathrm{T}}}{\|\bar{\boldsymbol{u}}\|^2}\end{bmatrix}\tag{3-3}$$

## 3.3 二阶锥规划的双层规划问题的最优解

本节将在适当的假设下，证明问题(3-2)的 Lagrange 乘子集值映射是上半连续的，并在此基础上探讨问题(3-1)与其 KKT 形式之间的关系.

对任意 $\boldsymbol{x}\in X$，考虑问题(3-2)所定义的下层问题. 问题(3-2)的 Lagrange 函数定义如下：

$$l(\boldsymbol{x},\boldsymbol{y},\boldsymbol{u},\boldsymbol{v})=f(\boldsymbol{x},\boldsymbol{y})-\boldsymbol{u}^{\mathrm{T}}[\boldsymbol{A}(\boldsymbol{x})\boldsymbol{y}+\boldsymbol{b}(\boldsymbol{x})]-\boldsymbol{v}^{\mathrm{T}}\boldsymbol{y}$$

对应的 Lagrange 乘子集合记作

$$\Lambda(\boldsymbol{x},\boldsymbol{y})=\left\{(\boldsymbol{u},\boldsymbol{v})\in\mathbf{R}^r\times\mathbf{R}^m\;\middle|\;\begin{array}{l}\nabla_y f(\boldsymbol{x},\boldsymbol{y})-\boldsymbol{A}(\boldsymbol{x})^{\mathrm{T}}\boldsymbol{u}-\boldsymbol{v}=\boldsymbol{0}\\ \boldsymbol{A}(\boldsymbol{x})\boldsymbol{y}+\boldsymbol{b}(\boldsymbol{x})=\boldsymbol{0}\\ \boldsymbol{v}^{\mathrm{T}}\boldsymbol{y}=0,\quad \boldsymbol{v}\in K^m,\quad \boldsymbol{y}\in K^m\end{array}\right\}\tag{3-4}$$

问题(3-2)的解映射 $Y:\mathbf{R}^n\rightrightarrows\mathbf{R}^m$ 定义为

$$Y(\boldsymbol{x})=\arg\min_{y}\{f(\boldsymbol{x},\boldsymbol{y})\mid \boldsymbol{A}(\boldsymbol{x})\boldsymbol{y}+\boldsymbol{b}(\boldsymbol{x})=\boldsymbol{0},\quad \boldsymbol{y}\in K^m\}$$

它的图可表示为

$$\operatorname{gph}Y=\{(\boldsymbol{x},\boldsymbol{y})\mid \boldsymbol{x}\in X,\quad \boldsymbol{y}\in Y(\boldsymbol{x})\}$$

**定义 3.1** 若 $\boldsymbol{A}(\boldsymbol{x}_0)$ 行满秩，且存在 $\hat{\boldsymbol{y}}\in\operatorname{int}K^m$ 使得 $\boldsymbol{A}(\boldsymbol{x}_0)\hat{\boldsymbol{y}}+\boldsymbol{b}(\boldsymbol{x}_0)=\boldsymbol{0}$ 成立，则称问题(3—2)在点 $\boldsymbol{x}_0\in X$ 处满足广义 Slater 条件.

对任意 $\boldsymbol{x}\in X$，在假设下问题(3-2)是一个凸规划问题. 用其 KKT 条件代替问题(3-2)，可将问题(3-1)转化为一个二阶锥互补约束数学规划问题[61]：

$$\begin{array}{ll}\min & F(\boldsymbol{x},\boldsymbol{y})\\ \text{s.t.} & g(\boldsymbol{x})\leqslant 0\\ & h(\boldsymbol{x})=0\\ & \nabla_y f(\boldsymbol{x},\boldsymbol{y})-\boldsymbol{A}(\boldsymbol{x})^{\mathrm{T}}\boldsymbol{u}-\boldsymbol{v}=\boldsymbol{0}\\ & \boldsymbol{A}(\boldsymbol{x})\boldsymbol{y}+\boldsymbol{b}(\boldsymbol{x})=\boldsymbol{0}\\ & \boldsymbol{v}\in K^m,\quad \boldsymbol{y}\in K^m,\quad \boldsymbol{v}^{\mathrm{T}}\boldsymbol{y}=0\end{array}\tag{3-5}$$

设 $(\boldsymbol{x},\boldsymbol{y})$ 是问题(3-2)的一个可行点，且 $(\boldsymbol{u},\boldsymbol{v})\in\Lambda(\boldsymbol{x},\boldsymbol{y})$. 为方便起见，定义如下指标集

$$I(\boldsymbol{y}) = \{j \mid \boldsymbol{y}^j = \boldsymbol{0},\ j = 1,2,\cdots,s\},$$

$$B(\boldsymbol{y}) = \{j \mid \boldsymbol{y}^j \in \text{bd}\, K_{m_j} \setminus \{\boldsymbol{0}\},\ j = 1,2,\cdots,s\}$$

$$I(\boldsymbol{v}) = \{j \mid \boldsymbol{v}^j = \boldsymbol{0},\ j = 1,2,\cdots,s\},$$

$$B(\boldsymbol{v}) = \{j \mid \boldsymbol{v}^j \in \text{bd}\, K_{m_j} \setminus \{\boldsymbol{0}\},\ j = 1,2,\cdots,s\}$$

和

$$\overline{I(\boldsymbol{y}) \cup B(\boldsymbol{y})} = \{j \mid \boldsymbol{y}^j \in \text{int}\, K_{m_j},\ j = 1,2,\cdots,s\}$$

$$\overline{I(\boldsymbol{v}) \cup B(\boldsymbol{v})} = \{j \mid \boldsymbol{v}^j \in \text{int}\, K_{m_j},\ j = 1,2,\cdots,s\}$$

对任意 $(\boldsymbol{u},\boldsymbol{v}) \in \Lambda(\boldsymbol{x},\boldsymbol{y})$ ，都存在 $\{1,2,\cdots,s\}$ 的一个划分 $(S(\boldsymbol{y},\boldsymbol{v}),N(\boldsymbol{y},\boldsymbol{v}))$ 使得

$$S(\boldsymbol{y},\boldsymbol{v}) = \{j \mid \boldsymbol{y}^j + \boldsymbol{v}^j \in \text{int}\, K_{m_j},\ j = 1,2,\cdots,s\}$$
$$N(\boldsymbol{y},\boldsymbol{v}) = \{1,2,\cdots,s\} \setminus S(\boldsymbol{y},\boldsymbol{v})$$

由引理 3.1，可定义 $S(\boldsymbol{y},\boldsymbol{v})$ 的三个指标子集：

$$S_1(\boldsymbol{y},\boldsymbol{v}) = \overline{I(\boldsymbol{y}) \cup B(\boldsymbol{y})} \cap I(\boldsymbol{v}) = \{j \mid \boldsymbol{y}^j \in \text{int}\, K_{m_j}, \boldsymbol{v}^j = \boldsymbol{0}, j \in S(\boldsymbol{y},\boldsymbol{v})\}$$

$$S_2(\boldsymbol{y},\boldsymbol{v}) = B(\boldsymbol{y}) \cap B(\boldsymbol{v}) = \{j \mid \boldsymbol{y}^j, \boldsymbol{v}^j \in \text{bd}\, K_{m_j} \setminus \{\boldsymbol{0}\}, j \in S(\boldsymbol{y},\boldsymbol{v})\}$$

$$S_3(\boldsymbol{y},\boldsymbol{v}) = I(\boldsymbol{y}) \cap \overline{I(\boldsymbol{v}) \cup B(\boldsymbol{v})} = \{j \mid \boldsymbol{y}^j = \boldsymbol{0}, \boldsymbol{v}^j \in \text{int}\, K_{m_j}, j \in S(\boldsymbol{y},\boldsymbol{v})\}$$

以及 $N(\boldsymbol{y},\boldsymbol{v})$ 的三个指标子集：

$$N_1(\boldsymbol{y},\boldsymbol{v}) = I(\boldsymbol{y}) \cap I(\boldsymbol{v}) = \{j \mid \boldsymbol{y}^j = \boldsymbol{v}^j = \boldsymbol{0}, j \in N(\boldsymbol{y},\boldsymbol{v})\}$$

$$N_2(\boldsymbol{y},\boldsymbol{v}) = I(\boldsymbol{y}) \cap B(\boldsymbol{v}) = \{j \mid \boldsymbol{y}^j = \boldsymbol{0}, \boldsymbol{v}^j \in \text{bd}\, K_{m_j} \setminus \{\boldsymbol{0}\}, j \in N(\boldsymbol{y},\boldsymbol{v})\}$$

$$N_3(\boldsymbol{y},\boldsymbol{v}) = B(\boldsymbol{y}) \cap I(\boldsymbol{v}) = \{j \mid \boldsymbol{y}^j \in \text{bd}\, K_{m_j} \setminus \{\boldsymbol{0}\}, \boldsymbol{v}^j = \boldsymbol{0}, j \in N(\boldsymbol{y},\boldsymbol{v})\}$$

为了证明问题(3-2)的 Lagrange 乘子集值映射的上半连续性，做如下假设.

**假设 1**　对任意 $\boldsymbol{x} \in X$ ，问题(3-2)的解集 $Y(\boldsymbol{x})$ 是紧集；

**假设 2**　对于点 $(\boldsymbol{x}_0,\boldsymbol{y}_0) \in \text{gph}\, Y$ 处的问题(3-2)，矩阵 $\boldsymbol{A}(\boldsymbol{x}_0)$ 行满秩，并且在点 $(\boldsymbol{x}_0,\boldsymbol{y}_0)$ 处存在一个方向 $\boldsymbol{d} = (\boldsymbol{d}^1,\boldsymbol{d}^2,\cdots,\boldsymbol{d}^s) \in \mathbf{R}^m$ 使得 $\boldsymbol{A}(\boldsymbol{x}_0)\boldsymbol{d} = \boldsymbol{0}$ 且 $\boldsymbol{d}^j \in \text{int}\, K_{m_j}$ 对每个 $j \in B(\boldsymbol{y}_0) \cup I(\boldsymbol{y}_0)$ 成立.

当用 $\mathbf{R}_+^m$ 代替问题(3-2)中的 $K^m$ 时，假设 2 退化为对应非线性规划问题(NLP)的经典的 Mangasarian-Fromowitz 约束规格(MFCQ). 此外，对于凸非线性规划问题来说 Slater 条件蕴含着 MFCQ. 下面讨论问题（3-2）的假设 2 与广义 Slater 条件之间的关系.

**引理 3.3**　若问题(3-2)在点 $(\boldsymbol{x}_0,\boldsymbol{y}_0) \in \text{gph}\, Y$ 处满足假设 2，则广义 Slater 条件在点 $\boldsymbol{x}_0$ 处成立.

**证明：** 由于 $(\boldsymbol{x}_0,\boldsymbol{y}_0)\in \mathrm{gph}\,Y$，则 $\boldsymbol{A}(\boldsymbol{x}_0)\boldsymbol{y}_0+\boldsymbol{b}(\boldsymbol{x}_0)=\boldsymbol{0}$ 且 $\boldsymbol{y}_0\in K^m$．如果假设 2 在点 $(\boldsymbol{x}_0,\boldsymbol{y}_0)$ 处成立，那么 $\boldsymbol{A}(\boldsymbol{x}_0)$ 行满秩，且在点 $(\boldsymbol{x}_0,\boldsymbol{y}_0)$ 处存在一个方向 $\boldsymbol{d}=(\boldsymbol{d}^1,\boldsymbol{d}^2,\cdots,\boldsymbol{d}^s)\in\mathbf{R}^m$ 使得

$$\boldsymbol{A}(\boldsymbol{x}_0)\boldsymbol{d}=\boldsymbol{0}$$

$$\boldsymbol{d}^j\in \mathrm{int}\,K_{m_j},\ \forall\, j\in B(\boldsymbol{y}_0)\cup I(\boldsymbol{y}_0)$$

对任意 $j\in\overline{B(\boldsymbol{y}_0)\cup I(\boldsymbol{y}_0)}$，由于 $\boldsymbol{y}_0^j\in \mathrm{int}\,K_{m_j}$，那么存在某个 $\varepsilon>0$，使得 $\boldsymbol{y}_0^j+\varepsilon\boldsymbol{d}^j\in\mathrm{int}\,K_{m_j}$，从而 $\boldsymbol{y}_0+\varepsilon\boldsymbol{d}\in\mathrm{int}\,K^m$．令 $\hat{\boldsymbol{y}}=\boldsymbol{y}_0+\varepsilon\boldsymbol{d}$，则 $\boldsymbol{A}(\boldsymbol{x}_0)\hat{\boldsymbol{y}}+\boldsymbol{b}(\boldsymbol{x}_0)=\boldsymbol{0}$ 且 $\hat{\boldsymbol{y}}\in\mathrm{int}\,K^m$，因此广义 Slater 条件在点 $\boldsymbol{x}_0$ 处成立．

然而，引理 3.3 的逆命题并不成立．下面的例子说明广义 Slater 条件不能蕴含假设 2.

**例 3.1** 考虑如下凸二阶锥规划问题

$$\min_{\boldsymbol{y}} f(x,\boldsymbol{y})=y_1^2+y_2^2-y_3+(x-1)^2$$

$$\text{s.t.}\ \begin{bmatrix} x & 0 & 0\\ 0 & x & 0\end{bmatrix}\boldsymbol{y}+\begin{bmatrix}-x\\ 0\end{bmatrix}=\boldsymbol{0}$$

$$\boldsymbol{y}\in K_3$$

在点 $x_0=1$ 处的情形．当 $x_0=1$ 时，其唯一最优解为 $\boldsymbol{y}_0=(1,0,1)^{\mathrm{T}}\in\mathrm{bd}\,K_3$，对应 Lagrange 乘子为 $\boldsymbol{u}=(1,0)^{\mathrm{T}}$，$\boldsymbol{v}=(1,0,-1)^{\mathrm{T}}\in\mathrm{bd}\,K_3$．显然存在 $\hat{\boldsymbol{y}}=(1,0,0)^{\mathrm{T}}$ 使得 $\boldsymbol{A}(x_0)\hat{\boldsymbol{y}}+\boldsymbol{b}(x_0)=\boldsymbol{0}$ 和 $\hat{\boldsymbol{y}}\in\mathrm{int}\,K_3$ 成立，即广义 Slater 条件在点 $x_0=1$ 处成立．然而满足 $\boldsymbol{A}(x_0)\boldsymbol{d}=\boldsymbol{0}$ 的任意 $\boldsymbol{d}=(0,0,d_3)^{\mathrm{T}}$ 都不属于 $K_3$ 的内部，所以假设 2 在点 $(x_0,\boldsymbol{y}_0)$ 处并不成立．

**引理 3.4** 若问题(3-2)在所有点 $(\boldsymbol{x}_0,\boldsymbol{y}_0)\in\mathrm{gph}\,Y$ 处都满足假设 1 和假设 2，则点到集合的映射 $\Lambda(\cdot,\cdot)$ 和 $Y(\cdot)$ 在 $\boldsymbol{x}_0$ 处都是上半连续的．

**证明：** 首先证明点到集合的映射 $\Lambda(\cdot,\cdot)$ 在点 $(\boldsymbol{x}_0,\boldsymbol{y}_0)$ 处局部有界，即存在 $(\boldsymbol{x}_0,\boldsymbol{y}_0)$ 的某个开邻域 $U_\delta(\boldsymbol{x}_0,\boldsymbol{y}_0)$（其中 $\delta>0$）和一个非空紧集 $\Omega\subseteq\mathbf{R}^r\times\mathbf{R}^m$ 使得

$$\Lambda(\boldsymbol{x},\boldsymbol{y})\subset\Omega,\quad \forall\,(\boldsymbol{x},\boldsymbol{y})\in U_\delta(\boldsymbol{x}_0,\boldsymbol{y}_0)$$

反证法．假设存在序列 $\{(\boldsymbol{x}_k,\boldsymbol{y}_k)\}_{k=1}^{\infty}$ 收敛到 $(\boldsymbol{x}_0,\boldsymbol{y}_0)$，且 $\{(\boldsymbol{u}_k,\boldsymbol{v}_k)\}_{k=1}^{\infty}$ 满足 $(\boldsymbol{u}_k,\boldsymbol{v}_k)\in\Lambda(\boldsymbol{x}_k,\boldsymbol{y}_k)$ 和 $\lim\limits_{k\to\infty}\|(\boldsymbol{u}_k,\boldsymbol{v}_k)\|=\infty$. 不失一般性，假设序列 $\left\{\dfrac{(\boldsymbol{u}_k,\boldsymbol{v}_k)}{\|(\boldsymbol{u}_k,\boldsymbol{v}_k)\|}\right\}_{k=1}^{\infty}$ 收敛于某个向量 $(\hat{\boldsymbol{u}},\hat{\boldsymbol{v}})$ 且 $\|(\hat{\boldsymbol{u}},\hat{\boldsymbol{v}})\|=1$，那么由式(3-4)知

$$\frac{\boldsymbol{v}_k^j}{\|(\boldsymbol{u}_k,\boldsymbol{v}_k)\|}\in K_{m_j},\quad \frac{\boldsymbol{v}_k^{j\mathrm{T}}\boldsymbol{y}_k^j}{\|(\boldsymbol{u}_k,\boldsymbol{v}_k)\|}\equiv 0,\quad j=1,2,\cdots,s$$

$$\frac{\nabla_y f(\boldsymbol{x}_k,\boldsymbol{y}_k)}{\|(\boldsymbol{u}_k,\boldsymbol{v}_k)\|}-\frac{\boldsymbol{A}(\boldsymbol{x}_k)^{\mathrm{T}}\boldsymbol{u}_k}{\|(\boldsymbol{u}_k,\boldsymbol{v}_k)\|}-\frac{\boldsymbol{v}_k}{\|(\boldsymbol{u}_k,\boldsymbol{v}_k)\|}\equiv\boldsymbol{0}$$

这意味着 $\hat{\boldsymbol{v}}\in K^m$，对任意 $j=1,2,\cdots,s$ 有 $\hat{\boldsymbol{v}}^{j\mathrm{T}}\boldsymbol{y}_0^j=0$，且

$$\boldsymbol{A}(\boldsymbol{x}_0)^{\mathrm{T}}\hat{\boldsymbol{u}}+\hat{\boldsymbol{v}}=\boldsymbol{0}\tag{3-6}$$

令 $\boldsymbol{d}$ 是在点 $(\boldsymbol{x}_0, \boldsymbol{y}_0)$ 处满足假设 2 的一个方向，那么存在某个 $\varepsilon > 0$ 使得

$$\boldsymbol{A}(\boldsymbol{x}_0)\boldsymbol{y}_0 + \boldsymbol{b}(\boldsymbol{x}_0) + \boldsymbol{A}(\boldsymbol{x}_0)\boldsymbol{d} = \boldsymbol{0}$$

$$\boldsymbol{y}_0^j + \boldsymbol{d}^j - \varepsilon\hat{\boldsymbol{v}}^j \in \text{int}\, K_{m_j},\quad \forall j \in B(\boldsymbol{y}_0) \cup I(\boldsymbol{y}_0)$$

由这两个式子和式(3－6)可得

$$\begin{aligned} 0 &= \hat{\boldsymbol{u}}^{\mathrm{T}}[\boldsymbol{A}(\boldsymbol{x}_0)\boldsymbol{y}_0 + \boldsymbol{b}(\boldsymbol{x}_0) + \boldsymbol{A}(\boldsymbol{x}_0)\boldsymbol{d}] + \sum_{j=1}^{s} \hat{\boldsymbol{v}}^{j\mathrm{T}}(\boldsymbol{y}_0^j + \boldsymbol{d}^j) \\ &\geqslant \sum_{j\in B(\boldsymbol{y}_0)\cup I(\boldsymbol{y}_0)} \varepsilon\hat{\boldsymbol{v}}^{j\mathrm{T}}\hat{\boldsymbol{v}}^j \geqslant 0 \end{aligned}$$

因而对任意 $j \in B(\boldsymbol{y}_0) \cup I(\boldsymbol{y}_0)$ 有 $\hat{\boldsymbol{v}}^j = \boldsymbol{0}$，所以 $\hat{\boldsymbol{v}} = \boldsymbol{0}$．那么由式(3－6)得 $\boldsymbol{A}(\boldsymbol{x}_0)^{\mathrm{T}}\hat{\boldsymbol{u}} = \boldsymbol{0}$，其中 $\hat{\boldsymbol{u}} \neq \boldsymbol{0}$．这与假设 2 中 $\boldsymbol{A}(\boldsymbol{x}_0)$ 行满秩矛盾，因而 $\Lambda(\cdot, \cdot)$ 局部有界．故由假设 1 知，存在一个紧集 $\Omega'$ 使得 $Y(\boldsymbol{x}) \times \Lambda(\boldsymbol{x}, \cdot) \subseteq \Omega'$ 对所有充分靠近 $\boldsymbol{x}_0$ 的 $\boldsymbol{x}$ 都成立．

对任意满足条件(3－4)的收敛序列 $\{(\boldsymbol{x}_k, \boldsymbol{y}_k, \boldsymbol{u}_k, \boldsymbol{v}_k)\}_{k=1}^{\infty}$，其极限点也满足式(3－4)．因而 $\Lambda(\cdot, \cdot)$ 和 $Y(\cdot)$ 都是闭集，且局部有界，所以上半连续．证毕．

在下面的分析中，对问题(3－2)做如下假设：

**假设 3**　对于任意 $\boldsymbol{x} \in X$，$f(\boldsymbol{x}, \cdot)$ 是强凸的．

那么对任意 $\boldsymbol{x} \in X$，下层问题（3－2）都存在唯一解[61]，这避免了解映射 $Y(\cdot)$ 是一个集值映射．考虑假设 3 的主要理由如下．假设对于某 $\bar{\boldsymbol{x}} \in X$，问题(3－2)的每个局部最优解在 Kojima[75]意义下都是强稳定的．如果假设 3 不成立，那么全局最优解的映射 $Y(\cdot)$ 可能在 $\bar{\boldsymbol{x}}$ 附近包含不止一个(强、稳定、孤立)最优解，且一般不连续[76]．因此在 $\bar{\boldsymbol{x}}$ 附近一般不能唯一确定函数 $\boldsymbol{y}(\boldsymbol{x}) \in \arg\min\limits_{y}\{F(\boldsymbol{x}, \boldsymbol{y}) \mid \boldsymbol{y} \in Y(\boldsymbol{x})\}$，且该函数可能有跳跃，从而很难给出问题(3－1)的最优性条件或者求解算法．

**定义 3.2**　如果存在 $\varepsilon > 0$ 使得

$$F(\boldsymbol{x}^*, \boldsymbol{y}^*) \leqslant F(\boldsymbol{x}, \boldsymbol{y}), \forall (\boldsymbol{x}, \boldsymbol{y}) \in \text{gph}\, Y \text{ 且 } \|(\boldsymbol{x}, \boldsymbol{y}) - (\boldsymbol{x}^*, \boldsymbol{y}^*)\| < \varepsilon,$$

则称问题(3－1)的可行点 $(\boldsymbol{x}^*, \boldsymbol{y}^*)$ 是一个局部最优解．若 $\varepsilon$ 可以取任意值，则该局部最优解是一个全局最优解．

推广关于双层规划问题和 MPCC 的新结果[70]，得到关于问题(3－1)和问题(3－5)的如下结论．

**定理 3.1**　令 $(\boldsymbol{x}^*, \boldsymbol{y}^*)$ 是问题(3－1)的一个全局(或局部)最优解．如果问题(3－2)中假设 3 成立，且在点 $\boldsymbol{x}^*$ 处满足广义 Slater 条件，那么对任意 $(\boldsymbol{u}^*, \boldsymbol{v}^*) \in \Lambda(\boldsymbol{x}^*, \boldsymbol{y}^*)$，点 $(\boldsymbol{x}^*, \boldsymbol{y}^*, \boldsymbol{u}^*, \boldsymbol{v}^*)$ 是问题(3－5)的一个全局(或局部)最优解．

**证明：**由于 $(\boldsymbol{u}^*, \boldsymbol{v}^*) \in \Lambda(\boldsymbol{x}^*, \boldsymbol{y}^*)$ 当且仅当 $\boldsymbol{y}^* \in Y(\boldsymbol{x}^*)$，结论显然成立．

**定理 3.2**　令 $(\boldsymbol{x}^*, \boldsymbol{y}^*, \boldsymbol{u}^*, \boldsymbol{v}^*)$ 是问题(3－5)的一个全局最优解．如果假设 3 成立，且问题(3－2)在所有点 $\boldsymbol{x} \in X$ 处都满足广义 Slater 条件，那么点 $(\boldsymbol{x}^*, \boldsymbol{y}^*)$ 是问题(3－1)的全局最优解．

**证明：**反证法．假设 $(\boldsymbol{x}^*, \boldsymbol{y}^*)$ 不是问题(3－1)的全局最优解，即存在某点 $(\boldsymbol{x}_0, \boldsymbol{y}_0) \in \text{gph}\, Y$ 使得 $F(\boldsymbol{x}_0, \boldsymbol{y}_0) < F(\boldsymbol{x}^*, \boldsymbol{y}^*)$．由于广义 Slater 条件在点 $\boldsymbol{x}_0 \in X$ 处成立，点 $\boldsymbol{y}_0 \in Y(\boldsymbol{y}_0)$ 当且仅当问题(3－2)的 KKT 条件成立，即存在 $(\boldsymbol{u}_0, \boldsymbol{v}_0) \in \Lambda(\boldsymbol{x}_0, \boldsymbol{y}_0)$．由此可知 $(\boldsymbol{x}_0, \boldsymbol{y}_0, \boldsymbol{u}_0,$

$v_0$）是问题(3-5)的一个可行解．另外，$(x^*,y^*,u^*,v^*)$ 是问题(3-5)的一个全局最优解，这与 $F(x_0,y_0)<F(x^*,y^*)$ 矛盾．因而结论成立．

**定理 3.3** 设问题(3-2)在所有点 $(x,y)\in \operatorname{gph} Y$ 处都满足假设 1、假设 2 和假设 3. 如果对所有 $(u^*,v^*)\in\Lambda(x^*,y^*)$，点 $(x^*,y^*,u^*,v^*)$ 都是问题(3-5)的一个局部最优解，那么 $(x^*,y^*)$ 是问题(3-1)的一个局部最优解．

**证明：** 反证法．假设 $(x^*,y^*)$ 不是问题(3-1)的一个局部最优解，那么存在一个序列 $\{(x_k,y_k)\}\subseteq \operatorname{gph} Y$ 使得 $F(x_k,y_k)<F(x^*,y^*)$．由于问题(3-2)在所有点 $(x,y)\in \operatorname{gph} Y$ 处都满足假设 2，则由引理 3.3 知广义 Slater 条件在点 $x^*$ 和每一个点 $x_k$ 处都成立，因而存在 $(u_k,v_k)\in\Lambda(x_k,y_k)$．由假设 1、假设 2 和引理 3.4 知，$\Lambda(\cdot,\cdot)$ 是上半连续的，因而序列 $\{(u_k,v_k)\}$ 有一个聚点 $(\hat{u},\hat{v})\in\Lambda(x^*,y^*)$．故序列 $\{(x_k,y_k,u_k,v_k)\}$ 收敛到点 $(x^*,y^*,\hat{u},\hat{v})$，且它们都是问题(3-5)的可行解，并满足 $F(x_k,y_k)<F(x^*,y^*)$．这与对所有 $(u^*,v^*)\in\Lambda(x^*,y^*)$，$(x^*,y^*,u^*,v^*)$ 是问题(3-5)的局部最优解矛盾．证毕．

事实上，因为极小化问题和极大化问题都可以转化为各自的 KKT 条件，所以不论是乐观二阶锥规划的双层规划问题还是悲观二阶锥规划的双层规划问题，都可以运用本章的方法进行研究．然而，Dempe 教授在其最近的报告[77]中给出了一个反例，说明双层规划问题的一个(局部)最优解不一定与其对应的乐观双层规划问题有关系．因而，作为双层规划问题的推广，二阶锥规划的双层规划问题只是在全局最优解的意义下才等价于其对应的乐观二阶锥规划的双层规划问题．

## 3.4 二阶充分条件

本节将推导出可行点处临界锥的具体表达式，证明 M-稳定点 $(x^*,y^*)$ 处的二阶充分性条件是二阶增长条件成立的充分条件，因而在适当的条件下，点 $(x^*,y^*)$ 是问题(3-1)的一个局部最优解．

设 $(x^*,y^*,u^*,v^*)$ 是问题(3-5)的一个可行点，本节做如下假设．

**假设 4** 问题(3-5)的严格互补条件成立，即

$$y^{*j}+v^{*j}\in \operatorname{int} K_{m_j},\quad j\in 1,2,\cdots,s$$

换而言之，$N(y^*,v^*)=\varnothing$.

由文献[78]的命题 6 知

$$\begin{aligned} v^{\mathrm{T}}y=0,v\in K^m,y\in K^m &\Leftrightarrow \Pi_{K^m}(y-v)=y \\ &\Leftrightarrow (y-v,y)\in \operatorname{gph}\Pi_{K_m} \end{aligned}$$

故问题(3-5)等价于

$$\begin{aligned} \min\ & F(x,y) \\ \text{s.t.}\ & g(x)\leqslant 0 \\ & G(x,y,u,v)=\mathbf{0} \end{aligned} \tag{3-7}$$

其中函数 $G:\mathbf{R}^n\times\mathbf{R}^m\times\mathbf{R}^r\times\mathbf{R}^m\to\mathbf{R}^q\times\mathbf{R}^m\times\mathbf{R}^r\times\mathbf{R}^m$ 定义为

$$G(\boldsymbol{x},\boldsymbol{y},\boldsymbol{u},\boldsymbol{v})=\begin{bmatrix} h(\boldsymbol{x}) \\ \nabla_y f(\boldsymbol{x},\boldsymbol{y})-\boldsymbol{A}(\boldsymbol{x})^{\mathrm{T}}\boldsymbol{u}-\boldsymbol{v} \\ \boldsymbol{A}(\boldsymbol{x})\boldsymbol{y}+\boldsymbol{b}(\boldsymbol{x}) \\ \Pi_{K_{m_1}}(\boldsymbol{y}^1-\boldsymbol{v}^1)-\boldsymbol{y}^1 \\ \vdots \\ \Pi_{K_{m_s}}(\boldsymbol{y}^s-\boldsymbol{v}^s)-\boldsymbol{y}^s \end{bmatrix} \tag{3-8}$$

临界锥的概念最先在可微约束优化问题[79]中引入，而后被推广到含二阶锥约束广义方程的数学规划问题[27]中．本章定义问题(3－1)在点$(\boldsymbol{x}^*,\boldsymbol{y}^*)$处关于$(\boldsymbol{u}^*,\boldsymbol{v}^*)$的临界锥如下：

$$\begin{aligned} & C(\boldsymbol{x}^*,\boldsymbol{y}^*,\boldsymbol{u}^*,\boldsymbol{v}^*) \\ & =\{(\Delta\boldsymbol{x},\Delta\boldsymbol{y},\Delta\boldsymbol{u},\Delta\boldsymbol{v})\in\mathbf{R}^n\times\mathbf{R}^m\times\mathbf{R}^r\times\mathbf{R}^m \mid \nabla F(\boldsymbol{x}^*,\boldsymbol{y}^*)^{\mathrm{T}}(\Delta\boldsymbol{x},\Delta\boldsymbol{y})\leqslant 0 \\ & \quad \nabla g_i(\boldsymbol{x}^*)^{\mathrm{T}}\Delta\boldsymbol{x}\leqslant 0,i\in I_g(\boldsymbol{x}^*);\ G'(\boldsymbol{x}^*,\boldsymbol{y}^*,\boldsymbol{u}^*,\boldsymbol{v}^*;\Delta\boldsymbol{x},\Delta\boldsymbol{y},\Delta\boldsymbol{u},\Delta\boldsymbol{v})=\boldsymbol{0}\} \end{aligned} \tag{3-9}$$

这里$I_g(\boldsymbol{x}^*)=\{i \mid g_i(\boldsymbol{x}^*)=0,i=1,2,\cdots,p\}$，映射$G$在点$(\boldsymbol{x},\boldsymbol{y},\boldsymbol{u},\boldsymbol{v})\in\mathbf{R}^n\times\mathbf{R}^m\times\mathbf{R}^r\times\mathbf{R}^m$的方向导数为

$$\begin{aligned} & G'(\boldsymbol{x},\boldsymbol{y},\boldsymbol{u},\boldsymbol{v};\ \Delta\boldsymbol{x},\Delta\boldsymbol{y},\Delta\boldsymbol{u},\Delta\boldsymbol{v}) \\ & =\begin{bmatrix} \nabla h(\boldsymbol{x})^{\mathrm{T}}\Delta\boldsymbol{x} \\ \nabla_{xy}^2 f(\boldsymbol{x},\boldsymbol{y})\Delta\boldsymbol{x}+\nabla_{yy}^2 f(\boldsymbol{x},\boldsymbol{y})\Delta\boldsymbol{y}-\boldsymbol{J}_x(\boldsymbol{A}(\boldsymbol{x})^{\mathrm{T}}\boldsymbol{u})\Delta\boldsymbol{x}-\boldsymbol{A}(\boldsymbol{x})^{\mathrm{T}}\Delta\boldsymbol{u}-\Delta\boldsymbol{v} \\ \boldsymbol{J}_x(\boldsymbol{A}(\boldsymbol{x})\boldsymbol{y})\Delta\boldsymbol{x}+\nabla\boldsymbol{b}(\boldsymbol{x})^{\mathrm{T}}\Delta\boldsymbol{x}+\boldsymbol{A}(\boldsymbol{x})\Delta\boldsymbol{y} \\ \Pi'_{K_{m_1}}(\boldsymbol{y}^1-\boldsymbol{v}^1;\Delta\boldsymbol{y}^1-\Delta\boldsymbol{v}^1)-\Delta\boldsymbol{y}^1 \\ \vdots \\ \Pi'_{K_{m_s}}(\boldsymbol{y}^s-\boldsymbol{v}^s;\Delta\boldsymbol{y}^s-\Delta\boldsymbol{v}^s)-\Delta\boldsymbol{y}^s \end{bmatrix} \end{aligned}$$

其中

$$\boldsymbol{A}(\boldsymbol{x})=[\boldsymbol{A}_1(\boldsymbol{x}),\boldsymbol{A}_2(\boldsymbol{x}),\cdots,\boldsymbol{A}_m(\boldsymbol{x})]\in\mathbf{R}^{r\times m},\ \boldsymbol{y}=(y_1,y_2,\cdots,y_m)\in\mathbf{R}^m$$

$$\boldsymbol{J}_x(\boldsymbol{A}(\boldsymbol{x})\boldsymbol{y})=\sum_{k=1}^{m}\nabla\boldsymbol{A}_k(\boldsymbol{x})^{\mathrm{T}}\boldsymbol{y}_k$$

$$\boldsymbol{J}_x(\boldsymbol{A}(\boldsymbol{x})^{\mathrm{T}}\boldsymbol{u})=\begin{bmatrix} \boldsymbol{u}^{\mathrm{T}}\nabla\boldsymbol{A}_1(\boldsymbol{x})^{\mathrm{T}} \\ \boldsymbol{u}^{\mathrm{T}}\nabla\boldsymbol{A}_2(\boldsymbol{x})^{\mathrm{T}} \\ \vdots \\ \boldsymbol{u}^{\mathrm{T}}\nabla\boldsymbol{A}_m(\boldsymbol{x})^{\mathrm{T}} \end{bmatrix}$$

然而，如果投影函数$\Pi_{K_{m_j}}(\cdot)$在点$(\boldsymbol{y}^{*j}-\boldsymbol{v}^{*j})$处不可微，那么$\Pi'_{K_{m_j}}(\boldsymbol{y}^{*j}-\boldsymbol{v}^{*j};\Delta\boldsymbol{y}^j-\Delta\boldsymbol{v}^j)$，$j=1,2,\cdots,s$的显式表达式很复杂[80]，因而难以分析二阶充分条件．为了克服此困难，在随后的分析中令假设 4 成立．由假设 4 和$S(\boldsymbol{y},\boldsymbol{v})$的定义知，对任意$j=1,2,\cdots,s$有

$$j\in S(\boldsymbol{y}^*,\boldsymbol{v}^*)=S_1(\boldsymbol{y}^*,\boldsymbol{v}^*)\cup S_2(\boldsymbol{y}^*,\boldsymbol{v}^*)\cup S_3(\boldsymbol{y}^*,\boldsymbol{v}^*)$$

令 $z^{*j}=y^{*j}-v^{*j}, j=1,2,\cdots,s$. 由引理 3.1 及 $S_1(y,v)$, $S_2(y,v)$ 和 $S_3(y,v)$ 的定义知，或者 $z_1^{*j}>\|\bar{z}^{*j}\|$，或者 $-z_1^{*j}>\|\bar{z}^{*j}\|$，或者 $|z_1^{*j}|<\|\bar{z}^{*j}\|$. 又由引理 3.2 知，$\Pi_{K_{m_j}}(\cdot)$ 在 $z^{*j}=y^{*j}-v^{*j}$ 的邻域内是一个连续可微函数，且对于所有 $j=1,2,\cdots,s$ 有

$$\Pi'_{K_{m_j}}(y^{*j}-v^{*j};\Delta y^j-\Delta v^j)=J\Pi_{K_{m_j}}(y^{*j}-v^{*j})(\Delta y^j-\Delta v^j)$$

因而，由假设 4 和引理 3.2 得到在可行点处临界锥的如下具体形式.

**引理 3.5** 设 $(x,y)$ 为问题(3-1)的一个可行点，$(u,v)$ 是使得 $(x,y,u,v)$ 满足 $g(x,y)\leqslant 0$ 且 $G(x,y,u,v)=0$ 的一个点. 若假设 4 成立，且问题(3-2)在点 $x$ 处满足广义 Slater 条件，则 $\omega=(\Delta x,\Delta y,\Delta u,\Delta v)\in C(x,y,u,v)$ 当且仅当 $\omega$ 满足

$$\begin{cases}\nabla F(x,y)^{\mathrm{T}}(\Delta x,\Delta y)\leqslant 0\\ \nabla g_i(x)^{\mathrm{T}}\Delta x\leqslant 0, i\in I_g(x)\\ \nabla h(x)^{\mathrm{T}}\Delta x=0\\ \nabla^2_{xy}f(x,y)\Delta x+\nabla^2_{yy}f(x,y)\Delta y-J_x(A(x)^{\mathrm{T}}u)\Delta x-A(x)^{\mathrm{T}}\Delta u-\Delta v=0\\ J_x(A(x)y)\Delta x+\nabla b(x)^{\mathrm{T}}\Delta x+A(x)\Delta y=\mathbf{0}\\ \Delta v^j=\mathbf{0}, \forall j\in S_1(y,v)\\ \Delta y^j-P(y^j-v^j)(\Delta y^j-\Delta v^j)=\mathbf{0}, \forall j\in S_2(y,v)\\ \Delta y^j=\mathbf{0}, \forall j\in S_3(y,v)\end{cases}$$

其中矩阵值映射 $P(u)$ 由式(3-3)定义.

**引理 3.6** 设 $(x^*,y^*)$ 为问题(3-1)的一个可行点，$(u^*,v^*)$ 是使得 $(x^*,y^*,u^*,v^*)$ 满足 $g(x^*,y^*)\leqslant 0$ 且 $G(x^*,y^*,u^*,v^*)=0$ 的一个点. 假设 4 成立，且问题(3-2)在点 $x^*$ 处广义 Slater 条件成立. 如果存在乘子 $(w_1^*,w_2^*,w_3^*,w_4^*,w_5^*,w_6^*)\in\mathbf{R}^p\times\mathbf{R}^q\times\mathbf{R}^m\times\mathbf{R}^r\times\mathbf{R}^m\times\mathbf{R}^m$ 满足

$$\begin{cases}\nabla_x F(x^*,y^*)+\nabla g(x^*)w_1^*+\nabla h(x^*)w_2^*+[\nabla^2_{xy}f(x^*,y^*)-J_x(A(x^*)^{\mathrm{T}}u^*)]^{\mathrm{T}}w_3^*\\ \quad+[J_x(A(x^*)y)^{\mathrm{T}}+\nabla b(x^*)]w_4^*=\mathbf{0}\\ \nabla_y F(x^*,y^*)+[\nabla^2_{yy}f(x^*,y^*)]^{\mathrm{T}}w_3^*+A(x^*)^{\mathrm{T}}w_4^*+w_5^*+w_6^*=\mathbf{0}\\ A(x^*)w_3^*=\mathbf{0}\\ w_3^*+w_6^*=\mathbf{0}\\ w_1^*\geqslant\mathbf{0}, w_1^{*\mathrm{T}}g(x^*)=\mathbf{0}\\ w_5^{*j}+w_6^{*j}=\mathbf{0}, j\in S_1(y^*,v^*)\\ P(y^{*j}-v^{*j})w_5^{*j}+w_6^{*j}=\mathbf{0}, j\in S_2(y^*,v^*)\\ w_6^{*j}=\mathbf{0}, j\in S_3(y^*,v^*)\end{cases}$$

那么 $(x^*,y^*)$ 是问题(3-1)的一个 M-稳定点.

**证明：** 由含二阶锥约束广义方程的数学规划问题的 M-稳定点的定义[64]知，若存在乘子 $(w_1^*,w_2^*,w_3^*,w_4^*,w_5^*,w_6^*)\in\mathbf{R}^p\times\mathbf{R}^q\times\mathbf{R}^m\times\mathbf{R}^r\times\mathbf{R}^m\times\mathbf{R}^m$ 使得

$$\begin{cases}\nabla_x F(\boldsymbol{x}^*,\boldsymbol{y}^*)+\nabla g(\boldsymbol{x}^*)\boldsymbol{w}_1^*+\nabla h(\boldsymbol{x}^*)\boldsymbol{w}_2^*+[\nabla_{xy}^2 f(\boldsymbol{x}^*,\boldsymbol{y}^*)-\\ \quad \boldsymbol{J}_x(\boldsymbol{A}(\boldsymbol{x}^*)^{\mathrm{T}}\boldsymbol{u}^*)]^{\mathrm{T}}\boldsymbol{w}_3^*+[\boldsymbol{J}_x(\boldsymbol{A}(\boldsymbol{x}^*)\boldsymbol{y})^{\mathrm{T}}+\nabla \boldsymbol{b}(\boldsymbol{x}^*)]\boldsymbol{w}_4^*=\boldsymbol{0}\\ \nabla_y F(\boldsymbol{x}^*,\boldsymbol{y}^*)+[\nabla_{yy}^2 f(\boldsymbol{x}^*,\boldsymbol{y}^*)]^{\mathrm{T}}\boldsymbol{w}_3^*+\boldsymbol{A}(\boldsymbol{x}^*)^{\mathrm{T}}\boldsymbol{w}_4^*+\boldsymbol{w}_5^*+\boldsymbol{w}_6^*=\boldsymbol{0}\\ \boldsymbol{A}(\boldsymbol{x}^*)\boldsymbol{w}_3^*=\boldsymbol{0}\\ \boldsymbol{w}_3^*+\boldsymbol{w}_6^*=\boldsymbol{0}\\ \boldsymbol{w}_1^*\geqslant\boldsymbol{0},\boldsymbol{w}_1^{*\mathrm{T}}\boldsymbol{g}(\boldsymbol{x}^*)=\boldsymbol{0}\\ (\boldsymbol{w}_6^*,\boldsymbol{w}_5^*)\in N_{\mathrm{gph}\Pi_{K^m}}(\boldsymbol{y}^*-\boldsymbol{v}^*,\boldsymbol{y}^*)\end{cases}$$

则 $(\boldsymbol{x}^*,\boldsymbol{y}^*)$ 是问题(3－1)的一个 M－稳定点．在假设 4 下，由协导数的定义知最后一个关系式可写成

$$D^*\Pi_{K_{m_j}}(\boldsymbol{y}^{*j}-\boldsymbol{v}^{*j})(-\boldsymbol{w}_5^{*j})-\boldsymbol{w}_6^{*j}=\boldsymbol{0},j=1,2,\cdots,s$$

故由引理 3.2 知

$$\begin{aligned}&\boldsymbol{w}_5^{*j}+\boldsymbol{w}_6^{*j}=\boldsymbol{0},j\in S_1(\boldsymbol{y}^*,\boldsymbol{v}^*)\\ &P(\boldsymbol{y}^{*j}-\boldsymbol{v}^{*j})\boldsymbol{w}_5^{*j}+\boldsymbol{w}_6^{*j}=\boldsymbol{0},j\in S_2(\boldsymbol{y}^*,\boldsymbol{v}^*)\\ &\boldsymbol{w}_6^{*j}=\boldsymbol{0},j\in S_3(\boldsymbol{y}^*,\boldsymbol{v}^*)\end{aligned}$$

证毕．

**注：** 在假设 4 的严格互补条件下，二阶锥互补约束数学规划问题的 M－稳定点、S－稳定点、C－稳定点和 W－稳定点都是等价的[65]．

**定义 3.3**　设 $(\boldsymbol{x}^*,\boldsymbol{y}^*)$ 为问题(3－1)的 M－稳定点，$(\boldsymbol{u}^*,\boldsymbol{v}^*)$ 是使 $(\boldsymbol{x}^*,\boldsymbol{y}^*,\boldsymbol{u}^*,\boldsymbol{v}^*)$ 满足 $g(\boldsymbol{x}^*,\boldsymbol{y}^*)\leqslant 0$ 和 $G(\boldsymbol{x}^*,\boldsymbol{y}^*,\boldsymbol{u}^*,\boldsymbol{v}^*)=0$ 的点，$\boldsymbol{w}^*=(\boldsymbol{w}_1^*,\boldsymbol{w}_2^*,\boldsymbol{w}_3^*,\boldsymbol{w}_4^*,\boldsymbol{w}_5^*)\in\mathbf{R}^p\times\mathbf{R}^q\times\mathbf{R}^m\times\mathbf{R}^r\times\mathbf{R}^m$ 为对应的乘子．假设 4 成立，且问题(3－2)在点 $\boldsymbol{x}^*$ 处满足广义 Slater 条件．定义 Lagrange 函数 $L:\mathbf{R}^n\times\mathbf{R}^m\times\mathbf{R}^r\times\mathbf{R}^m\times\mathbf{R}^{p+q+r+2m}\to\mathbf{R}$ 为

$$\begin{aligned}L(\boldsymbol{x},\boldsymbol{y},\boldsymbol{u},\boldsymbol{v},\boldsymbol{w})=&F(\boldsymbol{x},\boldsymbol{y})+\langle w_1,\boldsymbol{g}(\boldsymbol{x})\rangle+\langle w_2,\boldsymbol{h}(\boldsymbol{x})\rangle+\langle w_3,\nabla_y\boldsymbol{f}(\boldsymbol{x},\boldsymbol{y})-\\ &\boldsymbol{A}(\boldsymbol{x})^{\mathrm{T}}\boldsymbol{u}-\boldsymbol{v}\rangle+\langle w_4,\boldsymbol{A}(\boldsymbol{x})\boldsymbol{y}+\boldsymbol{b}(\boldsymbol{x})\rangle-\sum_{j=1}^{s}\langle w_5^j,\\ &\Pi_{K_{m_j}}(\boldsymbol{y}^j-\boldsymbol{v}^j)-\boldsymbol{y}^j\rangle\end{aligned}\tag{3-10}$$

如果

$$\boldsymbol{\omega}^{\mathrm{T}}\nabla_{x,y,u,v}^2 L(\boldsymbol{x}^*,\boldsymbol{y}^*,\boldsymbol{u}^*,\boldsymbol{v}^*,\boldsymbol{w}^*)\boldsymbol{\omega}>0,\forall\boldsymbol{\omega}\in C(\boldsymbol{x}^*,\boldsymbol{y}^*,\boldsymbol{u}^*,\boldsymbol{v}^*)\setminus\{\boldsymbol{0}\}$$

则称二阶充分条件在点 $(\boldsymbol{x}^*,\boldsymbol{y}^*)$ 处成立．

下面将证明在适当的假设下，问题(3－1)的 M－稳定点处的二阶充分条件是二阶增长条件成立的充分条件．

**假设 5**　对任意 $\boldsymbol{x}\in X$ 和问题(3－2)的任意解 $\boldsymbol{y}$，存在一个指标 $j$ 使得 $j\in\overline{I(\boldsymbol{y})\cup B(\boldsymbol{y})}$．此外，$[\boldsymbol{A}^j(\boldsymbol{x})]_{j\in\overline{I(\boldsymbol{y})\cup B(\boldsymbol{y})}}$ 行满秩．

**定理 3.4**　设 $(\boldsymbol{x}^*,\boldsymbol{y}^*)$ 为问题(3－1)的 M－稳定点．假设 3、假设 4 和假设 5 成立，问题(3－2)在点 $\boldsymbol{x}^*$ 处满足广义 Slater 条件．如果二阶充分条件在点 $(\boldsymbol{x}^*,\boldsymbol{y}^*)$ 处成立，则二阶增长条件在点 $(\boldsymbol{x}^*,\boldsymbol{y}^*)$ 处也成立．

**证明：**若二阶增长条件不成立，则存在一个可行序列 $\{(\boldsymbol{x}_n,\boldsymbol{y}_n)\}\to(\boldsymbol{x}^*,\boldsymbol{y}^*)$ 使得

$$F(\boldsymbol{x}_n,\boldsymbol{y}_n)\leqslant F(\boldsymbol{x}^*,\boldsymbol{y}^*)+o(\hat{t}_n^2)$$

其中 $\hat{t}_n=\|(\boldsymbol{x}_n-\boldsymbol{x}^*,\boldsymbol{y}_n-\boldsymbol{y}^*)\|$．由于 $(\boldsymbol{x}_n,\boldsymbol{y}_n)$ 可行，且由假设 5 知 $[\boldsymbol{A}^j(\boldsymbol{x})]_{j\in\overline{I(y)\cup B(y)}}$ 行满秩，故由式(3－5)和文献［61］的证明得存在唯一的点 $(\boldsymbol{u}_n,\boldsymbol{v}_n)$ 使得

$$[\boldsymbol{A}(\boldsymbol{x}_n)^{\mathrm{T}}\quad \boldsymbol{I}]\begin{bmatrix}\boldsymbol{u}_n\\ \boldsymbol{v}_n\end{bmatrix}=\nabla_{y_n}f(\boldsymbol{x}_n,\boldsymbol{y}_n)$$

当 $n\to\infty$时，有 $\{(\boldsymbol{u}_n,\boldsymbol{v}_n)\}\to(\boldsymbol{u}^*,\boldsymbol{v}^*)$ 且

$$[\boldsymbol{A}(\boldsymbol{x}_n)^{\mathrm{T}}\quad \boldsymbol{I}]\begin{bmatrix}\boldsymbol{u}^*\\ \boldsymbol{v}^*\end{bmatrix}=\nabla_{y^*}f(\boldsymbol{x}^*,\boldsymbol{y}^*)$$

因此 $\{(\boldsymbol{x}_n,\boldsymbol{y}_n,\boldsymbol{u}_n,\boldsymbol{v}_n)\}\to(\boldsymbol{x}^*,\boldsymbol{y}^*,\boldsymbol{u}^*,\boldsymbol{v}^*)$．令

$$\begin{aligned}t_n&=\|(\boldsymbol{x}_n-\boldsymbol{x}^*,\boldsymbol{y}_n-\boldsymbol{y}^*,\boldsymbol{u}_n-\boldsymbol{u}^*,\boldsymbol{v}_n-\boldsymbol{v}^*)\|\\ \boldsymbol{d}_n&=(\boldsymbol{d}_x^n,\boldsymbol{d}_y^n,\boldsymbol{d}_u^n,\boldsymbol{d}_v^n)=t_n^{-1}(\boldsymbol{x}_n-\boldsymbol{x}^*,\boldsymbol{y}_n-\boldsymbol{y}^*,\boldsymbol{u}_n-\boldsymbol{u}^*,\boldsymbol{v}_n-\boldsymbol{v}^*)\end{aligned}$$

则 $t_n\geqslant\hat{t}_n$，且

$$F(\boldsymbol{x}_n,\boldsymbol{y}_n)\leqslant F(\boldsymbol{x}^*,\boldsymbol{y}^*)+o(t_n^2)\tag{3-11}$$

不失一般性，假设

$$\boldsymbol{d}_n=(\boldsymbol{d}_x^n,\boldsymbol{d}_y^n,\boldsymbol{d}_u^n,\boldsymbol{d}_v^n)\to(\boldsymbol{d}_x,\boldsymbol{d}_y,\boldsymbol{d}_u,\boldsymbol{d}_v)=\boldsymbol{d}\neq\boldsymbol{0}$$

又 $G$ 是半光滑的，可得如下泰勒展开式

$$F(\boldsymbol{x}_n,\boldsymbol{y}_n)=F(\boldsymbol{x}^*,\boldsymbol{y}^*)+t_n\nabla F(\boldsymbol{x}^*,\boldsymbol{y}^*)^{\mathrm{T}}(\boldsymbol{d}_x^n,\boldsymbol{d}_y^n)+o(t_n^2)\tag{3-12}$$

$$g(\boldsymbol{x}_n)=g(\boldsymbol{x}^*)+t_n\nabla g(\boldsymbol{x}^*)^{\mathrm{T}}(\boldsymbol{d}_x^n)+o(t_n)\tag{3-13}$$

$$G(\boldsymbol{x}_n,\boldsymbol{y}_n,\boldsymbol{u}_n,\boldsymbol{v}_n)=G(\boldsymbol{x}^*,\boldsymbol{y}^*,\boldsymbol{u}^*,\boldsymbol{v}^*)+t_nG'(\boldsymbol{x}^*,\boldsymbol{y}^*,\boldsymbol{u}^*,\boldsymbol{v}^*)+o(t_n)\tag{3-14}$$

由式(3－11)和式(3－12)知

$$\nabla F(\boldsymbol{x}^*,\boldsymbol{y}^*)^{\mathrm{T}}(\boldsymbol{d}_x,\boldsymbol{d}_y)\leqslant 0$$

又因为 $(\boldsymbol{x}_n,\boldsymbol{y}_n,\boldsymbol{u}_n,\boldsymbol{v}_n)$ 可行，则由式(3－13)和式(3－14)得

$$\begin{gathered}\nabla g_i(\boldsymbol{x}^*)^{\mathrm{T}}\boldsymbol{d}_x\leqslant 0,i\in I_g(\boldsymbol{x}^*)\\ G'(\boldsymbol{x}^*,\boldsymbol{y}^*,\boldsymbol{u}^*,\boldsymbol{v}^*;\boldsymbol{d})=0\end{gathered}$$

因而由式(3－9)得 $\boldsymbol{d}\in C(\boldsymbol{x}^*,\boldsymbol{y}^*,\boldsymbol{u}^*,\boldsymbol{v}^*)$

由式(3－10)知

$$\nabla_{x,y,u,v}L(\boldsymbol{x}^*,\boldsymbol{y}^*,\boldsymbol{u}^*,\boldsymbol{v}^*,\boldsymbol{w}^*)=\begin{bmatrix}\nabla_x L(\boldsymbol{x}^*,\boldsymbol{y}^*,\boldsymbol{u}^*,\boldsymbol{v}^*,\boldsymbol{w}^*)\\ \nabla_y F(\boldsymbol{x}^*,\boldsymbol{y}^*)+[\nabla_{yy}^2 f(\boldsymbol{x}^*,\boldsymbol{y}^*)]^{\mathrm{T}}\boldsymbol{w}_3^*+\boldsymbol{A}(\boldsymbol{x}^*)^{\mathrm{T}}\boldsymbol{w}_4^*+\boldsymbol{w}_5^*+\boldsymbol{w}_6^*\\ -\boldsymbol{A}(\boldsymbol{x}^*)\boldsymbol{w}_3^*\\ -\boldsymbol{w}_3^*-\boldsymbol{w}_6^*\end{bmatrix}$$

其中

$$\begin{aligned}\nabla_x L(\boldsymbol{x}^*,\boldsymbol{y}^*,\boldsymbol{u}^*,\boldsymbol{v}^*,\boldsymbol{w}^*) = {}& \nabla_x F(\boldsymbol{x}^*,\boldsymbol{y}^*) + \nabla g(\boldsymbol{x}^*)\boldsymbol{w}_1^* + \nabla h(\boldsymbol{x}^*)\boldsymbol{w}_2^* + \\ & [\nabla_{xy}^2 f(\boldsymbol{x}^*,\boldsymbol{y}^*) - \boldsymbol{J}_x(\mathbf{A}(\boldsymbol{x}^*)^{\mathrm{T}}\boldsymbol{u}^*]^{\mathrm{T}}\boldsymbol{w}_3^* + \\ & [\boldsymbol{J}_x(\mathbf{A}(\boldsymbol{x}^*)\boldsymbol{y})^{\mathrm{T}} + \nabla \boldsymbol{b}(\boldsymbol{x}^*)]\boldsymbol{w}_4^*\end{aligned}$$

$$\boldsymbol{w}_6^{*j} = \begin{cases} -\boldsymbol{w}_5^{*j}, j \in S_1(\boldsymbol{y}^*,\boldsymbol{v}^*), \\ -P(\boldsymbol{y}^{*j} - \boldsymbol{v}^{*j})\boldsymbol{w}_5^{*j}, j \in S_2(\boldsymbol{y}^*,\boldsymbol{v}^*), \\ \mathbf{0}, j \in S_3(\boldsymbol{y}^*,\boldsymbol{v}^*) \end{cases}$$

由于 $(\boldsymbol{x}^*,\boldsymbol{y}^*)$ 是问题(3-1)的 M-稳定点，则由引理 3.6 得

$$\nabla_{x,y,u,v} L(\boldsymbol{x}^*,\boldsymbol{y}^*,\boldsymbol{u}^*,\boldsymbol{v}^*,\boldsymbol{w}^*) = \mathbf{0}$$

由二阶充分条件知，存在 $\alpha > 0$ 使得对充分大的 $n$ 有

$$\begin{aligned}& L(\boldsymbol{x}_n,\boldsymbol{y}_n,\boldsymbol{u}_n,\boldsymbol{v}_n,\boldsymbol{w}^*) - L(\boldsymbol{x}^*,\boldsymbol{y}^*,\boldsymbol{u}^*,\boldsymbol{v}^*,\boldsymbol{w}^*) \\ = {}& \frac{1}{2}t_n^2\boldsymbol{d}_n^{\mathrm{T}}\ \nabla_{x,y,u,v}^2 L(\boldsymbol{x}^*,\boldsymbol{y}^*,\boldsymbol{u}^*,\boldsymbol{v}^*,\boldsymbol{w}^*)\boldsymbol{d}_n + o(t_n^2) \\ > {}& \alpha t_n^2\end{aligned} \tag{3-15}$$

另外，由于 $I_g(\boldsymbol{x}) \subseteq I_g(\boldsymbol{x}^*)$，且由引理 3.6 知 $\boldsymbol{w}_1^* \geqslant \mathbf{0}$，$\boldsymbol{w}_1^{*\mathrm{T}}\boldsymbol{g}(\boldsymbol{x}^*) = \mathbf{0}$，所以结合式(3-10)和式(3-11)得

$$\begin{aligned}& L(\boldsymbol{x}_n,\boldsymbol{y}_n,\boldsymbol{u}_n,\boldsymbol{v}_n,\boldsymbol{w}^*) - L(\boldsymbol{x}^*,\boldsymbol{y}^*,\boldsymbol{u}^*,\boldsymbol{v}^*,\boldsymbol{w}^*) \\ = {}& F(\boldsymbol{x}_n,\boldsymbol{y}_n) - F(\boldsymbol{x}^*,\boldsymbol{y}^*) + \sum_{i \in I_g(x^*)} w_1^{*i} g_i(\boldsymbol{x}_n) \\ \leqslant {}& o(t_n^2)\end{aligned}$$

这与式(3-15)矛盾．证毕．

由引理 3.3、定理 3.3 和定理 3.4 可知，在适当的条件下问题(3-1)的 M-稳定点 $(\boldsymbol{x}^*,\boldsymbol{y}^*)$ 是一个局部最优解．

**定理 3.5**　设问题(3-2)在所有点 $(\boldsymbol{x},\boldsymbol{y}) \in \operatorname{gph} Y$ 处都满足假设 1～假设 5. 如果 $(\boldsymbol{x}^*,\boldsymbol{y}^*)$ 是问题(3-1)的一个 M-稳定点，且二阶充分条件在点 $(\boldsymbol{x}^*,\boldsymbol{y}^*)$ 处成立，那么 $(\boldsymbol{x}^*,\boldsymbol{y}^*)$ 是问题(3-1)的一个局部最优解．

# 第 4 章　二阶锥互补问题的一类单参数光滑函数的雅可比相容性

二阶锥互补函数及其光滑函数在求解二阶锥互补问题(SOCCP)方面已得到了广泛的研究．本章研究一类单参数二阶锥互补函数的方向导数和 B-次微分，提出它的光滑函数，并推导光滑函数的雅可比计算公式．基于这些结果，本章证明了一类单参数光滑函数的雅可比相容性，这将对实现光滑方法的快速收敛起到重要作用．此外，本章给出了单参数二阶锥互补函数类的次梯度与其光滑函数的梯度之间距离的上界，这将有助于在光滑方法中适当地调整参数．

## 4.1　引　　言

二阶锥互补问题[6]是指找到一个向量对 $(\boldsymbol{x},\boldsymbol{y},\boldsymbol{\zeta})\in\mathbf{R}^n\times\mathbf{R}^n\times\mathbf{R}^l$ 使得

$$\boldsymbol{x}\in K,\boldsymbol{y}\in K,\boldsymbol{x}^{\mathrm{T}}\boldsymbol{y}=0,F(\boldsymbol{x},\boldsymbol{y},\boldsymbol{\zeta})=\mathbf{0} \tag{4-1}$$

其中 $F:\mathbf{R}^n\times\mathbf{R}^n\times\mathbf{R}^l\to\mathbf{R}^n\times\mathbf{R}^l$ 是连续可微映射，$K\subset\mathbf{R}^n$ 为有限个二阶锥[81]的笛卡儿乘积．

光滑方法因其优越的理论结果和数值性能受到人们的广泛关注[30,33,34,52]．光滑方法通常利用二阶锥互补函数的光滑函数，将二阶锥互补问题转化为一个方程组[82]．光滑函数中所涉及的光滑参数可被视为一个变量[30]，或一个带有适当参数控制的参数[34]．在后一种情况下，雅可比相容性对于实现牛顿法或牛顿类方法的快速收敛起着关键作用．本章旨在证明一类单参数二阶锥互补函数的光滑函数的雅可比相容性，进而实现光滑方法的快速收敛．此外，通过估算该类单参数二阶锥互补函数的次梯度与其光滑函数梯度之间距离的上界，可适当调整光滑方法中的参数．

## 4.2　互补函数及其光滑函数

本章考虑一类单参数二阶锥互补函数 $\phi_\tau:\mathbf{R}^n\times\mathbf{R}^n\to\mathbf{R}^n$ [83]如下

$$\phi_\tau(\boldsymbol{x},\boldsymbol{y})=\boldsymbol{x}+\boldsymbol{y}-\sqrt{\boldsymbol{x}^2+\boldsymbol{y}^2+(\tau-2)(\boldsymbol{x}\circ\boldsymbol{y})} \tag{4-2}$$

其中 $\tau\in(0,4)$，为任意给定的参数．当 $\tau=2$ 时，$\phi_\tau$ 退化为向量值 Fischer-Burmeister 函数

$$\phi_{\mathrm{FB}}(\boldsymbol{x},\boldsymbol{y})=\boldsymbol{x}+\boldsymbol{y}-\sqrt{\boldsymbol{x}^2+\boldsymbol{y}^2} \tag{4-3}$$

当 $\tau \to 0$ 时，函数 $\phi_\tau(\boldsymbol{x},\boldsymbol{y})$ 变为以下向量值残差函数的倍数

$$\phi_{\mathrm{NR}}(\boldsymbol{x},\boldsymbol{y}) = \boldsymbol{x} - \Pi_{K^n}(\boldsymbol{x}-\boldsymbol{y}) \tag{4-4}$$

其中，$\Pi_{K^n}(\cdot)$ 表示二阶锥 $K^n$ 上的度量投影．因此，单参数向量值函数类(4－2)涵盖了两个常用的二阶锥互补函数．

由于式(4－2)定义的单参数二阶锥互补函数类 $\phi_\tau$ 是非光滑的，故考虑函数 $\phi_{\tau,\varepsilon}$ 如下：

$$\phi_{\tau,\varepsilon}(\boldsymbol{x},\boldsymbol{y}) = \boldsymbol{x}+\boldsymbol{y}-\sqrt{\boldsymbol{x}^2+\boldsymbol{y}^2+(\tau-2)(\boldsymbol{x}\circ\boldsymbol{y})+2\varepsilon^2\boldsymbol{e}} \tag{4-5}$$

其中，光滑参数 $\varepsilon \in \mathbf{R}$．

下证式(4－5)给出的函数 $\phi_{\tau,\varepsilon}$ 是 $\phi_\tau$ 的光滑函数．对任意 $\varepsilon > 0$，可求解一族光滑子问题 $\phi_{\tau,\varepsilon}(\boldsymbol{x},\boldsymbol{y}) = \boldsymbol{0}$，并通过令 $\varepsilon \to 0$ 得到 $\phi_{\tau,\varepsilon}(\boldsymbol{x},\boldsymbol{y}) = \boldsymbol{0}$ 的解．

为方便起见，对任意 $\boldsymbol{x}=(x_1,\boldsymbol{x}_2),\boldsymbol{y}=(y_1,\boldsymbol{y}_2)\in \mathbf{R}\times\mathbf{R}^{n-1}$ 和任意 $\varepsilon \in \mathbf{R}$，定义映射 $z^\varepsilon$：$\mathbf{R}^{2n} \to \mathbf{R}\times\mathbf{R}^{n-1}$ 为

$$\boldsymbol{z}^\varepsilon = (z_1^\varepsilon,\boldsymbol{z}_2^\varepsilon) = z^\varepsilon(\boldsymbol{x},\boldsymbol{y}) = \boldsymbol{x}^2+\boldsymbol{y}^2+(\tau-2)(\boldsymbol{x}\circ\boldsymbol{y})+2\varepsilon^2\boldsymbol{e} \tag{4-6}$$

为简单起见，此处省略 $\varepsilon = 0$ 时的上标，故

$$\boldsymbol{z} = (z_1,\boldsymbol{z}_2) = z(\boldsymbol{x},\boldsymbol{y}) = \boldsymbol{x}^2+\boldsymbol{y}^2+(\tau-2)(\boldsymbol{x}\circ\boldsymbol{y}) \tag{4-7}$$

直接计算得

$$\begin{aligned} z_1^\varepsilon &= \|\boldsymbol{x}\|^2+\|\boldsymbol{y}\|^2+(\tau-2)\boldsymbol{x}^{\mathrm{T}}\boldsymbol{y}+2\varepsilon^2 = 2\varepsilon^2+z_1 \\ \boldsymbol{z}_2^\varepsilon &= 2x_1\boldsymbol{x}_2+2y_1\boldsymbol{y}_2+(\tau-2)(x_1\boldsymbol{y}_2+y_1\boldsymbol{x}_2) = \boldsymbol{z}_2 \end{aligned} \tag{4-8}$$

因此 $\boldsymbol{z}^\varepsilon = (z_1^\varepsilon,\boldsymbol{z}_2^\varepsilon)$，从而 $\boldsymbol{z}^\varepsilon$ 的谱分解为

$$\boldsymbol{z}^\varepsilon = \lambda_1(\boldsymbol{z}^\varepsilon)\boldsymbol{u}_1(\boldsymbol{z})+\lambda_2(\boldsymbol{z}^\varepsilon)\boldsymbol{u}_2(\boldsymbol{z}) \tag{4-9}$$

其中，$\lambda_1(\boldsymbol{z}^\varepsilon),\lambda_2(\boldsymbol{z}^\varepsilon)$ 和 $\boldsymbol{u}_1(\boldsymbol{z}),\boldsymbol{u}_2(\boldsymbol{z})$ 为 $\boldsymbol{z}^\varepsilon$ 的谱值和相应的谱向量，即

$$\begin{aligned} \lambda_i(\boldsymbol{z}^\varepsilon) = {} & 2\varepsilon^2+\|\boldsymbol{x}\|^2+\|\boldsymbol{y}\|^2+(\tau-2)\boldsymbol{x}^{\mathrm{T}}\boldsymbol{y}+ \\ & (-1)^i\|2x_1\boldsymbol{x}_2+2y_1\boldsymbol{y}_2+(\tau-2)(x_1\boldsymbol{y}_2+y_1\boldsymbol{x}_2)\| \end{aligned} \tag{4-10}$$

$$\boldsymbol{u}_i(\boldsymbol{z}) = \frac{1}{2}(1,(-1)^i\bar{\boldsymbol{z}}_2),\ i=1,2 \tag{4-11}$$

这里，若 $\bar{\boldsymbol{z}}_2 \neq \boldsymbol{0}$，则

$$\bar{\boldsymbol{z}}_2 = \frac{\boldsymbol{z}_2}{\|\boldsymbol{z}_2\|} = \frac{2x_1\boldsymbol{x}_2+2y_1\boldsymbol{y}_2+(\tau-2)(x_1\boldsymbol{y}_2+y_1\boldsymbol{x}_2)}{\|2x_1\boldsymbol{x}_2+2y_1\boldsymbol{y}_2+(\tau-2)(x_1\boldsymbol{y}_2+y_1\boldsymbol{x}_2)\|} \tag{4-12}$$

否则，$\bar{\boldsymbol{z}}_2$ 为 $\mathbf{R}^{n-1}$ 中满足$\|\bar{\boldsymbol{z}}_2\| = 1$ 的任意向量．

对任意 $(\boldsymbol{x},\boldsymbol{y}) \in \mathbf{R}^n\times\mathbf{R}^n$，易证当 $\varepsilon \neq 0$ 时有

$$\begin{aligned} \boldsymbol{z}^\varepsilon &= \boldsymbol{x}^2+\boldsymbol{y}^2+(\tau-2)(\boldsymbol{x}\circ\boldsymbol{y})+2\varepsilon^2\boldsymbol{e} \\ &= \left(\boldsymbol{x}+\frac{\tau-2}{2}\boldsymbol{y}\right)^2+\frac{\tau(4-\tau)}{4}\boldsymbol{y}^2+2\varepsilon^2\boldsymbol{e} \\ &= \left(\boldsymbol{y}+\frac{\tau-2}{2}\boldsymbol{x}\right)^2+\frac{\tau(4-\tau)}{4}\boldsymbol{x}^2+2\varepsilon^2\boldsymbol{e} \in \operatorname{int} K^n \end{aligned} \tag{4-13}$$

且

$$\begin{aligned} z &= x^2 + y^2 + (\tau - 2)(x \circ y) \\ &= \left(x + \frac{\tau - 2}{2} y\right)^2 + \frac{\tau(4-\tau)}{4} y^2 \\ &= \left(y + \frac{\tau - 2}{2} x\right)^2 + \frac{\tau(4-\tau)}{4} x^2 \in K^n \end{aligned} \tag{4-14}$$

因此对任意 $x = (x_1, x_2), y = (y_1, y_2) \in \mathbf{R} \times \mathbf{R}^{n-1}$ 和任意 $\varepsilon \in \mathbf{R}$，可定义

$$\omega^\varepsilon = (\omega_1^\varepsilon, \omega_2^\varepsilon) = \omega^\varepsilon(x, y) = \sqrt{x^2 + y^2 + (\tau - 2)(x \circ y) + 2\varepsilon^2 e} \tag{4-15}$$

且当 $\varepsilon = 0$ 时，

$$\omega = (\omega_1, \omega_2) = \omega(x, y) = \sqrt{x^2 + y^2 + (\tau - 2)(x \circ y)} \tag{4-16}$$

$\omega^\varepsilon$ 和 $\omega$ 的谱分解分别由下式给出

$$\begin{aligned} \omega^\varepsilon &= \sqrt{\lambda_1(z^\varepsilon)} u_1(z) + \sqrt{\lambda_2(z^\varepsilon)} u_2(z) \\ \omega &= \sqrt{\lambda_1(z)} u_1(z) + \sqrt{\lambda_2(z)} u_2(z) \end{aligned} \tag{4-17}$$

由式(4－14)知，$\mathbf{R}^{2n}$ 可划分为 $S_1 \cup S_2 \cup \{(\mathbf{0}, \mathbf{0})\}$，其中

$$\begin{aligned} S_1 &= \{(x, y) \in \mathbf{R}^{2n} \mid z \in \operatorname{int} K^n\} = \{(x, y) \in \mathbf{R}^{2n} \mid \lambda_2(z) \geqslant \lambda_1(z) > 0\} \\ S_2 &= \{(x, y) \in \mathbf{R}^{2n} \mid z \in \operatorname{bd} K^n \setminus \{\mathbf{0}\}\} = \{(x, y) \in \mathbf{R}^{2n} \mid 2z_1 = \lambda_2(z) > \lambda_1(z) = 0\} \end{aligned} \tag{4-18}$$

**定理 4.1** 对任意 $(x, y) \in \mathbf{R}^n \times \mathbf{R}^n$ 和 $\varepsilon \neq 0$，设 $\phi_\tau$ 和 $\phi_{\tau,\varepsilon}$ 分别由式(4－2)和式(4－5)定义，则下列结论成立．

(1)函数 $\phi_{\tau,\varepsilon}$ 处处连续可微，且其雅可比矩阵为

$$\nabla \phi_{\tau,\varepsilon}(x, y) = \begin{bmatrix} I - L\left(x + \dfrac{\tau - 2}{2} y\right) L^{-1}(\omega^\varepsilon) \\ I - L\left(y + \dfrac{\tau - 2}{2} x\right) L^{-1}(\omega^\varepsilon) \end{bmatrix} \tag{4-19}$$

其中，$z$ 由式(4－7)定义．若 $z_2 = \mathbf{0}$，则 $L^{-1}(\omega^\varepsilon) = (1/\sqrt{z_1^\varepsilon}) I$；否则，

$$L^{-1}(\omega^\varepsilon) = L_1(z^\varepsilon) + L_2(z^\varepsilon) = \begin{bmatrix} b_\varepsilon & c_\varepsilon \bar{z}_2^{\mathrm{T}} \\ c_\varepsilon \bar{z}_2 & a_\varepsilon I + (b_\varepsilon - a_\varepsilon) \bar{z}_2 \bar{z}_2^{\mathrm{T}} \end{bmatrix} \tag{4-20}$$

这里

$$\begin{aligned} L_1(z^\varepsilon) &= \frac{1}{2\sqrt{\lambda_1(z^\varepsilon)}} \begin{bmatrix} 1 & -\bar{z}_2^{\mathrm{T}} \\ -\bar{z}_2 & \bar{z}_2 \bar{z}_2^{\mathrm{T}} \end{bmatrix} \\ L_2(z^\varepsilon) &= \frac{1}{2\sqrt{\lambda_2(z^\varepsilon)}} \begin{bmatrix} 1 & \bar{z}_2^{\mathrm{T}} \\ \bar{z}_2 & \bar{z}_2 \bar{z}_2^{\mathrm{T}} \end{bmatrix} + a_\varepsilon \begin{bmatrix} 0 & \mathbf{0}^{\mathrm{T}} \\ \mathbf{0} & I - \bar{z}_2 \bar{z}_2^{\mathrm{T}} \end{bmatrix} \end{aligned} \tag{4-21}$$

$$
\begin{aligned}
a_\varepsilon &= \frac{2}{\sqrt{\lambda_1(z^\varepsilon)}+\sqrt{\lambda_2(z^\varepsilon)}} \\
b_\varepsilon &= \frac{1}{2}\left(\frac{1}{\sqrt{\lambda_1(z^\varepsilon)}}+\frac{1}{\sqrt{\lambda_2(z^\varepsilon)}}\right) \\
c_\varepsilon &= \frac{1}{2}\left(\frac{1}{\sqrt{\lambda_2(z^\varepsilon)}}-\frac{1}{\sqrt{\lambda_1(z^\varepsilon)}}\right)
\end{aligned} \tag{4-22}
$$

(2)对任意 $(\boldsymbol{x},\boldsymbol{y})\in\mathbf{R}^n\times\mathbf{R}^n$，$\lim\limits_{\varepsilon\downarrow 0}\phi_{\tau,\varepsilon}(\boldsymbol{x},\boldsymbol{y})=\phi_\tau(\boldsymbol{x},\boldsymbol{y})$，因此 $\phi_{\tau,\varepsilon}$ 为 $\phi_\tau$ 的光滑函数．

**证明：**(1)对任意 $(\boldsymbol{x},\boldsymbol{y})\in\mathbf{R}^n\times\mathbf{R}^n$ 和任意 $\varepsilon\neq 0$，由文献[6]的推论 5.4、链式法则及式(4-13)可得，式(4-19)成立．而式(4-20)则由文献[6]的命题 5.2 及其证明可得到．

(2)固定任意 $\boldsymbol{x}=(x_1,\boldsymbol{x}_2),\boldsymbol{y}=(y_1,\boldsymbol{y}_2)\in\mathbf{R}\times\mathbf{R}^{n-1}$．对任意 $\varepsilon>0$，由 $\boldsymbol{z}$ 和 $\boldsymbol{z}^\varepsilon$ 的谱分解可得

$$
\begin{aligned}
\phi_\tau(\boldsymbol{x},\boldsymbol{y}) &= \boldsymbol{x}+\boldsymbol{y}-\left(\sqrt{\lambda_1(\boldsymbol{z})}\boldsymbol{u}_1(\boldsymbol{z})+\sqrt{\lambda_2(\boldsymbol{z})}\boldsymbol{u}_2(\boldsymbol{z})\right) \\
\phi_{\tau,\varepsilon}(\boldsymbol{x},\boldsymbol{y}) &= \boldsymbol{x}+\boldsymbol{y}-\left(\sqrt{\lambda_1(\boldsymbol{z}^\varepsilon)}\boldsymbol{u}_1(\boldsymbol{z})+\sqrt{\lambda_2(\boldsymbol{z}^\varepsilon)}\boldsymbol{u}_2(\boldsymbol{z})\right)
\end{aligned} \tag{4-23}
$$

其中对于 $i=1,2$，

$$
\begin{aligned}
\lambda_i(\boldsymbol{z}) = {} & \|\boldsymbol{x}\|^2+\|\boldsymbol{y}\|^2+(\tau-2)\boldsymbol{x}^{\mathrm{T}}\boldsymbol{y}+ \\
& (-1)^i\,\|2x_1\boldsymbol{x}_2+2y_1\boldsymbol{y}_2+(\tau-2)(x_1\boldsymbol{y}_2+y_1\boldsymbol{x}_2)\|
\end{aligned} \tag{4-24}
$$

且 $\lambda_i(\boldsymbol{z}^\varepsilon)$ 和 $\boldsymbol{u}_i(\boldsymbol{z})$ 分别由式(4-10)和式(4-11)给出．显然 $\lambda_i(\boldsymbol{z}^\varepsilon)=\lambda_i(\boldsymbol{z})+2\varepsilon^2$，$i=1,2$．那么

$$
\begin{aligned}
& \lim_{\varepsilon\downarrow 0}\left(\sqrt{\lambda_1(\boldsymbol{z}^\varepsilon)}\boldsymbol{u}_1(\boldsymbol{z})+\sqrt{\lambda_2(\boldsymbol{z}^\varepsilon)}\boldsymbol{u}_2(\boldsymbol{z})\right) \\
={} & \lim_{\varepsilon\downarrow 0}\left(\sqrt{\lambda_1(\boldsymbol{z})+2\varepsilon^2}\boldsymbol{u}_1(\boldsymbol{z})+\sqrt{\lambda_2(\boldsymbol{z})+2\varepsilon^2}\boldsymbol{u}_2(\boldsymbol{z})\right) \\
={} & \sqrt{\lambda_1(\boldsymbol{z})}\boldsymbol{u}_1(\boldsymbol{z})+\sqrt{\lambda_2(\boldsymbol{z})}\boldsymbol{u}_2(\boldsymbol{z})
\end{aligned} \tag{4-25}
$$

故 $\lim\limits_{\varepsilon\downarrow 0}\phi_{\tau,\varepsilon}(\boldsymbol{x},\boldsymbol{y})=\phi_\tau(\boldsymbol{x},\boldsymbol{y})$．因此由(1)和定义 2.2 可知 $\phi_{\tau,\varepsilon}$ 是 $\phi_\tau$ 的一个光滑函数．

下面给出 $\phi_\tau$ 的一些性质[83]，这将在后面的分析中用到．在此之前给出如下定义．

对任意 $\boldsymbol{x}=(x_1,\boldsymbol{x}_2)\in\mathbf{R}\times\mathbf{R}^{n-1}$，定义[84] $\boldsymbol{x}'=(x_1,-\boldsymbol{x}_2)$．显然 $\boldsymbol{x}''=\boldsymbol{x}$，$(\boldsymbol{x}+\boldsymbol{s})'=\boldsymbol{x}'+\boldsymbol{s}'$，且对任意 $c\in\mathbf{R}$ 有 $(c\boldsymbol{x})'=c\boldsymbol{x}'$．此外，若 $\boldsymbol{x}\in\mathrm{bd}\,K^n$，则 $\boldsymbol{x}\circ\boldsymbol{x}'=x_1^2-\|\boldsymbol{x}_2\|^2=0$．

**引理 4.1**　对任意 $\boldsymbol{x}=(x_1,\boldsymbol{x}_2),\boldsymbol{y}=(y_1,\boldsymbol{y}_2)\in\mathbf{R}\times\mathbf{R}^{n-1}$，令 $\boldsymbol{z}=(z_1,\boldsymbol{z}_2)=\boldsymbol{x}^2+\boldsymbol{y}^2+(\tau-2)(\boldsymbol{x}\circ\boldsymbol{y})\in\mathrm{bd}\,K^n$，那么

$$
\left(\boldsymbol{x}+\frac{\tau-2}{2}\boldsymbol{y}\right)\circ\left(\boldsymbol{x}+\frac{\tau-2}{2}\boldsymbol{y}\right)'=0,\quad \boldsymbol{y}\circ\boldsymbol{y}'=0 \tag{4-26}
$$

$$
\left(\boldsymbol{x}+\frac{\tau-2}{2}\boldsymbol{y}\right)\circ\boldsymbol{z}'=0,\quad \boldsymbol{y}\circ\boldsymbol{z}'=0 \tag{4-27}
$$

$$
\left(\boldsymbol{x}+\frac{\tau-2}{2}\boldsymbol{y}\right)\circ\boldsymbol{y}'=0,\left(\boldsymbol{y}+\frac{\tau-2}{2}\boldsymbol{x}\right)\circ\boldsymbol{x}'=0 \tag{4-28}
$$

$$
\left(\boldsymbol{y}+\frac{\tau-2}{2}\boldsymbol{x}\right)\circ\left(\boldsymbol{y}+\frac{\tau-2}{2}\boldsymbol{x}\right)'=0,\quad \boldsymbol{x}\circ\boldsymbol{x}'=0 \tag{4-29}
$$

$$\left(\boldsymbol{y}+\frac{\tau-2}{2}\boldsymbol{x}\right)\circ \boldsymbol{z}'=0,\quad \boldsymbol{x}\circ \boldsymbol{z}'=0 \tag{4-30}$$

$$\left(\boldsymbol{x}+\frac{\tau-2}{2}\boldsymbol{y}\right)\circ\left(\boldsymbol{y}+\frac{\tau-2}{2}\boldsymbol{x}\right)'=0,\quad \boldsymbol{x}\circ \boldsymbol{y}'=0 \tag{4-31}$$

此外，下列等价关系成立：

$$z_1=0\Leftrightarrow \boldsymbol{z}_2=\boldsymbol{0}\Leftrightarrow \boldsymbol{z}=\boldsymbol{0}\Leftrightarrow x_1=y_1=0\Leftrightarrow \boldsymbol{x}_2=\boldsymbol{y}_2=\boldsymbol{0}\Leftrightarrow(\boldsymbol{x},\boldsymbol{y})=(\boldsymbol{0},\boldsymbol{0}) \tag{4-32}$$

**证明：** 由文献[83]的引理 3.3 及其证明可知，式(4 - 26)～式(4 - 31)成立．由于

$$\begin{aligned}\boldsymbol{z}&=\boldsymbol{x}^2+\boldsymbol{y}^2+(\tau-2)(\boldsymbol{x}\circ \boldsymbol{y})=\left(\boldsymbol{x}+\frac{\tau-2}{2}\boldsymbol{y}\right)^2+\frac{\tau(4-\tau)}{4}\boldsymbol{y}^2\\&=\left(\boldsymbol{y}+\frac{\tau-2}{2}\boldsymbol{x}\right)^2+\frac{\tau(4-\tau)}{4}\boldsymbol{x}^2\in \mathrm{bd}\,K^n\end{aligned} \tag{4-33}$$

则等价关系成立．证毕．

## 4.3 雅可比相容性

下面证明光滑函数 $\phi_{\tau,\varepsilon}$ 的雅可比相容性，这对于建立光滑方法的快速收敛性将起到重要作用．此外，本节还将给出光滑函数的梯度与单参数二阶锥互补函数类的次梯度之间距离的上界，这有助于在光滑方法中适当地调整参数．

由文献[83]的命题 3.1 知，对任意 $\tau\in(0,4)$，函数 $\phi_\tau$ 满足

$$\phi_\tau(\boldsymbol{x},\boldsymbol{y})=\boldsymbol{0}\Leftrightarrow \boldsymbol{x}\in K^n,\boldsymbol{y}\in K^n,\langle \boldsymbol{x},\boldsymbol{y}\rangle=0 \tag{4-34}$$

令 $(\boldsymbol{x},\boldsymbol{y},\boldsymbol{\zeta})\in \mathbf{R}^n\times\mathbf{R}^n\times\mathbf{R}^l$．定义

$$\begin{aligned}\Phi_{\tau,\varepsilon}(\boldsymbol{x},\boldsymbol{y},\boldsymbol{\zeta})&=\begin{bmatrix}F(\boldsymbol{x},\boldsymbol{y},\boldsymbol{\zeta})\\ \phi_{\tau,\varepsilon}(\boldsymbol{x},\boldsymbol{y})\end{bmatrix}\\ \Phi_{\tau}(\boldsymbol{x},\boldsymbol{y},\boldsymbol{\zeta})&=\begin{bmatrix}F(\boldsymbol{x},\boldsymbol{y},\boldsymbol{\zeta})\\ \phi_{\tau}(\boldsymbol{x},\boldsymbol{y})\end{bmatrix}\end{aligned} \tag{4-35}$$

易知 $\Phi_{\tau,\varepsilon}(\boldsymbol{x},\boldsymbol{y},\boldsymbol{\zeta})=\boldsymbol{0}$ 是方程组 $\Phi_\tau(\boldsymbol{x},\boldsymbol{y},\boldsymbol{\zeta})=\boldsymbol{0}$ 的扰动．结合式(4 - 1)、式(4 - 34)和式(4 - 35)可知

$$\Phi_\tau(\boldsymbol{x},\boldsymbol{y},\boldsymbol{\zeta})=\boldsymbol{0}\Leftrightarrow(\boldsymbol{x},\boldsymbol{y},\boldsymbol{\zeta})\ \text{是问题(4 - 1)的解} \tag{4-36}$$

由于函数 $\Phi_\tau(\boldsymbol{x},\boldsymbol{y},\boldsymbol{\zeta})$ 是非光滑的，故可在每一次迭代中运用牛顿法近似求解光滑方程组 $\Phi_{\tau,\varepsilon}(\boldsymbol{x},\boldsymbol{y},\boldsymbol{\zeta})=\boldsymbol{0}$，再令 $\varepsilon$ 趋于零，从而得到 $\Phi_\tau(\boldsymbol{x},\boldsymbol{y},\boldsymbol{\zeta})=\boldsymbol{0}$ 的解．

首先，证明函数 $\Phi_{\tau,\varepsilon}(\boldsymbol{x},\boldsymbol{y},\boldsymbol{\zeta})$ 满足雅可比相容性．

**引理 4.2** 对任意 $(\boldsymbol{x},\boldsymbol{y})\in\mathbf{R}^n\times\mathbf{R}^n$，有

$$\boldsymbol{J}^0_{\phi_\tau}(\boldsymbol{x},\boldsymbol{y})=\lim_{\varepsilon\to 0}\nabla\phi_{\tau,\varepsilon}(\boldsymbol{x},\boldsymbol{y})=\begin{bmatrix}\boldsymbol{I}-\boldsymbol{L}\left(\boldsymbol{x}+\frac{\tau-2}{2}\boldsymbol{y}\right)\boldsymbol{J}\\ \boldsymbol{I}-\boldsymbol{L}\left(\boldsymbol{y}+\frac{\tau-2}{2}\boldsymbol{x}\right)\boldsymbol{J}\end{bmatrix} \tag{4-37}$$

其中

$$\boldsymbol{J}=\begin{cases}\boldsymbol{L}^{-1}(\boldsymbol{\omega}), & (\boldsymbol{x},\boldsymbol{y})\in S_1\\ \dfrac{1}{2\sqrt{2z_1}}\begin{bmatrix}1 & \bar{\boldsymbol{z}}_2^{\mathrm{T}}\\ \bar{\boldsymbol{z}}_2 & 4\boldsymbol{I}-3\bar{\boldsymbol{z}}_2\bar{\boldsymbol{z}}_2^{\mathrm{T}}\end{bmatrix}, & (\boldsymbol{x},\boldsymbol{y})\in S_2\\ \boldsymbol{0}, & (\boldsymbol{x},\boldsymbol{y})=(\boldsymbol{0},\boldsymbol{0})\end{cases} \tag{4-38}$$

**证明**：由式(4-19)以及 $\boldsymbol{x}$ 和 $\boldsymbol{y}$ 的对称性知，只需证

$$\lim_{\varepsilon\to 0}\boldsymbol{L}\Big(\boldsymbol{x}+\frac{\tau-2}{2}\boldsymbol{y}\Big)\boldsymbol{L}^{-1}(\boldsymbol{\omega}^{\varepsilon})=\boldsymbol{L}\Big(\boldsymbol{x}+\frac{\tau-2}{2}\boldsymbol{y}\Big)\boldsymbol{J} \tag{4-39}$$

**情况(1)** 若 $(\boldsymbol{x},\boldsymbol{y})\in S_1$，则由式(4-10)知对 $i=1,2$ 有

$$\lim_{\varepsilon\to 0}\lambda_i(\boldsymbol{z}^{\varepsilon})=\lim_{\varepsilon\to 0}[\lambda_i(\boldsymbol{z}^{\varepsilon})+2\varepsilon^2]=\lambda_i(\boldsymbol{z})>0 \tag{4-40}$$

则

$$\begin{aligned}\lim_{\varepsilon\to 0}\boldsymbol{\omega}^{\varepsilon}&=\lim_{\varepsilon\to 0}[\sqrt{\lambda_1(\boldsymbol{z}^{\varepsilon})}\boldsymbol{u}_1(\boldsymbol{z})+\sqrt{\lambda_2(\boldsymbol{z}^{\varepsilon})}\boldsymbol{u}_2(\boldsymbol{z})]\\&=\sqrt{\lambda_1(\boldsymbol{z})}\boldsymbol{u}_1(\boldsymbol{z})+\sqrt{\lambda_2(\boldsymbol{z})}\boldsymbol{u}_2(\boldsymbol{z})\\&=\boldsymbol{\omega}\in\operatorname{int}K^n\end{aligned} \tag{4-41}$$

因此

$$\lim_{\varepsilon\to 0}\boldsymbol{L}\Big(\boldsymbol{x}+\frac{\tau-2}{2}\boldsymbol{y}\Big)\boldsymbol{L}^{-1}(\boldsymbol{\omega}^{\varepsilon})=\boldsymbol{L}\Big(\boldsymbol{x}+\frac{\tau-2}{2}\boldsymbol{y}\Big)\boldsymbol{L}^{-1}(\boldsymbol{\omega}) \tag{4-42}$$

**情况(2)** 若 $(\boldsymbol{x},\boldsymbol{y})\in S_2$，则 $(\boldsymbol{x},\boldsymbol{y})\neq(\boldsymbol{0},\boldsymbol{0})$，且式(4-33)成立．因此

$$\begin{gathered}\|\boldsymbol{z}_2\|=z_1=\Big\|\boldsymbol{x}+\frac{\tau-2}{2}\boldsymbol{y}\Big\|^2+\frac{\tau(4-\tau)}{4}\|\boldsymbol{y}\|^2>0\\ 2z_1=\lambda_2(\boldsymbol{z})>\lambda_1(\boldsymbol{z})=0\end{gathered} \tag{4-43}$$

那么由式(4-10)得

$$\begin{gathered}\lambda_1(\boldsymbol{z}^{\varepsilon})=\lambda_1(\boldsymbol{z})+2\varepsilon^2=2\varepsilon^2>0\\ \lambda_2(\boldsymbol{z}^{\varepsilon})=\lambda_2(\boldsymbol{z})+2\varepsilon^2=2z_1+2\varepsilon^2>0\end{gathered} \tag{4-44}$$

对任意 $\varepsilon\neq 0$，由式(4-20)可得 $\boldsymbol{L}^{-1}(\boldsymbol{\omega}^{\varepsilon})=\boldsymbol{L}_1(\boldsymbol{z}^{\varepsilon})+\boldsymbol{L}_2(\boldsymbol{z}^{\varepsilon})$．这里首先证明对任意 $\varepsilon\neq 0$，有 $\boldsymbol{L}(\boldsymbol{x}+((\tau-2)/2)\boldsymbol{y})\boldsymbol{L}_1(\boldsymbol{z}^{\varepsilon})=\boldsymbol{0}$. 令

$$\boldsymbol{w}=(1,\bar{\boldsymbol{z}}_2)=\frac{1}{\|\boldsymbol{z}_2\|}(z_1,\boldsymbol{z}_2)=\frac{\boldsymbol{z}}{z_1} \tag{4-45}$$

则由式(4-27)得

$$\Big(\boldsymbol{x}+\frac{\tau-2}{2}\boldsymbol{y}\Big)\circ\boldsymbol{w}'=\Big(\boldsymbol{x}+\frac{\tau-2}{2}\boldsymbol{y}\Big)\circ\frac{\boldsymbol{z}'}{z_1}=0 \tag{4-46}$$

因此

$$\begin{aligned}\boldsymbol{L}\left(\boldsymbol{x}+\frac{\tau-2}{2}\boldsymbol{y}\right)\boldsymbol{L}_1(\boldsymbol{z}^{\varepsilon}) &= \frac{1}{2\sqrt{\lambda_1(\boldsymbol{z}^{\varepsilon})}}\boldsymbol{L}\left(\boldsymbol{x}+\frac{\tau-2}{2}\boldsymbol{y}\right)\boldsymbol{w}'\boldsymbol{w}'^{\mathrm{T}} \\ &= \frac{1}{2\sqrt{2}\mid\varepsilon\mid}\left(\boldsymbol{x}+\frac{\tau-2}{2}\boldsymbol{y}\right)\circ\boldsymbol{w}'\boldsymbol{w}'^{\mathrm{T}} \\ &= \boldsymbol{0}\end{aligned} \tag{4-47}$$

下证 $\lim\limits_{\varepsilon\to 0}\boldsymbol{L}_2(\boldsymbol{z}^{\varepsilon})=\boldsymbol{J}$. 由式(4-21)及式(4-44)可知

$$\begin{aligned}\lim_{\varepsilon\to 0}\boldsymbol{L}_2(\boldsymbol{z}^{\varepsilon}) &= \lim_{\varepsilon\to 0}\frac{1}{2\sqrt{2z_1+2\varepsilon^2}}\begin{bmatrix}1 & \bar{\boldsymbol{z}}_2^{\mathrm{T}} \\ \bar{\boldsymbol{z}}_2 & \bar{\boldsymbol{z}}_2\bar{\boldsymbol{z}}_2^{\mathrm{T}}\end{bmatrix} \\ &\quad+\lim_{\varepsilon\to 0}\frac{1}{\sqrt{2\varepsilon^2}+\sqrt{2z_1+2\varepsilon^2}}\begin{bmatrix}0 & \boldsymbol{0}^{\mathrm{T}} \\ \boldsymbol{0} & \boldsymbol{I}-\bar{\boldsymbol{z}}_2\bar{\boldsymbol{z}}_2^{\mathrm{T}}\end{bmatrix} \\ &= \frac{1}{2\sqrt{2z_1}}\begin{bmatrix}1 & \bar{\boldsymbol{z}}_2^{\mathrm{T}} \\ \bar{\boldsymbol{z}}_2 & \bar{\boldsymbol{z}}_2\bar{\boldsymbol{z}}_2^{\mathrm{T}}\end{bmatrix}+\frac{2}{\sqrt{2z_1}}\begin{bmatrix}0 & \boldsymbol{0}^{\mathrm{T}} \\ \boldsymbol{0} & \boldsymbol{I}-\bar{\boldsymbol{z}}_2\bar{\boldsymbol{z}}_2^{\mathrm{T}}\end{bmatrix} \\ &= \frac{1}{2\sqrt{2z_1}}\begin{bmatrix}1 & \bar{\boldsymbol{z}}_2^{\mathrm{T}} \\ \bar{\boldsymbol{z}}_2 & 4\boldsymbol{I}-3\bar{\boldsymbol{z}}_2\bar{\boldsymbol{z}}_2^{\mathrm{T}}\end{bmatrix}=\boldsymbol{J}\end{aligned} \tag{4-48}$$

故结合式(4-47)和式(4-48)得

$$\begin{aligned}\lim_{\varepsilon\to 0}\boldsymbol{L}\left(\boldsymbol{x}+\frac{\tau-2}{2}\boldsymbol{y}\right)\boldsymbol{L}^{-1}(\boldsymbol{\omega}^{\varepsilon}) &= \lim_{\varepsilon\to 0}\boldsymbol{L}\left(\boldsymbol{x}+\frac{\tau-2}{2}\boldsymbol{y}\right)\boldsymbol{L}_2(\boldsymbol{z}^{\varepsilon}) \\ &= \boldsymbol{L}\left(\boldsymbol{x}+\frac{\tau-2}{2}\boldsymbol{y}\right)\boldsymbol{J}\end{aligned} \tag{4-49}$$

**情况(3)** 若 $(\boldsymbol{x},\boldsymbol{y})=\boldsymbol{0}$, 则 $\boldsymbol{\omega}^{\varepsilon}=\sqrt{\boldsymbol{z}^{\varepsilon}}=\sqrt{2}|\varepsilon|\boldsymbol{e}\in\operatorname{int}K^n$, 且

$$\lim_{\varepsilon\to 0}\boldsymbol{L}\left(\boldsymbol{x}+\frac{\tau-2}{2}\boldsymbol{y}\right)\boldsymbol{L}^{-1}(\boldsymbol{\omega}^{\varepsilon})=\lim_{\varepsilon\to 0}\boldsymbol{0}\cdot\frac{1}{\sqrt{2}|\varepsilon|}\boldsymbol{e}=\boldsymbol{0}=\boldsymbol{L}\left(\boldsymbol{x}+\frac{\tau-2}{2}\boldsymbol{y}\right)\boldsymbol{J} \tag{4-50}$$

证毕.

**引理 4.3** 对任意 $(\boldsymbol{x},\boldsymbol{y})\in\mathbf{R}^n\times\mathbf{R}^n$, 有

$$\begin{bmatrix}\boldsymbol{I}-\boldsymbol{U}_x \\ \boldsymbol{I}-\boldsymbol{U}_y\end{bmatrix}\in\partial_{\mathrm{B}}\phi_{\tau}(\boldsymbol{x},\boldsymbol{y}) \tag{4-51}$$

其中

$$\begin{aligned}\boldsymbol{U}_x &= \pm\boldsymbol{Z}+\boldsymbol{L}\left(\boldsymbol{x}+\frac{\tau-2}{2}\boldsymbol{y}\right)\boldsymbol{J} \\ \boldsymbol{U}_y &= \pm\frac{\tau-2}{2}\boldsymbol{Z}+\boldsymbol{L}\left(\boldsymbol{y}+\frac{\tau-2}{2}\boldsymbol{x}\right)\boldsymbol{J}\end{aligned} \tag{4-52}$$

$$
\boldsymbol{Z}=\begin{cases}\boldsymbol{0}, & (\boldsymbol{x},\boldsymbol{y})\in S_1\\ \dfrac{1}{2}\begin{bmatrix}1 & -\bar{\boldsymbol{z}}_2^{\mathrm{T}}\\ -\bar{\boldsymbol{z}}_2 & \bar{\boldsymbol{z}}_2\bar{\boldsymbol{z}}_2^{\mathrm{T}}\end{bmatrix}, & (\boldsymbol{x},\boldsymbol{y})\in S_2\\ \boldsymbol{0}, & (\boldsymbol{x},\boldsymbol{y})=(\boldsymbol{0},\boldsymbol{0})\end{cases}
$$

$$
\boldsymbol{J}=\begin{cases}\boldsymbol{L}^{-1}(\boldsymbol{\omega}), & (\boldsymbol{x},\boldsymbol{y})\in S_1\\ \dfrac{1}{2\sqrt{2z_1}}\begin{bmatrix}1 & \bar{\boldsymbol{z}}_2^{\mathrm{T}}\\ \bar{\boldsymbol{z}}_2 & 4\boldsymbol{I}-3\bar{\boldsymbol{z}}_2\bar{\boldsymbol{z}}_2^{\mathrm{T}}\end{bmatrix}, & (\boldsymbol{x},\boldsymbol{y})\in S_2\\ \boldsymbol{0}, & (\boldsymbol{x},\boldsymbol{y})=(\boldsymbol{0},\boldsymbol{0})\end{cases}
\tag{4-53}
$$

**证明：** 由文献[6]的命题 5.2 和导数链式法则知，单参数二阶锥互补函数类 $\phi_\tau$ 在任意点 $(\boldsymbol{x},\boldsymbol{y})\in S_1$ 处连续可微，且

$$
\nabla\phi_\tau(\boldsymbol{x},\boldsymbol{y})=\begin{bmatrix}\boldsymbol{I}-\boldsymbol{L}\left(\boldsymbol{x}+\dfrac{\tau-2}{2}\boldsymbol{y}\right)\boldsymbol{L}^{-1}(\boldsymbol{\omega})\\ \boldsymbol{I}-\boldsymbol{L}\left(\boldsymbol{y}+\dfrac{\tau-2}{2}\boldsymbol{x}\right)\boldsymbol{L}^{-1}(\boldsymbol{\omega})\end{bmatrix}\in\partial_{\mathrm{B}}\phi_\tau(\boldsymbol{x},\boldsymbol{y})
\tag{4-54}
$$

因此，只需考虑两种情况：$(\boldsymbol{x},\boldsymbol{y})\in S_2$ 和 $(\boldsymbol{x},\boldsymbol{y})=(\boldsymbol{0},\boldsymbol{0})$.

对于任意 $(\boldsymbol{x},\boldsymbol{y})\in S_2$ 或者 $(\boldsymbol{x},\boldsymbol{y})=(\boldsymbol{0},\boldsymbol{0})$，令 $(\hat{\boldsymbol{x}},\boldsymbol{y})=(\boldsymbol{x}+\varepsilon\boldsymbol{e},\boldsymbol{y})$，其中 $\varepsilon\neq 0$ 且充分小. 定义

$$
\begin{gathered}
\hat{\boldsymbol{z}}=(\hat{z}_1,\hat{\boldsymbol{z}}_2)=\hat{\boldsymbol{x}}^2+\boldsymbol{y}^2+(\tau-2)(\hat{\boldsymbol{x}}\circ\boldsymbol{y})\\
\hat{\boldsymbol{\omega}}=(\hat{\omega}_1,\hat{\boldsymbol{\omega}}_2)=\sqrt{\hat{\boldsymbol{z}}},\quad \bar{\boldsymbol{z}}_2=\frac{\hat{\boldsymbol{z}}_2}{\|\hat{\boldsymbol{z}}_2\|}\\
\hat{\lambda}_i=\lambda_i(\hat{\boldsymbol{z}})=\hat{z}_1+(-1)^i\|\hat{\boldsymbol{z}}_2\|,\quad i=1,2
\end{gathered}
\tag{4-55}
$$

直接计算可得

$$
\begin{aligned}
\hat{\boldsymbol{z}}&=(\boldsymbol{x}+\varepsilon\boldsymbol{e})^2+\boldsymbol{y}^2+(\tau-2)(\boldsymbol{x}+\varepsilon\boldsymbol{e})\circ\boldsymbol{y}\\
&=\boldsymbol{x}^2+\boldsymbol{y}^2+(\tau-2)(\boldsymbol{x}\circ\boldsymbol{y})+2\varepsilon\boldsymbol{x}+\varepsilon(\tau-2)\boldsymbol{y}+\varepsilon^2\boldsymbol{e}\\
&=\boldsymbol{z}+2\varepsilon\boldsymbol{x}+\varepsilon(\tau-2)\boldsymbol{y}+\varepsilon^2\boldsymbol{e}
\end{aligned}
\tag{4-56}
$$

因此

$$
\begin{gathered}
\hat{z}_1=z_1+2\varepsilon x_1+\varepsilon(\tau-2)y_1+\varepsilon^2\\
\hat{\boldsymbol{z}}_2=\boldsymbol{z}_2+2\varepsilon\boldsymbol{x}_2+\varepsilon(\tau-2)\boldsymbol{y}_2
\end{gathered}
\tag{4-57}
$$

$$
\begin{aligned}
\hat{\lambda}_i=\ &z_1+2\varepsilon x_1+\varepsilon(\tau-2)y_1+\varepsilon^2+(-1)^i\times\\
&\|\boldsymbol{z}_2+2\varepsilon\boldsymbol{x}_2+\varepsilon(\tau-2)\boldsymbol{y}_2\|,\quad i=1,2
\end{aligned}
\tag{4-58}
$$

显然，当 $\varepsilon\to 0$ 时有 $(\hat{\boldsymbol{x}},\boldsymbol{y})\to(\boldsymbol{x},\boldsymbol{y})$，$\hat{\boldsymbol{z}}\to\boldsymbol{z}$，$\hat{\boldsymbol{\omega}}\to\boldsymbol{\omega}$ 且 $\hat{\lambda}_i\to\lambda_i(\boldsymbol{z})$，$i=1,2$.

由 B-次微分的定义和式(4-2)知，若 $\phi_\tau$ 在 $(\hat{\boldsymbol{x}},\boldsymbol{y})$ 可微，只需证明

$$\lim_{\varepsilon\to 0}\boldsymbol{L}\left(\hat{\boldsymbol{x}}+\frac{\tau-2}{2}\boldsymbol{y}\right)\boldsymbol{L}^{-1}(\hat{\boldsymbol{\omega}})=\boldsymbol{U}_x$$
$$\lim_{\varepsilon\to 0}\boldsymbol{L}\left(\boldsymbol{y}+\frac{\tau-2}{2}\hat{\boldsymbol{x}}\right)\boldsymbol{L}^{-1}(\hat{\boldsymbol{\omega}})=\boldsymbol{U}_y \tag{4-59}$$

**情况(1)** 若 $(\boldsymbol{x},\boldsymbol{y})=(\boldsymbol{0},\boldsymbol{0})$，易知 $\hat{\boldsymbol{z}}=\varepsilon^2\boldsymbol{e}\in \operatorname{int}K^n$，$\hat{\boldsymbol{\omega}}=|\varepsilon|\boldsymbol{e}$ 且 $\phi_\tau$ 在 $(\hat{\boldsymbol{x}},\boldsymbol{y})$ 处可微．故

$$\begin{aligned}\lim_{\varepsilon\to\pm 0}\boldsymbol{L}\left(\hat{\boldsymbol{x}}+\frac{\tau-2}{2}\boldsymbol{y}\right)\boldsymbol{L}^{-1}(\hat{\boldsymbol{\omega}})&=\lim_{\varepsilon\to\pm 0}\varepsilon\boldsymbol{I}\cdot\frac{1}{|\varepsilon|}\boldsymbol{I}=\lim_{\varepsilon\to\pm 0}\operatorname{sgn}(\varepsilon)\boldsymbol{I}=\pm\boldsymbol{I}=\boldsymbol{U}_x\\ \lim_{\varepsilon\to\pm 0}\boldsymbol{L}\left(\boldsymbol{y}+\frac{\tau-2}{2}\hat{\boldsymbol{x}}\right)\boldsymbol{L}^{-1}(\hat{\boldsymbol{\omega}})&=\lim_{\varepsilon\to\pm 0}\frac{\tau-2}{2}\varepsilon\boldsymbol{I}\cdot\frac{1}{|\varepsilon|}\boldsymbol{I}\\&=\lim_{\varepsilon\to\pm 0}\frac{\tau-2}{2}\operatorname{sgn}(\varepsilon)\boldsymbol{I}=\pm\frac{\tau-2}{2}\boldsymbol{I}=\boldsymbol{U}_y\end{aligned}\tag{4-60}$$

**情况(2)** 若 $(\boldsymbol{x},\boldsymbol{y})\in S_2$，则 $\boldsymbol{z}\in \operatorname{bd}K^n\setminus\{\boldsymbol{0}\}$．那么由式(4-30)和式(4-31)得

$$\begin{aligned}\|\hat{\boldsymbol{z}}_2\|^2&=\|\boldsymbol{z}_2+2\varepsilon\boldsymbol{x}_2+\varepsilon(\tau-2)\boldsymbol{y}_2\|^2\\&=\|\boldsymbol{z}_2\|^2+4\varepsilon^2\|\boldsymbol{x}_2\|^2+\varepsilon^2(\tau-2)^2\|\boldsymbol{y}_2\|^2+4\varepsilon\boldsymbol{z}_2^{\mathrm T}\boldsymbol{x}_2+\\&\quad 2\varepsilon(\tau-2)\boldsymbol{z}_2^{\mathrm T}\boldsymbol{y}_2+4\varepsilon^2(\tau-2)\boldsymbol{x}_2^{\mathrm T}\boldsymbol{y}_2\\&=z_1^2+4\varepsilon^2x_1^2+\varepsilon^2(\tau-2)^2y_1^2+4\varepsilon z_1x_1+\\&\quad 2\varepsilon(\tau-2)z_1y_1+4\varepsilon^2(\tau-2)x_1y_1\\&=[z_1+2\varepsilon x_1+\varepsilon(\tau-2)y_1]^2\end{aligned}\tag{4-61}$$

由于 $z_1>0$ 且 $\varepsilon$ 充分小，故

$$\|\hat{\boldsymbol{z}}_2\|=z_1+2\varepsilon x_1+\varepsilon(\tau-2)y_1>0 \tag{4-62}$$

结合式(4-58)和式(4-62)得

$$\hat{\lambda}_1=z_1+2\varepsilon x_1+\varepsilon(\tau-2)y_1+\varepsilon^2-\|\hat{\boldsymbol{z}}_2\|=\varepsilon^2>0 \tag{4-63}$$

$$\begin{aligned}\hat{\lambda}_2&=z_1+2\varepsilon x_1+\varepsilon(\tau-2)y_1+\varepsilon^2+\|\hat{\boldsymbol{z}}_2\|\\&=2[z_1+2\varepsilon x_1+\varepsilon(\tau-2)y_1]+\varepsilon^2>0\end{aligned}\tag{4-64}$$

由式(4-63)和式(4-64)知 $\hat{\boldsymbol{z}}\in \operatorname{int}K^n$，因此 $\phi_\tau$ 在点 $(\hat{\boldsymbol{x}},\boldsymbol{y})$ 处可微．

下证

$$\lim_{\varepsilon\to 0}\boldsymbol{L}\left(\hat{\boldsymbol{x}}+\frac{\tau-2}{2}\boldsymbol{y}\right)\boldsymbol{L}^{-1}(\hat{\boldsymbol{\omega}})=\boldsymbol{U}_x \tag{4-65}$$

由文献[6]的命题 5.2 得 $\boldsymbol{L}^{-1}(\hat{\boldsymbol{\omega}})=\boldsymbol{L}_1(\hat{\boldsymbol{z}})+\boldsymbol{L}_2(\hat{\boldsymbol{z}})$，其中 $\boldsymbol{L}_1(\hat{\boldsymbol{z}})$ 和 $\boldsymbol{L}_2(\hat{\boldsymbol{z}})$ 由式(4-21)定义，且 $\hat{\boldsymbol{z}}$ 和 $\tilde{\boldsymbol{z}}_2$ 分别代替 $\boldsymbol{z}^\varepsilon$ 和 $\bar{\boldsymbol{z}}_2$．由式(4-62)得

$$\begin{aligned}\hat{\boldsymbol{w}}=(1,\tilde{\boldsymbol{z}}_2)&=\frac{1}{\|\hat{\boldsymbol{z}}_2\|}(\|\hat{\boldsymbol{z}}_2\|,\hat{\boldsymbol{z}}_2)\\&=\frac{1}{\|\hat{\boldsymbol{z}}_2\|}(\|\boldsymbol{z}_2+2\varepsilon\boldsymbol{x}_2+\varepsilon(\tau-2)\boldsymbol{y}_2\|,\boldsymbol{z}_2+2\varepsilon\boldsymbol{x}_2+\varepsilon(\tau-2)\boldsymbol{y}_2)\end{aligned}$$

$$= \frac{1}{\|\hat{z}_2\|}(z_1 + 2\varepsilon x_1 + \varepsilon(\tau - 2)y_1, \boldsymbol{z}_2 + 2\varepsilon \boldsymbol{x}_2 + \varepsilon(\tau - 2)\boldsymbol{y}_2)$$

$$= \frac{1}{\|\hat{z}_2\|}[\boldsymbol{z} + 2\varepsilon \boldsymbol{x} + \varepsilon(\tau - 2)\boldsymbol{y}] \tag{4-66}$$

那么由式(4-27)、式(4-31)、式(4-63)和式(4-66)得

$$\begin{aligned}\left(\boldsymbol{x} + \frac{\tau-2}{2}\boldsymbol{y}\right) \circ \hat{\boldsymbol{w}}' &= \frac{1}{\|\hat{z}_2\|}\left(\boldsymbol{x} + \frac{\tau-2}{2}\boldsymbol{y}\right) \circ [\boldsymbol{z} + 2\varepsilon \boldsymbol{x} + \varepsilon(\tau - 2)\boldsymbol{y}]' \\ &= \frac{1}{\|\hat{z}_2\|}\left[\left(\boldsymbol{x} + \frac{\tau-2}{2}\boldsymbol{y}\right) \circ \boldsymbol{z}' + 2\varepsilon\left(\boldsymbol{x} + \frac{\tau-2}{2}\boldsymbol{y}\right) \circ \left(\boldsymbol{x} + \frac{\tau-2}{2}\boldsymbol{y}\right)'\right] \\ &= 0\end{aligned} \tag{4-67}$$

因此

$$\begin{aligned}\boldsymbol{L}\left(\hat{\boldsymbol{x}} + \frac{\tau-2}{2}\boldsymbol{y}\right)\boldsymbol{L}_1(\hat{\boldsymbol{z}}) &= \frac{1}{2\sqrt{\hat{\lambda}_1}}\left(\boldsymbol{x} + \varepsilon \boldsymbol{e} + \frac{\tau-2}{2}\boldsymbol{y}\right) \circ \hat{\boldsymbol{w}}'\hat{\boldsymbol{w}}'^{\mathrm{T}} \\ &= \frac{1}{2|\varepsilon|}\left[\left(\boldsymbol{x} + \frac{\tau-2}{2}\boldsymbol{y}\right) \circ \hat{\boldsymbol{w}}'\hat{\boldsymbol{w}}'^{\mathrm{T}} + \varepsilon\hat{\boldsymbol{w}}'\hat{\boldsymbol{w}}'^{\mathrm{T}}\right] \\ &= \frac{\mathrm{sgn}(\varepsilon)}{2}\hat{\boldsymbol{w}}'\hat{\boldsymbol{w}}'^{\mathrm{T}} \\ &= \frac{\mathrm{sgn}(\varepsilon)}{2}\begin{bmatrix} 1 & -\tilde{\boldsymbol{z}}_2^{\mathrm{T}} \\ -\tilde{\boldsymbol{z}}_2 & \tilde{\boldsymbol{z}}_2\tilde{\boldsymbol{z}}_2^{\mathrm{T}} \end{bmatrix}\end{aligned} \tag{4-68}$$

由式(4-62)、式(4-63)、式(4-64)和式(4-66)得，当 $\varepsilon \to 0$ 时 $\hat{\lambda}_1 \to \lambda_1(\boldsymbol{z}) = 0$，$\hat{\lambda}_2 \to \lambda_2(\boldsymbol{z}) = 2z_1$ 和 $\tilde{\boldsymbol{z}}_2 \to \bar{\boldsymbol{z}}_2$. 那么由引理 4.2 情况(2)的证明知

$$\lim_{\varepsilon \to 0}\boldsymbol{L}_2(\hat{\boldsymbol{z}}) = \frac{1}{2\sqrt{2z_1}}\begin{bmatrix} 1 & \bar{\boldsymbol{z}}_2^{\mathrm{T}} \\ \bar{\boldsymbol{z}}_2 & 4\boldsymbol{I} - 3\bar{\boldsymbol{z}}_2\bar{\boldsymbol{z}}_2^{\mathrm{T}} \end{bmatrix} = \boldsymbol{J} \tag{4-69}$$

因此，由式(4-68)和式(4-69)得

$$\begin{aligned}\lim_{\varepsilon \to \pm 0}\boldsymbol{L}\left(\hat{\boldsymbol{x}} + \frac{\tau-2}{2}\boldsymbol{y}\right)\boldsymbol{L}^{-1}(\hat{\boldsymbol{\omega}}) &= \lim_{\varepsilon \to \pm 0}\boldsymbol{L}\left(\hat{\boldsymbol{x}} + \frac{\tau-2}{2}\boldsymbol{y}\right)\boldsymbol{L}_1(\hat{\boldsymbol{z}}) + \lim_{\varepsilon \to \pm 0}\boldsymbol{L}\left(\hat{\boldsymbol{x}} + \frac{\tau-2}{2}\boldsymbol{y}\right)\boldsymbol{L}_2(\hat{\boldsymbol{z}}) \\ &= \lim_{\varepsilon \to \pm 0}\frac{\mathrm{sgn}(\varepsilon)}{2}\hat{\boldsymbol{w}}'\hat{\boldsymbol{w}}'^{\mathrm{T}} + \lim_{\varepsilon \to \pm 0}\boldsymbol{L}\left(\hat{\boldsymbol{x}} + \frac{\tau-2}{2}\boldsymbol{y}\right)\boldsymbol{J} \\ &= \pm \boldsymbol{Z} + \boldsymbol{L}\left(\boldsymbol{x} + \frac{\tau-2}{2}\boldsymbol{y}\right)\boldsymbol{J} \\ &= \boldsymbol{U}_x\end{aligned} \tag{4-70}$$

下证

$$\lim_{\varepsilon \to 0}\boldsymbol{L}\left(\boldsymbol{y} + \frac{\tau-2}{2}\hat{\boldsymbol{x}}\right)\boldsymbol{L}^{-1}(\hat{\boldsymbol{\omega}}) = \boldsymbol{U}_y \tag{4-71}$$

由式(4-30)、式(4-31)和式(4-66)得

$$\left(\boldsymbol{y}+\frac{\tau-2}{2}\boldsymbol{x}\right)\circ\hat{\boldsymbol{w}}'=\frac{1}{\|\hat{\boldsymbol{z}}_2\|}\left(\boldsymbol{y}+\frac{\tau-2}{2}\boldsymbol{x}\right)\circ[\boldsymbol{z}+2\varepsilon\boldsymbol{x}+\varepsilon(\tau-2)\boldsymbol{y}]'$$
$$=\frac{1}{\|\hat{\boldsymbol{z}}_2\|}\left[\left(\boldsymbol{y}+\frac{\tau-2}{2}\boldsymbol{x}\right)\circ\boldsymbol{z}'+2\varepsilon\left(\boldsymbol{y}+\frac{\tau-2}{2}\boldsymbol{x}\right)\circ\left(\boldsymbol{x}+\frac{\tau-2}{2}\boldsymbol{y}\right)'\right]$$
$$=0 \tag{4-72}$$

从而

$$\boldsymbol{L}\left(\boldsymbol{y}+\frac{\tau-2}{2}\hat{\boldsymbol{x}}\right)\boldsymbol{L}_1(\hat{\boldsymbol{z}})=\frac{1}{2\sqrt{\hat{\lambda}_1}}\left(\boldsymbol{y}+\frac{\tau-2}{2}\boldsymbol{x}+\frac{\tau-2}{2}\varepsilon\boldsymbol{e}\right)\circ\hat{\boldsymbol{w}}'\hat{\boldsymbol{w}}'^{\mathrm{T}}$$
$$=\frac{1}{2|\varepsilon|}\left[\left(\boldsymbol{y}+\frac{\tau-2}{2}\boldsymbol{x}\right)\circ\hat{\boldsymbol{w}}'\hat{\boldsymbol{w}}'^{\mathrm{T}}+\frac{\tau-2}{2}\varepsilon\hat{\boldsymbol{w}}'\hat{\boldsymbol{w}}'^{\mathrm{T}}\right]$$
$$=\frac{\tau-2}{4}\operatorname{sgn}(\varepsilon)\hat{\boldsymbol{w}}'\hat{\boldsymbol{w}}'^{\mathrm{T}}$$
$$=\frac{\tau-2}{4}\operatorname{sgn}(\varepsilon)\begin{bmatrix}1 & -\tilde{\boldsymbol{z}}_2^{\mathrm{T}}\\ -\tilde{\boldsymbol{z}}_2 & \tilde{\boldsymbol{z}}_2\tilde{\boldsymbol{z}}_2^{\mathrm{T}}\end{bmatrix} \tag{4-73}$$

因此由式(4－69)和式(4－73)得

$$\lim_{\varepsilon\to\pm0}\boldsymbol{L}\left(\boldsymbol{y}+\frac{\tau-2}{2}\hat{\boldsymbol{x}}\right)\boldsymbol{L}^{-1}(\hat{\boldsymbol{\omega}})=\lim_{\varepsilon\to\pm0}\boldsymbol{L}\left(\boldsymbol{y}+\frac{\tau-2}{2}\hat{\boldsymbol{x}}\right)\boldsymbol{L}_1(\hat{\boldsymbol{z}})+\lim_{\varepsilon\to\pm0}\boldsymbol{L}\left(\boldsymbol{y}+\frac{\tau-2}{2}\hat{\boldsymbol{x}}\right)\boldsymbol{L}_2(\hat{\boldsymbol{z}})$$
$$=\lim_{\varepsilon\to\pm0}\frac{\tau-2}{4}\operatorname{sgn}(\varepsilon)\hat{\boldsymbol{w}}'\hat{\boldsymbol{w}}'^{\mathrm{T}}+\lim_{\varepsilon\to\pm0}\boldsymbol{L}\left(\boldsymbol{y}+\frac{\tau-2}{2}\hat{\boldsymbol{x}}\right)\boldsymbol{J}$$
$$=\pm\frac{\tau-2}{2}\boldsymbol{Z}+\boldsymbol{L}\left(\boldsymbol{y}+\frac{\tau-2}{2}\boldsymbol{x}\right)\boldsymbol{J}$$
$$=\boldsymbol{U}_y \tag{4-74}$$

证毕．

**定理 4.2** 对任意 $\varepsilon>0$，式(4－35)所定义的函数 $\Phi_{\tau,\varepsilon}$ 满足雅可比相容性．

**证明：** 由式(4－35)知，只需证函数 $\phi_{\tau,\varepsilon}$ 的雅可比相容性，其中 $\varepsilon>0$. 令

$$\boldsymbol{V}^i=\begin{bmatrix}\boldsymbol{I}-\boldsymbol{U}_x^i\\ \boldsymbol{I}-\boldsymbol{U}_y^i\end{bmatrix} \tag{4-75}$$

其中对于 $i=1,2$，

$$\begin{aligned}\boldsymbol{U}_x^i&=(-1)^i\boldsymbol{Z}+\boldsymbol{L}\left(\boldsymbol{x}+\frac{\tau-2}{2}\boldsymbol{y}\right)\boldsymbol{J}\\ \boldsymbol{U}_y^i&=(-1)^i\frac{\tau-2}{2}\boldsymbol{Z}+\boldsymbol{L}\left(\boldsymbol{y}+\frac{\tau-2}{2}\boldsymbol{x}\right)\boldsymbol{J}\end{aligned} \tag{4-76}$$

且 $\boldsymbol{Z}$ 和 $\boldsymbol{J}$ 由式(4－53)给出．定义

$$\boldsymbol{V}=\frac{1}{2}(\boldsymbol{V}^1+\boldsymbol{V}^2)=\begin{bmatrix}\boldsymbol{I}-\boldsymbol{L}\left(\boldsymbol{x}+\frac{\tau-2}{2}\boldsymbol{y}\right)\boldsymbol{J}\\ \boldsymbol{I}-\boldsymbol{L}\left(\boldsymbol{y}+\frac{\tau-2}{2}\boldsymbol{x}\right)\boldsymbol{J}\end{bmatrix} \tag{4-77}$$

由引理 4.2 可知 $\boldsymbol{V}=\boldsymbol{J}^0_{\phi_\tau}(\boldsymbol{x},\boldsymbol{y})=\lim\limits_{\varepsilon\to 0}\nabla\phi_{\tau,\varepsilon}(\boldsymbol{x},\boldsymbol{y})$. 又由引理 4.3 得 $\boldsymbol{V}^1,\boldsymbol{V}^2\in\partial_B\phi_\tau(\boldsymbol{x},\boldsymbol{y})$，因此 $\boldsymbol{V}=(1/2)(\boldsymbol{V}^1+\boldsymbol{V}^2)\in\partial\phi_\tau(\boldsymbol{x},\boldsymbol{y})$. 结合定义 2.5 和定理 4.1 知函数 $\phi_{\tau,\varepsilon}(\varepsilon>0)$ 满足雅可比相容性.

下面给出 $\Phi_{\tau,\varepsilon}$ 梯度和 $\Phi_\tau$ 次梯度之间距离的上界.

**定理 4.3**　给定 $\tau\in(0,4)$ 和 $\delta>0$，令 $(\boldsymbol{x},\boldsymbol{y},\boldsymbol{\zeta})\in\mathbf{R}^{2n+l}$ 为任意一点. 设 $\theta_\tau(\boldsymbol{x},\boldsymbol{y})$ 是满足以下条件的任意函数

$$\theta_\tau(\boldsymbol{x},\boldsymbol{y})\geqslant\left\|\begin{matrix}\boldsymbol{L}\left(\boldsymbol{x}+\dfrac{\tau-2}{2}\boldsymbol{y}\right)\boldsymbol{J}\\ \boldsymbol{L}\left(\boldsymbol{y}+\dfrac{\tau-2}{2}\boldsymbol{x}\right)\boldsymbol{J}\end{matrix}\right\| \tag{4-78}$$

且令 $\bar{\varepsilon}:\mathbf{R}^{2n}\times\mathbf{R}_+\to\mathbf{R}_+\cup\{+\infty\}$ 由下式定义

$$\bar{\varepsilon}(\boldsymbol{x},\boldsymbol{y},\delta)=\begin{cases}\dfrac{\lambda_1(\boldsymbol{z})\delta}{\sqrt{2[\theta_\tau(\boldsymbol{x},\boldsymbol{y})^2-\lambda_1(\boldsymbol{z})\delta^2]}}, & (\boldsymbol{x},\boldsymbol{y})\in S_1,\ \delta<\dfrac{\theta_\tau(\boldsymbol{x},\boldsymbol{y})}{\sqrt{\lambda_1(\boldsymbol{z})}}\\ \dfrac{z_1\delta}{2\sqrt{\theta_\tau(\boldsymbol{x},\boldsymbol{y})[2\theta_\tau(\boldsymbol{x},\boldsymbol{y})-\delta\sqrt{2z_1}]}} & (\boldsymbol{x},\boldsymbol{y})\in S_2,\delta<\dfrac{2\theta_\tau(\boldsymbol{x},\boldsymbol{y})}{\sqrt{2z_1}}\\ +\infty, & \text{否则}\end{cases} \tag{4-79}$$

那么对任意满足 $0<|\varepsilon|<\bar{\varepsilon}(\boldsymbol{x},\boldsymbol{y},\delta)$ 的 $\varepsilon\in\mathbf{R}$，有

$$\operatorname{dist}(\nabla\Phi_{\tau,\varepsilon}(\boldsymbol{x},\boldsymbol{y},\boldsymbol{\zeta}),\partial\Phi_\tau(\boldsymbol{x},\boldsymbol{y},\boldsymbol{\zeta}))<\delta \tag{4-80}$$

**证明**：对任意 $(\boldsymbol{x},\boldsymbol{y},\boldsymbol{\zeta})\in\mathbf{R}^{2n+l}$，由定理 4.2 的证明可得 $\boldsymbol{J}^0_{\phi_\tau}(\boldsymbol{x},\boldsymbol{y})=\boldsymbol{V}\in\partial\phi_\tau(\boldsymbol{x},\boldsymbol{y})$，则

$$\boldsymbol{J}^0_{\Phi_\tau}(\boldsymbol{x},\boldsymbol{y},\boldsymbol{\zeta})=\begin{bmatrix}\boldsymbol{J}^0_{\phi_\tau}(\boldsymbol{x},\boldsymbol{y}) & \nabla_{x,y}F(\boldsymbol{x},\boldsymbol{y},\boldsymbol{\zeta})\\ \boldsymbol{0} & \nabla_\zeta(\boldsymbol{x},\boldsymbol{y},\boldsymbol{\zeta})\end{bmatrix}\in\partial\Phi_\tau(\boldsymbol{x},\boldsymbol{y},\boldsymbol{\zeta}) \tag{4-81}$$

因此，由式(4-19)和式(4-77)得

$$\begin{aligned}&\operatorname{dist}(\nabla\Phi_{\tau,\varepsilon}(\boldsymbol{x},\boldsymbol{y},\boldsymbol{\zeta}),\partial\Phi_\tau(\boldsymbol{x},\boldsymbol{y},\boldsymbol{\zeta}))\\ &=\min\left\{\|\nabla\Phi_{\tau,\varepsilon}(\boldsymbol{x},\boldsymbol{y},\boldsymbol{\zeta})-\boldsymbol{W}\|\ \middle|\ \boldsymbol{W}\in\partial\Phi_\tau(\boldsymbol{x},\boldsymbol{y},\boldsymbol{\zeta})\right\}\\ &\leqslant\|\nabla\Phi_{\tau,\varepsilon}(\boldsymbol{x},\boldsymbol{y},\boldsymbol{\zeta})-\boldsymbol{J}^0_{\Phi_\tau}(\boldsymbol{x},\boldsymbol{y},\boldsymbol{\zeta})\|\\ &=\|\nabla\phi_{\tau,\varepsilon}(\boldsymbol{x},\boldsymbol{y},\boldsymbol{\zeta})-\boldsymbol{J}^0_{\phi_\tau}(\boldsymbol{x},\boldsymbol{y},\boldsymbol{\zeta})\|\\ &=\left\|\begin{matrix}\boldsymbol{L}\left(\boldsymbol{x}+\dfrac{\tau-2}{2}\boldsymbol{y}\right)(\boldsymbol{L}^{-1}(\hat{\boldsymbol{\omega}})-\boldsymbol{J})\\ \boldsymbol{L}\left(\boldsymbol{y}+\dfrac{\tau-2}{2}\boldsymbol{x}\right)(\boldsymbol{L}^{-1}(\hat{\boldsymbol{\omega}})-\boldsymbol{J})\end{matrix}\right\|\end{aligned} \tag{4-82}$$

然后，由文献[84]中命题 4.1 的证明知

$$\operatorname{dist}(\nabla\Phi_{\tau,\varepsilon}(\boldsymbol{x},\boldsymbol{y},\boldsymbol{\zeta}),\partial\Phi_\tau(\boldsymbol{x},\boldsymbol{y},\boldsymbol{\zeta}))\leqslant[h_{\tau,0}(\boldsymbol{x},\boldsymbol{y})-h_{\tau,\varepsilon}(\boldsymbol{x},\boldsymbol{y})]\times\left\|\begin{matrix}\boldsymbol{L}\left(\boldsymbol{x}+\dfrac{\tau-2}{2}\boldsymbol{y}\right)\boldsymbol{J}\\ \boldsymbol{L}\left(\boldsymbol{y}+\dfrac{\tau-2}{2}\boldsymbol{x}\right)\boldsymbol{J}\end{matrix}\right\| \tag{4-83}$$

其中 $h_{\tau,\varepsilon}:\mathbf{R}^{2n}\to\mathbf{R}_{+}$ 定义为

$$h_{\tau,\varepsilon}(\boldsymbol{x},\boldsymbol{y})=\begin{cases}\dfrac{1}{\sqrt{\lambda_1(\boldsymbol{z})+2\varepsilon^2}}, & (\boldsymbol{x},\boldsymbol{y})\in S_1\\ \dfrac{\sqrt{2}}{\sqrt{z_1+\varepsilon^2}+|\varepsilon|}, & (\boldsymbol{x},\boldsymbol{y})\in S_2\\ \boldsymbol{0}, & (\boldsymbol{x},\boldsymbol{y})=(\boldsymbol{0},\boldsymbol{0})\end{cases} \tag{4-84}$$

因此，类似文献[84]中定理 4.1 的证明，结论成立．

## 4.4 另一种证明

本节研究单参数二阶锥互补函数类 $\phi_\tau$ 的方向导数和 B-次微分．基于这些结果，将给出单参数光滑函数类 $\phi_{\tau,\varepsilon}$ 的雅可比相容性的另一种证明方法．

由文献[85]中的推论 3.3 易知，式(4-2)所定义的函数 $\phi_\tau$ 处处方向可微．然而，现有文献中并没有给出函数 $\phi_\tau$ 的方向导数表达式．故本节推导其表达式，并证明 $\phi_\tau(\boldsymbol{x},\boldsymbol{y})$ 在任意点处的 B-次微分与其在原点处的方向导数一致．

根据 $\phi_{\mathrm{FB}}(\boldsymbol{x},\boldsymbol{y})$ [86,87,96]的 B-次微分，类似文献[86]中的命题 9、引理 11、引理 12 和命题 13 的证明，可得出以下 4 个结果．

**命题 4.1** 对于任意给定的 $\boldsymbol{x}=(x_1,\boldsymbol{x}_2),\boldsymbol{y}=(y_1,\boldsymbol{y}_2)\in\mathbf{R}\times\mathbf{R}^{n-1}$，$\phi_\tau$ 在点 $(\boldsymbol{x},\boldsymbol{y})$ 处的方向导数 $\phi'_\tau((\boldsymbol{x},\boldsymbol{y});(\boldsymbol{g},\boldsymbol{h}))$ 具有如下形式．

(1)若 $(\boldsymbol{x},\boldsymbol{y})=(\boldsymbol{0},\boldsymbol{0})$，则 $\phi'_\tau((\boldsymbol{x},\boldsymbol{y});(\boldsymbol{g},\boldsymbol{h}))=\phi_\tau(\boldsymbol{g},\boldsymbol{h})$．

(2)若 $(\boldsymbol{x},\boldsymbol{y})\in S_1$，则

$$\phi'_\tau((\boldsymbol{x},\boldsymbol{y});(\boldsymbol{g},\boldsymbol{h}))=\left[\boldsymbol{I}-\boldsymbol{L}^{-1}(\boldsymbol{\omega})\boldsymbol{L}\left(\boldsymbol{x}+\frac{\tau-2}{2}\boldsymbol{y}\right)\right]\boldsymbol{g}+\left[\boldsymbol{I}-\boldsymbol{L}^{-1}(\boldsymbol{\omega})\boldsymbol{L}\left(\boldsymbol{y}+\frac{\tau-2}{2}\boldsymbol{x}\right)\right]\boldsymbol{h} \tag{4-85}$$

(3)若 $(\boldsymbol{x},\boldsymbol{y})\in S_2$，则

$$\begin{aligned}\phi'_\tau((\boldsymbol{x},\boldsymbol{y});(\boldsymbol{g},\boldsymbol{h}))&=\boldsymbol{g}+\boldsymbol{h}-\frac{\varphi(\boldsymbol{g},\boldsymbol{h})}{2}\begin{bmatrix}1\\-\bar{\boldsymbol{z}}_2\end{bmatrix}+\\ &\frac{(\boldsymbol{x}_2+((\tau-2)/2)\boldsymbol{y}_2)^{\mathrm{T}}\boldsymbol{g}_2+(\boldsymbol{y}_2+((\tau-2)/2)\boldsymbol{x}_2)^{\mathrm{T}}\boldsymbol{h}_2}{2\sqrt{x_1^2+y_1^2+(\tau-2)x_1y_1}}\begin{bmatrix}0\\ \bar{\boldsymbol{z}}_2\end{bmatrix}-\frac{1}{2\sqrt{x_1^2+y_1^2+(\tau-2)x_1y_1}}\times\\ &\begin{bmatrix}\left(\boldsymbol{x}+\frac{\tau-2}{2}\boldsymbol{y}\right)^{\mathrm{T}}\boldsymbol{g}+\left(\boldsymbol{y}+\frac{\tau-2}{2}\boldsymbol{x}\right)^{\mathrm{T}}\boldsymbol{h}\\ 2\left(x_1+\frac{\tau-2}{2}y_1\right)\boldsymbol{g}_2+g_1\left(\boldsymbol{x}_2+\frac{\tau-2}{2}\boldsymbol{y}_2\right)+2\left(y_1+\frac{\tau-2}{2}x_1\right)\boldsymbol{h}_2+h_1\left(\boldsymbol{y}_2+\frac{\tau-2}{2}\boldsymbol{x}_2\right)\end{bmatrix}\end{aligned} \tag{4-86}$$

这里 $\boldsymbol{g}=(g_1,\boldsymbol{g}_2),\boldsymbol{h}=(h_1,\boldsymbol{h}_2)\in\mathbf{R}\times\mathbf{R}^{n-1}$，$\bar{\boldsymbol{z}}_2$ 由式(4-12)给出，且函数 $\varphi:\mathbf{R}^n\times\mathbf{R}^n\to\mathbf{R}$ 由下式定义

$$\varphi(\boldsymbol{g},\boldsymbol{h}) = \frac{\sqrt{(\theta_1(\boldsymbol{g},\boldsymbol{h}))^2 + \|\theta_2(\boldsymbol{g},\boldsymbol{h})\|^2}}{\sqrt{x_1^2 + y_1^2 + (\tau-2)x_1y_1}} \tag{4-87}$$

其中

$$\begin{aligned}\theta_1(\boldsymbol{g},\boldsymbol{h}) &= \left(x_1 + \frac{\tau-2}{2}y_1\right)g_1 - \left(\boldsymbol{x}_2 + \frac{\tau-2}{2}\boldsymbol{y}_2\right)^{\mathrm{T}}\boldsymbol{g}_2 + \\ &\quad \left(y_1 + \frac{\tau-2}{2}x_1\right)h_1 - \left(\boldsymbol{y}_2 + \frac{\tau-2}{2}\boldsymbol{x}_2\right)^{\mathrm{T}}\boldsymbol{h}_2 \\ \theta_2(\boldsymbol{g},\boldsymbol{h}) &= \left(x_1 + \frac{\tau-2}{2}y_1\right)\boldsymbol{h}_2 - h_1\left(\boldsymbol{x}_2 + \frac{\tau-2}{2}\boldsymbol{y}_2\right) + \\ &\quad g_1\left(\boldsymbol{y}_2 + \frac{\tau-2}{2}\boldsymbol{x}_2\right) - \left(y_1 + \frac{\tau-2}{2}x_1\right)\boldsymbol{g}_2\end{aligned} \tag{4-88}$$

**引理 4.4**　对于任意给定的 $(\boldsymbol{x},\boldsymbol{y}) \in S_2$，设 $\varphi$ 由式(4-87)定义，则函数 $\varphi$ 在点 $(\boldsymbol{0},\boldsymbol{0})$ 处的 B-次微分为

$$\partial_{\mathrm{B}}\varphi(\boldsymbol{0},\boldsymbol{0}) = \left\{\left[\begin{matrix}\dfrac{\boldsymbol{\zeta}_2^{\mathrm{T}}(\boldsymbol{y}_2 + ((\tau-2)/2)\boldsymbol{x}_2) + \zeta_1(x_1 + ((\tau-2)/2)y_1)}{\sqrt{x_1^2+y_1^2+(\tau-2)x_1y_1}}, \\ \dfrac{-(y_1 + ((\tau-2)/2)x_1)\boldsymbol{\zeta}_2 - \zeta_1(\boldsymbol{x}_2 + ((\tau-2)/2)\boldsymbol{y}_2)}{\sqrt{x_1^2+y_1^2+(\tau-2)x_1y_1}}\end{matrix}\right], \left[\begin{matrix}\dfrac{-\boldsymbol{\zeta}_2^{\mathrm{T}}(\boldsymbol{x}_2 + ((\tau-2)/2)\boldsymbol{y}_2) + \zeta_1(y_1 + ((\tau-2)/2)x_1)}{\sqrt{x_1^2+y_1^2+(\tau-2)x_1y_1}}, \\ \dfrac{(x_1 + ((\tau-2)/2)y_1)\boldsymbol{\zeta}_2 - \zeta_1(\boldsymbol{y}_2 + ((\tau-2)/2)\boldsymbol{x}_2)}{\sqrt{x_1^2+y_1^2+(\tau-2)x_1y_1}}\end{matrix}\right] \right.$$

$$\left. \boldsymbol{\zeta} = (\zeta_1, \boldsymbol{\zeta}_2) \in \mathbf{R}\times\mathbf{R}^{n-1} \text{ 满足 } \zeta_1^2 + \|\boldsymbol{\zeta}_2\|^2 = 1 \right\} \tag{4-89}$$

**引理 4.5**　对任意给定的 $(\boldsymbol{x},\boldsymbol{y}) \in \mathbf{R}^n \times \mathbf{R}^n$，令 $\psi_\tau(\cdot,\cdot) \equiv \phi'_\tau((\boldsymbol{x},\boldsymbol{y});(\cdot,\cdot))$，则

$$\partial_{\mathrm{B}}\phi_\tau(\boldsymbol{x},\boldsymbol{y}) = \partial_{\mathrm{B}}\psi_\tau(\boldsymbol{0},\boldsymbol{0}) \tag{4-90}$$

**命题 4.2**　对任意给定的 $(\boldsymbol{x},\boldsymbol{y}) \in S_2$，有

$$\partial_{\mathrm{B}}\phi_\tau(\boldsymbol{x},\boldsymbol{y}) = \left\{\begin{bmatrix}\boldsymbol{I} - \boldsymbol{X} - \boldsymbol{p}\boldsymbol{u}_1(\boldsymbol{z})^{\mathrm{T}} \\ \boldsymbol{I} - \boldsymbol{Y} - \boldsymbol{q}\boldsymbol{u}_1(\boldsymbol{z})^{\mathrm{T}}\end{bmatrix} \middle| \ \boldsymbol{p} = (p_1, \boldsymbol{p}_2), \boldsymbol{q} = (q_1, \boldsymbol{q}_2) \text{ 满足} \right.$$

$$\boldsymbol{p} = \begin{bmatrix}\dfrac{\boldsymbol{\zeta}_2^{\mathrm{T}}\left(\boldsymbol{y}_2 + \left(\dfrac{\tau-2}{2}\right)\boldsymbol{x}_2\right) + \zeta_1\left(x_1 + \left(\dfrac{\tau-2}{2}\right)y_1\right)}{\sqrt{x_1^2+y_1^2+(\tau-2)x_1y_1}} \\ \dfrac{-\left(y_1 + \left(\dfrac{\tau-2}{2}\right)x_1\right)\boldsymbol{\zeta}_2 - \zeta_1\left(\boldsymbol{x}_2 + \left(\dfrac{\tau-2}{2}\right)\boldsymbol{y}_2\right)}{\sqrt{x_1^2+y_1^2+(\tau-2)x_1y_1}}\end{bmatrix},$$

$$\boldsymbol{q} = \begin{bmatrix}\dfrac{-\boldsymbol{\zeta}_2^{\mathrm{T}}\left(\boldsymbol{x}_2 + \left(\dfrac{\tau-2}{2}\right)\boldsymbol{y}_2\right) + \zeta_1\left(y_1 + \right)\dfrac{\tau-2}{2}\right)x_1\right)}{\sqrt{x_1^2+y_1^2+(\tau-2)x_1y_1}} \\ \dfrac{\left(x_1 + \left(\dfrac{\tau-2}{2}\right)y_1\right)\boldsymbol{\zeta}_2 - \zeta_1\left(\boldsymbol{y}_2 + \left(\dfrac{\tau-2}{2}\right)\boldsymbol{x}_2\right)}{\sqrt{x_1^2+y_1^2+(\tau-2)x_1y_1}}\end{bmatrix},$$

$$\left.\text{对于某个 } \boldsymbol{\zeta}=(\zeta_1,\boldsymbol{\zeta}_2) \text{ 使得 } \zeta_1^2+\|\boldsymbol{\zeta}_2\|^2=1\right\} \tag{4-91}$$

这里 $\boldsymbol{u}_1(\boldsymbol{z})$ 和 $\bar{\boldsymbol{z}}_2$ 分别由式(4-11)和式(4-12)定义，且

$$\begin{aligned}
\boldsymbol{X}=&\frac{1}{2\sqrt{x_1^2+y_1^2+(\tau-2)x_1y_1}}\times \\
&\begin{bmatrix} x_1+\dfrac{(\tau-2)}{2}y_1 & \boldsymbol{x}_2^{\mathrm{T}}+\dfrac{(\tau-2)}{2}\boldsymbol{y}_2^{\mathrm{T}} \\ \boldsymbol{x}_2+\dfrac{(\tau-2)}{2}\boldsymbol{y}_2 & 2\left(x_1+\dfrac{(\tau-2)}{2}y_1\right)\boldsymbol{I}-\left(\boldsymbol{x}_2+\dfrac{(\tau-2)}{2}\boldsymbol{y}_2\right)\bar{\boldsymbol{z}}_2^{\mathrm{T}} \end{bmatrix} \\
\boldsymbol{Y}=&\frac{1}{2\sqrt{x_1^2+y_1^2+(\tau-2)x_1y_1}}\times \\
&\begin{bmatrix} y_1+\dfrac{(\tau-2)}{2}x_1 & \boldsymbol{y}_2^{\mathrm{T}}+\dfrac{(\tau-2)}{2}\boldsymbol{x}_2^{\mathrm{T}} \\ \boldsymbol{y}_2+\dfrac{(\tau-2)}{2}\boldsymbol{x}_2 & 2\left(y_1+\dfrac{(\tau-2)}{2}x_1\right)\boldsymbol{I}-\left(\boldsymbol{y}_2+\dfrac{(\tau-2)}{2}\boldsymbol{x}_2\right)\bar{\boldsymbol{z}}_2^{\mathrm{T}} \end{bmatrix}
\end{aligned} \tag{4-92}$$

**定理 4.4** 对于 $\varepsilon>0$，由式(4-5)定义的函数 $\phi_{\tau,\varepsilon}$ 满足雅可比相容性.

**证明：** 由定理 4.2 的证明知，只需证 $\mathbf{V}=\partial\phi_\tau(\boldsymbol{x},\boldsymbol{y})$，其中 $\mathbf{V}$ 由式(4-77)定义. 由命题 4.1和引理 4.5 知，如果 $(\boldsymbol{x},\boldsymbol{y})\in S_1$ 或 $(\boldsymbol{x},\boldsymbol{y})=(\mathbf{0},\mathbf{0})$ 结论显然成立. 现证明若 $(\boldsymbol{x},\boldsymbol{y})\in S_2$，则 $\mathbf{V}=\partial\phi_\tau(\boldsymbol{x},\boldsymbol{y})$. 由命题 4.2 知，对任意给定的 $(\boldsymbol{x},\boldsymbol{y})\in S_2$ 有

$$\begin{bmatrix}\boldsymbol{I}-\boldsymbol{X}\\ \boldsymbol{I}-\boldsymbol{Y}\end{bmatrix}\in\partial\phi_\tau(\boldsymbol{x},\boldsymbol{y}) \tag{4-93}$$

由直接计算及引理 4.1 可得，当 $(\boldsymbol{x},\boldsymbol{y})\in S_2$ 时

$$\left.\begin{aligned}\boldsymbol{X}&=\boldsymbol{L}\left(\boldsymbol{x}+\frac{(\tau-2)}{2}\boldsymbol{y}\right)\boldsymbol{J}\\ \boldsymbol{Y}&=\boldsymbol{L}\left(\boldsymbol{y}+\frac{(\tau-2)}{2}\boldsymbol{x}\right)\boldsymbol{J}\end{aligned}\right. \tag{4-94}$$

故由式(4-93)知，对任意给定的 $(\boldsymbol{x},\boldsymbol{y})\in S_2$ 有

$$\mathbf{V}\equiv\begin{bmatrix}\boldsymbol{I}-\boldsymbol{X}\\ \boldsymbol{I}-\boldsymbol{Y}\end{bmatrix}\in\partial\phi_\tau(\boldsymbol{x},\boldsymbol{y}) \tag{4-95}$$

证毕.

# 第5章 二阶锥互补问题单参数光滑 Fischer-Burmeister 函数类的雅可比相容性

光滑函数的雅可比相容性，对于实现牛顿法或牛顿类方法的快速收敛具有重要作用．本章研究了二阶锥互补问题的一类单参数光滑 Fischer-Burmeister 函数的性质，推导了其雅可比矩阵的可计算公式，证明了雅可比相容性．然后将其雅可比相容性应用于 Chen 等[39]提出的带有适当参数控制的光滑牛顿法，并在较弱假设条件下给出了该算法的全局收敛性和局部二次收敛性．

## 5.1 引　言

本章考虑以下二阶锥互补问题，即找到向量对 $(\boldsymbol{x},\boldsymbol{s},\boldsymbol{\zeta}) \in \mathbf{R}^n \times \mathbf{R}^n \times \mathbf{R}^l$，使得

$$\boldsymbol{x} \in K, \boldsymbol{s} \in K, \boldsymbol{x}^{\mathrm{T}}\boldsymbol{s} = 0, F(\boldsymbol{x},\boldsymbol{s},\boldsymbol{\zeta}) = \boldsymbol{0} \tag{5-1}$$

其中 $F:\mathbf{R}^n \times \mathbf{R}^n \times \mathbf{R}^l \to \mathbf{R}^n \times \mathbf{R}^l$ 是连续可微映射，$K \subset \mathbf{R}^n$ 是二阶锥的笛卡儿乘积，即 $K = K^{n_1} \times K^{n_2} \times \cdots \times K^{n_m}$，其中 $n = n_1 + n_2 + \cdots + n_m$．$n_i$ 维二阶锥定义为

$$K^{n_i} = \left\{\boldsymbol{x}^i = (x_1^i, \boldsymbol{x}_2^i) \in \mathbf{R} \times \mathbf{R}^{n_i-1} \,\middle|\, x_1^i - \|\boldsymbol{x}_2^i\| \geqslant 0\right\}$$

向量值 Fischer-Burmeister(FB)函数最先由 Fukushima 等人[6]提出，在带有参数控制的光滑方法中起着重要作用．Ogasawara 和 Narushima[84]证明了与二阶锥相伴的光滑 Fischer-Burmeister 函数的雅可比相容性．Chi 等人[88-90]提出了广义 Fischer-Burmeister 函数的一个光滑函数，并证明了它的雅可比相容性，这对于实现光滑方法的快速收敛具有重要意义．Chen 等人[91]研究了非线性互补问题中广义 Fischer-Burmeister 函数的光滑函数的雅可比相容性，提出了求解混合互补问题的具有全局收敛和局部超线性(或二次)收敛的光滑方法．

向量值 Fischer-Burmeister 函数 $\varphi_{\mathrm{FB}}:\mathbf{R}^n \times \mathbf{R}^n \to \mathbf{R}^n$ 的表达式为[6]

$$\varphi_{\mathrm{FB}}(\boldsymbol{x},\boldsymbol{s}) = \boldsymbol{x} + \boldsymbol{s} - \sqrt{\boldsymbol{x}^2 + \boldsymbol{s}^2} \tag{5-2}$$

且具有以下性质[6]：

$$\varphi_{\mathrm{FB}}(\boldsymbol{x},\boldsymbol{s}) = \boldsymbol{0} \Leftrightarrow \boldsymbol{x} \in K, \boldsymbol{s} \in K, \boldsymbol{x}^{\mathrm{T}}\boldsymbol{s} = 0 \tag{5-3}$$

因此，Fischer-Burmeister 函数［式(5-2)］是二阶锥互补函数．然而，Fischer-Burmeister 函数通常是不光滑的．最近 Tang 等人[31]提出单参数光滑 Fischer-Burmeister 函数类 $\varphi_{\tau,\mu}(\boldsymbol{x},$

$\boldsymbol{s}$)：$\mathbf{R}^n \times \mathbf{R}^n \to \mathbf{R}^n$ 如下

$$\varphi_{\tau,\mu}(\boldsymbol{x},\boldsymbol{s}) = (1+\mu-\tau\mu)(\boldsymbol{x}+\boldsymbol{s}) - \sqrt{[\boldsymbol{x}+(\mu-\tau\mu)\boldsymbol{s}]^2+[(\mu-\tau\mu)\boldsymbol{x}+\boldsymbol{s}]^2+2\mu^2\boldsymbol{e}} \tag{5-4}$$

其中，$\tau \in [0,1]$ 是一个任意给定的常数，$\mu \geqslant 0$ 是一个实参数．显然，当 $\tau = 1$ 时，$\varphi_{\tau,\mu}(\boldsymbol{x},\boldsymbol{s})$ 退化为光滑 Fischer-Burmeister 函数[6]

$$\varphi_{1,\mu}(\boldsymbol{x},\boldsymbol{s}) = \boldsymbol{x}+\boldsymbol{s} - \sqrt{\boldsymbol{x}^2+\boldsymbol{s}^2+2\mu^2\boldsymbol{e}}$$

当 $\tau = 0$ 时，$\varphi_{\tau,\mu}(\boldsymbol{x},\boldsymbol{s})$ 退化为光滑函数

$$\varphi_{\mu}(\boldsymbol{x},\boldsymbol{s}) = (1+\mu)(\boldsymbol{x}+\boldsymbol{s}) - \sqrt{(\boldsymbol{x}+\mu\boldsymbol{s})^2+(\mu\boldsymbol{x}+\boldsymbol{s})^2+2\mu^2\boldsymbol{e}} \tag{5-5}$$

这是 Chi 和 Liu[92]提出的对称扰动光滑 Fischer-Burmeister 函数．值得注意的是，式(5－4)所给出的光滑函数 $\varphi_{\tau,\mu}$ 是 Huang-Han-Xu-Zhang[93]光滑函数的推广．因此，由式(5－4)定义的 $\varphi_{\tau,\mu}$ 是一类更广泛的光滑函数．

本章将研究 SOCCP 中单参数光滑 Fischer-Burmeister 函数类［式(5－4)］的雅可比相容性，并应用到带有适当参数控制的光滑牛顿法中．然后在较弱假设下，证明求解问题(5－1)的算法具有全局收敛性和局部二次收敛性．

## 5.2 光滑函数 $\varphi_{\tau,\mu}$

下面给出单参数光滑 Fischer-Burmeister 函数类［式(5－4)］的雅可比计算公式，以及一些性质，这将有助于分析其雅可比相容性．

令 $\boldsymbol{y} = (\boldsymbol{x},\boldsymbol{s},\boldsymbol{\zeta}) \in \mathbf{R}^n \times \mathbf{R}^n \times \mathbf{R}^l$，定义函数

$$\Psi(\boldsymbol{y}) = \begin{bmatrix} F(\boldsymbol{x},\boldsymbol{s},\boldsymbol{\zeta}) \\ \varphi_{\mathrm{FB}}(\boldsymbol{x},\boldsymbol{s}) \end{bmatrix} \tag{5-6}$$

由式(5－1)、式(5－3)和式(5－6)知

$$\Psi(\boldsymbol{y}) = \boldsymbol{0} \Leftrightarrow (\boldsymbol{x},\boldsymbol{s},\boldsymbol{\zeta}) \text{ 是问题(5－1)的解}$$

由于 $\Psi(\boldsymbol{y})$ 通常是非光滑的，所以难以直接用牛顿法求解方程组(5－6)．对给定的常数 $\tau \in [0,1]$ 和任意 $\mu \geqslant 0$，定义函数

$$\Phi_{\tau,\mu}(\boldsymbol{y}) = \begin{bmatrix} F(\boldsymbol{x},\boldsymbol{s},\boldsymbol{\zeta}) \\ \varphi_{\tau,\mu}(\boldsymbol{x},\boldsymbol{s}) \end{bmatrix} \tag{5-7}$$

其中 $\varphi_{\tau,\mu}(\boldsymbol{x},\boldsymbol{s})$ 是一类单参数光滑 Fischer-Burmeister 函数[31]．因此，在每次迭代中可运用牛顿法近似求解光滑方程组 $\Phi_{\tau,\mu}(\boldsymbol{y}) = \boldsymbol{0}$，使参数 $\mu \to 0$，从而得到 $\Psi(\boldsymbol{y}) = \boldsymbol{0}$ 的解．

下面给出光滑函数 $\varphi_{\tau,\mu}$ 的一些性质，这将在光滑方法的快速收敛中发挥关键作用．

不失一般性，以下分析中假定 SOCCP 为单个二阶锥约束问题．

为方便起见，下面给出一些记号．对任意给定的 $\tau\in[0,1]$，任意 $\mu\in\mathbf{R}_+$ 和 $\boldsymbol{x}=(x_1,\boldsymbol{x}_2)$，$\boldsymbol{s}=(s_1,\boldsymbol{s}_2)\in\mathbf{R}\times\mathbf{R}^{n-1}$，定义映射 $z^{\tau,\mu}:\mathbf{R}^{2n}\to\mathbf{R}\times\mathbf{R}^{n-1}$ 为

$$\boldsymbol{z}^{\tau,\mu}=(z_1^{\tau,\mu},\boldsymbol{z}_2^{\tau,\mu})=\boldsymbol{z}^{\tau,\mu}(\boldsymbol{x},\boldsymbol{s})=[\boldsymbol{x}+(\mu-\tau\mu)\boldsymbol{s}]^2+[(\mu-\tau\mu)\boldsymbol{x}+\boldsymbol{s}]^2+2\mu^2\boldsymbol{e}$$

当 $\mu=0$ 时省略上标，即

$$\boldsymbol{z}=(z_1,\boldsymbol{z}_2)=\boldsymbol{z}(\boldsymbol{x},\boldsymbol{s})=\boldsymbol{x}^2+\boldsymbol{s}^2$$

直接计算得

$$z_1^{\tau,\mu}=\|\boldsymbol{x}+(\mu-\tau\mu)\boldsymbol{s}\|^2+\|(\mu-\tau\mu)\boldsymbol{x}+\boldsymbol{s}\|^2+2\mu^2$$
$$\boldsymbol{z}_2^{\tau,\mu}=2[x_1+(\mu-\tau\mu)s_1][\boldsymbol{x}_2+(\mu-\tau\mu)\boldsymbol{s}_2]+2[(\mu-\tau\mu)x_1+s_1][(\mu-\tau\mu)\boldsymbol{x}_2+\boldsymbol{s}_2]$$

且当 $\mu=0$ 时，

$$z_1=\|\boldsymbol{x}\|^2+\|\boldsymbol{s}\|^2,\ \boldsymbol{z}_2=2x_1\boldsymbol{x}_2+2s_1\boldsymbol{s}_2$$

那么 $\boldsymbol{z}^{\tau,\mu}$ 的谱分解为

$$\boldsymbol{z}^{\tau,\mu}=\lambda_1(\boldsymbol{z}^{\tau,\mu})\boldsymbol{u}_1(\boldsymbol{z}^{\tau,\mu})+\lambda_2(\boldsymbol{z}^{\tau,\mu})\boldsymbol{u}_2(\boldsymbol{z}^{\tau,\mu})$$

其中，$\lambda_1(\boldsymbol{z}^{\tau,\mu}),\lambda_2(\boldsymbol{z}^{\tau,\mu})$ 和 $\boldsymbol{u}_1(\boldsymbol{z}^{\tau,\mu}),\boldsymbol{u}_2(\boldsymbol{z}^{\tau,\mu})$ 分别为 $\boldsymbol{z}^{\tau,\mu}$ 的谱值和相应的谱向量，即对于 $i=1,2$ 有

$$\begin{aligned}\lambda_i(\boldsymbol{z}^{\tau,\mu})=&2\mu^2+\|\boldsymbol{x}+(\mu-\tau\mu)\boldsymbol{s}\|^2+\|(\mu-\tau\mu)\boldsymbol{x}+\boldsymbol{s}\|^2+\\&(-1)^i\|2[x_1+(\mu-\tau\mu)s_1][\boldsymbol{x}_2+(\mu-\tau\mu)\boldsymbol{s}_2]+\\&2[(\mu-\tau\mu)x_1+s_1][(\mu-\tau\mu)\boldsymbol{x}_2+\boldsymbol{s}_2]\|\end{aligned}\tag{5-8}$$

$$\boldsymbol{u}_i(\boldsymbol{z}^{\tau,\mu})=\frac{1}{2}(1,(-1)^i\bar{\boldsymbol{z}}_2^{\tau,\mu})\tag{5-9}$$

这里若 $\boldsymbol{z}_2^{\tau,\mu}\neq\boldsymbol{0}$，则

$$\begin{aligned}\bar{\boldsymbol{z}}_2^{\tau,\mu}&=\frac{\boldsymbol{z}_2^{\tau,\mu}}{\|\boldsymbol{z}_2^{\tau,\mu}\|}\\&=\frac{[x_1+(\mu-\tau\mu)s_1][\boldsymbol{x}_2+(\mu-\tau\mu)\boldsymbol{s}_2]+[(\mu-\tau\mu)x_1+s_1][(\mu-\tau\mu)\boldsymbol{x}_2+\boldsymbol{s}_2]}{\|[x_1+(\mu-\tau\mu)s_1][\boldsymbol{x}_2+(\mu-\tau\mu)\boldsymbol{s}_2]+[(\mu-\tau\mu)x_1+s_1][(\mu-\tau\mu)\boldsymbol{x}_2+\boldsymbol{s}_2]\|}\end{aligned}\tag{5-10}$$

否则 $\bar{\boldsymbol{z}}_2^{\tau,\mu}$ 是 $\mathbf{R}^{n-1}$ 中满足 $\|\bar{\boldsymbol{z}}_2^{\tau,\mu}\|=1$ 的任意向量．显然，$\boldsymbol{z}$ 的谱分解为

$$\boldsymbol{z}=\lambda_1(\boldsymbol{z})\boldsymbol{u}_1(\boldsymbol{z})+\lambda_2(\boldsymbol{z})\boldsymbol{u}_2(\boldsymbol{z})$$

其中，$\lambda_1(\boldsymbol{z}),\lambda_2(\boldsymbol{z})$ 和 $\boldsymbol{u}_1(\boldsymbol{z})$，$\boldsymbol{u}_2(\boldsymbol{z})$ 分别为 $\boldsymbol{z}$ 的谱值和相应的谱向量，其定义如下：

$$\lambda_i(\boldsymbol{z})=\|\boldsymbol{x}\|^2+\|\boldsymbol{s}\|^2+(-1)^i\|2x_1\boldsymbol{x}_2+2s_1\boldsymbol{s}_2\|$$
$$\boldsymbol{u}_i(\boldsymbol{z})=\frac{1}{2}(1,(-1)^i\bar{\boldsymbol{z}}_2),\ i=1,2$$

这里，若 $\boldsymbol{z}_2\neq\boldsymbol{0}$，则

$$\bar{\boldsymbol{z}}_2=\frac{\boldsymbol{z}_2}{\|\boldsymbol{z}_2\|}=\frac{x_1\boldsymbol{x}_2+s_1\boldsymbol{s}_2}{\|x_1\boldsymbol{x}_2+s_1\boldsymbol{s}_2\|}$$

否则，$\bar{z}_2$ 为 $\mathbf{R}^{n-1}$ 中满足 $\|\bar{z}_2\|=1$ 的任意向量.

对任意给定的 $\tau\in[0,1]$ 和任意 $(\boldsymbol{x},\boldsymbol{s})\in\mathbf{R}^{2n}$，不难验证对任意 $\mu>0$ 有

$$\boldsymbol{z}^{\tau,\mu}=[\boldsymbol{x}+(\mu-\tau\mu)\boldsymbol{s}]^2+[(\mu-\tau\mu)\boldsymbol{x}+\boldsymbol{s}]^2+2\mu^2\boldsymbol{e}\in \operatorname{int} K^n \tag{5-11}$$

且

$$\boldsymbol{z}=\boldsymbol{x}^2+\boldsymbol{s}^2\in K^n \tag{5-12}$$

因此对任意 $\boldsymbol{x}=(x_1,\boldsymbol{x}_2),\boldsymbol{s}=(s_1,\boldsymbol{s}_2)\in\mathbf{R}\times\mathbf{R}^{n-1}$ 和 $\mu\in\mathbf{R}$，定义

$$\begin{aligned}\boldsymbol{w}^{\tau,\mu}&=(w_1^{\tau,\mu},\boldsymbol{w}_2^{\tau,\mu})=\boldsymbol{w}^{\tau,\mu}(\boldsymbol{x},\boldsymbol{s})\\&=\sqrt{[\boldsymbol{x}+(\mu-\tau\mu)\boldsymbol{s}]^2+[(\mu-\tau\mu)\boldsymbol{x}+\boldsymbol{s}]^2+2\mu^2\boldsymbol{e}}\end{aligned}$$

且当 $\mu=0$ 时，

$$\boldsymbol{w}=(w_1,\boldsymbol{w}_2)=\boldsymbol{w}(\boldsymbol{x},\boldsymbol{s})=\sqrt{\boldsymbol{x}^2+\boldsymbol{s}^2}$$

$\boldsymbol{w}^{\tau,\mu}$ 和 $\boldsymbol{w}$ 的谱分解分别为

$$\begin{aligned}\boldsymbol{w}^{\tau,\mu}&=\sqrt{\lambda_1(\boldsymbol{z}^{\tau,\mu})}\boldsymbol{u}_1(\boldsymbol{z}^{\tau,\mu})+\sqrt{\lambda_2(\boldsymbol{z}^{\tau,\mu})}\boldsymbol{u}_2(\boldsymbol{z}^{\tau,\mu})\\\boldsymbol{w}&=\sqrt{\lambda_1(\boldsymbol{z})}\boldsymbol{u}_1(\boldsymbol{z})+\sqrt{\lambda_2(\boldsymbol{z})}\boldsymbol{u}_2(\boldsymbol{z})\end{aligned}$$

由式(5-12)知可将 $\mathbf{R}^{2n}$ 划分为 $\mathbf{R}^{2n}=S_1\cup S_2\cup\{(\mathbf{0},\mathbf{0})\}$，其中

$$\begin{aligned}S_1&=\{(\boldsymbol{x},\boldsymbol{s})\in\mathbf{R}^{2n}\mid z\in\operatorname{int}K^n\}=\{(\boldsymbol{x},\boldsymbol{s})\in\mathbf{R}^{2n}\mid\lambda_2(\boldsymbol{z})\geqslant\lambda_1(\boldsymbol{z})>0\}\\S_2&=\{(\boldsymbol{x},\boldsymbol{s})\in\mathbf{R}^{2n}\mid z\in\operatorname{bd}K^n\setminus\{\mathbf{0}\}\}=\{(\boldsymbol{x},\boldsymbol{s})\in\mathbf{R}^{2n}\mid 2z_1=\lambda_2(\boldsymbol{z})>\lambda_1(\boldsymbol{z})=0\}\end{aligned}$$

**定理 5.1** 对任意给定的 $\tau\in[0,1]$，设 $\varphi_{\mathrm{FB}}$ 和 $\varphi_{\tau,\mu}$ 分别由式(5-2)和式(5-4)定义，则以下结论成立.

(1)函数 $\varphi_{\tau,\mu}$ 是 Lipschitz 连续的且处处强半光滑. 当 $\mu>0$ 时，$\varphi_{\tau,\mu}$ 在任意点 $(\boldsymbol{x},\boldsymbol{s})\in\mathbf{R}^n\times\mathbf{R}^n$ 处连续可微，其雅可比矩阵为

$$\nabla\varphi_{\tau,\mu}(\boldsymbol{x},\boldsymbol{s})=\begin{bmatrix}(1+\mu-\tau\mu)\boldsymbol{I}-[\boldsymbol{L}(\boldsymbol{p}^{\tau,\mu})+(\mu-\tau\mu)\boldsymbol{L}(\boldsymbol{q}^{\tau,\mu})]\boldsymbol{L}^{-1}(\boldsymbol{w}^{\tau,\mu})\\(1+\mu-\tau\mu)\boldsymbol{I}-[(\mu-\tau\mu)\boldsymbol{L}(\boldsymbol{p}^{\tau,\mu})+\boldsymbol{L}(\boldsymbol{q}^{\tau,\mu})]\boldsymbol{L}^{-1}(\boldsymbol{w}^{\tau,\mu})\end{bmatrix} \tag{5-13}$$

这里若 $\boldsymbol{z}_2^{\tau,\mu}=\mathbf{0}$，则 $\boldsymbol{L}^{-1}(\boldsymbol{w}^{\tau,\mu})=(1/\sqrt{z_1^{\tau,\mu}})\boldsymbol{I}$；否则

$$\begin{aligned}\boldsymbol{L}^{-1}(\boldsymbol{w}^{\tau,\mu})&=\boldsymbol{L}_1(\boldsymbol{z}^{\tau,\mu})+\boldsymbol{L}_2(\boldsymbol{z}^{\tau,\mu})\\&=\begin{bmatrix}b_{\tau,\mu}&c_{\tau,\mu}(\bar{\boldsymbol{z}}_2^{\tau,\mu})^{\mathrm{T}}\\c_{\tau,\mu}\bar{\boldsymbol{z}}_2^{\tau,\mu}&a_{\tau,\mu}\boldsymbol{I}+(b_{\tau,\mu}-a_{\tau,\mu})\bar{\boldsymbol{z}}_2^{\tau,\mu}(\bar{\boldsymbol{z}}_2^{\tau,\mu})^{\mathrm{T}}\end{bmatrix}\end{aligned} \tag{5-14}$$

其中

$$\boldsymbol{p}^{\tau,\mu}=\boldsymbol{x}+(\mu-\tau\mu)\boldsymbol{s},\ \boldsymbol{q}^{\tau,\mu}=(\mu-\tau\mu)\boldsymbol{x}+\boldsymbol{s}$$

$$\boldsymbol{L}_1(\boldsymbol{z}^{\tau,\mu})=\frac{1}{2\sqrt{\lambda_1(\boldsymbol{z}^{\tau,\mu})}}\begin{bmatrix}1&-(\bar{\boldsymbol{z}}_2^{\tau,\mu})^{\mathrm{T}}\\-\bar{\boldsymbol{z}}_2^{\tau,\mu}&\bar{\boldsymbol{z}}_2^{\tau,\mu}(\bar{\boldsymbol{z}}_2^{\tau,\mu})^{\mathrm{T}}\end{bmatrix} \tag{5-15}$$

$$L_2(z^{\tau,\mu}) = \frac{1}{2\sqrt{\lambda_2(z^{\tau,\mu})}}\begin{bmatrix} 1 & (\bar{z}_2^{\tau,\mu})^{\mathrm{T}} \\ \bar{z}_2^{\tau,\mu} & \bar{z}_2^{\tau,\mu}(\bar{z}_2^{\tau,\mu})^{\mathrm{T}} \end{bmatrix} + a_{\tau,\mu}\begin{bmatrix} 0 & \mathbf{0}^{\mathrm{T}} \\ \mathbf{0} & I - \bar{z}_2^{\tau,\mu}(\bar{z}_2^{\tau,\mu})^{\mathrm{T}} \end{bmatrix} \tag{5-16}$$

$$a_{\tau,\mu} = \frac{2}{\sqrt{\lambda_1(z^{\tau,\mu})} + \sqrt{\lambda_2(z^{\tau,\mu})}},\quad b_{\tau,\mu} = \frac{1}{2}\left(\frac{1}{\sqrt{\lambda_1(z^{\tau,\mu})}} + \frac{1}{\sqrt{\lambda_2(z^{\tau,\mu})}}\right)$$

$$c_{\tau,\mu} = \frac{1}{2}\left(\frac{1}{\sqrt{\lambda_2(z^{\tau,\mu})}} - \frac{1}{\sqrt{\lambda_1(z^{\tau,\mu})}}\right)$$

(2)对任意 $\tau \in [0,1]$ 和 $(x,s) \in \mathbf{R}^n \times \mathbf{R}^n$ 有 $\lim\limits_{\mu \downarrow 0}\varphi_{\tau,\mu}(x,s) = \varphi_{\mathrm{FB}}(x,s)$，因此 $\varphi_{\tau,\mu}$ 是 $\varphi_{\mathrm{FB}}$ 的一个光滑函数．

**证明：** 由文献[85]的定理 3.2，不难证明 $\varphi_{\tau,\mu}$ 是 Lipschitz 连续且处处强半光滑的，且当 $\mu > 0$ 时 $\varphi_{\tau,\mu}$ 在任意点 $(x,s) \in \mathbf{R}^n \times \mathbf{R}^n$ 处连续可微．对任意 $(x,s) \in \mathbf{R}^n \times \mathbf{R}^n$ 和 $\mu > 0$，由文献[6]命题 5.2 的证明知式(5－14)成立．由文献[31]的定理 2.1 和定理 2.2 可证，结论成立．

**注：** 由定理 5.1 知，$\varphi_{\tau,\mu}$ 是 Lipschitz 连续的．那么存在常数 $v > 0$，使得对任意给定的 $\tau \in [0,1]$ 和任意 $(x,s) \in \mathbf{R}^n \times \mathbf{R}^n$，$\mu > 0$ 有

$$\| \varphi_{\tau,\mu}(x,s) - \varphi_{\mathrm{FB}}(x,s) \| \leqslant v\mu \tag{5-17}$$

**引理 5.1**[84]　对任意 $x = (x_1, x_2)$，$s = (s_1, s_2) \in \mathbf{R} \times \mathbf{R}^{n-1}$，令 $z = (z_1, z_2) = x^2 + s^2 \in \mathrm{bd}\, K^n$，那么

$$x \circ x' = \mathbf{0},\ s \circ s' = \mathbf{0} \tag{5-18}$$

$$x \circ z' = \mathbf{0},\ s \circ z' = \mathbf{0} \tag{5-19}$$

$$z \circ z' = \mathbf{0},\ x \circ s' = \mathbf{0} \tag{5-20}$$

此外，下列等价关系成立：

$$z_1 = 0 \Leftrightarrow z_2 = \mathbf{0} \Leftrightarrow z = \mathbf{0} \Leftrightarrow x_1 = s_1 = 0 \Leftrightarrow x_2 = s_2 = \mathbf{0} \Leftrightarrow (x,s) = (\mathbf{0},\mathbf{0})$$

## 5.3　$\varphi_{\tau,\mu}$ 的雅可比相容性

本节将证明单参数光滑 Fischer-Burmeister 函数类［式(5－4)］的雅可比相容性，这对带有适当参数控制的光滑方法的快速收敛起着关键作用．

**引理 5.2**　对任意 $\tau \in [0,1]$ 和 $(x,s) \in \mathbf{R}^n \times \mathbf{R}^n$ 有

$$\lim_{\mu \to 0} \nabla\varphi_{\tau,\mu}(x,s) = \begin{bmatrix} I - L(x)J \\ I - L(s)J \end{bmatrix} = J_{\varphi_{\mathrm{FB}}}(x,s)$$

其中

$$J = \begin{cases} L^{-1}(w), & (x,s) \in S_1 \\ \dfrac{1}{2\sqrt{2z_1}}\begin{bmatrix} 1 & \bar{z}_2^{\mathrm{T}} \\ \bar{z}_2 & 4I - 3\bar{z}_2\bar{z}_2^{\mathrm{T}} \end{bmatrix}, & (x,s) \in S_2 \\ \mathbf{0}, & (x,s) = (\mathbf{0},\mathbf{0}) \end{cases}$$

**证明：** 由式(5-13)和 $\boldsymbol{x},\boldsymbol{s}$ 的对称性，只需证

$$\lim_{\mu\to 0}(1+\mu-\tau\mu)\boldsymbol{I}-[\boldsymbol{L}(\boldsymbol{p}^{\tau,\mu})+(\mu-\tau\mu)\boldsymbol{L}(\boldsymbol{q}^{\tau,\mu})]\boldsymbol{L}^{-1}(\boldsymbol{w}^{\tau,\mu})=\boldsymbol{I}-\boldsymbol{I}(\boldsymbol{x})\boldsymbol{J}$$

**情况(1)** 若 $(\boldsymbol{x},\boldsymbol{s})\in S_1$，则由式(5-8)和式(5-10)知对 $i=1,2$，有

$$\begin{aligned}\lim_{\mu\to 0}\lambda_i(\boldsymbol{z}^{\tau,\mu})&=\lim_{\mu\to 0}\{2\mu^2+\|\boldsymbol{x}+(\mu-\tau\mu)\boldsymbol{s}\|^2+\|(\mu-\tau\mu)\boldsymbol{x}+\boldsymbol{s}\|^2+\\&\quad(-1)^i\|2[x_1+(\mu-\tau\mu)s_1][\boldsymbol{x}_2+(\mu-\tau\mu)\boldsymbol{s}_2]+\\&\quad2[(\mu-\tau\mu)x_1+s_1][(\mu-\tau\mu)\boldsymbol{x}_2+\boldsymbol{s}_2]\|\}\\&=\|\boldsymbol{x}\|^2+\|\boldsymbol{s}\|^2+(-1)^i\|2x_1\boldsymbol{x}_2+2s_1\boldsymbol{s}_2\|\\&=\lambda_i(\boldsymbol{z})>0\end{aligned}$$

$$\begin{aligned}\lim_{\mu\to 0}\bar{\boldsymbol{z}}_2^{\tau,\mu}&=\lim_{\mu\to 0}\frac{[x_1+(\mu-\tau\mu)s_1][\boldsymbol{x}_2+(\mu-\tau\mu)\boldsymbol{s}_2]+[(\mu-\tau\mu)x_1+s_1][(\mu-\tau\mu)\boldsymbol{x}_2+\boldsymbol{s}_2]}{\|[x_1+(\mu-\tau\mu)s_1][\boldsymbol{x}_2+(\mu-\tau\mu)\boldsymbol{s}_2]+[(\mu-\tau\mu)x_1+s_1][(\mu-\tau\mu)\boldsymbol{x}_2+\boldsymbol{s}_2]\|}\\&=\frac{x_1\boldsymbol{x}_2+s_1\boldsymbol{s}_2}{\|x_1\boldsymbol{x}_2+s_1\boldsymbol{s}_2\|}\\&=\bar{\boldsymbol{z}}_2\end{aligned}$$

故由式(5-9)得

$$\begin{aligned}\lim_{\mu\to 0}\boldsymbol{w}^{\tau,\mu}&=\lim_{\mu\to 0}[\sqrt{\lambda_1(\boldsymbol{z}^{\tau,\mu})}\boldsymbol{u}_1(\boldsymbol{z}^{\tau,\mu})+\sqrt{\lambda_2(\boldsymbol{z}^{\tau,\mu})}\boldsymbol{u}_2(\boldsymbol{z}^{\tau,\mu})]\\&=\sqrt{\lambda_1(\boldsymbol{z})}\boldsymbol{u}_1(\boldsymbol{z})+\sqrt{\lambda_2(\boldsymbol{z})}\boldsymbol{u}_2(\boldsymbol{z})\\&=\boldsymbol{w}\in\operatorname{int}K^n\end{aligned}$$

因此

$$\begin{aligned}&\lim_{\mu\to 0}(1+\mu-\mu\tau)\boldsymbol{I}-[\boldsymbol{L}(\boldsymbol{p}^{\tau,\mu})+(\mu-\tau\mu)\boldsymbol{L}(\boldsymbol{q}^{\tau,\mu})]\boldsymbol{L}^{-1}(\boldsymbol{w}^{\tau,\mu})\\&=\boldsymbol{I}-\boldsymbol{L}(\boldsymbol{x})\boldsymbol{L}^{-1}(\boldsymbol{w})\\&=\boldsymbol{I}-\boldsymbol{L}(\boldsymbol{x})\boldsymbol{J}\end{aligned}$$

**情况(2)** 若 $(\boldsymbol{x},\boldsymbol{s})\in S_2$，则 $\boldsymbol{z}=\boldsymbol{x}^2+\boldsymbol{s}^2\in\operatorname{bd}K^n$．不失一般性，假设 $\boldsymbol{x}\neq\boldsymbol{0}$．那么对任意 $\mu>0$，由式(5-8)和式(5-11)有 $\lambda_1(\boldsymbol{z}^{\tau,\mu})>0,\lambda_2(\boldsymbol{z}^{\tau,\mu})>0$．由式(5-14)得当 $\mu>0$ 时

$$\boldsymbol{L}^{-1}(\boldsymbol{w}^{\tau,\mu})=\boldsymbol{L}_1(\boldsymbol{z}^{\tau,\mu})+\boldsymbol{L}_2(\boldsymbol{z}^{\tau,\mu})$$

首先证明对任意 $\mu>0$ 有

$$[\boldsymbol{L}(\boldsymbol{p}^{\tau,\mu})+(\mu-\tau\mu)\boldsymbol{L}(\boldsymbol{q}^{\tau,\mu})]\boldsymbol{L}_1(\boldsymbol{z}^{\tau,\mu})=\boldsymbol{0}$$

令

$$\begin{aligned}\boldsymbol{\omega}^{\tau}&=(1,\bar{\boldsymbol{z}}_2^{\tau,\mu})\\&=\left(1,\frac{[x_1+(\mu-\tau\mu)s_1][\boldsymbol{x}_2+(\mu-\tau\mu)\boldsymbol{s}_2]+[(\mu-\tau\mu)x_1+s_1][(\mu-\tau\mu)\boldsymbol{x}_2+\boldsymbol{s}_2]}{\|[x_1+(\mu-\tau\mu)s_1][\boldsymbol{x}_2+(\mu-\tau\mu)\boldsymbol{s}_2]+[(\mu-\tau\mu)x_1+s_1][(\mu-\tau\mu)\boldsymbol{x}_2+\boldsymbol{s}_2]\|}\right)\end{aligned}$$

其中，$\bar{\boldsymbol{z}}_2^{\tau,\mu}$ 由式(5-10)定义．那么由式(5-18)和式(5-20)得

$$[x_1+(\mu-\tau\mu)s_1][\boldsymbol{x}_2+(\mu-\tau\mu)\boldsymbol{s}_2]+[(\mu-\tau\mu)x_1+s_1][(\mu-\tau\mu)\boldsymbol{x}_2+\boldsymbol{s}_2]$$

$$
\begin{aligned}
&= [x_1 + (\mu - \tau\mu)s_1]\left[\boldsymbol{x}_2 + (\mu - \tau\mu)\frac{s_1}{x_1}\boldsymbol{s}_2\right] + \\
&\quad [(\mu - \tau\mu)x_1 + s_1]\left[(\mu - \tau\mu)\boldsymbol{x}_2 + \frac{s_1}{x_1}\boldsymbol{x}_2\right] \\
&= \frac{1}{x_1}\{[x_1 + (\mu - \tau\mu)s_1]^2 + [(\mu - \tau\mu)x_1 + s_1]^2\}\boldsymbol{x}_2
\end{aligned}
$$

因而

$$
\boldsymbol{\omega}^{\tau} = \left(1, \frac{\boldsymbol{x}_2}{x_1}\right) = \frac{\boldsymbol{x}}{x_1}
$$

那么由式(5－18)和式(5－20)得

$$
\boldsymbol{p}^{\tau,\mu} \circ \boldsymbol{\omega}^{\tau\prime} = [\boldsymbol{x} + (\mu - \tau\mu)\boldsymbol{s}] \circ \boldsymbol{\omega}^{\tau\prime} = [\boldsymbol{x} + (\mu - \tau\mu)\boldsymbol{s}] \circ \frac{\boldsymbol{x}'}{x_1} = \boldsymbol{0}
$$

$$
\boldsymbol{q}^{\tau,\mu} \circ \boldsymbol{\omega}^{\tau\prime} = [(\mu - \tau\mu)\boldsymbol{x} + \boldsymbol{s}] \circ \boldsymbol{\omega}^{\tau\prime} = [(\mu - \tau\mu)\boldsymbol{x} + \boldsymbol{s}] \circ \frac{\boldsymbol{x}'}{x_1} = \boldsymbol{0}
$$

因此

$$
\begin{aligned}
[\boldsymbol{L}(\boldsymbol{p}^{\tau,\mu}) + (\mu - \tau\mu)\boldsymbol{L}(\boldsymbol{q}^{\tau,\mu})]\boldsymbol{L}_1(\boldsymbol{z}^{\tau,\mu}) &= \frac{1}{2\sqrt{\lambda_1(\boldsymbol{z}^{\tau,\mu})}}[\boldsymbol{L}(\boldsymbol{p}^{\tau,\mu}) + (\mu - \tau\mu)\boldsymbol{L}(\boldsymbol{q}^{\tau,\mu})]\boldsymbol{\omega}^{\tau\prime}(\boldsymbol{\omega}^{\tau\prime})^{\mathrm{T}} \\
&= \frac{1}{2\sqrt{\lambda_1(\boldsymbol{z}^{\tau,\mu})}}[\boldsymbol{p}^{\tau,\mu} + (\mu - \tau\mu)\boldsymbol{q}^{\tau,\mu}] \circ \boldsymbol{\omega}^{\tau\prime}(\boldsymbol{\omega}^{\tau\prime})^{\mathrm{T}} \\
&= \boldsymbol{0}
\end{aligned} \tag{5-21}
$$

下证 $\lim\limits_{\mu \to 0} \boldsymbol{L}_2(\boldsymbol{z}^{\tau,\mu}) = \boldsymbol{J}$. 事实上，由式(5－16)得

$$
\begin{aligned}
\lim_{\mu \to 0} \boldsymbol{L}_2(\boldsymbol{z}^{\tau,\mu}) &= \lim_{\mu \to 0} \frac{1}{2\sqrt{\lambda_2(\boldsymbol{z}^{\tau,\mu})}}\begin{bmatrix} 1 & (\bar{\boldsymbol{z}}_2^{\tau,\mu})^{\mathrm{T}} \\ \bar{\boldsymbol{z}}_2^{\tau,\mu} & \bar{\boldsymbol{z}}_2^{\tau,\mu}(\bar{\boldsymbol{z}}_2^{\tau,\mu})^{\mathrm{T}} \end{bmatrix} + \\
&\quad \lim_{\mu \to 0} \frac{2}{\sqrt{\lambda_1(\boldsymbol{z}^{\tau,\mu})} + \sqrt{\lambda_2(\boldsymbol{z}^{\tau,\mu})}}\begin{bmatrix} 0 & \boldsymbol{0}^{\mathrm{T}} \\ \boldsymbol{0} & \boldsymbol{I} - \bar{\boldsymbol{z}}_2^{\tau,\mu}(\bar{\boldsymbol{z}}_2^{\tau,\mu})^{\mathrm{T}} \end{bmatrix} \\
&= \frac{1}{2\sqrt{2z_1}}\begin{bmatrix} 1 & \bar{\boldsymbol{z}}_2^{\mathrm{T}} \\ \bar{\boldsymbol{z}}_2 & \bar{\boldsymbol{z}}_2\bar{\boldsymbol{z}}_2^{\mathrm{T}} \end{bmatrix} + \frac{2}{\sqrt{2z_1}}\begin{bmatrix} 0 & \boldsymbol{0}^{\mathrm{T}} \\ \boldsymbol{0} & \boldsymbol{I} - \bar{\boldsymbol{z}}_2\bar{\boldsymbol{z}}_2^{\mathrm{T}} \end{bmatrix} \\
&= \frac{1}{2\sqrt{2z_1}}\begin{bmatrix} 1 & \bar{\boldsymbol{z}}_2^{\mathrm{T}} \\ \bar{\boldsymbol{z}}_2 & 4\boldsymbol{I} - 3\bar{\boldsymbol{z}}_2\bar{\boldsymbol{z}}_2^{\mathrm{T}} \end{bmatrix} = \boldsymbol{J}
\end{aligned} \tag{5-22}
$$

结合式(5－21)和式(5－22)得

$$
\begin{aligned}
&\lim_{\mu \to 0}(1 + \mu - \mu\tau)\boldsymbol{I} - [\boldsymbol{L}(\boldsymbol{p}^{\tau,\mu}) + (\mu - \tau\mu)\boldsymbol{L}(\boldsymbol{q}^{\tau,\mu})]\boldsymbol{L}^{-1}(\boldsymbol{w}^{\tau,\mu}) \\
&= \lim_{\mu \to 0}(1 + \mu - \mu\tau)\boldsymbol{I} - [\boldsymbol{L}(\boldsymbol{p}^{\tau,\mu}) + (\mu - \tau\mu)\boldsymbol{L}(\boldsymbol{q}^{\tau,\mu})]\boldsymbol{L}_2(\boldsymbol{z}^{\tau,\mu}) \\
&= \boldsymbol{I} - \boldsymbol{L}(\boldsymbol{x})\boldsymbol{J}
\end{aligned}
$$

**情况(3)** 若 $(\boldsymbol{x},\boldsymbol{s}) = (\boldsymbol{0}, \boldsymbol{0})$，则 $\boldsymbol{w}^{\tau,\mu} = \sqrt{\boldsymbol{z}^{\tau,\mu}} = \sqrt{2}|\mu|\boldsymbol{e} \in \mathrm{int}\, K^n$ 且

$$\begin{aligned}&\lim_{\mu\to 0}(1+\mu-\mu\tau)\boldsymbol{I}-[\boldsymbol{L}(\boldsymbol{p}^{\tau,\mu})+(\mu-\tau\mu)\boldsymbol{L}(\boldsymbol{q}^{\tau,\mu})]\boldsymbol{L}^{-1}(\boldsymbol{w}^{\tau,\mu})\\&=\lim_{\mu\to 0}(1+\mu-\mu\tau)\boldsymbol{I}-\boldsymbol{0}\cdot\frac{1}{\sqrt{2}\,|\,\mu\,|}\boldsymbol{I}\\&=\boldsymbol{I}-\boldsymbol{L}(\boldsymbol{x})\boldsymbol{J}\end{aligned}$$

证毕.

**引理 5.3**[84] 对任意 $(\boldsymbol{x},\boldsymbol{s})\in\mathbf{R}^n\times\mathbf{R}^n$，有

$$\begin{bmatrix}\boldsymbol{I}-\boldsymbol{U}_x\\\boldsymbol{I}-\boldsymbol{U}_s\end{bmatrix}\in\partial_{\mathrm{B}}\varphi_{\mathrm{FB}}(\boldsymbol{x},\boldsymbol{s})$$

其中

$$\begin{aligned}\boldsymbol{U}_x&=\pm\boldsymbol{Z}+\boldsymbol{L}(\boldsymbol{x})\boldsymbol{J}\\\boldsymbol{U}_s&=\boldsymbol{L}(\boldsymbol{s})\boldsymbol{J}\end{aligned}$$

且

$$\boldsymbol{Z}=\begin{cases}\boldsymbol{0}, & (\boldsymbol{x},\boldsymbol{s})\in S_1\\ \dfrac{1}{2}\begin{bmatrix}1 & -\bar{\boldsymbol{z}}_2^{\mathrm{T}}\\ -\bar{\boldsymbol{z}}_2 & \bar{\boldsymbol{z}}_2\bar{\boldsymbol{z}}_2^{\mathrm{T}}\end{bmatrix}, & (\boldsymbol{x},\boldsymbol{s})\in S_2\\ \boldsymbol{I}, & (\boldsymbol{x},\boldsymbol{s})=(\boldsymbol{0},\boldsymbol{0})\end{cases}\tag{5-23}$$

$$\boldsymbol{J}=\begin{cases}\boldsymbol{L}^{-1}(\boldsymbol{w}), & (\boldsymbol{x},\boldsymbol{s})\in S_1\\ \dfrac{1}{2\sqrt{2z_1}}\begin{bmatrix}1 & \bar{\boldsymbol{z}}_2^{\mathrm{T}}\\ \bar{\boldsymbol{z}}_2 & 4\boldsymbol{I}-3\bar{\boldsymbol{z}}_2\bar{\boldsymbol{z}}_2^{\mathrm{T}}\end{bmatrix}, & (\boldsymbol{x},\boldsymbol{s})\in S_2\\ \boldsymbol{0}, & (\boldsymbol{x},\boldsymbol{s})=(\boldsymbol{0},\boldsymbol{0})\end{cases}\tag{5-24}$$

**定理 5.2** 当 $\tau\in[0,1]$，$\mu>0$ 时，由式(5-7)定义的函数 $\Phi_{\tau,\mu}$ 满足雅可比相容性，其中光滑函数 $\varphi_{\tau,\mu}$ 由式(5-4)定义.

**证明：** 由式(5-7)知，只需证当 $\mu>0$ 时光滑函数 $\varphi_{\tau,\mu}$ 具有雅可比相容性. 令

$$\boldsymbol{V}^i=\begin{bmatrix}\boldsymbol{I}-\boldsymbol{U}_x^i\\\boldsymbol{I}-\boldsymbol{U}_s^i\end{bmatrix}$$

其中对于 $i=1,2$，

$$\begin{aligned}\boldsymbol{U}_x^i&=(-1)^i\boldsymbol{Z}+\boldsymbol{L}(\boldsymbol{x})\boldsymbol{J}\\\boldsymbol{U}_s^i&=\boldsymbol{L}(\boldsymbol{s})\boldsymbol{J}\end{aligned}$$

$\boldsymbol{Z}$ 和 $\boldsymbol{J}$ 由式(5-23)和式(5-24)给出. 定义

$$\boldsymbol{V}=\frac{1}{2}(\boldsymbol{V}^1+\boldsymbol{V}^2)=\begin{bmatrix}\boldsymbol{I}-\boldsymbol{L}(\boldsymbol{x})\boldsymbol{J}\\\boldsymbol{I}-\boldsymbol{L}(\boldsymbol{s})\boldsymbol{J}\end{bmatrix}$$

一方面，由引理 5.2 得

$$\boldsymbol{V}=\boldsymbol{J}_{\varphi_{\mathrm{FB}}}(\boldsymbol{x},\boldsymbol{s})=\lim_{\mu\to 0}\nabla\varphi_{\tau,\mu}(\boldsymbol{x},\boldsymbol{s})$$

另一方面，由引理 5.3 知 $\boldsymbol{V}^1,\boldsymbol{V}^2\in\partial_{\mathrm{B}}\varphi_{\mathrm{FB}}(\boldsymbol{x},\boldsymbol{s})$，因此

$$\boldsymbol{V}=\frac{1}{2}(\boldsymbol{V}^1+\boldsymbol{V}^2)\in\partial\varphi_{\mathrm{FB}}(\boldsymbol{x},\boldsymbol{s})$$

结合定义 2.5 和定理 5.1 得当 $\tau\in[0,1]$，$\mu>0$ 时，$\varphi_{\tau,\mu}$ 具有雅可比相容性．证毕．

## 5.4　应　　用

下面将单参数光滑 Fischer-Burmeister 函数类的雅可比相容性应用到具有适当参数控制的光滑牛顿法[39]中．在较弱的假设下，证明式(5－1)的光滑牛顿法具有全局收敛和局部二次收敛性．

对于任意给定的 $\tau\in[0,1]$ 和 $\mu\geqslant 0$，定义效益函数：

$$\Theta(\boldsymbol{y})=\frac{1}{2}\|\Psi(\boldsymbol{y})\|^2$$

$$H_\tau(\boldsymbol{y},\mu)=\frac{1}{2}\|\Phi_{\tau,\mu}(\boldsymbol{y})\|^2$$

该算法的基本思想与一般箱式约束变分不等式的光滑牛顿法相同[39]．

**算法 5.1：SOCCP 的光滑牛顿法**

具体步骤如下．

① 给定参数 $\delta,\alpha,\eta\in(0,1)$，$\tau\in[0,1]$，$\gamma\in(0,+\infty)$，初始点 $\boldsymbol{y}^0=(\boldsymbol{x}^0,\boldsymbol{s}^0,\boldsymbol{\zeta}^0)\in\mathbf{R}^n\times\mathbf{R}^n\times\mathbf{R}^l$，选取 $\sigma\in\left(0,\frac{1}{2}(1-\alpha)\right)$，$\upsilon>0$ 使得式(5－17)成立．令 $\beta_0=\|\Psi(\boldsymbol{y}^0)\|$，且 $\mu_0=\frac{\alpha}{2\upsilon}\beta_0$．置 $k=0$．

② 由下式计算 $\boldsymbol{d}^k=(\Delta\boldsymbol{x}^k,\Delta\boldsymbol{s}^k,\Delta\boldsymbol{\zeta}^k)\in\mathbf{R}^n\times\mathbf{R}^n\times\mathbf{R}^l$，

$$\Psi(\boldsymbol{y}^k)+\Phi'_{\tau,\mu_k}(\boldsymbol{y}^k)\boldsymbol{d}^k=\boldsymbol{0}$$

③ 设 $\lambda_k$ 是使得下式成立的 $1,\delta,\delta^2,\cdots$ 的最大值：

$$H_\tau(\boldsymbol{y}^k+\lambda_k\boldsymbol{d}^k,\mu_k)-H_\tau(\boldsymbol{y}^k,\mu_k)\leqslant -2\sigma\lambda_k\Theta(\boldsymbol{y}^k)$$

令 $\boldsymbol{y}^{k+1}=\boldsymbol{y}^k+\lambda_k\boldsymbol{d}^k$．

④ 若 $\|\Psi(\boldsymbol{y}^{k+1})\|=0$，停止；若

$$0<\|\Psi(\boldsymbol{y}^{k+1})\|\leqslant\max\{\eta\beta_k,\alpha^{-1}\|\Psi(\boldsymbol{y}^{k+1})-\Phi_{\tau,\mu_k}(\boldsymbol{y}^{k+1})\|\}\tag{5-25}$$

令 $\beta_{k+1}=\|\Psi(\boldsymbol{y}^{k+1})\|$，并选取 $\mu_{k+1}$ 使得

$$0<\mu_{k+1}\leqslant\min\left\{\frac{\alpha\beta_{k+1}}{2\upsilon},\frac{\mu_k}{2}\right\}$$

$$\mathrm{dist}(\nabla_y\Phi_{\tau,\mu_{k+1}}(\boldsymbol{y}^{k+1}),\partial\Psi(\boldsymbol{y}^{k+1}))\leqslant\gamma\beta_{k+1}$$

若 $\|\Psi(\boldsymbol{y}^{k+1})\|>0$ 且式(5-25)不成立，则令 $\beta_{k+1}=\beta_k,\mu_k=\mu_{k+1}$.

⑤ 置 $k=k+1$，转步骤②.

**引理 5.4** 设函数 $\Phi_{\tau,\mu}:\mathbf{R}^{2n+l}\to\mathbf{R}^{2n+l}$ 由式(5-7)定义，其中 $\tau\in[0,1],\mu\geqslant 0$，则以下结论成立.

(1) $\Phi_{\tau,\mu}$ 是 Lipschitz 连续的且处处半光滑. 此外，若 $F'$ 为局部 Lipschitz 连续，则 $\Phi_{\tau,\mu}$ 在 $\mathbf{R}^{1+2n+l}$ 上是强半光滑的.

(2)对任意 $\tau\in[0,1]$，$\mu>0$，$\Phi_{\tau,\mu}$ 在任意点 $\boldsymbol{y}=(\boldsymbol{x},\boldsymbol{s},\boldsymbol{\zeta})\in\mathbf{R}^{2n+l}$ 处连续可微，且其雅可比矩阵为

$$\Phi'_{\tau,\mu}(\boldsymbol{y})=\begin{bmatrix}F'_x(\boldsymbol{x},\boldsymbol{s},\boldsymbol{\zeta}) & F'_s(\boldsymbol{x},\boldsymbol{s},\boldsymbol{\zeta}) & F'_\zeta(\boldsymbol{x},\boldsymbol{s},\boldsymbol{\zeta})\\ (\varphi_{\tau,\mu})'_x(\boldsymbol{x},\boldsymbol{s}) & (\varphi_{\tau,\mu})'_s(\boldsymbol{x},\boldsymbol{s}) & \boldsymbol{0}\end{bmatrix}\tag{5-26}$$

其中

$$\begin{aligned}&(\varphi_{\tau,\mu})'_x(\boldsymbol{x},\boldsymbol{s})=(1+\mu-\tau\mu)\boldsymbol{I}-\boldsymbol{L}^{-1}(\boldsymbol{w}^{\tau,\mu})[\boldsymbol{L}(\boldsymbol{p}^{\tau,\mu})+(\mu-\tau\mu)\boldsymbol{L}(\boldsymbol{q}^{\tau,\mu})]\\&(\varphi_{\tau,\mu})'_s(\boldsymbol{x},\boldsymbol{s})=(1+\mu-\tau\mu)\boldsymbol{I}-\boldsymbol{L}^{-1}(\boldsymbol{w}^{\tau,\mu})[(\mu-\tau\mu)\boldsymbol{L}(\boldsymbol{p}^{\tau,\mu})+\boldsymbol{L}(\boldsymbol{q}^{\tau,\mu})]\\&\boldsymbol{p}^{\tau,\mu}=\boldsymbol{x}+(\mu-\tau\mu)\boldsymbol{s},\boldsymbol{q}^{\tau,\mu}=(\mu-\tau\mu)\boldsymbol{x}+\boldsymbol{s}\\&\boldsymbol{w}^{\tau,\mu}=\sqrt{(\boldsymbol{p}^{\tau,\mu})^2+(\boldsymbol{q}^{\tau,\mu})^2+2\mu^2\boldsymbol{e}}\end{aligned}$$

(3)若 $F'(\boldsymbol{x},\boldsymbol{s},\boldsymbol{\zeta})$ 在点 $\boldsymbol{y}=(\boldsymbol{x},\boldsymbol{s},\boldsymbol{\zeta})\in\mathbf{R}^{2n+l}$ 处具有笛卡儿混合 $\mathrm{P}_0$-性质，即 $F'(\boldsymbol{x},\boldsymbol{s},\boldsymbol{\zeta})$ 满足

$$\operatorname{rank}F'(\boldsymbol{x},\boldsymbol{s},\boldsymbol{\zeta})=l\tag{5-27}$$

和

$$\left.\begin{aligned}&F'(\boldsymbol{x},\boldsymbol{s},\boldsymbol{\zeta})(\boldsymbol{\xi},\boldsymbol{\eta},\boldsymbol{\phi})=\boldsymbol{0},\ (\boldsymbol{\xi},\boldsymbol{\eta})\neq(\boldsymbol{0},\boldsymbol{0}),\ \phi\in\mathbf{R}^l\\&\boldsymbol{\xi}=(\boldsymbol{\xi}_1,\cdots,\boldsymbol{\xi}_m)\in\mathbf{R}^{n_1}\times\cdots\times\mathbf{R}^{n_m}\\&\boldsymbol{\eta}=(\boldsymbol{\eta}_1,\cdots,\boldsymbol{\eta}_m)\in\mathbf{R}^{n_1}\times\cdots\times\mathbf{R}^{n_m}\end{aligned}\right\}\Rightarrow$$

存在某指标 $i$ 使得 $(\boldsymbol{\xi}_i,\boldsymbol{\eta}_i)\neq(\boldsymbol{0},\boldsymbol{0})$ 且

$$\langle\boldsymbol{\xi}_i,\boldsymbol{\eta}_i\rangle\geqslant 0\tag{5-28}$$

则矩阵 $\Phi'_{\tau,\mu}(\boldsymbol{y})$ 是非奇异的.

**证明：**由定理 5.1 和式(5-7)证得(1)和(2)成立. 下面证明(3). 设 $\boldsymbol{y}=(\boldsymbol{x},\boldsymbol{s},\boldsymbol{\zeta})\in\mathbf{R}^{2n+l}$ 为满足式(5-27)和式(5-28)的任意点. 为证明矩阵 $\Phi'_{\tau,\mu}(\boldsymbol{y})$ 是非奇异的，假设

$$\Phi'_{\tau,\mu}(y)(\boldsymbol{\xi},\boldsymbol{\eta},\boldsymbol{\phi})=\boldsymbol{0}$$

其中 $(\boldsymbol{\xi},\boldsymbol{\eta},\boldsymbol{\phi})\in\mathbf{R}^{2n+l}$. 只需证

$$(\boldsymbol{\xi},\boldsymbol{\eta},\boldsymbol{\phi})=\boldsymbol{0}$$

由式(5-26)得

$$(\varphi_{\tau,\mu})'_x(\boldsymbol{x},\boldsymbol{s})\boldsymbol{\xi}+(\varphi_{\tau,\mu})'_s(\boldsymbol{x},\boldsymbol{s})\boldsymbol{\eta}=\boldsymbol{0}\tag{5-29}$$

$$F'(\boldsymbol{x},\boldsymbol{s},\boldsymbol{\zeta})(\boldsymbol{\xi},\boldsymbol{\eta},\boldsymbol{\phi})=\boldsymbol{0}\tag{5-30}$$

其中

$$\boldsymbol{\xi}=(\boldsymbol{\xi}_1,\cdots,\boldsymbol{\xi}_m)\in\mathbf{R}^{n_1}\times\cdots\times\mathbf{R}^{n_m}$$
$$\boldsymbol{\eta}=(\boldsymbol{\eta}_1,\cdots,\boldsymbol{\eta}_m)\in\mathbf{R}^{n_1}\times\cdots\times\mathbf{R}^{n_m}$$

将式(5-29)两边同时左乘 $\boldsymbol{L}(\boldsymbol{w}^{\tau,\mu})$ 得

$$\boldsymbol{L}(\boldsymbol{w}^{\tau,\mu})\,(\varphi_{\tau,\mu})'_x(\boldsymbol{x},\boldsymbol{s})\boldsymbol{\xi}+\boldsymbol{L}(\boldsymbol{w}^{\tau,\mu})\,(\varphi_{\tau,\mu})'_s(\boldsymbol{x},\boldsymbol{s})\boldsymbol{\eta}=\mathbf{0}$$

即

$$\begin{aligned}&[(1+\mu-\tau\mu)\boldsymbol{L}(\boldsymbol{w}^{\tau,\mu})-\boldsymbol{L}(\boldsymbol{p}^{\tau,\mu})-(\mu-\tau\mu)\boldsymbol{L}(\boldsymbol{q}^{\tau,\mu})]\boldsymbol{\xi}+\\&[(1+\mu-\tau\mu)\boldsymbol{L}(\boldsymbol{w}^{\tau,\mu})-(\mu-\tau\mu)\boldsymbol{L}(\boldsymbol{p}^{\tau,\mu})-\boldsymbol{L}(\boldsymbol{q}^{\tau,\mu})]\boldsymbol{\eta}=\mathbf{0}\end{aligned}$$

因此当 $i=1,2,\cdots,m$ 时有

$$\overline{\boldsymbol{L}}_i\boldsymbol{\xi}_i+\underline{\boldsymbol{L}}_i\boldsymbol{\eta}_i=\mathbf{0}\tag{5-31}$$

其中

$$\begin{aligned}\overline{\boldsymbol{L}}_i&=(1+\mu-\tau\mu)\boldsymbol{L}(\boldsymbol{w}_i^{\tau,\mu})-\boldsymbol{L}(\boldsymbol{p}_i^{\tau,\mu})-(\mu-\tau\mu)\boldsymbol{L}(\boldsymbol{q}_i^{\tau,\mu})\\\underline{\boldsymbol{L}}_i&=(1+\mu-\tau\mu)\boldsymbol{L}(\boldsymbol{w}_i^{\tau,\mu})-(\mu-\tau\mu)\boldsymbol{L}(\boldsymbol{p}_i^{\tau,\mu})-\boldsymbol{L}(\boldsymbol{q}_i^{\tau,\mu})\\\boldsymbol{p}^{\tau,\mu}&=(\boldsymbol{p}_1^{\tau,\mu},\cdots,\boldsymbol{p}_m^{\tau,\mu})\in\mathbf{R}^{n_1}\times\cdots\times\mathbf{R}^{n_m}\\\boldsymbol{q}^{\tau,\mu}&=(\boldsymbol{q}_1^{\tau,\mu},\cdots,\boldsymbol{q}_m^{\tau,\mu})\in\mathbf{R}^{n_1}\times\cdots\times\mathbf{R}^{n_m}\\\boldsymbol{w}^{\tau,\mu}&=(\boldsymbol{w}_1^{\tau,\mu},\cdots,\boldsymbol{w}_m^{\tau,\mu})\in\mathbf{R}^{n_1}\times\cdots\times\mathbf{R}^{n_m}\end{aligned}$$

因为对 $i=1,2,\cdots,m$ 有

$$\begin{aligned}&[(1+\mu-\tau\mu)^2(\boldsymbol{w}_i^{\tau,\mu})^2-[(\boldsymbol{p}_i^{\tau,\mu})+(\mu-\tau\mu)(\boldsymbol{q}_i^{\tau,\mu})]^2-[(\mu-\tau\mu)(\boldsymbol{p}_i^{\tau,\mu})+(\boldsymbol{q}_i^{\tau,\mu})]^2\\&=2(\mu-\tau\mu)(\boldsymbol{p}_i^{\tau,\mu}-\boldsymbol{q}_i^{\tau,\mu})^2+2\mu^2(1+\mu-\tau\mu)^2\boldsymbol{e}_i\in\operatorname{int}K^{n_i}\end{aligned}$$

故由文献[6]的引理 3.5 知 $\overline{\boldsymbol{L}}_i$，$\underline{\boldsymbol{L}}_i$ 和 $\overline{\boldsymbol{L}}_i\underline{\boldsymbol{L}}_i$ 的对称部分都正定，因而非奇异．将式(5-31)两端同时左乘 $\boldsymbol{\xi}_i^{\mathrm{T}}\underline{\boldsymbol{L}}_i^{-1}$ 得

$$\boldsymbol{\xi}_i^{\mathrm{T}}\underline{\boldsymbol{L}}_i^{-1}\overline{\boldsymbol{L}}_i\boldsymbol{\xi}_i+\langle\boldsymbol{\xi}_i,\boldsymbol{\eta}_i\rangle=0,\ i=1,2,\cdots,m$$

或者等价地

$$\overline{\boldsymbol{\xi}}_i^{\mathrm{T}}\overline{\boldsymbol{L}}_i\underline{\boldsymbol{L}}_i\overline{\boldsymbol{\xi}}_i+\langle\boldsymbol{\xi}_i,\boldsymbol{\eta}_i\rangle=0,\ i=1,2,\cdots,m\tag{5-32}$$

其中 $\overline{\boldsymbol{\xi}}_i=\underline{\boldsymbol{L}}_i^{-1}\boldsymbol{\xi}_i$. 现假设 $(\boldsymbol{\xi},\boldsymbol{\eta})\neq(\mathbf{0},\mathbf{0})$，则由式(5-28)和假设式(5-30)知，存在一个指标 $i$ 使得 $(\boldsymbol{\xi}_i,\boldsymbol{\eta}_i)\neq(\mathbf{0},\mathbf{0})$ 且 $\langle\boldsymbol{\xi}_i,\boldsymbol{\eta}_i\rangle\geqslant0$．但由于 $\overline{\boldsymbol{L}}_i\underline{\boldsymbol{L}}_i$ 的对称部分是正定的，则由式(5-32)得

$$\overline{\boldsymbol{\xi}}_i^{\mathrm{T}}\overline{\boldsymbol{L}}_i\underline{\boldsymbol{L}}_i\overline{\boldsymbol{\xi}}_i=0$$

故 $\overline{\boldsymbol{\xi}}_i=\mathbf{0}$. 那么 $\boldsymbol{\xi}_i=\mathbf{0}$．又因为 $\underline{\boldsymbol{L}}_i$ 非奇异，则由式(5-31)得 $\boldsymbol{\eta}_i=\mathbf{0}$，这与 $(\boldsymbol{\xi}_i,\boldsymbol{\eta}_i)\neq(\mathbf{0},\mathbf{0})$ 矛盾．因此 $(\boldsymbol{\xi},\boldsymbol{\eta})=(\mathbf{0},\mathbf{0})$．故由式(5-27)和式(5-30)可知 $\boldsymbol{\phi}=\mathbf{0}$，因此矩阵 $\Phi'_{\tau,\mu}(\boldsymbol{y})$ 是非奇异的．

运用引理 5.4，类似文献[39]的证明，可得算法 5.1 的以下全局和局部收敛性结果 .

**定理 5.3** 假设 $F'(\boldsymbol{x},\boldsymbol{s},\boldsymbol{\zeta})$ 在任意点 $\boldsymbol{y}=(\boldsymbol{x},\boldsymbol{s},\boldsymbol{\zeta})\in\mathbf{R}^{2n+l}$ 处具有笛卡儿混合 $\mathrm{P}_0$ - 性质，且 $\boldsymbol{y}^*=(\boldsymbol{x}^*,\boldsymbol{s}^*,\boldsymbol{\zeta}^*)$ 为算法 5.1 生成的序列 $\{\boldsymbol{y}^k\}$ 的任意聚点 . 若所有 $\mathbf{V}\in\partial\Psi(\boldsymbol{y}^*)$ 都非奇异，则 $\boldsymbol{y}^*$ 是 $\Psi(\boldsymbol{y})=\mathbf{0}$ 的一个解，且序列 $\{\boldsymbol{y}^k\}$ 超线性收敛到 $\boldsymbol{y}^*$. 此外，若 $F'$ 为局部 Lipschitz 连续，则 $\{\boldsymbol{y}^k\}$ 局部二次收敛到 $\boldsymbol{y}^*$.

# 第6章 二阶锥互补问题的光滑广义 Fischer-Burmeister 函数的雅可比相容性

二阶锥互补函数及其光滑函数在求解二阶锥互补问题中起着重要作用．本章提出了广义 Fischer-Burmeister(FB)函数的一个光滑函数，也称为光滑广义 Fischer-Burmeister 函数，并证明了它的雅可比相容性．此外，我们还估计了广义 FB 函数的次梯度与其光滑函数的梯度之间的距离．这些结论对于实现光滑方法的快速收敛具有重要意义．

## 6.1 问题引入

二阶锥互补问题是指找到向量对 $(\boldsymbol{x},\boldsymbol{y},\boldsymbol{\zeta}) \in \mathbf{R}^n \times \mathbf{R}^n \times \mathbf{R}^l$ 使得

$$\boldsymbol{x} \in K,\ \boldsymbol{y} \in K,\ \boldsymbol{x}^{\mathrm{T}}\boldsymbol{y} = 0,\ F(\boldsymbol{x},\boldsymbol{y},\boldsymbol{\zeta}) = \mathbf{0} \tag{6-1}$$

其中 $F:\mathbf{R}^n \times \mathbf{R}^n \times \mathbf{R}^l \to \mathbf{R}^n \times \mathbf{R}^l$ 是连续可微映射且 $l \geqslant 0, n \geqslant 1$．这里 $K \subset \mathbf{R}^n$ 是有限个二阶锥的笛卡儿乘积．

在文献[94]中，Pan 等人讨论了广义 FB 函数 $\phi_p:\mathbf{R}^n \times \mathbf{R}^n \to \mathbf{R}^n$：

$$\phi_p(\boldsymbol{x},\boldsymbol{y}) = \sqrt[p]{|\boldsymbol{x}|^p + |\boldsymbol{y}|^p} - \boldsymbol{x} - \boldsymbol{y} \tag{6-2}$$

其中 $p \in (1,4)$，是一个任意的固定参数，$|\boldsymbol{x}|^p$ 是向量函数(定义见第2章)．当 $p=2$ 时，$\phi_p$ 简化为 SOCCP 的 FB 函数

$$\phi_{\mathrm{FB}}(x,y) = \sqrt{\boldsymbol{x}^2 + \boldsymbol{y}^2} - \boldsymbol{x} - \boldsymbol{y}$$

这里 $\boldsymbol{x}^2 = \boldsymbol{x} \circ \boldsymbol{x}$ 是 $\boldsymbol{x}$ 和它本身的若尔当积．当 $\boldsymbol{x} \in K^n$ 时，$\sqrt{\boldsymbol{x}}$ 是使得 $\sqrt{\boldsymbol{x}} \circ \sqrt{\boldsymbol{x}} = \boldsymbol{x}$ 成立的唯一向量．文献[94]证明了由式(6-2)定义的广义 FB 函数是一个二阶锥互补函数，广义 FB 函数的效益函数

$$\psi_p(\boldsymbol{x},\boldsymbol{y}) = \frac{1}{2}\|\phi_p(\boldsymbol{x},\boldsymbol{y})\|^2$$

当 $p \in (1,4)$ 时是光滑的，并给出了其强制性成立的条件．

本章探讨 $\phi_p$ 的光滑函数，即 SOCCP 的光滑广义 FB 函数．研究光滑广义 FB 函数的动机如下：①二阶锥互补函数 $\phi_p$ 通常是非光滑的，它不能直接用于求解 SOCCP 的光滑方法，因此有必要提出 SOCCP 广义 FB 函数的光滑函数．②在非线性互补问题中，光滑广义 FB 函

数与光滑 FB 函数[95]一样具有一些良好的性质，如雅可比相容性．因而自然要问，光滑广义 FB 函数在 SOCCP 中是否具有同光滑 FB 函数一样理想的性质．这项工作是解决问题的第一步，使得基于广义 FB 函数 $\phi_p$ 设计求解 SOCCP 的光滑方法成为可能．

## 6.2 光滑函数

本节将提出 SOCCP 广义 FB 函数的一个光滑函数，并推导其雅可比计算公式．

由于式(6-2)给出的广义 FB 函数 $\phi_p$ 是非光滑的，考虑函数 $\phi_{p,t}:\mathbf{R}^n\times\mathbf{R}^n\to\mathbf{R}^n$ 如下

$$\phi_{p,t}(\boldsymbol{x},\boldsymbol{y})=\sqrt[p]{|\boldsymbol{x}|^p+|\boldsymbol{y}|^p+|t|^p\boldsymbol{e}}-\boldsymbol{x}-\boldsymbol{y}\tag{6-3}$$

其中 $p\in(1,4)$，光滑参数 $t\in\mathbf{R}$．

下面证明 $\phi_{p,t}$ 是 $\phi_p$ 的一个光滑函数．因而对于 $t\neq0$ 可求解一组光滑子问题 $\phi_{p,t}(\boldsymbol{x},\boldsymbol{y})=\boldsymbol{0}$，并通过令 $|t|\to0$ 得到 $\phi_p(\boldsymbol{x},\boldsymbol{y})=\boldsymbol{0}$ 的一个解．

为方便起见，下面给出一些符号．对任意 $p\in(1,4)$，令 $q=(1-p^{-1})^{-1}$．对任意 $\boldsymbol{x}=(x_1,\boldsymbol{x}_2)$，$\boldsymbol{y}=(y_1,\boldsymbol{y}_2)\in\mathbf{R}\times\mathbf{R}^{n-1}$ 和 $t\in\mathbf{R}$，定义 $\boldsymbol{w}^t$ 如下．

$$\boldsymbol{w}^t=(w_1^t,\boldsymbol{w}_2^t)=\boldsymbol{w}^t(\boldsymbol{x},\boldsymbol{y})=|\boldsymbol{x}|^p+|\boldsymbol{y}|^p+|t|^p\boldsymbol{e}$$

为方便起见，省略 $t=0$ 时的上标，即

$$\boldsymbol{w}=(w_1,\boldsymbol{w}_2)=\boldsymbol{w}(\boldsymbol{x},\boldsymbol{y})=|\boldsymbol{x}|^p+|\boldsymbol{y}|^p$$

由 $|\boldsymbol{x}|^p$ 和 $|\boldsymbol{y}|^p$ 的定义得

$$w_1^t=\frac{|\lambda_2(\boldsymbol{x})|^p+|\lambda_1(\boldsymbol{x})|^p}{2}+\frac{|\lambda_2(\boldsymbol{y})|^p+|\lambda_1(\boldsymbol{y})|^p}{2}+|t|^p=w_1+|t|^p$$

$$\boldsymbol{w}_2^t=\frac{|\lambda_2(\boldsymbol{x})|^p-|\lambda_1(\boldsymbol{x})|^p}{2}\bar{\boldsymbol{x}}_2+\frac{|\lambda_2(\boldsymbol{y})|^p-|\lambda_1(\boldsymbol{y})|^p}{2}\bar{\boldsymbol{y}}_2=\boldsymbol{w}_2$$

这里当 $\boldsymbol{x}_2\neq\boldsymbol{0}$ 时，$\bar{\boldsymbol{x}}_2=\dfrac{\boldsymbol{x}_2}{\|\boldsymbol{x}_2\|}$；否则 $\bar{\boldsymbol{x}}_2\in\mathbf{R}^{n-1}$ 是一个使得 $\|\bar{\boldsymbol{x}}_2\|=1$ 成立的任意向量，$\bar{\boldsymbol{y}}_2$ 也类似定义．因此 $\boldsymbol{w}^t=(w_1^t,\boldsymbol{w}_2)$，且 $\boldsymbol{w}^t$ 的谱分解为

$$\boldsymbol{w}^t=\lambda_1(\boldsymbol{w}^t)\boldsymbol{u}_1(\boldsymbol{w})+\lambda_2(\boldsymbol{w}^t)\boldsymbol{u}_2(\boldsymbol{w})$$

这里 $\lambda_1(\boldsymbol{w}^t)$，$\lambda_2(\boldsymbol{w}^t)$ 是 $\boldsymbol{w}^t$ 的谱值，$\boldsymbol{u}_1(\boldsymbol{w})$，$\boldsymbol{u}_2(\boldsymbol{w})$ 是相应的谱向量，其定义如下．

$$\lambda_i(\boldsymbol{w}^t)=w_1+|t|^p+(-1)^i\|\boldsymbol{w}_2\|\tag{6-4}$$

$$\boldsymbol{u}_i(\boldsymbol{w})=\frac{1}{2}(1,(-1)^i\bar{\boldsymbol{w}}_2),\ i=1,2\tag{6-5}$$

其中若 $\boldsymbol{w}_2\neq\boldsymbol{0}$，则 $\bar{\boldsymbol{w}}_2=\dfrac{\boldsymbol{w}_2}{\|\boldsymbol{w}_2\|}$；否则 $\bar{\boldsymbol{w}}_2\in\mathbf{R}^{n-1}$ 是一个使得 $\|\bar{\boldsymbol{w}}_2\|=1$ 成立的任意向量．

对任意 $\boldsymbol{x}=(x_1,\boldsymbol{x}_2)$，$\boldsymbol{y}=(y_1,\boldsymbol{y}_2)\in\mathbf{R}\times\mathbf{R}^{n-1}$ 和 $t\in\mathbf{R}$，定义

$$\boldsymbol{z}^t=(z_1^t,\boldsymbol{z}_2^t)=\boldsymbol{z}^t(\boldsymbol{x},\boldsymbol{y})=\sqrt[p]{\boldsymbol{w}^t}=\sqrt[p]{|\boldsymbol{x}|^p+|\boldsymbol{y}|^p+|t|^p\boldsymbol{e}}$$

当 $t=0$ 时

$$\boldsymbol{z}=(z_1,\boldsymbol{z}_2)=\boldsymbol{z}(\boldsymbol{x},\boldsymbol{y})=\sqrt[p]{|\boldsymbol{x}|^p+|\boldsymbol{y}|^p}$$

$\boldsymbol{z}^t$ 和 $\boldsymbol{z}$ 的谱分解分别为

$$\begin{aligned}\boldsymbol{z}^t&=\sqrt[p]{\lambda_1(\boldsymbol{w}^t)}\boldsymbol{u}_1(\boldsymbol{w})+\sqrt[p]{\lambda_2(\boldsymbol{w}^t)}\boldsymbol{u}_2(\boldsymbol{w})\\ \boldsymbol{z}&=\sqrt[p]{\lambda_1(\boldsymbol{w})}\boldsymbol{u}_1(\boldsymbol{w})+\sqrt[p]{\lambda_2(\boldsymbol{w})}\boldsymbol{u}_2(\boldsymbol{w})\end{aligned}$$

因此

$$z_1^t=\frac{\sqrt[p]{\lambda_2(\boldsymbol{w}^t)}+\sqrt[p]{\lambda_1(\boldsymbol{w}^t)}}{2},\quad \boldsymbol{z}_2^t=\frac{\sqrt[p]{\lambda_2(\boldsymbol{w}^t)}-\sqrt[p]{\lambda_1(\boldsymbol{w}^t)}}{2}\overline{\boldsymbol{w}}_2$$

$$z_1=\frac{\sqrt[p]{\lambda_2(\boldsymbol{w})}+\sqrt[p]{\lambda_1(\boldsymbol{w})}}{2},\quad \boldsymbol{z}_2=\frac{\sqrt[p]{\lambda_2(\boldsymbol{w})}-\sqrt[p]{\lambda_1(\boldsymbol{w})}}{2}\overline{\boldsymbol{w}}_2$$

故可将 $\mathbf{R}^{2n}$ 划分为 $\mathbf{R}^{2n}=S_1\cup S_2\cup\{(\mathbf{0},\mathbf{0})\}$，其中

$$\begin{aligned}S_1&=\{(\boldsymbol{x},\boldsymbol{y})\in\mathbf{R}^{2n}\mid \boldsymbol{w}\in\operatorname{int}K^n\}=\{(\boldsymbol{x},\boldsymbol{y})\in\mathbf{R}^{2n}\mid \lambda_2(\boldsymbol{w})\geqslant\lambda_1(\boldsymbol{w})>0\}\\ S_2&=\{(\boldsymbol{x},\boldsymbol{y})\in\mathbf{R}^{2n}\mid \boldsymbol{w}\in\operatorname{bd}K^n\setminus\{\mathbf{0}\}\}=\{(\boldsymbol{x},\boldsymbol{y})\in\mathbf{R}^{2n}\mid 2w_1=\lambda_2(\boldsymbol{w})>\lambda_1(\boldsymbol{w})=0\}\end{aligned}$$

**定理 6.1**　对任意 $(\boldsymbol{x},\boldsymbol{y})\in\mathbf{R}^n\times\mathbf{R}^n$，$t\neq 0$，设 $\phi_p$ 和 $\phi_{p,t}$ 分别由式(6-2)和式(6-3)定义，其中 $p\in(1,4)$，则以下结论成立．

(1)函数 $\phi_{p,t}$ 处处连续可微，其雅可比矩阵为

$$\nabla\phi_{p,t}(\boldsymbol{x},\boldsymbol{y})=\begin{bmatrix}\nabla g^{\mathrm{soc}}(\boldsymbol{x})\,\nabla g^{\mathrm{soc}}(\boldsymbol{z}^t)^{-1}-\boldsymbol{I}\\ \nabla g^{\mathrm{soc}}(\boldsymbol{y})\,\nabla g^{\mathrm{soc}}(\boldsymbol{z}^t)^{-1}-\boldsymbol{I}\end{bmatrix}\tag{6-6}$$

这里

$$\nabla g^{\mathrm{soc}}(\boldsymbol{x})=\begin{cases}p\operatorname{sign}x_1|x_1|^{p-1}\boldsymbol{I}, & \boldsymbol{x}_2=\mathbf{0}\\ \begin{bmatrix}b(\boldsymbol{x}) & c(\boldsymbol{x})\overline{\boldsymbol{x}}_2^{\mathrm{T}}\\ c(\boldsymbol{x})\overline{\boldsymbol{x}}_2 & a(\boldsymbol{x})\boldsymbol{I}+(b(\boldsymbol{x})-a(\boldsymbol{x}))\overline{\boldsymbol{x}}_2\overline{\boldsymbol{x}}_2^{\mathrm{T}}\end{bmatrix}, & \boldsymbol{x}_2\neq\mathbf{0}\end{cases}\tag{6-7}$$

其中

$$\overline{\boldsymbol{x}}_2=\frac{\boldsymbol{x}_2}{\|\boldsymbol{x}_2\|},\ a(\boldsymbol{x})=\frac{|\lambda_2(\boldsymbol{x})|^p-|\lambda_1(\boldsymbol{x})|^p}{\lambda_2(\boldsymbol{x})-\lambda_1(\boldsymbol{x})}\tag{6-8}$$

$$b(\boldsymbol{x})=\frac{p}{2}[\operatorname{sign}(\lambda_2(\boldsymbol{x}))|\lambda_2(\boldsymbol{x})|^{p-1}+\operatorname{sign}(\lambda_1(\boldsymbol{x}))|\lambda_1(\boldsymbol{x})|^{p-1}]\tag{6-9}$$

$$c(\boldsymbol{x})=\frac{p}{2}[\operatorname{sign}(\lambda_2(\boldsymbol{x}))|\lambda_2(\boldsymbol{x})|^{p-1}-\operatorname{sign}(\lambda_1(\boldsymbol{x}))|\lambda_1(\boldsymbol{x})|^{p-1}]\tag{6-10}$$

且当 $\boldsymbol{w}_2=\mathbf{0}$ 时，$\nabla g^{\mathrm{soc}}(\boldsymbol{z}^t)^{-1}=(p\sqrt[q]{w_1+|t|^p})^{-1}\boldsymbol{I}$；否则

$$\begin{aligned}\nabla g^{\mathrm{soc}}(\boldsymbol{z}^t)^{-1}&=\boldsymbol{L}_1(\boldsymbol{w}^t)+\boldsymbol{L}_2(\boldsymbol{w}^t)+\boldsymbol{L}_3(\boldsymbol{w}^t)\\ &=\begin{bmatrix}e(\boldsymbol{w}^t) & -f(\boldsymbol{w}^t)\overline{\boldsymbol{w}}_2^{\mathrm{T}}\\ -f(\boldsymbol{w}^t)\overline{\boldsymbol{w}}_2 & d(\boldsymbol{w}^t)\boldsymbol{I}+(e(\boldsymbol{w}^t)-d(\boldsymbol{w}^t))\overline{\boldsymbol{w}}_2\overline{\boldsymbol{w}}_2^{\mathrm{T}}\end{bmatrix}\end{aligned}\tag{6-11}$$

$$L_1(w^t)=\frac{1}{2p\sqrt[q]{\lambda_1(w^t)}}\begin{bmatrix}1 & -\overline{w}_2^{\mathrm{T}}\\ -\overline{w}_2 & \overline{w}_2\overline{w}_2^{\mathrm{T}}\end{bmatrix},\ L_2(w^t)=\frac{1}{2p\sqrt[q]{\lambda_2(w^t)}}\begin{bmatrix}1 & \overline{w}_2^{\mathrm{T}}\\ \overline{w}_2 & \overline{w}_2\overline{w}_2^{\mathrm{T}}\end{bmatrix}\tag{6-12}$$

$$L_3(w^t)=d(w^t)\begin{bmatrix}0 & \mathbf{0}^{\mathrm{T}}\\ \mathbf{0} & I-\overline{w}_2\overline{w}_2^{\mathrm{T}}\end{bmatrix},\ d(w^t)=\frac{\sqrt[p]{\lambda_2(w^t)}-\sqrt[p]{\lambda_1(w^t)}}{\lambda_2(w^t)-\lambda_1(w^t)}\tag{6-13}$$

$$e(w^t)=\frac{1}{2p}\left[\frac{1}{\sqrt[q]{\lambda_1(w^t)}}+\frac{1}{\sqrt[q]{\lambda_2(w^t)}}\right],\ f(w^t)=\frac{1}{2p}\left[\frac{1}{\sqrt[q]{\lambda_1(w^t)}}-\frac{1}{\sqrt[q]{\lambda_2(w^t)}}\right]\tag{6-14}$$

(2)对任意 $(x,y)\in\mathbf{R}^n\times\mathbf{R}^n$, $\lim\limits_{t\to0}\phi_{p,t}(x,y)=\phi_p(x,y)$. 因此 $\phi_{p,t}$ 是 $\phi_p$ 的一个光滑函数.

**证明：**(1)因为对任意 $(x,y)\in\mathbf{R}^n\times\mathbf{R}^n$ 和 $t\neq0$ 有 $w^t\in\operatorname{int}K^n$，所以由文献[94]引理 3.2 的证明和链式法则可得式(6-6)成立. 式(6-11)～式(6-14)可由文献[6]的命题 5.2 及其证明得出.

(2)固定任意 $x=(x_1,x_2),y=(y_1,y_2)\in\mathbf{R}\times\mathbf{R}^{n-1}$. 对任意 $t>0$，由 $w$ 和 $w^t$ 的谱分解得

$$\phi_p(x,y)=\sqrt[p]{\lambda_1(w)}u_1(w)+\sqrt[p]{\lambda_2(w)}u_2(w)-x-y$$
$$\phi_{p,t}(x,y)=\sqrt[p]{\lambda_1(w^t)}u_1(w)+\sqrt[p]{\lambda_2(w^t)}u_2(w)-x-y$$

其中，$\lambda_i(w)=w_1+(-1)^i\|w_2\|$，$\lambda_i(w^t),u_i(w)$ $(i=1,2)$分别由式(6-4)和式(6-5)定义. 不难证明

$$\lim_{t\to0}\lambda_i(w^t)=\lim_{t\to0}(\lambda_i(w)+|t|^p)=\lambda_i(w)$$

其中 $i=1,2$，从而 $\lim\limits_{t\to0}\phi_{p,t}(x,y)=\phi_p(x,y)$. 因此由(1)和定义 2.2 可得 $\phi_{p,t}$ 是 $\phi_p$ 的一个光滑函数.

**注：**对任意 $w_2\neq\mathbf{0}$，$t\neq0$，由 $\lambda_2(w^t)>\lambda_1(w^t)>0$ 和 $\lambda_i(z^t)=\sqrt[p]{\lambda_i(w^t)}$ $(i=1,2)$ 得

$$d(w^t)=\frac{\sqrt[p]{\lambda_2(w^t)}-\sqrt[p]{\lambda_1(w^t)}}{\lambda_2(w^t)-\lambda_1(w^t)}=\frac{\lambda_2(z^t)-\lambda_1(z^t)}{|\lambda_2(z^t)|^p-|\lambda_1(z^t)|^p}=\frac{1}{a(z^t)}$$

其中，函数 $a(\cdot)$ 和 $d(\cdot)$ 分别由式(6-8)和式(6-13)给出.

下面给出 $\phi_p$ 的一些性质(见引理 3.1[94])，这将用于下文的分析.

**引理 6.1** 对任意 $x=(x_1,x_2),y=(y_1,y_2)\in\mathbf{R}\times\mathbf{R}^{n-1}$，若 $w(x,y)\in\operatorname{bd}K^n$，则

$$w_1(x,y)=\|w_2(x,y)\|=2^{p-1}(|x_1|^p+|y_1|^p)\tag{6-15}$$
$$x_1^2=\|x_2\|^2,\ y_1^2=\|y_2\|^2,x_1y_1=x_2^{\mathrm{T}}y_2,\ x_1y_2=y_1x_2\tag{6-16}$$

此外，若 $w_2(x,y)\neq\mathbf{0}$，令 $\overline{w}_2(x,y)=\dfrac{w_2(x,y)}{\|w_2(x,y)\|}$，则以下等式成立

$$x_2^{\mathrm{T}}\overline{w}_2(x,y)=x_1,\ x_1\overline{w}_2(x,y)=x_2,\ y_2^{\mathrm{T}}\overline{w}_2(x,y)=y_1,\ y_1\overline{w}_2(x,y)=y_2\tag{6-17}$$

## 6.3 雅可比相容性

本节将证明光滑函数 $\phi_{p,t}$ 的雅可比相容性，其中 $p\in(1,4)$，这将在光滑方法的快速收敛

性中起重要作用.

由文献[94]的引理2.5知，对任意 $p\in(1,4)$，函数 $\phi_p$ 满足

$$\phi_p(\boldsymbol{x},\boldsymbol{y})=\boldsymbol{0}\Leftrightarrow \boldsymbol{x}\in K^n,\ \boldsymbol{y}\in K^n,\langle\boldsymbol{x},\boldsymbol{y}\rangle=0 \tag{6-18}$$

令 $(\boldsymbol{x},\boldsymbol{y},\boldsymbol{\zeta})\in\mathbf{R}^n\times\mathbf{R}^n\times\mathbf{R}^l$，定义

$$\Phi_{p,t}(\boldsymbol{x},\boldsymbol{y},\boldsymbol{\zeta})=\begin{bmatrix}\phi_{p,t}(\boldsymbol{x},\boldsymbol{y})\\ F(\boldsymbol{x},\boldsymbol{y},\boldsymbol{\zeta})\end{bmatrix} \tag{6-19}$$

$$\Phi_{p}(\boldsymbol{x},\boldsymbol{y},\boldsymbol{\zeta})=\begin{bmatrix}\phi_{p}(\boldsymbol{x},\boldsymbol{y})\\ F(\boldsymbol{x},\boldsymbol{y},\boldsymbol{\zeta})\end{bmatrix} \tag{6-20}$$

易见 $\Phi_{p,t}(\boldsymbol{x},\boldsymbol{y},\boldsymbol{\zeta})=\boldsymbol{0}$ 是方程组 $\Phi_p(\boldsymbol{x},\boldsymbol{y},\boldsymbol{\zeta})=\boldsymbol{0}$ 的扰动. 由式(6-1)、式(6-18)和式(6-20)得

$$\Phi_p(\boldsymbol{x},\boldsymbol{y},\boldsymbol{\zeta})=\boldsymbol{0}\Leftrightarrow(\boldsymbol{x},\boldsymbol{y},\boldsymbol{\zeta})\text{ 是问题(6-1)的解}$$

因为 $\Phi_p(\boldsymbol{x},\boldsymbol{y},\boldsymbol{\zeta})$ 通常是非光滑的，所以可以利用牛顿法在每次迭代中近似求解光滑方程组 $\Phi_{p,t}(\boldsymbol{x},\boldsymbol{y},\boldsymbol{\zeta})=\boldsymbol{0}$，然后通过减小参数 $t$ 到0，得到 $\Phi_p(\boldsymbol{x},\boldsymbol{y},\boldsymbol{\zeta})=\boldsymbol{0}$ 的一个解.

首先，证明函数 $\Phi_{p,t}(\boldsymbol{x},\boldsymbol{y},\boldsymbol{\zeta})$ 满足雅可比相容性.

**引理6.2**　对任意 $(\boldsymbol{x},\boldsymbol{y})\in\mathbf{R}^n\times\mathbf{R}^n$，当 $p\in(1,4)$ 时有

$$\boldsymbol{J}^0_{\phi_p}(\boldsymbol{x},\boldsymbol{y})=\lim_{t\to0}\nabla\phi_{p,t}(\boldsymbol{x},\boldsymbol{y})=\begin{bmatrix}\boldsymbol{J}_x-\boldsymbol{I}\\ \boldsymbol{J}_y-\boldsymbol{I}\end{bmatrix} \tag{6-21}$$

其中

$$\boldsymbol{J}_x=\begin{cases}\nabla g^{\text{soc}}(\boldsymbol{x})\,\nabla g^{\text{soc}}(\boldsymbol{z})^{-1}, & (\boldsymbol{x},\boldsymbol{y})\in S_1\\ \dfrac{\operatorname{sign}x_1|\,x_1\,|^{p-1}}{2\sqrt[q]{|\,x_1\,|^p+|\,y_1\,|^p}}\begin{bmatrix}1 & \overline{\boldsymbol{w}}_2^{\mathrm{T}}\\ \overline{\boldsymbol{w}}_2 & 2\boldsymbol{I}-\overline{\boldsymbol{w}}_2\overline{\boldsymbol{w}}_2^{\mathrm{T}}\end{bmatrix}, & (\boldsymbol{x},\boldsymbol{y})\in S_2\\ \boldsymbol{0}, & (\boldsymbol{x},\boldsymbol{y})=(\boldsymbol{0},\boldsymbol{0})\end{cases} \tag{6-22}$$

$$\boldsymbol{J}_y=\begin{cases}\nabla g^{\text{soc}}(\boldsymbol{y})\,\nabla g^{\text{soc}}(\boldsymbol{z})^{-1}, & (\boldsymbol{x},\boldsymbol{y})\in S_1\\ \dfrac{\operatorname{sign}y_1\,|\,y_1\,|^{p-1}}{2\sqrt[q]{|\,x_1\,|^p+|\,y_1\,|^p}}\begin{bmatrix}1 & \overline{\boldsymbol{w}}_2^{\mathrm{T}}\\ \overline{\boldsymbol{w}}_2 & 2\boldsymbol{I}-\overline{\boldsymbol{w}}_2\overline{\boldsymbol{w}}_2^{\mathrm{T}}\end{bmatrix}, & (\boldsymbol{x},\boldsymbol{y})\in S_2\\ \boldsymbol{0}, & (\boldsymbol{x},\boldsymbol{y})=(\boldsymbol{0},\boldsymbol{0})\end{cases} \tag{6-23}$$

**证明：** 由式(6-6)以及 $\boldsymbol{x},\boldsymbol{y}$ 的对称性知，只需证

$$\lim_{t\to0}\nabla g^{\text{soc}}(\boldsymbol{x})\,\nabla g^{\text{soc}}(\boldsymbol{z}^t)^{-1}=\boldsymbol{J}_x$$

**情况(1)** 若 $(\boldsymbol{x},\boldsymbol{y})\in S_1$，由式(6-4)得对 $i=1,2$ 有

$$\lim_{t\to0}\lambda_i(\boldsymbol{w}^t)=\lim_{t\to0}[\lambda_i(\boldsymbol{w})+|\,t\,|^p]=\lambda_i(\boldsymbol{w})>0$$

则

$$\begin{aligned}\lim_{t\to0} \boldsymbol{z}^t &= \lim_{t\to0}[\sqrt[p]{\lambda_1(\boldsymbol{w}^t)}\boldsymbol{u}_1(\boldsymbol{w}) + \sqrt[p]{\lambda_2(\boldsymbol{w}^t)}u_2(\boldsymbol{w})] \\ &= \sqrt[p]{\lambda_1(\boldsymbol{w})}\boldsymbol{u}_1(\boldsymbol{w}) + \sqrt[p]{\lambda_2(\boldsymbol{w})}u_2(\boldsymbol{w}) \\ &= \boldsymbol{z} \in \text{int } K^n\end{aligned}$$

因此

$$\lim_{t\to0} \nabla g^{\text{soc}}(\boldsymbol{x})\, \nabla g^{\text{soc}}\,(\boldsymbol{z}^t)^{-1} = \nabla g^{\text{soc}}(\boldsymbol{x})\, \nabla g^{\text{soc}}\,(\boldsymbol{z})^{-1} = \boldsymbol{J}_x$$

**情况(2)** 若 $(\boldsymbol{x},\boldsymbol{y}) \in S_2$，则 $\boldsymbol{w} \in \text{bd } K^n \setminus \{\boldsymbol{0}\}$ 且引理 6.1 成立，因此

$$w_1 = \|\boldsymbol{w}_2\| = 2^{p-1}(|x_1|^p + |y_1|^p)$$
$$2w_1 = \lambda_2(\boldsymbol{w}) > \lambda_1(\boldsymbol{w}) = 0$$

从而 $\boldsymbol{w}_2 \neq \boldsymbol{0}$．那么对任意 $t \neq 0$，由式(6-4)得

$$\lambda_1(\boldsymbol{w}^t) = \lambda_1(\boldsymbol{w}) + |t|^p = |t|^p > 0 \tag{6-24}$$

$$\lambda_2(\boldsymbol{w}^t) = \lambda_2(\boldsymbol{w}) + |t|^p = 2^p(|x_1|^p + |y_1|^p) + |t|^p > 0 \tag{6-25}$$

若 $\boldsymbol{x}_2 = \boldsymbol{0}$，则由式(6-16)得 $\boldsymbol{x} = \boldsymbol{0}$ 且 $\nabla g^{\text{soc}}(\boldsymbol{x}) = \boldsymbol{0}$．因此

$$\begin{aligned}\lim_{t\to0} \nabla g^{\text{soc}}(\boldsymbol{x})\, \nabla g^{\text{soc}}(\boldsymbol{z}^t)^{-1} &= \lim_{t\to0} \boldsymbol{0} \cdot \nabla \boldsymbol{g}^{\text{soc}}(\boldsymbol{z}^t)^{-1} = \boldsymbol{0} \\ &= \frac{\text{sign } x_1\, |x_1|^{p-1}}{2\sqrt[q]{|x_1|^p + |y_1|^p}}\begin{bmatrix} 1 & \overline{\boldsymbol{w}}_2^{\mathrm{T}} \\ \overline{\boldsymbol{w}}_2 & 2\boldsymbol{I} - \overline{\boldsymbol{w}}_2\overline{\boldsymbol{w}}_2^{\mathrm{T}}\end{bmatrix} \\ &= \boldsymbol{J}_x\end{aligned}$$

因此在情况(2)的以下分析中只考虑 $\boldsymbol{x}_2 \neq \boldsymbol{0}$ 的情形．对任意 $t \neq 0$，由式(6-11)得

$$\nabla g^{\text{soc}}\,(\boldsymbol{z}^t)^{-1} = \boldsymbol{L}_1(\boldsymbol{w}^t) + \boldsymbol{L}_2(\boldsymbol{w}^t) + \boldsymbol{L}_3(\boldsymbol{w}^t)$$

下面先证对任意 $t \neq 0$，$\nabla g^{\text{soc}}(\boldsymbol{x})\boldsymbol{L}_1(\boldsymbol{w}^t) = \boldsymbol{0}$．由 $\boldsymbol{w} \in \text{bd } K^n \setminus \{\boldsymbol{0}\}$ 知式(6-16)成立，即 $|x_1| = \|\boldsymbol{x}_2\|$，则由式(6-8)、式(6-9)和式(6-10)得

$$\begin{aligned} a(\boldsymbol{x}) &= 2^{p-1}\text{sign } x_1\, |x_1|^{p-1} \\ b(\boldsymbol{x}) &= 2^{p-2}p\text{sign } x_1\, |x_1|^{p-1} \\ c(\boldsymbol{x}) &= 2^{p-2}p\, |x_1|^{p-1}\end{aligned} \tag{6-26}$$

考虑到 $\boldsymbol{w}_2 \neq \boldsymbol{0}, \boldsymbol{x}_2 \neq \boldsymbol{0}$ 和 $w \in \text{bd } K^n \setminus \{\boldsymbol{0}\}$，由式(6-17)得

$$\overline{\boldsymbol{x}}_2^{\mathrm{T}}\overline{\boldsymbol{w}}_2 = \text{sign } x_1,\ \overline{\boldsymbol{w}}_2 = \text{sign } x_1\overline{\boldsymbol{x}}_2 \tag{6-27}$$

因而由式(6-26)和式(6-27)得

$$\begin{aligned}&\nabla g^{\text{soc}}(\boldsymbol{x})\boldsymbol{L}_1(\boldsymbol{w}^t) \\ &= \frac{1}{2p\sqrt[q]{\lambda_1(\boldsymbol{w}^t)}}\begin{bmatrix} b(\boldsymbol{x}) & c(\boldsymbol{x})\overline{\boldsymbol{x}}_2^{\mathrm{T}} \\ c(\boldsymbol{x})\overline{\boldsymbol{x}}_2 & a(\boldsymbol{x})\boldsymbol{I} + (b(\boldsymbol{x}) - a(\boldsymbol{x}))\overline{\boldsymbol{x}}_2\overline{\boldsymbol{x}}_2^{\mathrm{T}}\end{bmatrix}\begin{bmatrix} 1 \\ -\overline{\boldsymbol{w}}_2\end{bmatrix}[1 \quad -\overline{\boldsymbol{w}}_2^{\mathrm{T}}]\end{aligned}$$

$$
\begin{aligned}
&=\frac{1}{2p\mid t\mid^{p-1}}\begin{bmatrix} b(\boldsymbol{x})-c(\boldsymbol{x})\overline{\boldsymbol{x}}_2^{\mathrm{T}}\overline{\boldsymbol{w}}_2 \\ c(\boldsymbol{x})\overline{\boldsymbol{x}}_2-a(\boldsymbol{x})\overline{\boldsymbol{w}}_2-(b(\boldsymbol{x})-a(\boldsymbol{x}))\overline{\boldsymbol{x}}_2\overline{\boldsymbol{x}}_2^{\mathrm{T}}\overline{\boldsymbol{w}}_2\end{bmatrix}[1\quad -\overline{\boldsymbol{w}}_2^{\mathrm{T}}] \\
&=\frac{1}{2p\mid t\mid^{p-1}}\begin{bmatrix} b(\boldsymbol{x})-\operatorname{sign} x_1 c(\boldsymbol{x}) \\ (c(\boldsymbol{x})-\operatorname{sign} x_1 b(\boldsymbol{x}))\overline{\boldsymbol{x}}_2-a(\boldsymbol{x})(\overline{\boldsymbol{w}}_2-\operatorname{sign} x_1\overline{\boldsymbol{x}}_2)\end{bmatrix}[1\quad -\overline{\boldsymbol{w}}_2^{\mathrm{T}}] \qquad (6-28)\\
&=\frac{b(\boldsymbol{x})-\operatorname{sign} x_1 c(\boldsymbol{x})}{2p\mid t\mid^{p-1}}\begin{bmatrix} 1 & -\overline{\boldsymbol{w}}_2^{\mathrm{T}} \\ -\overline{\boldsymbol{w}}_2 & \overline{\boldsymbol{w}}_2\overline{\boldsymbol{w}}_2^{\mathrm{T}}\end{bmatrix} \\
&=\mathbf{0}
\end{aligned}
$$

下证

$$\lim_{t\to 0}\nabla g^{\mathrm{soc}}(\boldsymbol{x})[\boldsymbol{L}_2(\boldsymbol{w}^t)+\boldsymbol{L}_3(\boldsymbol{w}^t)]=\boldsymbol{J}_x$$

由式(6－7)、式(6－12)和式(6－25)～式(6－27)得

$$
\begin{aligned}
&\lim_{t\to 0}\nabla g^{\mathrm{soc}}(\boldsymbol{x})\boldsymbol{L}_2(\boldsymbol{w}^t) \\
&=\lim_{t\to 0}\frac{1}{2p\sqrt[q]{\lambda_2(\boldsymbol{w}^t)}}\begin{bmatrix} b(\boldsymbol{x}) & c(\boldsymbol{x})\overline{\boldsymbol{x}}_2^{\mathrm{T}} \\ c(\boldsymbol{x})\overline{\boldsymbol{x}}_2 & a(x)\boldsymbol{I}+(b(\boldsymbol{x})-a(\boldsymbol{x}))\overline{\boldsymbol{x}}_2\overline{\boldsymbol{x}}_2^{\mathrm{T}}\end{bmatrix}\begin{bmatrix} 1 \\ \overline{\boldsymbol{w}}_2\end{bmatrix}[1\quad \overline{\boldsymbol{w}}_2^{\mathrm{T}}] \\
&=\frac{1}{2p\sqrt[q]{2^p(\mid x_1\mid^p+\mid y_1\mid^p)}}\begin{bmatrix} b(\boldsymbol{x})+\operatorname{sign} x_1 c(\boldsymbol{x}) \\ (c(\boldsymbol{x})+\operatorname{sign} x_1 b(\boldsymbol{x}))\overline{\boldsymbol{x}}_2+a(\boldsymbol{x})(\overline{\boldsymbol{w}}_2-\operatorname{sign} x_1\overline{\boldsymbol{x}}_2)\end{bmatrix}[1\quad \overline{\boldsymbol{w}}_2^{\mathrm{T}}] \\
&=\frac{b(\boldsymbol{x})+\operatorname{sign} x_1 c(\boldsymbol{x})}{2p\sqrt[q]{2^p(\mid x_1\mid^p+\mid y_1\mid^p)}}\begin{bmatrix} 1 & \overline{\boldsymbol{w}}_2^{\mathrm{T}} \\ \overline{\boldsymbol{w}}_2 & \overline{\boldsymbol{w}}_2\overline{\boldsymbol{w}}_2^{\mathrm{T}}\end{bmatrix} \\
&=\frac{\operatorname{sign} x_1\mid x_1\mid^{p-1}}{2\sqrt[q]{\mid x_1\mid^p+\mid y_1\mid^p}}\begin{bmatrix} 1 & \overline{\boldsymbol{w}}_2^{\mathrm{T}} \\ \overline{\boldsymbol{w}}_2 & \overline{\boldsymbol{w}}_2\overline{\boldsymbol{w}}_2^{\mathrm{T}}\end{bmatrix} \qquad (6-29)
\end{aligned}
$$

又由式(6－7)、式(6－13)和式(6－24)～式(6－27)得

$$
\begin{aligned}
&\lim_{t\to 0}\nabla g^{\mathrm{soc}}(\boldsymbol{x})\boldsymbol{L}_3(\boldsymbol{w}^t) \\
&=\lim_{t\to 0}\boldsymbol{d}(\boldsymbol{w}^t)\begin{bmatrix} b(\boldsymbol{x}) & c(\boldsymbol{x})\overline{\boldsymbol{x}}_2^{\mathrm{T}} \\ c(\boldsymbol{x})\overline{\boldsymbol{x}}_2 & a(x)\boldsymbol{I}+(b(\boldsymbol{x})-a(\boldsymbol{x}))\overline{\boldsymbol{x}}_2\overline{\boldsymbol{x}}_2^{\mathrm{T}}\end{bmatrix}\begin{bmatrix} 0 & \mathbf{0}^{\mathrm{T}} \\ \mathbf{0} & \boldsymbol{I}-\overline{\boldsymbol{w}}_2\overline{\boldsymbol{w}}_2^{\mathrm{T}}\end{bmatrix} \\
&=\lim_{t\to 0}\boldsymbol{d}(\boldsymbol{w}^t)\begin{bmatrix} 0 & c(\boldsymbol{x})(\overline{\boldsymbol{x}}_2^{\mathrm{T}}-\operatorname{sign} x_1\overline{\boldsymbol{w}}_2^{\mathrm{T}}) \\ 0 & a(\boldsymbol{x})(\boldsymbol{I}-\overline{\boldsymbol{w}}_2\overline{\boldsymbol{w}}_2^{\mathrm{T}})+(b(\boldsymbol{x})-a(\boldsymbol{x}))(\overline{\boldsymbol{x}}_2\overline{\boldsymbol{x}}_2^{\mathrm{T}}-\operatorname{sign}(x_1)\overline{\boldsymbol{x}}_2\overline{\boldsymbol{w}}_2^{\mathrm{T}})\end{bmatrix} \\
&=\lim_{t\to 0}\boldsymbol{d}(\boldsymbol{w}^t)\begin{bmatrix} 0 & \mathbf{0} \\ 0 & a(\boldsymbol{x})(\boldsymbol{I}-\overline{\boldsymbol{w}}_2\overline{\boldsymbol{w}}_2^{\mathrm{T}})\end{bmatrix} \\
&=\lim_{t\to 0}\frac{\sqrt[p]{2^p(\mid x_1\mid^p+\mid y_1\mid^p)+\mid t\mid^p}-\mid t\mid}{2^p(\mid x_1\mid^p+\mid y_1\mid^p)}\begin{bmatrix} 0 & \mathbf{0}^{\mathrm{T}} \\ \mathbf{0} & 2^{p-1}\operatorname{sign} x_1\mid x_1\mid^{p-1}(\boldsymbol{I}-\overline{\boldsymbol{w}}_2\overline{\boldsymbol{w}}_2^{\mathrm{T}})\end{bmatrix}
\end{aligned}
$$

$$= \frac{\operatorname{sign} x_1 \mid x_1 \mid^{p-1}}{\sqrt[q]{\mid x_1 \mid^p + \mid y_1 \mid^p}} \begin{bmatrix} 0 & \mathbf{0}^{\mathrm{T}} \\ \mathbf{0} & \boldsymbol{I} - \bar{\boldsymbol{w}}_2 \bar{\boldsymbol{w}}_2^{\mathrm{T}} \end{bmatrix} \tag{6-30}$$

结合式(6-28)～式(6-30)得

$$\lim_{t \to 0} \nabla g^{\mathrm{soc}}(\boldsymbol{x}) \nabla g^{\mathrm{soc}}(\boldsymbol{z}^t)^{-1} = \lim_{t \to 0} \nabla g^{\mathrm{soc}}(\boldsymbol{x})[\boldsymbol{L}_2(\boldsymbol{w}^t) + \boldsymbol{L}_3(\boldsymbol{w}^t)] = \boldsymbol{J}_x \tag{6-31}$$

**情况(3)** 若 $(\boldsymbol{x},\boldsymbol{y}) = (\mathbf{0},\mathbf{0})$，则由定理 6.1 得 $\nabla g^{\mathrm{soc}}(\boldsymbol{z}^t)^{-1} = \left(p \sqrt[q]{\mid t \mid^p}\right)^{-1} \boldsymbol{I}, \nabla g^{\mathrm{soc}}(\mathbf{0}) = \mathbf{0}$，因此

$$\lim_{t \to 0} \nabla g^{\mathrm{soc}}(\boldsymbol{x}) \nabla g^{\mathrm{soc}}(\boldsymbol{z}^t)^{-1} = \lim_{t \to 0} \mathbf{0} \cdot \left(p \sqrt[q]{\mid t \mid^p}\right)^{-1} \boldsymbol{I} = \mathbf{0} = \boldsymbol{J}_x$$

证毕 .

**引理 6.3** 对任意 $(\boldsymbol{x},\boldsymbol{y}) \in \mathbf{R}^n \times \mathbf{R}^n$，有

$$\begin{bmatrix} \boldsymbol{U}_x - \boldsymbol{I} \\ \boldsymbol{U}_y - \boldsymbol{I} \end{bmatrix} \in \partial_B \phi_p(\boldsymbol{x},\boldsymbol{y})$$

其中 $p \in (1,4)$，

$$\boldsymbol{U}_x = \pm \boldsymbol{Z} + \boldsymbol{J}_x,\ \boldsymbol{U}_y = \boldsymbol{J}_y \tag{6-32}$$

$\boldsymbol{J}_x$ 和 $\boldsymbol{J}_y$ 分别由式(6-22)和式(6-23)定义，且

$$\boldsymbol{Z} = \begin{cases} \mathbf{0}, & (\boldsymbol{x},\boldsymbol{y}) \in S_1 \\ \dfrac{1}{2}\begin{bmatrix} 1 & -\bar{\boldsymbol{w}}_2^{\mathrm{T}} \\ -\bar{\boldsymbol{w}}_2 & \bar{\boldsymbol{w}}_2 \bar{\boldsymbol{w}}_2^{\mathrm{T}} \end{bmatrix}, & (\boldsymbol{x},\boldsymbol{y}) \in S_2 \\ \boldsymbol{I}, & (\boldsymbol{x},\boldsymbol{y}) = (\mathbf{0},\mathbf{0}) \end{cases} \tag{6-33}$$

**证明：** 由文献[94]的引理 3.2 和微分链式法则得，二阶锥互补问题的广义 FB 函数 $\phi_p$ 在任意点 $(\boldsymbol{x},\boldsymbol{y}) \in S_1$ 处连续可微且

$$\nabla \phi_p(\boldsymbol{x},\boldsymbol{y}) = \begin{bmatrix} \nabla g^{\mathrm{soc}}(\boldsymbol{x}) \nabla g^{\mathrm{soc}}(\boldsymbol{z})^{-1} - \boldsymbol{I} \\ \nabla g^{\mathrm{soc}}(\boldsymbol{y}) \nabla g^{\mathrm{soc}}(\boldsymbol{z})^{-1} - \boldsymbol{I} \end{bmatrix} \in \partial_B \phi_p(\boldsymbol{x},\boldsymbol{y})$$

因此只需考虑两种情况：$(\boldsymbol{x},\boldsymbol{y}) \in S_2$ 和 $(\boldsymbol{x},\boldsymbol{y}) = (\mathbf{0},\mathbf{0})$ .

对任意 $(\boldsymbol{x},\boldsymbol{y}) \in S_2$ 或 $(\boldsymbol{x},\boldsymbol{y}) = (\mathbf{0},\mathbf{0})$，令 $(\hat{\boldsymbol{x}},\boldsymbol{y}) = (\boldsymbol{x} + \varepsilon \boldsymbol{e},\boldsymbol{y})$，其中 $\varepsilon \neq 0$ 充分小 . 定义

$$\hat{\boldsymbol{w}} = (\hat{w}_1, \hat{\boldsymbol{w}}_2) = \mid \hat{\boldsymbol{x}} \mid^p + \mid \boldsymbol{y} \mid^p = \mid \boldsymbol{x} + \varepsilon \boldsymbol{e} \mid^p + \mid \boldsymbol{y} \mid^p$$

$$\hat{\boldsymbol{z}} = (\hat{z}_1, \hat{\boldsymbol{z}}_2) = \sqrt[p]{\hat{\boldsymbol{w}}},\ \tilde{\boldsymbol{w}}_2 = \frac{\hat{\boldsymbol{w}}_2}{\| \hat{\boldsymbol{w}}_2 \|}$$

$$\lambda_i(\hat{\boldsymbol{w}}) = \hat{w}_1 + (-1)^i \| \hat{\boldsymbol{w}}_2 \|,\ i = 1,2$$

直接计算可得

$$\lambda_i(\hat{\boldsymbol{x}}) = x_1 + \varepsilon + (-1)^i \| \boldsymbol{x}_2 \| = \lambda_i(\boldsymbol{x}) + \varepsilon, \quad i = 1,2$$

$$\hat{w}_1 = \frac{|\lambda_2(\hat{\boldsymbol{x}})|^p + |\lambda_1(\hat{\boldsymbol{x}})|^p}{2} + \frac{|\lambda_2(\boldsymbol{y})|^p + |\lambda_1(\boldsymbol{y})|^p}{2} \tag{6-34}$$

$$\hat{\boldsymbol{w}}_2 = \frac{|\lambda_2(\hat{\boldsymbol{x}})|^p - |\lambda_1(\hat{\boldsymbol{x}})|^p}{2}\overline{\boldsymbol{x}}_2 + \frac{|\lambda_2(\boldsymbol{y})|^p - |\lambda_1(\boldsymbol{y})|^p}{2}\overline{\boldsymbol{y}}_2 \tag{6-35}$$

因此，当 $\varepsilon \to 0$ 时，对于 $i = 1,2$ 有 $(\hat{\boldsymbol{x}},\boldsymbol{y}) \to (\boldsymbol{x},\boldsymbol{y})$，$\hat{\boldsymbol{w}} \to \boldsymbol{w}$，$\hat{\boldsymbol{z}} \to \boldsymbol{z}$，$\lambda_i(\hat{\boldsymbol{w}}) \to \lambda_i(\boldsymbol{w})$.

由 B - 次微分的定义和式(6 - 2)可知，若 $\phi_p$ 在点 $(\hat{\boldsymbol{x}},\boldsymbol{y})$ 可微，只需证明

$$\lim_{\varepsilon\to 0} \nabla g^{\mathrm{soc}}(\hat{\boldsymbol{x}})\, \nabla g^{\mathrm{soc}}(\hat{\boldsymbol{z}})^{-1} = \boldsymbol{U}_x \tag{6-36}$$

$$\lim_{\varepsilon\to 0} \nabla g^{\mathrm{soc}}(\boldsymbol{y})\, \nabla g^{\mathrm{soc}}(\hat{\boldsymbol{z}})^{-1} = \boldsymbol{U}_y \tag{6-37}$$

**情况(1)**　若 $(\boldsymbol{x},\boldsymbol{y}) = (\boldsymbol{0},\boldsymbol{0})$，易证 $\hat{\boldsymbol{w}} = |\varepsilon|^p \boldsymbol{e} \in \operatorname{int} K^n$，$\hat{\boldsymbol{z}} = |\varepsilon|\boldsymbol{e}$ 且 $\phi_p$ 在点 $(\hat{\boldsymbol{x}},\boldsymbol{y})$ 处可微．那么

$$\begin{aligned}\lim_{\varepsilon\to 0} \nabla g^{\mathrm{soc}}(\hat{\boldsymbol{x}})\, \nabla g^{\mathrm{soc}}(\hat{\boldsymbol{z}})^{-1} &= \lim_{\varepsilon\to 0} p \operatorname{sign}\varepsilon\, |\varepsilon|^{p-1}\boldsymbol{I} \cdot \frac{1}{p|\varepsilon|^{p-1}}\boldsymbol{I} = \lim_{\varepsilon\to 0} \operatorname{sign}\varepsilon\, \boldsymbol{I} \\ &= \pm \boldsymbol{I} = \boldsymbol{U}_x\end{aligned}$$

$$\lim_{\varepsilon\to 0} \nabla g^{\mathrm{soc}}(\boldsymbol{y})\, \nabla g^{\mathrm{soc}}(\hat{\boldsymbol{z}})^{-1} = \lim_{\varepsilon\to 0} \boldsymbol{0} \cdot \frac{1}{p|\varepsilon|^{p-1}}\boldsymbol{I} = \boldsymbol{0} = \boldsymbol{U}_y$$

**情况(2)**　若 $(\boldsymbol{x},\boldsymbol{y}) \in S_2$，则 $\boldsymbol{w} \in \operatorname{bd} K^n \setminus \{\boldsymbol{0}\}$．由式(6 - 16)和 $\boldsymbol{w} \in \operatorname{bd} K^n$ 得 $|\boldsymbol{x}| + |\boldsymbol{y}| \in \operatorname{bd} K^n$．因此，由文献[94]的引理 2.4 可知以下子情况之一必成立：① $\boldsymbol{x} = \boldsymbol{0}$，$|\boldsymbol{y}| \in \operatorname{bd} K^n \setminus \{\boldsymbol{0}\}$；② $|\boldsymbol{x}| \in \operatorname{bd} K^n \setminus \{\boldsymbol{0}\}, \boldsymbol{y} = \boldsymbol{0}$；③ $|\boldsymbol{x}| \in \operatorname{bd} K^n \setminus \{\boldsymbol{0}\}$，$|\boldsymbol{y}| \in \operatorname{bd} K^n \setminus \{\boldsymbol{0}\}$．

**子情况(2.1)**　若 $\boldsymbol{x} = \boldsymbol{0}$，$|\boldsymbol{y}| \in \operatorname{bd} K^n \setminus \{\boldsymbol{0}\}$，则由式(6 - 7)、式(6 - 34)和式(6 - 35)得

$$\nabla g^{\mathrm{soc}}(\hat{\boldsymbol{x}}) = p \operatorname{sign}\varepsilon\, |\varepsilon|^{p-1}\boldsymbol{I}$$

$$\hat{w}_1 = \frac{|\lambda_2(\boldsymbol{y})|^p + |\lambda_1(\boldsymbol{y})|^p}{2} + |\varepsilon|^p, \quad \hat{\boldsymbol{w}}_2 = \frac{|\lambda_2(\boldsymbol{y})|^p - |\lambda_1(\boldsymbol{y})|^p}{2}\overline{\boldsymbol{y}}_2$$

首先考虑 $y_1 = \|\boldsymbol{y}_2\| > 0$ 的情形．此时

$$\lambda_1(\hat{\boldsymbol{w}}) = \hat{w}_1 - \|\hat{\boldsymbol{w}}_2\| = |\varepsilon|^p > 0$$

$$\lambda_2(\hat{\boldsymbol{w}}) = \hat{w}_1 + \|\hat{\boldsymbol{w}}_2\| = |2y_1|^p + |\varepsilon|^p > 0$$

$$\widetilde{\boldsymbol{w}}_2 = \frac{\hat{\boldsymbol{w}}_2}{\|\hat{\boldsymbol{w}}_2\|} = \overline{\boldsymbol{y}}_2 = \overline{\boldsymbol{w}}_2$$

则 $\hat{\boldsymbol{w}} \in \operatorname{int} K^n$．结合文献[94]的引理 3.2 得 $\phi_p$ 在点 $(\hat{\boldsymbol{x}},\boldsymbol{y})$ 处可微．

现证

$$\lim_{\varepsilon\to 0} \nabla g^{\mathrm{soc}}(\hat{x})\, \nabla g^{\mathrm{soc}}(\hat{\boldsymbol{z}})^{-1} = \boldsymbol{U}_x$$

由定理 6.1 得 $\nabla g^{\mathrm{soc}}(\hat{\boldsymbol{z}})^{-1} = \boldsymbol{L}_1(\hat{\boldsymbol{w}}) + \boldsymbol{L}_2(\hat{\boldsymbol{w}}) + \boldsymbol{L}_3(\hat{\boldsymbol{w}})$，这里 $\boldsymbol{L}_1(\hat{\boldsymbol{w}}), \boldsymbol{L}_2(\hat{\boldsymbol{w}})$ 和 $\boldsymbol{L}_3(\hat{\boldsymbol{w}})$ 可分别由式(6 - 12)和式(6 - 13)给出，其中令 $\hat{\boldsymbol{w}}$ 和 $\widetilde{\boldsymbol{w}}_2$ 分别代替 $\boldsymbol{w}^t$ 和 $\overline{\boldsymbol{w}}_2$．那么

$$\lim_{\varepsilon\to 0}\nabla g^{\mathrm{soc}}(\hat{\boldsymbol{x}})\boldsymbol{L}_1(\hat{\boldsymbol{w}})=\lim_{\varepsilon\to 0}\frac{p\operatorname{sign}\varepsilon\mid\varepsilon\mid^{p-1}}{2p\sqrt[q]{\mid\varepsilon\mid^{p}}}\begin{bmatrix}1 & -\tilde{\boldsymbol{w}}_2^{\mathrm{T}}\\ -\tilde{\boldsymbol{w}}_2 & \tilde{\boldsymbol{w}}_2\tilde{\boldsymbol{w}}_2^{\mathrm{T}}\end{bmatrix}=\pm\frac{1}{2}\begin{bmatrix}1 & -\overline{\boldsymbol{w}}_2^{\mathrm{T}}\\ -\overline{\boldsymbol{w}}_2 & \overline{\boldsymbol{w}}_2\overline{\boldsymbol{w}}_2^{\mathrm{T}}\end{bmatrix}\tag{6-38}$$

$$\lim_{\varepsilon\to 0}\nabla g^{\mathrm{soc}}(\hat{x})\boldsymbol{L}_2(\hat{\boldsymbol{w}})=\lim_{\varepsilon\to 0}\frac{p\operatorname{sign}\varepsilon\mid\varepsilon\mid^{p-1}}{2p\sqrt[q]{\mid 2y_1\mid^{p}+\mid\varepsilon\mid^{p}}}\begin{bmatrix}1 & \overline{\boldsymbol{w}}_2^{\mathrm{T}}\\ \overline{\boldsymbol{w}}_2 & \overline{\boldsymbol{w}}_2\overline{\boldsymbol{w}}_2^{\mathrm{T}}\end{bmatrix}=\boldsymbol{0}\tag{6-39}$$

$$\begin{aligned}\lim_{\varepsilon\to 0}\nabla g^{\mathrm{soc}}(\hat{\boldsymbol{x}})\boldsymbol{L}_3(\hat{\boldsymbol{w}})&=\lim_{\varepsilon\to 0}\frac{p\operatorname{sign}\varepsilon\mid\varepsilon\mid^{p-1}(\sqrt[p]{\mid 2y_1\mid^{p}+\mid\varepsilon\mid^{p}}-\mid\varepsilon\mid)}{\mid 2y_1\mid^{p}}\begin{bmatrix}0 & \boldsymbol{0}^{\mathrm{T}}\\ \boldsymbol{0} & \boldsymbol{I}-\overline{\boldsymbol{w}}_2\overline{\boldsymbol{w}}_2^{\mathrm{T}}\end{bmatrix}\\&=\boldsymbol{0}\end{aligned}\tag{6-40}$$

结合式(6-38)～式(6-40)得

$$\lim_{\varepsilon\to 0}\nabla g^{\mathrm{soc}}(\hat{\boldsymbol{x}})\nabla g^{\mathrm{soc}}(\hat{\boldsymbol{z}})^{-1}=\pm\boldsymbol{Z}+\boldsymbol{J}_x=\boldsymbol{U}_x$$

下证

$$\lim_{\varepsilon\to 0}\nabla g^{\mathrm{soc}}(\boldsymbol{y})\nabla g^{\mathrm{soc}}(\hat{\boldsymbol{z}})^{-1}=\boldsymbol{U}_y$$

由引理 6.2 情况(2)的证明得

$$\begin{aligned}&\lim_{\varepsilon\to 0}\nabla g^{\mathrm{soc}}(\boldsymbol{y})\nabla g^{\mathrm{soc}}(\hat{\boldsymbol{z}})^{-1}\\&=\lim_{\varepsilon\to 0}\nabla g^{\mathrm{soc}}(\boldsymbol{y})[\boldsymbol{L}_1(\hat{\boldsymbol{w}})+\boldsymbol{L}_2(\hat{\boldsymbol{w}})+\boldsymbol{L}_3(\hat{\boldsymbol{w}})]\\&=\boldsymbol{0}+\frac{\operatorname{sign}y_1\mid y_1\mid^{p-1}}{2\sqrt[q]{\mid y_1\mid^{p}}}\begin{bmatrix}1 & \overline{\boldsymbol{w}}_2^{\mathrm{T}}\\ \overline{\boldsymbol{w}}_2 & \overline{\boldsymbol{w}}_2\overline{\boldsymbol{w}}_2^{\mathrm{T}}\end{bmatrix}+\frac{\operatorname{sign}y_1\mid y_1\mid^{p-1}}{\sqrt[q]{\mid y_1\mid^{p}}}\begin{bmatrix}0 & \boldsymbol{0}^{\mathrm{T}}\\ \boldsymbol{0} & \boldsymbol{I}-\overline{\boldsymbol{w}}_2\overline{\boldsymbol{w}}_2^{\mathrm{T}}\end{bmatrix}\\&=\frac{\operatorname{sign}y_1\mid y_1\mid^{p-1}}{2\sqrt[q]{\mid x_1\mid^{p}+\mid y_1\mid^{p}}}\begin{bmatrix}1 & \overline{\boldsymbol{w}}_2^{\mathrm{T}}\\ \overline{\boldsymbol{w}}_2 & 2\boldsymbol{I}-\overline{\boldsymbol{w}}_2\overline{\boldsymbol{w}}_2^{\mathrm{T}}\end{bmatrix}\\&=\boldsymbol{J}_y=\boldsymbol{U}_y\end{aligned}$$

类似可证，当 $y_1=-\parallel\boldsymbol{y}_2\parallel<0$ 时式(6-36)和式(6-37)成立.

**子情况(2.2)** 若 $\mid\boldsymbol{x}\mid\in\operatorname{bd}K^n\setminus\{\boldsymbol{0}\}$，$\boldsymbol{y}=\boldsymbol{0}$，则由式(6-34)和式(6-35)得

$$\hat{w}_1=\frac{\mid\lambda_2(\hat{\boldsymbol{x}})\mid^{p}+\mid\lambda_1(\hat{\boldsymbol{x}})\mid^{p}}{2},\quad\hat{\boldsymbol{w}}_2=\frac{\mid\lambda_2(\hat{\boldsymbol{x}})\mid^{p}-\mid\lambda_1(\hat{\boldsymbol{x}})\mid^{p}}{2}\overline{\boldsymbol{x}}_2$$

首先考虑 $x_1=\parallel\boldsymbol{x}_2\parallel>0$ 的情形，则

$$\lambda_1(\hat{\boldsymbol{w}})=\hat{w}_1-\parallel\hat{\boldsymbol{w}}_2\parallel=\mid\varepsilon\mid^{p}>0$$

$$\lambda_2(\hat{\boldsymbol{w}})=\hat{w}_1+\parallel\hat{\boldsymbol{w}}_2\parallel=\mid 2x_1+\varepsilon\mid^{p}>0$$

$$\tilde{\boldsymbol{w}}_2=\frac{\hat{\boldsymbol{w}}_2}{\parallel\hat{\boldsymbol{w}}_2\parallel}=\overline{\boldsymbol{x}}_2=\overline{\boldsymbol{w}}_2$$

因此 $\hat{\boldsymbol{w}}\in\operatorname{int}K^n$，结合文献[94]的引理 3.2 得 $\phi_p$ 在点 $(\hat{\boldsymbol{x}},\boldsymbol{y})$ 处可微. 又由式(6-7)～式(6-

10)得

$$\nabla g^{\text{soc}}(\hat{\boldsymbol{x}}) = \begin{bmatrix} b(\hat{\boldsymbol{x}}) & c(\hat{\boldsymbol{x}})\overline{\boldsymbol{x}}_2^{\mathrm{T}} \\ c(\hat{\boldsymbol{x}})\overline{\boldsymbol{x}}_2 & a(\hat{\boldsymbol{x}})\boldsymbol{I} + (b(\hat{\boldsymbol{x}}) - a(\hat{\boldsymbol{x}}))\overline{\boldsymbol{x}}_2\overline{\boldsymbol{x}}_2^{\mathrm{T}} \end{bmatrix}$$

其中

$$a(\hat{\boldsymbol{x}}) = \frac{|2x_1+\varepsilon|^p - |\varepsilon|^p}{2x_1}, d(\hat{\boldsymbol{w}}) = \frac{|2x_1+\varepsilon| - |\varepsilon|}{|2x_1+\varepsilon|^p - |\varepsilon|^p}$$

$$b(\hat{\boldsymbol{x}}) = \frac{p}{2}[\operatorname{sign}(2x_1+\varepsilon)\,|2x_1+\varepsilon|^{p-1} + \operatorname{sign}\varepsilon\,|\varepsilon|^{p-1}]$$

$$c(\hat{\boldsymbol{x}}) = \frac{p}{2}[\operatorname{sign}(2x_1+\varepsilon)\,|2x_1+\varepsilon|^{p-1} - \operatorname{sign}\varepsilon\,|\varepsilon|^{p-1}]$$

现证

$$\lim_{\varepsilon\to 0} \nabla g^{\text{soc}}(\hat{\boldsymbol{x}})\,\nabla g^{\text{soc}}(\hat{\boldsymbol{z}})^{-1} = \boldsymbol{U}_x$$

由式(6－12)、式(6－13)和式(6－27)以及引理 6.2 情况(2)的证明得

$$\begin{aligned}\lim_{\varepsilon\to 0} \nabla g^{\text{soc}}(\hat{\boldsymbol{x}})\boldsymbol{L}_1(\hat{\boldsymbol{w}}) &= \lim_{\varepsilon\to 0} \frac{b(\hat{\boldsymbol{x}}) - \operatorname{sign} x_1 c(\hat{\boldsymbol{x}})}{2p\sqrt[q]{\lambda_1(\hat{\boldsymbol{w}})}} \begin{bmatrix} 1 & -\overline{\boldsymbol{w}}_2^{\mathrm{T}} \\ -\overline{\boldsymbol{w}}_2 & \overline{\boldsymbol{w}}_2\overline{\boldsymbol{w}}_2^{\mathrm{T}} \end{bmatrix} \\ &= \lim_{\varepsilon\to 0} \frac{p\operatorname{sign}\varepsilon\,|\varepsilon|^{p-1}}{2p\sqrt[q]{|\varepsilon|^p}} \begin{bmatrix} 1 & -\overline{\boldsymbol{w}}_2^{\mathrm{T}} \\ -\overline{\boldsymbol{w}}_2 & \overline{\boldsymbol{w}}_2\overline{\boldsymbol{w}}_2^{\mathrm{T}} \end{bmatrix} \\ &= \pm\frac{1}{2} \begin{bmatrix} 1 & -\overline{\boldsymbol{w}}_2^{\mathrm{T}} \\ -\overline{\boldsymbol{w}}_2 & \overline{\boldsymbol{w}}_2\overline{\boldsymbol{w}}_2^{\mathrm{T}} \end{bmatrix}\end{aligned} \tag{6-41}$$

$$\begin{aligned}\lim_{\varepsilon\to 0} \nabla g^{\text{soc}}(\hat{\boldsymbol{x}})\boldsymbol{L}_2(\hat{\boldsymbol{w}}) &= \lim_{\varepsilon\to 0} \frac{b(\hat{\boldsymbol{x}}) + \operatorname{sign} x_1 c(\hat{\boldsymbol{x}})}{2p\sqrt[q]{\lambda_2(\hat{\boldsymbol{w}})}} \begin{bmatrix} 1 & \overline{\boldsymbol{w}}_2^{\mathrm{T}} \\ \overline{\boldsymbol{w}}_2 & \overline{\boldsymbol{w}}_2\overline{\boldsymbol{w}}_2^{\mathrm{T}} \end{bmatrix} \\ &= \lim_{\varepsilon\to 0} \frac{p\operatorname{sign}(2x_1+\varepsilon)\,|2x_1+\varepsilon|^{p-1}}{2p\sqrt[q]{|2x_1+\varepsilon|^p}} \begin{bmatrix} 1 & \overline{\boldsymbol{w}}_2^{\mathrm{T}} \\ \overline{\boldsymbol{w}}_2 & \overline{\boldsymbol{w}}_2\overline{\boldsymbol{w}}_2^{\mathrm{T}} \end{bmatrix} \\ &= \frac{\operatorname{sign} x_1}{2} \begin{bmatrix} 1 & \overline{\boldsymbol{w}}_2^{\mathrm{T}} \\ \overline{\boldsymbol{w}}_2 & \overline{\boldsymbol{w}}_2\overline{\boldsymbol{w}}_2^{\mathrm{T}} \end{bmatrix} \\ &= \frac{\operatorname{sign} x_1\,|x_1|^{p-1}}{2\sqrt[q]{|x_1|^p + |y_1|^p}} \begin{bmatrix} 1 & \overline{\boldsymbol{w}}_2^{\mathrm{T}} \\ \overline{\boldsymbol{w}}_2 & \overline{\boldsymbol{w}}_2\overline{\boldsymbol{w}}_2^{\mathrm{T}} \end{bmatrix}\end{aligned} \tag{6-42}$$

$$\begin{aligned}\lim_{\varepsilon\to 0} \nabla g^{\text{soc}}(\hat{\boldsymbol{x}})\boldsymbol{L}_3(\hat{\boldsymbol{w}}) &= \lim_{\varepsilon\to 0} a(\hat{\boldsymbol{x}})d(\hat{\boldsymbol{w}}) \begin{bmatrix} 0 & \boldsymbol{0}^{\mathrm{T}} \\ \boldsymbol{0} & \boldsymbol{I} - \overline{\boldsymbol{w}}_2\overline{\boldsymbol{w}}_2^{\mathrm{T}} \end{bmatrix} \\ &= \lim_{\varepsilon\to 0} \frac{|2x_1+\varepsilon| - |\varepsilon|}{2x_1} \begin{bmatrix} 0 & \boldsymbol{0}^{\mathrm{T}} \\ \boldsymbol{0} & \boldsymbol{I} - \overline{\boldsymbol{w}}_2\overline{\boldsymbol{w}}_2^{\mathrm{T}} \end{bmatrix}\end{aligned}$$

$$
\begin{aligned}
&= \operatorname{sign} x_1 \begin{bmatrix} 0 & \mathbf{0}^{\mathrm{T}} \\ \mathbf{0} & \boldsymbol{I} - \overline{\boldsymbol{w}}_2 \overline{\boldsymbol{w}}_2^{\mathrm{T}} \end{bmatrix} \\
&= \frac{\operatorname{sign} x_1 \mid x_1 \mid^{p-1}}{\sqrt[q]{\mid x_1 \mid^p + \mid y_1 \mid^p}} \begin{bmatrix} 0 & \mathbf{0}^{\mathrm{T}} \\ \mathbf{0} & \boldsymbol{I} - \overline{\boldsymbol{w}}_2 \overline{\boldsymbol{w}}_2^{\mathrm{T}} \end{bmatrix}
\end{aligned} \tag{6-43}
$$

故由式(6-41)～式(6-43)得

$$
\lim_{\varepsilon \to 0} \nabla g^{\mathrm{soc}}(\hat{\boldsymbol{x}}) \nabla g^{\mathrm{soc}}(\hat{\boldsymbol{z}})^{-1} = \pm \boldsymbol{Z} + \boldsymbol{J}_x = \boldsymbol{U}_x
$$

在这种子情况下，由式(6-7)得

$$
\lim_{\varepsilon \to 0} \nabla g^{\mathrm{soc}}(\boldsymbol{y}) \nabla g^{\mathrm{soc}}(\hat{\boldsymbol{z}})^{-1} = \lim_{\varepsilon \to 0} \mathbf{0} \cdot \nabla \boldsymbol{g}^{\mathrm{soc}}(\hat{\boldsymbol{z}})^{-1} = \mathbf{0} = \boldsymbol{J}_y = \boldsymbol{U}_y
$$

类似可证当 $x_1 = -\|\boldsymbol{x}_2\| < 0$ 时，式(6-36)和式(6-37)成立．

**子情况(2.3)** 若 $|\boldsymbol{x}| \in \mathrm{bd}\, K^n \setminus \{\mathbf{0}\}$，$|\boldsymbol{y}| \in \mathrm{bd}\, K^n \setminus \{\mathbf{0}\}$，首先考虑 $x_1 = \|\boldsymbol{x}_2\| > 0$，$y_1 = -\|\boldsymbol{y}_2\| < 0$ 时的情形，因此由引理 6.1 得

$$
\overline{\boldsymbol{w}}_2 = \operatorname{sign} x_1 \overline{\boldsymbol{x}}_2 = \overline{\boldsymbol{x}}_2, \quad \overline{\boldsymbol{w}}_2 = \operatorname{sign} y_1 \overline{\boldsymbol{y}}_2 = -\overline{\boldsymbol{y}}_2
$$

那么由式(6-7)、式(6-34)和式(6-35)得

$$
\hat{w}_1 = \frac{\mid 2x_1 + \varepsilon \mid^p + \mid \varepsilon \mid^p}{2} + \frac{\mid 2y_1 \mid^p}{2}
$$

$$
\hat{\boldsymbol{w}}_2 = \frac{\mid 2x_1 + \varepsilon \mid^p - \mid \varepsilon \mid^p}{2} \overline{\boldsymbol{x}}_2 - \frac{\mid 2y_1 \mid^p}{2} \overline{\boldsymbol{y}}_2 = \frac{\mid 2x_1 + \varepsilon \mid^p - \mid \varepsilon \mid^p}{2} \overline{\boldsymbol{w}}_2 + \frac{\mid 2y_1 \mid^p}{2} \overline{\boldsymbol{w}}_2
$$

因而

$$
\begin{gathered}
\lambda_1(\hat{\boldsymbol{w}}) = \hat{w}_1 - \|\hat{\boldsymbol{w}}_2\| = \mid \varepsilon \mid^p > 0 \\
\lambda_2(\hat{\boldsymbol{w}}) = \hat{w}_1 + \|\hat{\boldsymbol{w}}_2\| = \mid 2x_1 + \varepsilon \mid^p + \mid 2y_1 \mid^p > 0 \\
\tilde{\boldsymbol{w}}_2 = \frac{\hat{\boldsymbol{w}}_2}{\|\hat{\boldsymbol{w}}_2\|} = \overline{\boldsymbol{x}}_2 = \overline{\boldsymbol{w}}_2
\end{gathered}
$$

故 $\hat{\boldsymbol{w}} \in \mathrm{int}\, K^n$，结合文献[94]的引理 3.2 得 $\phi_p$ 在 $(\hat{\boldsymbol{x}}, \boldsymbol{y})$ 处可微．由式(6-7)～式(6-10)知

$$
\nabla g^{\mathrm{soc}}(\hat{\boldsymbol{x}}) = \begin{bmatrix} b(\hat{\boldsymbol{x}}) & c(\hat{\boldsymbol{x}}) \overline{\boldsymbol{x}}_2^{\mathrm{T}} \\ c(\hat{\boldsymbol{x}}) \overline{\boldsymbol{x}}_2 & a(\hat{\boldsymbol{x}}) \boldsymbol{I} + (b(\hat{\boldsymbol{x}}) - a(\hat{\boldsymbol{x}})) \overline{\boldsymbol{x}}_2 \overline{\boldsymbol{x}}_2^{\mathrm{T}} \end{bmatrix}
$$

其中

$$
\begin{gathered}
a(\hat{\boldsymbol{x}}) = \frac{\mid 2x_1 + \varepsilon \mid^p - \mid \varepsilon \mid^p}{2x_1}, \; d(\hat{\boldsymbol{w}}) = \frac{\sqrt[p]{\mid 2x_1 + \varepsilon \mid^p + \mid 2y_1 \mid^p} - \mid \varepsilon \mid}{\mid 2x_1 + \varepsilon \mid^p + \mid 2y_1 \mid^p - \mid \varepsilon \mid^p} \\
b(\hat{\boldsymbol{x}}) = \frac{p}{2} [\operatorname{sign}(2x_1 + \varepsilon) \mid 2x_1 + \varepsilon \mid^{p-1} + \operatorname{sign}(\varepsilon) \mid \varepsilon \mid^{p-1}] \\
c(\hat{\boldsymbol{x}}) = \frac{p}{2} [\operatorname{sign}(2x_1 + \varepsilon) \mid 2x_1 + \varepsilon \mid^{p-1} - \operatorname{sign}(\varepsilon) \mid \varepsilon \mid^{p-1}]
\end{gathered}
$$

由式(6-12)、式(6-13)和式(6-27)，以及引理6.2情况(2)的证明得

$$
\begin{aligned}
&\lim_{\varepsilon\to 0}\nabla g^{\mathrm{soc}}(\hat{\boldsymbol{x}})\,\nabla g^{\mathrm{soc}}(\hat{\boldsymbol{z}})^{-1}\\
&=\lim_{\varepsilon\to 0}\nabla g^{\mathrm{soc}}(\hat{\boldsymbol{x}})[\boldsymbol{L}_1(\hat{\boldsymbol{w}})+\boldsymbol{L}_2(\hat{\boldsymbol{w}})+\boldsymbol{L}_3(\hat{\boldsymbol{w}})]\\
&=\pm\frac{1}{2}\begin{bmatrix}1 & -\overline{\boldsymbol{w}}_2^{\mathrm{T}}\\ -\overline{\boldsymbol{w}}_2 & \overline{\boldsymbol{w}}_2\overline{\boldsymbol{w}}_2^{\mathrm{T}}\end{bmatrix}+\frac{\operatorname{sign} x_1\,|x_1|^{p-1}}{2\sqrt[q]{|x_1|^p+|y_1|^{p-1}}}\begin{bmatrix}1 & \overline{\boldsymbol{w}}_2^{\mathrm{T}}\\ \overline{\boldsymbol{w}}_2 & \overline{\boldsymbol{w}}_2\overline{\boldsymbol{w}}_2^{\mathrm{T}}\end{bmatrix}+\frac{\operatorname{sign} x_1\,|x_1|^{p-1}}{\sqrt[q]{|x_1|^p+|y_1|^{p-1}}}\begin{bmatrix}0 & \boldsymbol{0}^{\mathrm{T}}\\ \boldsymbol{0} & \boldsymbol{I}-\overline{\boldsymbol{w}}_2\overline{\boldsymbol{w}}_2^{\mathrm{T}}\end{bmatrix}\\
&=\pm\frac{1}{2}\begin{bmatrix}1 & -\overline{\boldsymbol{w}}_2^{\mathrm{T}}\\ -\overline{\boldsymbol{w}}_2 & \overline{\boldsymbol{w}}_2\overline{\boldsymbol{w}}_2^{\mathrm{T}}\end{bmatrix}+\frac{\operatorname{sign} x_1\,|x_1|^{p-1}}{2\sqrt[q]{|x_1|^p+|y_1|^{p-1}}}\begin{bmatrix}1 & \overline{\boldsymbol{w}}_2^{\mathrm{T}}\\ \overline{\boldsymbol{w}}_2 & 2\boldsymbol{I}-\overline{\boldsymbol{w}}_2\overline{\boldsymbol{w}}_2^{\mathrm{T}}\end{bmatrix}\\
&=\pm\boldsymbol{Z}+\boldsymbol{J}_x=\boldsymbol{U}_x
\end{aligned}
$$

类似可得

$$
\begin{aligned}
&\lim_{\varepsilon\to 0}\nabla g^{\mathrm{soc}}(\boldsymbol{y})\,\nabla g^{\mathrm{soc}}(\hat{\boldsymbol{z}})^{-1}\\
&=\lim_{\varepsilon\to 0}\nabla g^{\mathrm{soc}}(\boldsymbol{y})[\boldsymbol{L}_1(\hat{\boldsymbol{w}})+\boldsymbol{L}_2(\hat{\boldsymbol{w}})+\boldsymbol{L}_3(\hat{\boldsymbol{w}})]\\
&=\boldsymbol{0}+\frac{\operatorname{sign} y_1\,|y_1|^{p-1}}{2\sqrt[q]{|x_1|^p+|y_1|^p}}\begin{bmatrix}1 & \overline{\boldsymbol{w}}_2^{\mathrm{T}}\\ \overline{\boldsymbol{w}}_2 & \overline{\boldsymbol{w}}_2\overline{\boldsymbol{w}}_2^{\mathrm{T}}\end{bmatrix}+\frac{\operatorname{sign} y_1\,|y_1|^{p-1}}{\sqrt[q]{|x_1|^p+|y_1|^p}}\begin{bmatrix}0 & \boldsymbol{0}^{\mathrm{T}}\\ \boldsymbol{0} & \boldsymbol{I}-\overline{\boldsymbol{w}}_2\overline{\boldsymbol{w}}_2^{\mathrm{T}}\end{bmatrix}\\
&=\frac{\operatorname{sign} y_1\,|y_1|^{p-1}}{2\sqrt[q]{|x_1|^p+|y_1|^p}}\begin{bmatrix}1 & \overline{\boldsymbol{w}}_2^{\mathrm{T}}\\ \overline{\boldsymbol{w}}_2 & 2\boldsymbol{I}-\overline{\boldsymbol{w}}_2\overline{\boldsymbol{w}}_2^{\mathrm{T}}\end{bmatrix}\\
&=\boldsymbol{J}_y=\boldsymbol{U}_y
\end{aligned}
$$

同样可证当 $x_1=\|\boldsymbol{x}_2\|>0, y_1=\|\boldsymbol{y}_2\|>0$；$x_1=-\|\boldsymbol{x}_2\|<0, y_1=-\|\boldsymbol{y}_2\|<0$ 和 $x_1=-\|\boldsymbol{x}_2\|<0$，$y_1=\|\boldsymbol{y}_2\|>0$ 时，式(6-36)和式(6-37)成立．证毕．

由引理6.2和引理6.3可得以下结论．

**定理 6.2** 由式(6-19)定义的函数 $\Phi_{p,t}$ 满足雅可比相容性，其中 $p\in(1,4)$，$t>0$．

**证明：** 由式(6-19)，只需证当 $p\in(1,4)$，$t>0$ 时函数 $\phi_{p,t}$ 满足雅可比相容性．令

$$
\boldsymbol{V}^i=\begin{bmatrix}\boldsymbol{U}_x^i-\boldsymbol{I}\\ \boldsymbol{U}_y-\boldsymbol{I}\end{bmatrix}
$$

其中对 $i=1,2$，

$$
\boldsymbol{U}_x^i=(-1)^i\boldsymbol{Z}+\boldsymbol{J}_x,\ \boldsymbol{U}_y=\boldsymbol{J}_y
$$

且 $\boldsymbol{J}_x$，$\boldsymbol{J}_y$ 和 $\boldsymbol{Z}$ 由式(6-22)、式(6-23)和式(6-33)给出．定义

$$
\boldsymbol{V}=\frac{1}{2}(\boldsymbol{V}^1+\boldsymbol{V}^2)=\begin{bmatrix}\boldsymbol{J}_x-\boldsymbol{I}\\ \boldsymbol{J}_y-\boldsymbol{I}\end{bmatrix}
$$

一方面，由式(6-21)得 $\boldsymbol{V}=\boldsymbol{J}^0_{\phi_p}(\boldsymbol{x},\boldsymbol{y})=\lim\limits_{t\to 0}\nabla\phi_{p,t}(\boldsymbol{x},\boldsymbol{y})$．另一方面，由引理6.3得 $\boldsymbol{V}^1$，$\boldsymbol{V}^2\in\partial_B\phi_p(\boldsymbol{x},\boldsymbol{y})$，因此 $\boldsymbol{V}=\dfrac{1}{2}(\boldsymbol{V}^1+\boldsymbol{V}^2)\in\partial\phi_p(\boldsymbol{x},\boldsymbol{y})$．结合定理6.1和定义2.5可得 $\phi_{p,t}$ 的雅

可比相容性，其中 $p\in(1,4)$，$t>0$. 证毕.

## 6.4 $\nabla\boldsymbol{\Phi}_{p,t}$ 和 $\partial\boldsymbol{\Phi}_p$ 的距离估计

本节将估计广义 FB 函数 $\Phi_p$ 的次梯度及其光滑函数 $\Phi_{p,t}$ 的梯度的距离，从而可以控制参数 $t$，使得 $\mathrm{dist}(\nabla\Phi_{p,t}(x,y,\zeta),\partial\Phi_p(x,y,\zeta))$ 适当变小，这有助于在光滑方法中建立快速收敛性. 下面先给出后续分析中用到的两个引理.

**引理 6.4**[84] 设 $\alpha,\beta,\gamma\in\mathbf{R}$, $\boldsymbol{v}\in\mathbf{R}^{n-1}$ 且满足 $\|\boldsymbol{v}\|=1(n\geqslant 2)$. 令

$$\boldsymbol{G}=\begin{bmatrix}\beta & -\gamma\boldsymbol{v}^{\mathrm{T}}\\ -\gamma\boldsymbol{v} & \alpha\boldsymbol{I}+(\beta-\alpha)\boldsymbol{v}\boldsymbol{v}^{\mathrm{T}}\end{bmatrix}$$

则对称矩阵 $\boldsymbol{G}$ 的特征值是 $\alpha$（$n-2$ 重）和 $\beta\pm\gamma$.

**引理 6.5** 令 $\lambda_2>\lambda_1>0$, $w_1>0$ 为任意固定的常数，则由下式定义的函数 $g_1,g_2,g_3$: $[0,\infty)\to\mathbf{R}$

$$g_1(\tau)=\frac{1}{p\sqrt[q]{\lambda_1+\tau}}-\frac{\sqrt[p]{\lambda_2+\tau}-\sqrt[p]{\lambda_1+\tau}}{\lambda_2-\lambda_1} \tag{6-44}$$

$$g_2(\tau)=\frac{\sqrt[p]{\lambda_2+\tau}-\sqrt[p]{\lambda_1+\tau}}{\lambda_2-\lambda_1}-\frac{1}{p\sqrt[q]{\lambda_2+\tau}} \tag{6-45}$$

$$g_3(\tau)=\frac{\sqrt[p]{2w_1+\tau}-\sqrt[p]{\tau}}{2w_1}-\frac{1}{p\sqrt[q]{2w_1+\tau}} \tag{6-46}$$

都是单调递减的，因此对于任意 $\tau\geqslant 0$ 有 $g_1(0)\geqslant g_1(\tau)$, $g_2(0)\geqslant g_2(\tau)$, $g_3(0)\geqslant g_3(\tau)$.

**证明**：对任意固定的 $\lambda_2>\lambda_1>0$ 和 $w_1>0$，只需证明结论适用于 $g_1$ 和 $g_2$. 同理可证结论对于 $g_3$ 成立，因为将式(6-45)中的 $\lambda_2$ 和 $\lambda_1$ 分别用 $2w_1$ 和 0 替换可给出 $g_3$.

首先证明函数 $g_1(\tau)$ 在 $\tau\in[0,\infty)$ 是递减的. 直接计算可得

$$\begin{aligned}
g'_1(\tau)&=-\frac{1}{pq\,(\lambda_1+\tau)^{\frac{1}{q}+1}}-\frac{1}{p(\lambda_2-\lambda_1)}\left[\frac{1}{(\lambda_2+\tau)^{\frac{1}{q}}}-\frac{1}{(\lambda_1+\tau)^{\frac{1}{q}}}\right]\\
&=-\frac{\lambda_2+\tau}{pq(\lambda_2-\lambda_1)\,(\lambda_1+\tau)^{\frac{1}{q}+1}}\left\{\frac{\lambda_2-\lambda_1}{\lambda_2+\tau}+\frac{q(\lambda_1+\tau)}{\lambda_2+\tau}\left[\left(\frac{\lambda_1+\tau}{\lambda_2+\tau}\right)^{\frac{1}{q}}-1\right]\right\}\\
&=-\frac{\lambda_2+\tau}{pq(\lambda_2-\lambda_1)\,(\lambda_1+\tau)^{\frac{1}{q}+1}}f_1\left(\frac{\lambda_1+\tau}{\lambda_2+\tau}\right)
\end{aligned}$$

其中，函数 $f_1:[0,1]\to\mathbf{R}$ 由下式定义

$$f_1(s)=qs^{1+\frac{1}{q}}-(1+q)s+1$$

因为对任意 $0\leqslant s\leqslant 1$ 有

$$f'_1(s)=(1+q)(s^{\frac{1}{q}}-1)\leqslant 0$$

所以函数 $f_1$ 单调递减且对任意 $s\in[0,1]$ 有 $0=f_1(1)\leqslant f_1(s)\leqslant f_1(0)=1$．又对任意 $\tau\in[0,\infty)$ 有 $0<s=\dfrac{\lambda_1+\tau}{\lambda_2+\tau}<1$，因此 $0\leqslant f_1\left(\dfrac{\lambda_1+\tau}{\lambda_2+\tau}\right)\leqslant 1$，从而 $g'_1(\tau)\leqslant 0$．

下面证明函数 $g_2(\tau)$ 在 $\tau\in[0,\infty)$ 是单调递减的．直接计算得

$$\begin{aligned}
g'_2(\tau)&=\frac{1}{p(\lambda_2-\lambda_1)}\left[\frac{1}{(\lambda_2+\tau)^{\frac{1}{q}}}-\frac{1}{(\lambda_1+\tau)^{\frac{1}{q}}}\right]+\frac{1}{pq\,(\lambda_2+\tau)^{\frac{1}{q}+1}}\\
&=\frac{1}{pq(\lambda_2-\lambda_1)\,(\lambda_1+\tau)^{\frac{1}{q}}}\left\{q\left[\left(\frac{\lambda_1+\tau}{\lambda_2+\tau}\right)^{\frac{1}{q}}-1\right]+\left(\frac{\lambda_1+\tau}{\lambda_2+\tau}\right)^{\frac{1}{q}}\cdot\frac{\lambda_2-\lambda_1}{\lambda_2+\tau}\right\}\\
&=\frac{1}{pq(\lambda_2-\lambda_1)\,(\lambda_1+\tau)^{\frac{1}{q}}}f_2\left(\frac{\lambda_1+\tau}{\lambda_2+\tau}\right)
\end{aligned}$$

其中函数 $f_2:[0,1]\rightarrow\mathbf{R}$ 由下式定义

$$f_2(s)=-s^{1+\frac{1}{q}}+(1+q)s^{\frac{1}{q}}-q$$

因为对任意 $0\leqslant s\leqslant 1$ 有

$$f'_2(s)=\left(1+\frac{1}{q}\right)\left(-s^{\frac{1}{q}}+s^{-\frac{1}{p}}\right)\geqslant 0$$

则函数 $f_2$ 是递增的，且对任意 $s\in[0,1]$ 有 $-q=f_2(0)\leqslant f_2(s)\leqslant f_2(1)=0$．又对任意 $\tau\in[0,\infty)$ 有 $0<s=\dfrac{\lambda_1+\tau}{\lambda_2+\tau}<1$，因此 $-q\leqslant f_2\left(\dfrac{\lambda_1+\tau}{\lambda_2+\tau}\right)\leqslant 0$，从而 $g'_2(\tau)\leqslant 0$．证毕．

**定理 6.3**　给定 $p\in(1,4)$，令 $(\boldsymbol{x},\boldsymbol{y},\boldsymbol{\zeta})\in\mathbf{R}^{2n+l}$ 为任意点．设函数 $\Theta:\mathbf{R}^{2n}\rightarrow\mathbf{R}_+$ 定义如下

$$\Theta(\boldsymbol{x},\boldsymbol{y})=\|\nabla g^{\mathrm{soc}}(\boldsymbol{x})\nabla g^{\mathrm{soc}}(\boldsymbol{y})\|=\sqrt{\|\nabla g^{\mathrm{soc}}(\boldsymbol{x})^2+\nabla g^{\mathrm{soc}}(\boldsymbol{y})^2\|}$$

对任意 $t\in\mathbf{R}$，函数 $h_{p,t}:\mathbf{R}^{2n}\rightarrow\mathbf{R}_+$ 定义为

$$h_{p,t}(\boldsymbol{x},\boldsymbol{y})=\begin{cases}e(\boldsymbol{w}^t)+f(\boldsymbol{w}^t)=\dfrac{1}{p\sqrt[q]{\lambda_1(\boldsymbol{w})+|t|^p}}, & (\boldsymbol{x},\boldsymbol{y})\in S_1\\[2ex] d(\boldsymbol{w}^t)=\dfrac{\sqrt[p]{2w_1+|t|^p}-|t|}{2w_1}, & (\boldsymbol{x},\boldsymbol{y})\in S_2\\[2ex] 0, & (\boldsymbol{x},\boldsymbol{y})=(\boldsymbol{0},\boldsymbol{0})\end{cases}\tag{6-47}$$

那么对任意非零常数 $t\in\mathbf{R}$，有

$$\operatorname{dist}(\nabla\Phi_{p,t}(\boldsymbol{x},\boldsymbol{y},\boldsymbol{\zeta}),\partial\Phi_p(\boldsymbol{x},\boldsymbol{y},\boldsymbol{\zeta}))\leqslant\Theta(\boldsymbol{x},\boldsymbol{y})[h_{p,0}(\boldsymbol{x},\boldsymbol{y})-h_{p,t}(\boldsymbol{x},\boldsymbol{y})]\tag{6-48}$$

**证明：** 由定理 6.2 的证明知，对任意 $(\boldsymbol{x},\boldsymbol{y},\boldsymbol{\zeta})\in\mathbf{R}^{2n+l}$ 有 $\boldsymbol{J}^0_{\phi_p}(\boldsymbol{x},\boldsymbol{y})=\boldsymbol{V}\in\partial\phi_p(\boldsymbol{x},\boldsymbol{y})$，则

$$\boldsymbol{J}^0_{\Phi_p}(\boldsymbol{x},\boldsymbol{y},\boldsymbol{\zeta})=\begin{bmatrix}\boldsymbol{J}^0_{\phi_p}(\boldsymbol{x},\boldsymbol{y}) & \nabla_{x,y}F(\boldsymbol{x},\boldsymbol{y},\boldsymbol{\zeta})\\ \boldsymbol{0} & \nabla_{\zeta}F(\boldsymbol{x},\boldsymbol{y},\boldsymbol{\zeta})\end{bmatrix}\in\partial\Phi_p(\boldsymbol{x},\boldsymbol{y},\boldsymbol{\zeta})$$

因此由式(6－6)、式(6－19)和式(6－21)得

$$\operatorname{dist}(\nabla\Phi_{p,t}(\boldsymbol{x},\boldsymbol{y},\boldsymbol{\zeta}),\partial\Phi_p(\boldsymbol{x},\boldsymbol{y},\boldsymbol{\zeta}))=\min\{\|\nabla\Phi_{p,t}(\boldsymbol{x},\boldsymbol{y},\boldsymbol{\zeta})-W\|\,\big|\,W\in\partial\Phi_p(\boldsymbol{x},\boldsymbol{y},\boldsymbol{\zeta})\}$$

$$
\begin{aligned}
&\leqslant \| \nabla \Phi_{p,t}(\boldsymbol{x},\boldsymbol{y},\boldsymbol{\zeta}) - J^0_{\Phi_p}(\boldsymbol{x},\boldsymbol{y},\boldsymbol{\zeta}) \| \\
&= \| \nabla \phi_{p,t}(\boldsymbol{x},\boldsymbol{y},\boldsymbol{\zeta}) - J^0_{\phi_p}(\boldsymbol{x},\boldsymbol{y},\boldsymbol{\zeta}) \| \\
&= \left\| \begin{matrix} \boldsymbol{J}_x - \nabla g^{\mathrm{soc}}(\boldsymbol{x}) \nabla g^{\mathrm{soc}}(\boldsymbol{z}^t)^{-1} \\ \boldsymbol{J}_y - \nabla g^{\mathrm{soc}}(\boldsymbol{y}) \nabla g^{\mathrm{soc}}(\boldsymbol{z}^t)^{-1} \end{matrix} \right\|
\end{aligned} \tag{6-49}
$$

由式(6-49)知，只需估计 $\left\| \begin{matrix} \boldsymbol{J}_x - \nabla g^{\mathrm{soc}}(\boldsymbol{x}) \nabla g^{\mathrm{soc}}(\boldsymbol{z}^t)^{-1} \\ \boldsymbol{J}_y - \nabla g^{\mathrm{soc}}(\boldsymbol{y}) \nabla g^{\mathrm{soc}}(\boldsymbol{z}^t)^{-1} \end{matrix} \right\|$. 为方便起见，在下面的分析中记 $\lambda_i^t = \lambda_i(\boldsymbol{w}^t)$, $\lambda_i = \lambda_i(\boldsymbol{w})$, 其中 $i = 1,2$.

**情况(1)** 若 $(\boldsymbol{x},\boldsymbol{y}) \in S_1$, 则 $\lambda_2 \geqslant \lambda_1 > 0$. 由式(6-22)和式(6-23)得

$$
\begin{aligned}
\left\| \begin{matrix} \boldsymbol{J}_x - \nabla g^{\mathrm{soc}}(\boldsymbol{x}) \nabla g^{\mathrm{soc}}(\boldsymbol{z}^t)^{-1} \\ \boldsymbol{J}_y - \nabla g^{\mathrm{soc}}(\boldsymbol{y}) \nabla g^{\mathrm{soc}}(\boldsymbol{z}^t)^{-1} \end{matrix} \right\| &= \left\| \begin{matrix} \nabla g^{\mathrm{soc}}(\boldsymbol{x}) \nabla g^{\mathrm{soc}}(\boldsymbol{z})^{-1} - \nabla g^{\mathrm{soc}}(\boldsymbol{x}) \nabla g^{\mathrm{soc}}(\boldsymbol{z}^t)^{-1} \\ \nabla g^{\mathrm{soc}}(\boldsymbol{y}) \nabla g^{\mathrm{soc}}(\boldsymbol{z})^{-1} - \nabla g^{\mathrm{soc}}(\boldsymbol{y}) \nabla g^{\mathrm{soc}}(\boldsymbol{z}^t)^{-1} \end{matrix} \right\| \\
&\leqslant \left\| \begin{matrix} \nabla g^{\mathrm{soc}}(\boldsymbol{x}) \\ \nabla g^{\mathrm{soc}}(\boldsymbol{y}) \end{matrix} \right\| \, \| \nabla g^{\mathrm{soc}}(\boldsymbol{z})^{-1} - \nabla g^{\mathrm{soc}}(\boldsymbol{z}^t)^{-1} \| \\
&= \Theta(\boldsymbol{x},\boldsymbol{y}) \, \| \boldsymbol{G} \|
\end{aligned}
$$

其中 $\boldsymbol{G} = \nabla g^{\mathrm{soc}}(\boldsymbol{z})^{-1} - \nabla g^{\mathrm{soc}}(\boldsymbol{z}^t)^{-1}$. 现证 $\| \boldsymbol{G} \| = h_{p,0}(\boldsymbol{x},\boldsymbol{y}) - h_{p,t}(\boldsymbol{x},\boldsymbol{y})$.

**子情况(1.1)** 若 $(\boldsymbol{x},\boldsymbol{y}) \in S_1$, 且 $\boldsymbol{w}_2 = \boldsymbol{0}$, 则 $\lambda_1 = \lambda_2 = w_1 > 0$. 由定理 6.1 得

$$
\begin{aligned}
\| \boldsymbol{G} \| = \| \nabla g^{\mathrm{soc}}(\boldsymbol{z})^{-1} - \nabla g^{\mathrm{soc}}(\boldsymbol{z}^t)^{-1} \| &= \left\| \frac{1}{p\sqrt[q]{w_1}} \boldsymbol{I} - \frac{1}{p\sqrt[q]{w_1 + |t|^p}} \boldsymbol{I} \right\| \\
&= \frac{1}{p\sqrt[q]{\lambda_1}} - \frac{1}{p\sqrt[q]{\lambda_1^t}} \\
&= h_{p,0}(\boldsymbol{x},\boldsymbol{y}) - h_{p,t}(\boldsymbol{x},\boldsymbol{y})
\end{aligned}
$$

**子情况(1.2)** 若 $(\boldsymbol{x},\boldsymbol{y}) \in S_1$, 且 $\boldsymbol{w}_2 \neq \boldsymbol{0}$, 则 $\lambda_2 > \lambda_1 > 0$. 由式(6-11)知矩阵 $\boldsymbol{G}$ 可化为

$$
\begin{aligned}
\boldsymbol{G} &= \nabla g^{\mathrm{soc}}(\boldsymbol{z})^{-1} - \nabla g^{\mathrm{soc}}(\boldsymbol{z}^t)^{-1} \\
&= \begin{bmatrix} e_0 - e_t & -(f_0 - f_t)\overline{\boldsymbol{w}}_2^{\mathrm{T}} \\ -(f_0 - f_t)\overline{\boldsymbol{w}}_2 & (d_0 - d_t)I + [(e_0 - e_t) - (d_0 - d_t)]\overline{\boldsymbol{w}}_2\overline{\boldsymbol{w}}_2^{\mathrm{T}} \end{bmatrix} \\
&= \begin{bmatrix} \beta & -\gamma\overline{\boldsymbol{w}}_2^{\mathrm{T}} \\ -\gamma\overline{\boldsymbol{w}}_2 & \alpha\boldsymbol{I} + (\beta - \alpha)\overline{\boldsymbol{w}}_2\overline{\boldsymbol{w}}_2^{\mathrm{T}} \end{bmatrix}
\end{aligned}
$$

其中 $d_t = d(\boldsymbol{w}^t)$, $e_t = e(\boldsymbol{w}^t)$, $f_t = f(\boldsymbol{w}^t)$ 由式(6-13)和式(6-14)给出，且 $\alpha = d_0 - d_t$, $\beta = e_0 - e_t$, $\gamma = f_0 - f_t$. 由引理 6.4 知，对称矩阵 $\boldsymbol{G}$ 的特征值是 $\alpha$ 和 $\beta \pm \gamma$. 由于 $\lambda_2 > \lambda_1 > 0$ 且 $\lambda_i^t = \lambda_i + |t|^p (i = 1,2)$, 不难验证当 $|t| \geqslant 0$ 时 $d_t = d_{|t|}$, $e_t + f_t = e_{|t|} + f_{|t|}$ 和 $e_t - f_t = e_{|t|} - f_{|t|}$ 均为严格递减函数，即对任意 $|t_1| > |t_2|$ 有 $d_{t_1} < d_{t_2}$, $e_{t_1} + f_{t_1} < e_{t_2} + f_{t_2}$ 和 $e_{t_1} - f_{t_1} < e_{t_2} - f_{t_2}$. 因此对任意 $t \neq 0$ 有

$$
\alpha = d_0 - d_t = \frac{\sqrt[p]{\lambda_2} - \sqrt[p]{\lambda_1}}{\lambda_2 - \lambda_1} - \frac{\sqrt[p]{\lambda_2^t} - \sqrt[p]{\lambda_1^t}}{\lambda_2^t - \lambda_1^t} = \frac{\sqrt[p]{\lambda_2} - \sqrt[p]{\lambda_1}}{\lambda_2 - \lambda_1} - \frac{\sqrt[p]{\lambda_2^t} - \sqrt[p]{\lambda_1^t}}{\lambda_2 - \lambda_1} > 0 \tag{6-50}
$$

$$
\beta + \gamma = (e_0 - e_t) + (f_0 - f_t) = (e_0 + f_0) - (e_t + f_t) = \frac{1}{p}\left( \frac{1}{\sqrt[q]{\lambda_1}} - \frac{1}{\sqrt[q]{\lambda_1^t}} \right) > 0 \tag{6-51}
$$

$$\beta-\gamma=(e_0-e_t)-(f_0-f_t)=(e_0-f_0)-(e_t-f_t)=\frac{1}{p}\left(\frac{1}{\sqrt[q]{\lambda_2}}-\frac{1}{\sqrt[q]{\lambda_2^t}}\right)>0 \tag{6-52}$$

故对任意 $t\neq 0$，矩阵 $\boldsymbol{G}$ 是正定矩阵且 $\|\boldsymbol{G}\|=\max\{\alpha,\beta\pm\gamma\}$.

下证 $\beta+\gamma\geqslant\alpha\geqslant\beta-\gamma$ 成立. 对任意 $t\in\mathbf{R}$，由式(6－44)、式(6－50)和式(6－51)以及引理 6.5 得

$$\begin{aligned}(\beta+\gamma)-\alpha&=\frac{1}{p}\left(\frac{1}{\sqrt[q]{\lambda_1}}-\frac{1}{\sqrt[q]{\lambda_1^t}}\right)-\left(\frac{\sqrt[p]{\lambda_2}-\sqrt[p]{\lambda_1}}{\lambda_2-\lambda_1}-\frac{\sqrt[p]{\lambda_2^t}-\sqrt[p]{\lambda_1^t}}{\lambda_2-\lambda_1}\right)\\&=\left(\frac{1}{p\sqrt[q]{\lambda_1}}-\frac{\sqrt[p]{\lambda_2}-\sqrt[p]{\lambda_1}}{\lambda_2-\lambda_1}\right)-\left(\frac{1}{p\sqrt[q]{\lambda_1^t}}-\frac{\sqrt[p]{\lambda_2^t}-\sqrt[p]{\lambda_1^t}}{\lambda_2-\lambda_1}\right)\\&=g_1(0)-g_1(|t|^p)\geqslant 0\end{aligned}$$

由式(6－45)、式(6－50)、式(6－52)和引理 6.5 知，对任意 $t\in\mathbf{R}$ 有

$$\begin{aligned}\alpha-(\beta-\gamma)&=\left(\frac{\sqrt[p]{\lambda_2}-\sqrt[p]{\lambda_1}}{\lambda_2-\lambda_1}-\frac{\sqrt[p]{\lambda_2^t}-\sqrt[p]{\lambda_1^t}}{\lambda_2-\lambda_1}\right)-\frac{1}{p}\left(\frac{1}{\sqrt[q]{\lambda_2}}-\frac{1}{\sqrt[q]{\lambda_2^t}}\right)\\&=\left(\frac{\sqrt[p]{\lambda_2}-\sqrt[p]{\lambda_1}}{\lambda_2-\lambda_1}-\frac{1}{p\sqrt[q]{\lambda_2}}\right)-\left(\frac{\sqrt[p]{\lambda_2^t}-\sqrt[p]{\lambda_1^t}}{\lambda_2-\lambda_1}-\frac{1}{p\sqrt[q]{\lambda_2^t}}\right)\\&=g_2(0)-g_2(|t|^p)\geqslant 0\end{aligned}$$

因此证得 $\beta+\gamma\geqslant\alpha\geqslant\beta-\gamma$，且对任意 $t\neq 0$ 有

$$\|\boldsymbol{G}\|=\beta+\gamma=\frac{1}{p\sqrt[q]{\lambda_1}}-\frac{1}{p\sqrt[q]{\lambda_1^t}}=h_{p,0}(\boldsymbol{x},\boldsymbol{y})-h_{p,t}(\boldsymbol{x},\boldsymbol{y})$$

**情况(2)**　若 $(\boldsymbol{x},\boldsymbol{y})\in S_2$，则 $2w_1=\lambda_2>\lambda_1=0$. 那么由式(6－31)知

$$\boldsymbol{J}_x=\nabla g^{\mathrm{soc}}(\boldsymbol{x})[\boldsymbol{L}_2(w)+\boldsymbol{L}_3(\boldsymbol{w})]$$

其中，$\boldsymbol{L}_2(\boldsymbol{w})=\lim\limits_{t\to 0}\boldsymbol{L}_2(\boldsymbol{w}^t)$，$\boldsymbol{L}_3(\boldsymbol{w})=\lim\limits_{t\to 0}\boldsymbol{L}_3(\boldsymbol{w}^t)$. 因此由式(6－28)和式(6－31)得

$$\begin{aligned}\left\|\begin{matrix}\boldsymbol{J}_x-\nabla g^{\mathrm{soc}}(\boldsymbol{x})\,\nabla g^{\mathrm{soc}}\,(\boldsymbol{z}^t)^{-1}\\ \boldsymbol{J}_y-\nabla g^{\mathrm{soc}}(\boldsymbol{y})\,\nabla g^{\mathrm{soc}}\,(\boldsymbol{z}^t)^{-1}\end{matrix}\right\|&=\left\|\begin{matrix}\nabla g^{\mathrm{soc}}(\boldsymbol{x})[\boldsymbol{L}_2(\boldsymbol{w})+\boldsymbol{L}_3(\boldsymbol{w})]-\nabla g^{\mathrm{soc}}(\boldsymbol{x})[\boldsymbol{L}_2(\boldsymbol{w}^t)+\boldsymbol{L}_3(\boldsymbol{w}^t)]\\ \nabla g^{\mathrm{soc}}(\boldsymbol{y})[\boldsymbol{L}_2(\boldsymbol{w})+\boldsymbol{L}_3(\boldsymbol{w})]-\nabla g^{\mathrm{soc}}(\boldsymbol{y})[\boldsymbol{L}_2(\boldsymbol{w}^t)+\boldsymbol{L}_3(\boldsymbol{w}^t)]\end{matrix}\right\|\\&\leqslant\left\|\begin{matrix}\nabla g^{\mathrm{soc}}(\boldsymbol{x})\\ \nabla g^{\mathrm{soc}}(\boldsymbol{y})\end{matrix}\right\|\,\|\boldsymbol{L}_2(\boldsymbol{w})+\boldsymbol{L}_3(\boldsymbol{w})-\boldsymbol{L}_2(\boldsymbol{w}^t)-\boldsymbol{L}_3(\boldsymbol{w}^t)\|\\&=\Theta(\boldsymbol{x},\boldsymbol{y})\,\|\boldsymbol{G}\|\end{aligned}$$

其中 $\boldsymbol{G}=\boldsymbol{L}_2(\boldsymbol{w})+\boldsymbol{L}_3(\boldsymbol{w})-\boldsymbol{L}_2(\boldsymbol{w}^t)-\boldsymbol{L}_3(\boldsymbol{w}^t)$. 现证 $\|\boldsymbol{G}\|=h_{p,0}(\boldsymbol{x},\boldsymbol{y})-h_{p,t}(\boldsymbol{x},\boldsymbol{y})$.

由式(6－12)和式(6－13)知，矩阵 $\boldsymbol{G}$ 可表示为

$$\begin{aligned}\boldsymbol{G}&=\boldsymbol{L}_2(w)+\boldsymbol{L}_3(w)-\boldsymbol{L}_2(w^t)-\boldsymbol{L}_3(w^t)\\&=\frac{1}{2p\sqrt[q]{\lambda_2}}\begin{bmatrix}1&\overline{\boldsymbol{w}}_2^{\mathrm{T}}\\ \overline{\boldsymbol{w}}_2&\overline{\boldsymbol{w}}_2\overline{\boldsymbol{w}}_2^{\mathrm{T}}\end{bmatrix}+d_0\begin{bmatrix}0&\boldsymbol{0}^{\mathrm{T}}\\ \boldsymbol{0}&\boldsymbol{I}-\overline{\boldsymbol{w}}_2\overline{\boldsymbol{w}}_2^{\mathrm{T}}\end{bmatrix}-\frac{1}{2p\sqrt[q]{\lambda_2^t}}\begin{bmatrix}1&\overline{\boldsymbol{w}}_2^{\mathrm{T}}\\ \overline{\boldsymbol{w}}_2&\overline{\boldsymbol{w}}_2\overline{\boldsymbol{w}}_2^{\mathrm{T}}\end{bmatrix}-d_t\begin{bmatrix}0&\boldsymbol{0}^{\mathrm{T}}\\ \boldsymbol{0}&\boldsymbol{I}-\overline{\boldsymbol{w}}_2\overline{\boldsymbol{w}}_2^{\mathrm{T}}\end{bmatrix}\end{aligned}$$

$$=\left(\frac{1}{2p\sqrt[q]{\lambda_2}}-\frac{1}{2p\sqrt[q]{\lambda_2^t}}\right)\begin{bmatrix}1 & \overline{w}_2^{\mathrm{T}}\\ \overline{w}_2 & \overline{w}_2\overline{w}_2^{\mathrm{T}}\end{bmatrix}+(d_0-d_t)\begin{bmatrix}0 & \mathbf{0}^{\mathrm{T}}\\ \mathbf{0} & \boldsymbol{I}-\overline{w}_2\overline{w}_2^{\mathrm{T}}\end{bmatrix}$$

$$=\begin{bmatrix}\delta & \delta\overline{w}_2^{\mathrm{T}}\\ \delta\overline{w}_2 & \alpha\boldsymbol{I}+(\delta-\alpha)\overline{w}_2\overline{w}_2^{\mathrm{T}}\end{bmatrix}$$

其中，$\alpha=d_0-d_t$，$\delta=\frac{1}{2}[(e_0-f_0)-(e_t-f_t)]$. 由引理 6.4 知对称矩阵 $\boldsymbol{G}$ 的特征值为 $\alpha$，0 和 $2\delta$. 由于 $2w_1=\lambda_2>\lambda_1=0$ 且 $\lambda_i^t=\lambda_i+|t|^p(i=1,2)$，故不难验证 $d_t=d_{|t|}$ 和 $e_t-f_t=e_{|t|}-f_{|t|}$ 都是关于 $|t|\geqslant 0$ 的严格递减函数，即对任意 $|t_1|>|t_2|$ 有 $d_{t_1}<d_{t_2}$ 和 $e_{t_1}-f_{t_1}<e_{t_2}-f_{t_2}$. 那么对任意 $t\neq 0$ 有

$$\alpha=d_0-d_t=\frac{\sqrt[p]{\lambda_2}-\sqrt[p]{\lambda_1}}{\lambda_2-\lambda_1}-\frac{\sqrt[p]{\lambda_2^t}-\sqrt[p]{\lambda_1^t}}{\lambda_2^t-\lambda_1^t}=\frac{\sqrt[p]{2w_1}}{2w_1}-\frac{\sqrt[p]{2w_1+|t|^p}-|t|}{2w_1}>0$$

$$2\delta=(e_0-f_0)-(e_t-f_t)=\left(\frac{1}{p\sqrt[q]{\lambda_2}}-\frac{1}{p\sqrt[q]{\lambda_2^t}}\right)=\frac{1}{p}\left(\frac{1}{\sqrt[q]{2w_1}}-\frac{1}{\sqrt[q]{2w_1+|t|^p}}\right)>0$$

因此由式(6－46)和引理 6.5 知，对任意 $t\in\mathbf{R}$ 有

$$\begin{aligned}\alpha-2\delta&=\frac{\sqrt[p]{2w_1}}{2w_1}-\frac{\sqrt[p]{2w_1+|t|^p}-|t|}{2w_1}-\frac{1}{p}\left(\frac{1}{\sqrt[q]{2w_1}}-\frac{1}{\sqrt[q]{2w_1+|t|^p}}\right)\\&=\frac{\sqrt[p]{2w_1}}{2w_1}-\frac{1}{p\sqrt[q]{2w_1}}-\left(\frac{\sqrt[p]{2w_1+|t|^p}-\sqrt[p]{|t|^p}}{2w_1}-\frac{1}{p\sqrt[q]{2w_1+|t|^p}}\right)\\&=g_3(0)-g_3(|t|^p)\geqslant 0\end{aligned}$$

故对任意 $t\neq 0$，矩阵 $\boldsymbol{G}$ 是正定矩阵，且

$$\|\boldsymbol{G}\|=\alpha=\frac{\sqrt[p]{2w_1}}{2w_1}-\frac{\sqrt[p]{2w_1+|t|^p}-|t|}{2w_1}=h_{p,0}(\boldsymbol{x},\boldsymbol{y})-h_{p,t}(\boldsymbol{x},\boldsymbol{y})$$

**情况(3)** 若 $(\boldsymbol{x},\boldsymbol{y})=(\mathbf{0},\mathbf{0})$，则由式(6－7)、式(6－22)和式(6－23)得 $\boldsymbol{J}_x=\boldsymbol{J}_y=\mathbf{0}$，$\nabla g^{\mathrm{soc}}(\boldsymbol{x})=\nabla g^{\mathrm{soc}}(\boldsymbol{y})=\mathbf{0}$，因此

$$\left\|\begin{matrix}\boldsymbol{J}_x-\nabla g^{\mathrm{soc}}(\boldsymbol{x})\nabla g^{\mathrm{soc}}(\boldsymbol{z}^t)^{-1}\\ \boldsymbol{J}_y-\nabla g^{\mathrm{soc}}(\boldsymbol{y})\nabla g^{\mathrm{soc}}(\boldsymbol{z}^t)^{-1}\end{matrix}\right\|=\mathbf{0}$$

显然 $\mathrm{dist}(\nabla\Phi_{p,t}(\boldsymbol{x},\boldsymbol{y},\boldsymbol{\zeta}),\partial\Phi_p(\boldsymbol{x},\boldsymbol{y},\boldsymbol{\zeta}))=0$，且式(6－48)成立．证毕．

现估计参数 $t>0$ 的上界，以满足 $\Phi_{p,t}$ 的梯度与 $\Phi_p$ 的次梯度之间的距离的预测精度．

**定理 6.4** 给定 $p\in(1,4)$，$\delta>0$，令 $(\boldsymbol{x},\boldsymbol{y},\boldsymbol{\zeta})\in\mathbf{R}^{2n+l}$ 为任意点．设 $\theta(\boldsymbol{x},\boldsymbol{y})$ 为使得 $\theta(\boldsymbol{x},\boldsymbol{y})\geqslant\Theta(\boldsymbol{x},\boldsymbol{y})$ 成立的任意函数，且函数 $\bar{t}:\mathbf{R}^{2n}\times\mathbf{R}_+\to\mathbf{R}_+\cup\{+\infty\}$ 由下式定义

$$\bar{t}(\boldsymbol{x},\boldsymbol{y},\boldsymbol{\delta})=\begin{cases}\sqrt[p]{\dfrac{\lambda_1(\boldsymbol{w})^2(p\delta)^q}{\theta(\boldsymbol{x},\boldsymbol{y})^q-\lambda_1(\boldsymbol{w})(p\delta)^q}}, & (\boldsymbol{x},\boldsymbol{y})\in S_1\text{且 }\delta<\dfrac{\theta(\boldsymbol{x},\boldsymbol{y})}{p\sqrt[q]{\lambda_1(\boldsymbol{w})}}\\ \dfrac{2w_1\delta}{\theta(\boldsymbol{x},\boldsymbol{y})}, & (\boldsymbol{x},\boldsymbol{y})\in S_2\text{且 }\delta<\dfrac{\theta(\boldsymbol{x},\boldsymbol{y})}{\sqrt[q]{2w_1}}\\ +\infty, & \text{其他}\end{cases}$$

那么对使得 $0<|t|\leqslant \bar{t}(\boldsymbol{x},\boldsymbol{y},\boldsymbol{\delta})$ 成立的任意 $t\in\mathbf{R}$，有

$$\operatorname{dist}(\nabla\Phi_{p,t}(\boldsymbol{x},\boldsymbol{y},\boldsymbol{\zeta}),\partial\Phi_p(\boldsymbol{x},\boldsymbol{y},\boldsymbol{\zeta}))<\delta$$

另外，估计 $\Theta(\boldsymbol{x},\boldsymbol{y})$ 的易于计算的函数 $\theta(\boldsymbol{x},\boldsymbol{y})$ 之一为

$$\theta(\boldsymbol{x},\boldsymbol{y})=p\sqrt{2^{p-1}(\|\boldsymbol{x}\|^{2p-2}+\|\boldsymbol{y}\|^{2p-2})}$$

**证明：**(1)不失一般性，假设 $\theta(\boldsymbol{x},\boldsymbol{y})>0$，因为否则 $\Theta(\boldsymbol{x},\boldsymbol{y})=0$，则 $\nabla g^{\mathrm{soc}}(\boldsymbol{x})=\mathbf{0}$，$\nabla g^{\mathrm{soc}}(\boldsymbol{y})=\mathbf{0}$，结合式(6-7)得 $(\boldsymbol{x},\boldsymbol{y})=(\mathbf{0},\mathbf{0})\notin S_1\cup S_2$．因此对任意 $t\in\mathbf{R}$ 有

$$\operatorname{dist}(\nabla\Phi_{p,t}(\mathbf{0},\mathbf{0},\boldsymbol{\zeta}),\partial\Phi_p(\mathbf{0},\mathbf{0},\boldsymbol{\zeta}))=0<\delta$$

那么由定理 6.3 知，只需证明对任意 $(\boldsymbol{x},\boldsymbol{y})\in S_1\cup S_2$ 有

$$\theta(\boldsymbol{x},\boldsymbol{y})[h_{p,0}(\boldsymbol{x},\boldsymbol{y})-h_{p,t}(\boldsymbol{x},\boldsymbol{y})]<\delta$$

下证对任意使得 $0<|t|\leqslant \bar{t}(\boldsymbol{x},\boldsymbol{y},\boldsymbol{\delta})$ 的 $t\in\mathbf{R}$，有

$$h_{p,0}(\boldsymbol{x},\boldsymbol{y})-h_{p,t}(\boldsymbol{x},\boldsymbol{y})<\delta/\theta(\boldsymbol{x},\boldsymbol{y})$$

为简单起见，在下文分析中记 $\lambda_1=\lambda_1(\boldsymbol{w}),\theta=\theta(\boldsymbol{x},\boldsymbol{y}),\bar{t}=\bar{t}(\boldsymbol{x},\boldsymbol{y},\boldsymbol{\delta})$．

**情况(1)** 若 $(\boldsymbol{x},\boldsymbol{y})\in S_1$，则由式(6-47)得，对任意 $\delta\geqslant\dfrac{\theta}{p\sqrt[q]{\lambda_1}}$ 和 $t\in\mathbf{R}\cup\{+\infty\}$ 有

$$h_{p,0}(\boldsymbol{x},\boldsymbol{y})-h_{p,t}(\boldsymbol{x},\boldsymbol{y})<h_{p,0}(\boldsymbol{x},\boldsymbol{y})=\frac{1}{p\sqrt[q]{\lambda_1}}\leqslant\frac{\delta}{\theta}$$

令 $\delta<\dfrac{\theta}{p\sqrt[q]{\lambda_1}}$，$\bar{t}=\sqrt[p]{\dfrac{\lambda_1^2(p\delta)^q}{\theta^q-\lambda_1(p\delta)^q}}$．由式(6-47)得，对任意使得 $0<|t|\leqslant\bar{t}$ 的 $t\in\mathbf{R}$ 有

$$\begin{aligned}h_{p,0}(\boldsymbol{x},\boldsymbol{y})-h_{p,t}(\boldsymbol{x},\boldsymbol{y})&=\frac{1}{p\sqrt[q]{\lambda_1}}-\frac{1}{p\sqrt[q]{\lambda_1+|t|^p}}=\frac{\sqrt[q]{\lambda_1+|t|^p}-\sqrt[q]{\lambda_1}}{p\sqrt[q]{\lambda_1}\sqrt[q]{\lambda_1+|t|^p}}\\&<\frac{\sqrt[q]{|t|^p}}{p\sqrt[q]{\lambda_1}\sqrt[q]{\lambda_1+|t|^p}}=\frac{1}{p\sqrt[q]{\lambda_1}\sqrt[q]{1+\lambda_1/|t|^p}}\\&\leqslant\frac{1}{p\sqrt[q]{\lambda_1}\sqrt[q]{1+\lambda_1/|\bar{t}|^p}}=\frac{1}{p\sqrt[q]{\lambda_1}\sqrt[q]{1+\lambda_1\dfrac{\theta^q-\lambda_1(p\delta)^q}{\lambda_1^2(p\delta)^q}}}\\&=\frac{\delta}{\theta}\end{aligned}$$

其中，第一个不等式是由于对任意 $a>b>0$ 有 $\sqrt[q]{a}-\sqrt[q]{b}<\sqrt[q]{a-b}$．

**情况(2)** 若 $(\boldsymbol{x},\boldsymbol{y})\in S_2$，则由式(6-47)得，对任意 $\delta\geqslant\theta/\sqrt[q]{2w_1}$ 和 $t\in\mathbf{R}\cup\{+\infty\}$ 有

$$h_{p,0}(\boldsymbol{x},\boldsymbol{y})-h_{p,t}(\boldsymbol{x},\boldsymbol{y})<h_{p,0}(\boldsymbol{x},\boldsymbol{y})=\frac{\sqrt[p]{2w_1}}{2w_1}\leqslant\frac{\delta}{\theta}$$

现令 $\delta<\theta/\sqrt[q]{2w_1}$ 和 $\bar{t}=2w_1\delta/\theta$．那么由式(6-47)得，对任意使得 $0<|t|\leqslant\bar{t}$ 的 $t\in\mathbf{R}$ 有

$$
\begin{aligned}
h_{p,0}(\boldsymbol{x},\boldsymbol{y})-h_{p,t}(\boldsymbol{x},\boldsymbol{y}) &= \frac{\sqrt[p]{2w_1}}{2w_1}-\frac{\sqrt[p]{2w_1+|t|^p}-|t|}{2w_1} \\
&< \frac{\sqrt[p]{2w_1}}{2w_1}-\frac{\sqrt[p]{2w_1}-|t|}{2w_1}=\frac{|t|}{2w_1} \\
&\leqslant \frac{|\bar{t}|}{2w_1}=\frac{2w_1\delta}{2w_1\theta} \\
&= \frac{\delta}{\theta}
\end{aligned}
$$

(2)由于 $\Theta(\boldsymbol{x},\boldsymbol{y})=\|\nabla g^{\text{soc}}(\boldsymbol{x})\ \nabla g^{\text{soc}}(\boldsymbol{y})\|$ 通常不易计算，下面估计 $\Theta(\boldsymbol{x},\boldsymbol{y})$ 为

$$
\begin{aligned}
\Theta(\boldsymbol{x},\boldsymbol{y})=\|\nabla g^{\text{soc}}(\boldsymbol{x})\ \nabla g^{\text{soc}}(\boldsymbol{y})\| &= \left\|[\nabla g^{\text{soc}}(\boldsymbol{x})\ \nabla g^{\text{soc}}(\boldsymbol{y})]\begin{bmatrix}\nabla g^{\text{soc}}(\boldsymbol{x})\\ \nabla g^{\text{soc}}(\boldsymbol{y})\end{bmatrix}\right\|^{1/2} \\
&= \sqrt{\|\nabla g^{\text{soc}}(\boldsymbol{x})^2+\nabla g^{\text{soc}}(\boldsymbol{y})^2\|} \\
&\leqslant \sqrt{\|\nabla g^{\text{soc}}(\boldsymbol{x})\|^2+\|\nabla g^{\text{soc}}(\boldsymbol{y})\|^2}
\end{aligned}
$$

若 $\boldsymbol{x}_2=\boldsymbol{0}$，则由式(6-7)得

$$
\|\nabla g^{\text{soc}}(\boldsymbol{x})\|=\|p\operatorname{sign} x_1\,|x_1|^{p-1}\boldsymbol{I}\|=p\,|x_1|^{p-1}=p\,(|x_1|+\|\boldsymbol{x}_2\|)^{p-1}
$$

若 $\boldsymbol{x}_2\neq\boldsymbol{0}$，则由式(6-7)～式(6-10)和引理6.4得，对某 $\nu\in(0,1)$，矩阵 $\nabla g^{\text{soc}}(\boldsymbol{x})$ 的特征值为

$$
\begin{aligned}
b(\boldsymbol{x})+c(\boldsymbol{x}) &= p\operatorname{sign}(\lambda_2(\boldsymbol{x}))\,|\lambda_2(\boldsymbol{x})|^{p-1} \\
b(\boldsymbol{x})-c(\boldsymbol{x}) &= p\operatorname{sign}(\lambda_1(\boldsymbol{x}))\,|\lambda_1(\boldsymbol{x})|^{p-1} \\
|a(\boldsymbol{x})| &= p\,|\nu\lambda_2(\boldsymbol{x})+(1-\nu)\lambda_1(\boldsymbol{x})|^{p-1}
\end{aligned}
$$

其中最后一个等式由式(6-8)和中值定理可得．因而矩阵 $\nabla g^{\text{soc}}(\boldsymbol{x})$ 的范数为

$$
\begin{aligned}
\|\nabla g^{\text{soc}}(\boldsymbol{x})\| &= \max\{|b(\boldsymbol{x})+c(\boldsymbol{x})|,\ |b(\boldsymbol{x})-c(\boldsymbol{x})|,\ |a(\boldsymbol{x})|\} \\
&= p\max\{|\lambda_2(\boldsymbol{x})|^{p-1},\ |\lambda_1(\boldsymbol{x})|^{p-1}\} \\
&= p(|x_1|+\|\boldsymbol{x}_2\|)^{p-1}
\end{aligned}
$$

从而

$$
\begin{aligned}
\Theta(\boldsymbol{x},\boldsymbol{y}) &\leqslant \sqrt{\|\nabla g^{\text{soc}}(\boldsymbol{x})\|^2+\|\nabla g^{\text{soc}}(\boldsymbol{y})\|^2} \\
&= p\sqrt{(|x_1|+\|\boldsymbol{x}_2\|)^{2p-2}+(|y_1|+\|\boldsymbol{y}_2\|)^{2p-2}} \\
&\leqslant p\sqrt{(2|x_1|^2+2\|\boldsymbol{x}_2\|^2)^{p-1}+(2|y_1|^2+2\|\boldsymbol{y}_2\|^2)^{p-1}} \\
&= p\sqrt{2^{p-1}(\|\boldsymbol{x}\|^{2p-2}+\|\boldsymbol{y}\|^{2p-2})}
\end{aligned}
$$

故可取 $\theta(\boldsymbol{x},\boldsymbol{y})=p\sqrt{2^{p-1}(\|\boldsymbol{x}\|^{2p-2}+\|\boldsymbol{y}\|^{2p-2})}$，作为估计 $\Theta(\boldsymbol{x},\boldsymbol{y})$ 的易于计算的函数 $\theta(\boldsymbol{x},\boldsymbol{y})$ 之一．证毕．

# 第 7 章　二阶锥互补问题的双参数效益函数类

本章基于单参数互补函数类，提出了二阶锥互补问题(SOCCP)的一类双参数效益函数．通过新的效益函数类，二阶锥互补问题可以转化为无约束极小化问题．可以证明新的效益函数类具有一些好的性质．特别地，如果函数 $F$ 和 $G$ 具有联合一致笛卡儿 P-性质，则它提供了一个全局误差界．而且在比大多数现有条件弱的条件下，它具有有界水平集．二阶锥互补问题的初步数值结果表明，基于新效益函数类的效益函数方法是有效的．

## 7.1 引　　言

考虑二阶锥互补问题：寻找向量 $(\boldsymbol{x},\boldsymbol{y},\boldsymbol{\zeta}) \in \mathbf{R}^n \times \mathbf{R}^n \times \mathbf{R}^n$ 使得

$$\begin{aligned} &\langle \boldsymbol{x},\boldsymbol{y}\rangle = 0, \boldsymbol{x} \in K, \boldsymbol{y} \in K \\ &\boldsymbol{x} = F(\boldsymbol{\zeta}), \boldsymbol{y} = G(\boldsymbol{\zeta}) \end{aligned} \tag{7-1}$$

其中 $\langle \cdot, \cdot \rangle$ 为欧几里得内积，$F: \mathbf{R}^n \to \mathbf{R}^n$ 和 $G: \mathbf{R}^n \to \mathbf{R}^n$ 为连续可微映射．这里 $K \subset \mathbf{R}^n$ 为二阶锥的笛卡儿乘积，即 $K = K^{n_1} \times K^{n_2} \times \cdots \times K^{n_m}$，$n_1, \cdots, n_m \geqslant 1, n = n_1 + n_2 + \cdots + n_m$．

求解二阶锥互补问题的效益函数法[34,35]的基本思想是将二阶锥互补问题转化为无约束光滑极小化问题．在该方法中，主要目的是找到一个光滑函数 $\psi: \mathbf{R}^n \times \mathbf{R}^n \to \mathbf{R}_+$，使得

$$\psi(\boldsymbol{x},\boldsymbol{y}) = 0 \Leftrightarrow \langle \boldsymbol{x},\boldsymbol{y}\rangle = 0, \boldsymbol{x} \in K, \boldsymbol{y} \in K \tag{7-2}$$

这样的 $\psi$ 被称为二阶锥互补问题的效益函数．因此，二阶锥互补问题等价于以下无约束光滑(全局)极小化问题：

$$\min_{\boldsymbol{\zeta} \in \mathbf{R}^n} \psi(F(\boldsymbol{\zeta}), G(\boldsymbol{\zeta})) \tag{7-3}$$

常用的函数 $\psi$ 是 Fischer-Burmeister(FB)效益函数：

$$\psi_{\mathrm{FB}}(\boldsymbol{x},\boldsymbol{y}) = \frac{1}{2} \| \phi_{\mathrm{FB}}(\boldsymbol{x},\boldsymbol{y}) \|^2 \tag{7-4}$$

这里 $\phi_{\mathrm{FB}}: \mathbf{R}^n \times \mathbf{R}^n \to \mathbf{R}^n$ 是向量值 FB 函数，其定义为

$$\phi_{\mathrm{FB}}(\boldsymbol{x},\boldsymbol{y}) = \sqrt{\boldsymbol{x}^2 + \boldsymbol{y}^2} - \boldsymbol{x} - \boldsymbol{y} \tag{7-5}$$

其中 $\boldsymbol{x}^2 = \boldsymbol{x} \circ \boldsymbol{x}$，表示 $\boldsymbol{x}$ 与自身的若尔当积，而 $\sqrt{\boldsymbol{x}}$ 是使得 $(\sqrt{\boldsymbol{x}})^2 = \boldsymbol{x}$ 的向量．可以证明函数

$\psi_{\mathrm{FB}}$ 是二阶锥互补问题的一个效益函数[34].

本章将考虑由下式定义的双参数效益函数类：

$$\psi_{\tau_1,\tau_2}(\boldsymbol{x},\boldsymbol{y}) = \tau_1\psi_0(\boldsymbol{x},\boldsymbol{y}) + \psi_{\tau_2}(\boldsymbol{x},\boldsymbol{y}) \tag{7-6}$$

这里 $\psi_0:\mathbf{R}^n\times\mathbf{R}^n\to\mathbf{R}_+$ 和 $\psi_\tau:\mathbf{R}^n\times\mathbf{R}^n\to\mathbf{R}_+$ 分别由以下两个式子给出

$$\psi_0(\boldsymbol{x},\boldsymbol{y}) = \frac{1}{2}\|(\boldsymbol{x}\circ\boldsymbol{y})_+\|^2 \tag{7-7}$$

$$\psi_\tau(\boldsymbol{x},\boldsymbol{y}) = \frac{1}{2}\|\phi_\tau(\boldsymbol{x},\boldsymbol{y})_+\|^2 \tag{7-8}$$

其中，$(\cdot)_+$ 表示二阶锥 $K$ 上的尺度投影，$\tau_1>0$ 且 $\tau_2\in(0,4)$；$\phi_\tau:\mathbf{R}^n\to\mathbf{R}^n$ 是一类单参数二阶锥互补函数[83]，其定义为

$$\phi_\tau(\boldsymbol{x},\boldsymbol{y}) = \sqrt{\boldsymbol{x}^2+\boldsymbol{y}^2+(\tau-2)(\boldsymbol{x}\circ\boldsymbol{y})} - \boldsymbol{x} - \boldsymbol{y} \tag{7-9}$$

其中 $\tau\in(0,4)$，是一个任意但固定的参数．当 $\tau=2$ 时，$\phi_\tau$ 退化为由式(7-5)给出的向量值 FB 函数．当 $\tau\to0$ 时，它变为向量值残差函数的倍数

$$\phi_{\mathrm{NR}}(\boldsymbol{x},\boldsymbol{y}) = \boldsymbol{x} - (\boldsymbol{x},\boldsymbol{y})_+ \tag{7-10}$$

因而，单参数向量值函数类(7-9)涵盖了两个常见的二阶锥互补函数，故由式(7-6)～式(7-9)定义的双参数效益函数类包括一大类广泛的效益函数．

下面将证明二阶锥互补问题可以转化为如下无约束光滑(全局)极小化问题：

$$\min_{\zeta\in\mathbf{R}^n} f(\boldsymbol{\zeta}) = \psi_{\tau_1,\tau_2}(F(\boldsymbol{\zeta}),G(\boldsymbol{\zeta})) \tag{7-11}$$

若 $\tau_1=1$ 且 $\tau_2=2$，则由新效益函数类 $\psi_{\tau_1,\tau_2}$ 诱导的函数 $f$ 可退化为[97]：

$$\hat{f}_{\mathrm{LT}}(\boldsymbol{\xi}) = \psi_0(F(\boldsymbol{\xi}),G(\boldsymbol{\xi})) + \frac{1}{2}\|\phi_{\mathrm{FB}}(F(\boldsymbol{\xi}),G(\boldsymbol{\xi}))_+\|^2 \tag{7-12}$$

其中 $\psi_0$ 由式(7-7)给出．已经证得，若 $F$ 和 $G$ 具有联合强单调性质，则 $\hat{f}_{\mathrm{LT}}$ 可提供一个全局误差界；若 $F$ 和 $G$ 具有联合单调性质，且存在一个严格可行解，则水平集有界[97]．相反，效益函数 $\psi_{\mathrm{FB}}$ 没有这些属性．

基于这些工作，本章旨在研究由式(7-6)～式(7-9)定义的二阶锥互补问题的双参数效益函数类及其特性，证明了若 $F$ 和 $G$ 具有联合一致笛卡儿 P-性质，则该类效益函数将提供一个全局误差界，这将在分析求解二阶锥互补问题的某些迭代方法的收敛速度方面发挥重要作用．而且在一个相当弱的条件下，它具有有界水平集，这确保由下降方法生成的迭代序列至少存在一个聚点．

## 7.2 相关引理

**引理 7.1**[34] 设 $C$ 是 $\mathbf{R}^n$ 中的任意闭凸锥．对任意 $\boldsymbol{x}\in\mathbf{R}^n$，令 $\boldsymbol{x}_C^+$ 和 $\boldsymbol{x}_C^-$ 分别表示 $\boldsymbol{x}$ 到 $C$ 和

$-C^*$ 的邻近点(在欧几里得范数意义下)投影，则下列结论成立.

(1)对任意 $\boldsymbol{x}\in\mathbf{R}^n$，有 $\boldsymbol{x}=\boldsymbol{x}_C^{+}+\boldsymbol{x}_C^{-}$ 和 $\|\boldsymbol{x}\|^2=\|\boldsymbol{x}_C^{+}\|^2+\|\boldsymbol{x}_C^{-}\|^2$.

(2)对任意 $\boldsymbol{x}\in\mathbf{R}^n$ 和 $\boldsymbol{y}\in C$，有 $\langle\boldsymbol{x},\boldsymbol{y}\rangle\leqslant\langle\boldsymbol{x}_C^{+},\boldsymbol{y}\rangle$.

**引理 7.2**[98]　令 $\boldsymbol{x}=(x_1,\boldsymbol{x}_2)\in\mathbf{R}\times\mathbf{R}^{n-1}$ 和 $\boldsymbol{y}=(y_1,\boldsymbol{y}_2)\in\mathbf{R}\times\mathbf{R}^{n-1}$，则

$$\langle\boldsymbol{x},\boldsymbol{y}\rangle\leqslant\sqrt{2}\,\|(\boldsymbol{x}\circ\boldsymbol{y})_+\| \tag{7-13}$$

以下结论给出了由式(7-9)定义的函数 $\phi_\tau$ 的特殊性质，而这些性质将在后续分析中起重要作用.

**引理 7.3**[83]　对任意 $\boldsymbol{x}=(x_1,\boldsymbol{x}_2)$，$\boldsymbol{y}=(y_1,\boldsymbol{y}_2)\in\mathbf{R}\times\mathbf{R}^{n-1}$，若

$$\boldsymbol{z}=(z_1,\boldsymbol{z}_2)=\boldsymbol{x}^2+\boldsymbol{y}^2+(\tau-2)(\boldsymbol{x}\circ\boldsymbol{y})\notin \operatorname{int}K^n$$

则

$$\begin{gathered}x_1^2=\|\boldsymbol{x}_2\|^2,\quad y_1^2=\|\boldsymbol{y}_2\|^2,\quad x_1y_1=\boldsymbol{x}_2^{\mathrm{T}}\boldsymbol{y}_2,\quad x_1\boldsymbol{y}_2=y_1\boldsymbol{x}_2\\ x_1^2+y_1^2+(\tau-2)x_1y_1=\|x_1\boldsymbol{x}_2+y_1\boldsymbol{y}_2+(\tau-2)x_1\boldsymbol{y}_2\|\\ =\|\boldsymbol{x}_2\|^2+\|\boldsymbol{y}_2\|^2+(\tau-2)\boldsymbol{x}_2^{\mathrm{T}}\boldsymbol{y}_2\end{gathered} \tag{7-14}$$

此外，若 $(\boldsymbol{x},\boldsymbol{y})\neq(\boldsymbol{0},\boldsymbol{0})$，则 $\boldsymbol{z}_2\neq\boldsymbol{0}$，进一步有

$$\begin{gathered}\boldsymbol{x}_2^{\mathrm{T}}\frac{\boldsymbol{z}_2}{\|\boldsymbol{z}_2\|}=x_1,\quad x_1\frac{\boldsymbol{z}_2}{\|\boldsymbol{z}_2\|}=\boldsymbol{x}_2,\\ \boldsymbol{y}_2^{\mathrm{T}}\frac{\boldsymbol{z}_2}{\|\boldsymbol{z}_2\|}=y_1,\quad y_1\frac{\boldsymbol{z}_2}{\|\boldsymbol{z}_2\|}=\boldsymbol{y}_2\end{gathered} \tag{7-15}$$

**引理 7.4**[32]　对任意 $\boldsymbol{x},\boldsymbol{y}\in\mathbf{R}^n$，令 $\phi_\tau$ 由式(7-9)定义，则

$$2\|\phi_\tau(\boldsymbol{x},\boldsymbol{y})\|^2\geqslant2\|\phi_\tau(\boldsymbol{x},\boldsymbol{y})_+\|^2\geqslant\frac{4-\tau}{2}[\|(-\boldsymbol{x})_+\|^2+\|(-\boldsymbol{y})_+\|^2] \tag{7-16}$$

## 7.3　双参数效益函数类

本节讨论由式(7-6)～式(7-9)给出的效益函数类 $\psi_{\tau_1,\tau_2}$. 我们将证明 $\psi_{\tau_1,\tau_2}$ 具有一些好的性质，因而基于该函数，二阶锥互补问题可转化为全局极小化函数 $f(\boldsymbol{\zeta})$，如式(7-11)所示. 此外，下节还将证明，在较弱的条件下，函数 $f$ 可提供全局误差界和有界水平集.

**命题 7.1**　令 $\psi_\tau$ 由式(7-8)定义，则

$$\begin{gathered}\psi_\tau(\boldsymbol{x},\boldsymbol{y})=0\\ \langle\boldsymbol{x},\boldsymbol{y}\rangle\leqslant0\Leftrightarrow\langle\boldsymbol{x},\boldsymbol{y}\rangle=0,\quad\boldsymbol{x}\in K^n,\boldsymbol{y}\in K^n\end{gathered} \tag{7-17}$$

**证明**　假设 $\boldsymbol{x}\in K^n,\boldsymbol{y}\in K^n$ 且 $\langle\boldsymbol{x},\boldsymbol{y}\rangle=0$，则由文献[83]的命题 3.1 可得 $\phi_\tau(\boldsymbol{x},\boldsymbol{y})=\boldsymbol{0}$. 因此 $\psi_\tau(\boldsymbol{x},\boldsymbol{y})=(1/2)\|\phi_\tau(\boldsymbol{x},\boldsymbol{y})_+\|^2=0$，$\langle\boldsymbol{x},\boldsymbol{y}\rangle\leqslant0$. 反之，假设 $\psi_\tau(\boldsymbol{x},\boldsymbol{y})=0$ 且 $\langle\boldsymbol{x},\boldsymbol{y}\rangle\leqslant0$，则 $\phi_\tau(\boldsymbol{x},\boldsymbol{y})_+=\boldsymbol{0}$ 意味着 $\phi_\tau=\phi_\tau(\boldsymbol{x},\boldsymbol{y})\in-K^n$. 由式(7-9)知

$$x+y=\sqrt{x^2+y^2+(\tau-2)(x\circ y)}-\phi_\tau \tag{7-18}$$

两边同时平方得

$$(4-\tau)(x\circ y)=-2(\sqrt{x^2+y^2+(\tau-2)(x\circ y)}\circ\phi_\tau)+(\phi_\tau)^2 \tag{7-19}$$

两边取迹，且由 $\mathrm{tr}(x\circ y)=2\langle x,y\rangle$ 得

$$2(4-\tau)\langle x,y\rangle=-4\langle\sqrt{x^2+y^2+(\tau-2)(x\circ y)},\phi_\tau\rangle+2\|\phi_\tau\|^2 \tag{7-20}$$

因为 $\sqrt{x^2+y^2+(\tau-2)(x\circ y)}\in K^n$ 且 $\phi_\tau\in-K^n$，故

$$-4\langle\sqrt{x^2+y^2+(\tau-2)(x\circ y)},\phi_\tau\rangle\geqslant 0 \tag{7-21}$$

从而式(7-20)的右端是非负的．则由假设 $\langle x,y\rangle\leqslant 0$ 知 $\langle x,y\rangle=0$．结合式(7-20)可得 $\phi_\tau(x,y)=\mathbf{0}$．因此，由文献[83]中的命题 3.1 得 $x\in K^n$ 且 $y\in K^n$．

**命题 7.2** 由式(7-8)定义的函数 $\psi_\tau$ 在任意点 $(x,y)\in\mathbf{R}^n\times\mathbf{R}^n$ 处可微，且 $\nabla_x\psi_\tau(\mathbf{0},\mathbf{0})=\nabla_y\psi_\tau(\mathbf{0},\mathbf{0})=\mathbf{0}$；若 $x^2+y^2+(\tau-2)(x\circ y)\in\mathrm{int}\,K^n$，则

$$\begin{aligned}\nabla_x\psi_\tau(x,y)&=(L_{x+((\tau-2)/2)y}L_z^{-1}-I)\phi_\tau(x,y)_+\\ \nabla_y\psi_\tau(x,y)&=(L_{y+((\tau-2)/2)x}L_z^{-1}-I)\phi_\tau(x,y)_+\end{aligned} \tag{7-22}$$

若 $(x,y)\neq(\mathbf{0},\mathbf{0})$ 且 $x^2+y^2+(\tau-2)(x\circ y)\notin\mathrm{int}\,K^n$，则 $x_1^2+y_1^2+(\tau-2)x_1y_1\neq 0$，且

$$\begin{aligned}\nabla_x\psi_\tau(x,y)&=\left[\frac{x_1+((\tau-2)/2)y_1}{\sqrt{x_1^2+y_1^2+(\tau-2)x_1y_1}}-1\right]\phi_\tau(x,y)_+\\ \nabla_y\psi_\tau(x,y)&=\left[\frac{y_1+((\tau-2)/2)x_1}{\sqrt{x_1^2+y_1^2+(\tau-2)x_1y_1}}-1\right]\phi_\tau(x,y)_+\end{aligned} \tag{7-23}$$

**证明：情形(1)** 若 $(x,y)=(\mathbf{0},\mathbf{0})$，则对任意 $h=(h_1,h_2)$，$k=(k_1,k_2)\in\mathbf{R}\times\mathbf{R}^{n-1}$，令 $\mu_1\leqslant\mu_2$ 是 $h^2+k^2+(\tau-2)(h\circ k)$ 的谱值，且 $v^{(1)},v^{(2)}$ 是对应的谱向量．那么

$$\begin{aligned}&\|\sqrt{h^2+k^2+(\tau-2)(h\circ k)}-h-k\|=\|\sqrt{\mu_1}v^{(1)}+\sqrt{\mu_2}v^{(2)}-h-k\|\\ &\leqslant\sqrt{\mu_1}\|v^{(1)}\|+\sqrt{\mu_2}\|v^{(2)}\|+\|h\|+\|k\|\leqslant\sqrt{2\mu_2}+\|h\|+\|k\|\end{aligned} \tag{7-24}$$

根据谱值的定义有

$$\begin{aligned}\mu_2&=\|h\|^2+\|k\|^2+(\tau-2)h^{\mathrm{T}}k+\|2(h_1h_2+k_1k_2)+(\tau-2)(h_1k_2+k_1h_2)\|\\ &\leqslant 2\|h\|^2+2\|k\|^2+3|\tau-2|\,\|h\|\,\|k\|\\ &\leqslant 5(\|h\|^2+\|k\|^2)\end{aligned} \tag{7-25}$$

结合式(7-24)～式(7-25)和引理 7.4 可得

$$\begin{aligned}&2[\psi_\tau(h,k)-\psi_\tau(\mathbf{0},\mathbf{0})]=\|\phi_\tau(h,k)_+\|^2\leqslant\|\phi_\tau(h,k)\|^2\\ &=\|\sqrt{h^2+k^2+(\tau-2)(h\circ k)}-h-k\|^2\leqslant[\sqrt{10(\|h\|^2+\|k\|^2)}+\\ &\|h\|+\|k\|]^2=O((\|h\|^2+\|k\|^2))\end{aligned} \tag{7-26}$$

这表明 $\psi_\tau(\boldsymbol{x},\boldsymbol{y})$ 在点 $(\mathbf{0},\mathbf{0})$ 处可微，且 $\nabla_x\psi_\tau(\mathbf{0},\mathbf{0})=\nabla_y\psi_\tau(\mathbf{0},\mathbf{0})=\mathbf{0}$ .

**情形(2)**　若 $\boldsymbol{x}^2+\boldsymbol{y}^2+(\tau-2)(\boldsymbol{x}\circ\boldsymbol{y})\in \operatorname{int} K^n$，则对任意 $\boldsymbol{z}\in\mathbf{R}^n$，定义函数 $g:\mathbf{R}^n\to\mathbf{R}_+$ 为 $g(\boldsymbol{z})=(1/2)\|\boldsymbol{z}_+\|^2$ . 由文献[97]命题 3.2 的证明知，$g(\boldsymbol{z})$ 连续可微且 $\nabla g(\boldsymbol{z})=\boldsymbol{z}_+$ . 由于 $\psi_\tau(\boldsymbol{x},\boldsymbol{y})=g(\phi_\tau(\boldsymbol{x},\boldsymbol{y}))$，且 $\phi_\tau(\boldsymbol{x},\boldsymbol{y})$ 在任意满足 $\boldsymbol{x}^2+\boldsymbol{y}^2+(\tau-2)(\boldsymbol{x}\circ\boldsymbol{y})\in\operatorname{int} K^n$ 的点 $(\boldsymbol{x},\boldsymbol{y})$ 处可微(文献[83]命题 3.2)，则在此情况下 $\psi_\tau$ 可微，且

$$
\begin{aligned}
\nabla_x\psi_\tau(\boldsymbol{x},\boldsymbol{y})&=\nabla_x\phi_\tau(\boldsymbol{x},\boldsymbol{y})\,\nabla g(\phi_\tau(\boldsymbol{x},\boldsymbol{y}))=(\boldsymbol{L}_{x+((\tau-2)/2)y}\boldsymbol{L}_z^{-1}-\boldsymbol{I})\phi_\tau(\boldsymbol{x},\boldsymbol{y})_+\\
\nabla_y\psi_\tau(\boldsymbol{x},\boldsymbol{y})&=\nabla_y\phi_\tau(\boldsymbol{x},\boldsymbol{y})\,\nabla g(\phi_\tau(\boldsymbol{x},\boldsymbol{y}))=(\boldsymbol{L}_{y+((\tau-2)/2)x}\boldsymbol{L}_z^{-1}-\boldsymbol{I})\phi_\tau(\boldsymbol{x},\boldsymbol{y})_+
\end{aligned}
\tag{7-27}
$$

**情形(3)**　若 $(\boldsymbol{x},\boldsymbol{y})\neq(\mathbf{0},\mathbf{0})$ 且 $\boldsymbol{x}^2+\boldsymbol{y}^2+(\tau-2)(\boldsymbol{x}\circ\boldsymbol{y})\in\operatorname{int} K^n$ ，则由引理 7.3 得

$$
x_1^2+y_1^2+(\tau-2)x_1y_1=\|x_1\boldsymbol{x}_2+y_1\boldsymbol{y}_2+(\tau-2)x_1\boldsymbol{y}_2\|\neq 0 \tag{7-28}
$$

直接计算并结合引理 7.3 有

$$
\phi_\tau(\boldsymbol{x},\boldsymbol{y})=\begin{bmatrix}\sqrt{x_1^2+y_1^2+(\tau-2)x_1y_1}-x_1-y_1\\ \dfrac{x_1\boldsymbol{x}_2+y_1\boldsymbol{y}_2+((\tau-2)/2)x_1\boldsymbol{y}_2+((\tau-2)/2)y_1\boldsymbol{x}_2}{\sqrt{x_1^2+y_1^2+(\tau-2)x_1y_1}}-\boldsymbol{x}_2-\boldsymbol{y}_2\end{bmatrix} \tag{7-29}
$$

因此，$\phi_\tau(\boldsymbol{x},\boldsymbol{y})$ 的较大谱值 $\lambda_2$ 及其对应的谱向量 $\boldsymbol{u}^{(2)}$ 为

$$
\begin{aligned}
\lambda_2&=\sqrt{x_1^2+y_1^2+(\tau-2)x_1y_1}-x_1-y_1+\|\boldsymbol{\omega}_2\|\\
\boldsymbol{u}^{(2)}&=\frac{1}{2}\left(1,\frac{\boldsymbol{\omega}_2}{\|\boldsymbol{\omega}_2\|}\right)
\end{aligned}
\tag{7-30}
$$

其中

$$
\boldsymbol{\omega}_2=\frac{x_1\boldsymbol{x}_2+y_1\boldsymbol{y}_2+((\tau-2)/2)x_1\boldsymbol{y}_2+((\tau-2)/2)y_1\boldsymbol{x}_2}{\sqrt{x_1^2+y_1^2+(\tau-2)x_1y_1}}-\boldsymbol{x}_2-\boldsymbol{y}_2 \tag{7-31}
$$

由谱分解得

$$
\begin{aligned}
&\phi_\tau(\boldsymbol{x},\boldsymbol{y})_+=\phi_\tau(\boldsymbol{x},\boldsymbol{y})\Leftrightarrow\phi_\tau(\boldsymbol{x},\boldsymbol{y})\subset K^n\\
&\phi_\tau(\boldsymbol{x},\boldsymbol{y})_+=\mathbf{0}\Leftrightarrow\phi_\tau(\boldsymbol{x},\boldsymbol{y})\in -K^n\\
&\phi_\tau(\boldsymbol{x},\boldsymbol{y})_+=\lambda_2\boldsymbol{u}^{(2)}\Leftrightarrow\phi_\tau(\boldsymbol{x},\boldsymbol{y})\notin K^n\cup -K^n
\end{aligned}
\tag{7-32}
$$

因此，为了证明 $\psi_\tau$ 在这种情况下的可微性，考虑下列 3 种子情况 .

① 若 $\phi_\tau(\boldsymbol{x},\boldsymbol{y})\notin K^n\cup(-K^n)$，则 $\phi_\tau(\boldsymbol{x},\boldsymbol{y})_+=\lambda_2\boldsymbol{u}^{(2)}$，其中 $\lambda_2$ 和 $\boldsymbol{u}^{(2)}$ 由式(7-30)给出 . 那么

$$
\begin{aligned}
\psi_\tau(\boldsymbol{x},\boldsymbol{y})&=\frac{1}{2}\|\phi_\tau(\boldsymbol{x},\boldsymbol{y})_+\|^2=\frac{1}{4}\lambda_2^2\\
&=\frac{1}{4}[(\sqrt{x_1^2+y_1^2+(\tau-2)x_1y_1}-x_1-y_1)^2+\\
&\quad 2(\sqrt{x_1^2+y_1^2+(\tau-2)x_1y_1}-x_1-y_1)\|\boldsymbol{\omega}_2\|+\|\boldsymbol{\omega}_2\|^2]
\end{aligned}
\tag{7-33}
$$

显然，在这种情况下，$\psi_\tau$ 是可微的 . 此外，由引理 7.3 得

$$\nabla_{x_1}\boldsymbol{\omega}_2=\Big[\Big(\boldsymbol{x}_2+\frac{\tau-2}{2}\boldsymbol{y}_2\Big)\sqrt{x_1^2+y_1^2+(\tau-2)x_1y_1}-\Big(x_1\boldsymbol{x}_2+y_1\boldsymbol{y}_2+\frac{\tau-2}{2}x_1\boldsymbol{y}_2+\frac{\tau-2}{2}y_1\boldsymbol{x}_2\Big)\times\frac{x_1+((\tau-2)/2)y_1}{\sqrt{x_1^2+y_1^2+(\tau-2)x_1y_1}}\Big]\times(x_1^2+y_1^2+(\tau-2)x_1y_1)^{-1}$$

$$=\Big[\Big(\boldsymbol{x}_2+\frac{\tau-2}{2}\boldsymbol{y}_2\Big)(x_1^2+y_1^2+(\tau-2)x_1y_1)-\Big(x_1\boldsymbol{x}_2+y_1\boldsymbol{y}_2+\frac{\tau-2}{2}x_1\boldsymbol{y}_2+\frac{\tau-2}{2}y_1\boldsymbol{x}_2\Big)\times\Big(x_1+\frac{\tau-2}{2}y_1\Big)\Big]\times(\sqrt{x_1^2+y_1^2+(\tau-2)x_1y_1})^{-3}$$

$$=\boldsymbol{0}$$

$$\nabla_{x_2}\boldsymbol{\omega}_2=\frac{x_1+((\tau-2)/2)y_1}{\sqrt{x_1^2+y_1^2+(\tau-2)x_1y_1}}-1 \tag{7-34}$$

因此，$\psi_\tau$ 关于 $x_1$ 的偏导数为

$$\frac{\partial}{\partial x_1}\psi_\tau(\boldsymbol{x},\boldsymbol{y})=\frac{1}{4}\Big[2(\sqrt{x_1^2+y_1^2+(\tau-2)x_1y_1}-x_1-y_1)\times\Big(\frac{x_1+((\tau-2)/2)y_1}{\sqrt{x_1^2+y_1^2+(\tau-2)x_1y_1}}-1\Big)+2\Big(\frac{x_1+((\tau-2)/2)y_1}{\sqrt{x_1^2+y_1^2+(\tau-2)x_1y_1}}-1\Big)\|\boldsymbol{\omega}_2\|+2\Big(\sqrt{x_1^2+y_1^2+(\tau-2)x_1y_1}-x_1-y_1\Big)\times\frac{\boldsymbol{\omega}_2^{\mathrm{T}}\nabla_{x_1}\boldsymbol{\omega}_2}{\|\boldsymbol{\omega}_2\|}+2\boldsymbol{\omega}_2^{\mathrm{T}}\nabla_{x_1}\boldsymbol{\omega}_2\Big]$$

$$=\frac{1}{2}\Big[\Big(\frac{x_1+((\tau-2)/2)y_1}{\sqrt{x_1^2+y_1^2+(\tau-2)x_1y_1}}-1\Big)\times\Big(\sqrt{x_1^2+y_1^2+(\tau-2)x_1y_1}-x_1-y_1+\|\boldsymbol{\omega}_2\|\Big)\Big] \tag{7-35}$$

且 $\psi_\tau$ 关于 $\boldsymbol{x}_2$ 的梯度为

$$\nabla_{x_2}\psi_\tau(\boldsymbol{x},\boldsymbol{y})=\frac{1}{4}\Big[2\Big(\sqrt{x_1^2+y_1^2+(\tau-2)x_1y_1}-x_1-y_1\Big)\times\frac{\nabla_{x_2}\boldsymbol{\omega}_2\cdot\boldsymbol{\omega}_2}{\|\boldsymbol{\omega}_2\|}+2\nabla_{x_2}\boldsymbol{\omega}_2\cdot\boldsymbol{\omega}_2\Big]$$

$$=\frac{1}{2}\Big[\Big(\sqrt{x_1^2+y_1^2+(\tau-2)x_1y_1}-x_1-y_1\Big)\times\Big(\frac{x_1+((\tau-2)/2)y_1}{\sqrt{x_1^2+y_1^2+(\tau-2)x_1y_1}}-1\Big)\frac{\boldsymbol{\omega}}{\|\boldsymbol{\omega}_2\|}+\Big(\frac{x_1+((\tau-2)/2)y_1}{\sqrt{x_1^2+y_1^2+(\tau-2)x_1y_1}}-1\Big)\boldsymbol{\omega}_2\Big]$$

$$=\frac{1}{2}\Big[\Big(\frac{x_1+((\tau-2)/2)y_1}{\sqrt{x_1^2+y_1^2+(\tau-2)x_1y_1}}-1\Big)\times\Big(\sqrt{x_1^2+y_1^2+(\tau-2)x_1y_1}-x_1-y_1+\|\boldsymbol{\omega}_2\|\Big)\frac{\boldsymbol{\omega}_2}{\|\boldsymbol{\omega}_2\|}\Big] \tag{7-36}$$

则由式(7－30)、式(7－35)和式(7－36)得 $\nabla_x\psi_\tau$ 可化为

$$\nabla_x\psi_\tau(\boldsymbol{x},\boldsymbol{y})=\begin{bmatrix}\frac{\partial}{\partial x_1}\psi_\tau(\boldsymbol{x},\boldsymbol{y})\\ \nabla_{x_2}\psi_\tau(\boldsymbol{x},\boldsymbol{y})\end{bmatrix}=\Big[\frac{x_1+((\tau-2)/2)y_1}{\sqrt{x_1^2+y_1^2+(\tau-2)x_1y_1}}-1\Big]\lambda_2\boldsymbol{u}^{(2)}$$

$$=\left[\frac{x_1+((\tau-2)/2)y_1}{\sqrt{x_1^2+y_1^2+(\tau-2)x_1y_1}}-1\right]\phi_\tau(\boldsymbol{x},\boldsymbol{y})_+ \tag{7-37}$$

类似可证

$$\nabla_y\psi_\tau(\boldsymbol{x},\boldsymbol{y})=\left[\frac{y_1+((\tau-2)/2)x_1}{\sqrt{x_1^2+y_1^2+(\tau-2)x_1y_1}}-1\right]\phi_\tau(\boldsymbol{x},\boldsymbol{y})_+ \tag{7-38}$$

② 若 $\phi_\tau(\boldsymbol{x},\boldsymbol{y})\in K^n$，则 $\phi_\tau(\boldsymbol{x},\boldsymbol{y})_+=\phi_\tau(\boldsymbol{x},\boldsymbol{y})$，因此 $\psi_\tau(\boldsymbol{x},\boldsymbol{y})=(1/2)\,\|\phi_\tau(\boldsymbol{x},\boldsymbol{y})\|^2$．由文献[83]的命题 3.2 知 $\psi_\tau$ 的梯度为

$$\begin{aligned}\nabla_x\psi_\tau(\boldsymbol{x},\boldsymbol{y})&=\left[\frac{x_1+((\tau-2)/2)y_1}{\sqrt{x_1^2+y_1^2+(\tau-2)x_1y_1}}-1\right]\phi_\tau(\boldsymbol{x},\boldsymbol{y})\\&=\left[\frac{x_1+((\tau-2)/2)y_1}{\sqrt{x_1^2+y_1^2+(\tau-2)x_1y_1}}-1\right]\phi_\tau(\boldsymbol{x},\boldsymbol{y})_+\\\nabla_y\psi_\tau(\boldsymbol{x},\boldsymbol{y})&=\left[\frac{y_1+((\tau-2)/2)x_1}{\sqrt{x_1^2+y_1^2+(\tau-2)x_1y_1}}-1\right]\phi_\tau(\boldsymbol{x},\boldsymbol{y})\\&=\left[\frac{y_1+((\tau-2)/2)x_1}{\sqrt{x_1^2+y_1^2+(\tau-2)x_1y_1}}-1\right]\phi_\tau(\boldsymbol{x},\boldsymbol{y})_+\end{aligned} \tag{7-39}$$

若存在 $(\boldsymbol{x}',\boldsymbol{y}')$ 使得 $\phi_\tau(\boldsymbol{x}',\boldsymbol{y}')\notin K^n\cup(-K^n)$ 且 $\phi_\tau(\boldsymbol{x}',\boldsymbol{y}')\to\phi_\tau(\boldsymbol{x},\boldsymbol{y})$，则由式(7-37)～式(7-39)得

$$\begin{aligned}\nabla_x\psi_\tau(\boldsymbol{x}',\boldsymbol{y}')&\to\nabla_x\psi_\tau(\boldsymbol{x},\boldsymbol{y})\\\nabla_y\psi_\tau(\boldsymbol{x}',\boldsymbol{y}')&\to\nabla_y\psi_\tau(\boldsymbol{x},\boldsymbol{y})\end{aligned} \tag{7-40}$$

因此，$\psi_\tau$ 在这种子情况下是可微的．

③ 若 $\phi_\tau(\boldsymbol{x},\boldsymbol{y})\in-K^n$，则 $\phi_\tau(\boldsymbol{x},\boldsymbol{y})_+=\boldsymbol{0}$，因此 $\phi_\tau(\boldsymbol{x},\boldsymbol{y})=(1/2)\,\|\phi_\tau(\boldsymbol{x},\boldsymbol{y})_+\|^2=0$．显然 $\psi_\tau$ 的梯度为

$$\begin{aligned}\nabla_x\psi_\tau(\boldsymbol{x},\boldsymbol{y})&=\boldsymbol{0}=\left[\frac{x_1+((\tau-2)/2)y_1}{\sqrt{x_1^2+y_1^2+(\tau-2)x_1y_1}}-1\right]\phi_\tau(\boldsymbol{x},\boldsymbol{y})_+\\\nabla_y\psi_\tau(\boldsymbol{x},\boldsymbol{y})&=\boldsymbol{0}=\left[\frac{y_1+((\tau-2)/2)x_1}{\sqrt{x_1^2+y_1^2+(\tau-2)x_1y_1}}-1\right]\phi_\tau(\boldsymbol{x},\boldsymbol{y})_+\end{aligned} \tag{7-41}$$

若存在 $(\boldsymbol{x}',\boldsymbol{y}')$ 使得 $\phi_\tau(\boldsymbol{x}',\boldsymbol{y}')\notin K^n\cup(-K^n)$ 且 $\phi_\tau(\boldsymbol{x}',\boldsymbol{y}')\to\phi_\tau(\boldsymbol{x},\boldsymbol{y})$，则由式(7-37)、式(7-38)和式(7-41)得

$$\begin{aligned}\nabla_x\psi_\tau(\boldsymbol{x}',\boldsymbol{y}')&\to\boldsymbol{0}=\nabla_x\psi_\tau(\boldsymbol{x},\boldsymbol{y})\\\nabla_y\psi_\tau(\boldsymbol{x}',\boldsymbol{y}')&\to\boldsymbol{0}=\nabla_y\psi_\tau(\boldsymbol{x},\boldsymbol{y})\end{aligned} \tag{7-42}$$

因此，$\psi_\tau$ 在这种子情况下是可微的．证毕．

**命题 7.3**　设 $\psi_\tau$ 由式(7-8)定义．对任意 $\boldsymbol{x}=(x_1,\boldsymbol{x}_2),\boldsymbol{y}=(y_1,\boldsymbol{y}_2)\in\mathbf{R}\times\mathbf{R}^{n-1}$，有

$$\langle\boldsymbol{x},\nabla_x\psi_\tau(\boldsymbol{x},\boldsymbol{y})\rangle+\langle\boldsymbol{y},\nabla_y\psi_\tau(\boldsymbol{x},\boldsymbol{y})\rangle=\|\phi_\tau(\boldsymbol{x},\boldsymbol{y})_+\|^2 \tag{7-43}$$

$$\langle\nabla_x\psi_\tau(\boldsymbol{x},\boldsymbol{y}),\nabla_y\psi_\tau(\boldsymbol{x},\boldsymbol{y})\rangle\geqslant 0 \tag{7-44}$$

当 $\psi_\tau(\boldsymbol{x},\boldsymbol{y})=0$ 时，式(7-44)中的等号成立．

**证明：** 由文献[83]引理 4.1 的证明和命题 7.2，结果可证．

**命题 7.4** 设函数 $f:\mathbf{R}^n\to\mathbf{R}_+$ 由式(7-6)～式(7-9)和式(7-11)定义，则以下结论成立．

(1)对于任意 $\boldsymbol{\zeta}\in\mathbf{R}^n$，有 $f(\boldsymbol{\zeta})\geqslant 0$；且 $f(\boldsymbol{\zeta})=0$ 当且仅当 $\boldsymbol{\zeta}$ 为二阶锥互补问题的解．

(2)若 $F$ 和 $G$ 可微，则函数 $f$ 可微，且

$$\begin{aligned}\nabla f(\boldsymbol{\zeta})=&\tau_1[\nabla F(\boldsymbol{\zeta})\boldsymbol{L}_{G(\zeta)}+\nabla G(\boldsymbol{\zeta})\boldsymbol{L}_{F(\zeta)}](F(\boldsymbol{\zeta})\circ G(\boldsymbol{\zeta}))_++\\&\nabla F(\boldsymbol{\zeta})\nabla_x\psi_{\tau_2}(F(\boldsymbol{\zeta}),G(\boldsymbol{\zeta}))+\nabla G(\boldsymbol{\zeta})\nabla_y\psi_{\tau_2}(F(\boldsymbol{\zeta}),G(\boldsymbol{\zeta}))\end{aligned}\tag{7-45}$$

**证明：** (1)显然对任意 $\boldsymbol{\zeta}\in\mathbf{R}^n$ 有 $f(\boldsymbol{\zeta})\geqslant 0$．现证明 $f(\boldsymbol{\zeta})=0$ 当且仅当 $\boldsymbol{\zeta}$ 是二阶锥互补问题的解．假设 $f(\boldsymbol{\zeta})=0$，则有 $\psi_{\tau_2}(\boldsymbol{x},\boldsymbol{y})=0$ 且 $\psi_0(\boldsymbol{x},\boldsymbol{y})=0$，这意味着 $\boldsymbol{x}\circ\boldsymbol{y}\in-K^n$，故 $\langle\boldsymbol{x},\boldsymbol{y}\rangle\leqslant 0$．那么由命题 7.1 和 $\psi_{\tau_2}(\boldsymbol{x},\boldsymbol{y})=0$ 得 $\langle\boldsymbol{x},\boldsymbol{y}\rangle=0,\boldsymbol{x}\in K^n,\boldsymbol{y}\in K^n$，因此 $\boldsymbol{\zeta}$ 为二阶锥互补问题的解．另外，假设 $\boldsymbol{\zeta}$ 为二阶锥互补问题的解，那么 $\langle\boldsymbol{x},\boldsymbol{y}\rangle=0,\boldsymbol{x}\in K^n,\boldsymbol{y}\in K^n$，这等价于 $\boldsymbol{x}\circ\boldsymbol{y}=\boldsymbol{0},\boldsymbol{x}\in K^n,\boldsymbol{y}\in K^n$[6]．由命题 7.1 以及式(7-6)、式(7-7)和式(7-11)知 $\psi_{\tau_2}(\boldsymbol{x},\boldsymbol{y})=0$，$\psi_0(\boldsymbol{x},\boldsymbol{y})=0$，因此 $f(\boldsymbol{\zeta})=0$．

(2)由文献[98]的引理 3.1 可知，$\psi_0$ 在所有点 $(\boldsymbol{x},\boldsymbol{y})\in\mathbf{R}^n\times\mathbf{R}^n$ 处可微，且 $\nabla_x\psi_0(\boldsymbol{x},\boldsymbol{y})=\boldsymbol{L}_y\cdot(\boldsymbol{x}\circ\boldsymbol{y})_+$ 和 $\nabla_y\psi_0(\boldsymbol{x},\boldsymbol{y})=\boldsymbol{L}_x\cdot(\boldsymbol{x}\circ\boldsymbol{y})_+$，则由链式法则和直接计算得结论成立．证毕．

## 7.4 误差界和有界水平集

由命题 7.4 知二阶锥互补问题等价于函数 $f(\boldsymbol{\zeta})$ 的全局极小化．本节将证明在较弱的条件下，函数 $f$ 为二阶锥互补问题的解提供一个全局误差界，且具有有界水平集．

本节将考虑 $K\in\mathbf{R}^n$ 是有限个二阶锥的笛卡儿乘积的一般情形，即 $K=K^{n_1}\times K^{n_2}\times\cdots\times K^{n_m}$，$n_1,\cdots,n_m\geqslant 1,n=n_1+n_2+\cdots+n_m$，故

$$\begin{aligned}\psi_{\tau_1,\tau_2}(\boldsymbol{x},\boldsymbol{y})&=\sum_{i=1}^m\psi_{\tau_1,\tau_2}(x_i,y_i)\\f(\boldsymbol{\zeta})&=\sum_{i=1}^m\psi_{\tau_1,\tau_2}(F_i(\boldsymbol{\zeta}),G_i(\boldsymbol{\zeta}))\end{aligned}\tag{7-46}$$

因而，前两节的结论易于推广到一般情形．

首先，讨论在什么条件下，函数 $f$ 可为二阶锥互补问题的解提供一个全局误差界．为此需要运用文献[56]中为非线性变换引入的笛卡儿 P-性质的概念，这是 Facchinei 和 Pang[54]在 $\mathbf{R}^n$ 中的笛卡儿乘积上建立的 P-性质的自然推广．近年来，笛卡儿 P-性质被推广到与对称锥[99]相伴的一般欧几里得若尔当代数中[32]．

**定义 7.1** 称映射 $F=(F_1,\cdots,F_m)$ 和 $G=(G_1,\cdots,G_m)$ 满足

(1)联合一致笛卡儿 P-性质，即若存在一个常数 $\rho>0$，使得对每个 $\boldsymbol{\zeta},\boldsymbol{\xi}\in\mathbf{R}^n$ 都存在一个指标 $i\in\{1,2,\cdots,m\}$ 使下式成立

$$\langle F_i(\boldsymbol{\zeta})-F_i(\boldsymbol{\xi}),G_i(\boldsymbol{\zeta})-G_i(\boldsymbol{\xi})\rangle\geqslant\rho\|\boldsymbol{\zeta}-\boldsymbol{\xi}\|^2\tag{7-47}$$

(2)联合笛卡儿 P -性质，即若对于每个 $\boldsymbol{\zeta} \neq \boldsymbol{\xi}$ 的 $\boldsymbol{\zeta}, \boldsymbol{\xi} \in \mathbf{R}^n$，都存在一个指标 $i \in \{1, 2, \cdots, m\}$ 使下式成立

$$\zeta_i \neq \xi_i, \quad \langle F_i(\boldsymbol{\zeta}) - F_i(\boldsymbol{\xi}), G_i(\boldsymbol{\zeta}) - G_i(\boldsymbol{\xi}) \rangle > 0 \tag{7-48}$$

现证明若函数 $F$ 和 $G$ 具有联合一致笛卡儿 P -性质，则函数 $f$ 可为二阶锥互补问题的解提供一个全局误差界．

**命题 7.5**　设 $f$ 由式(7-6)～式(7-9)和式(7-11)定义．假设 $F$ 和 $G$ 具有联合一致笛卡儿 P -性质，且二阶锥互补问题有一个解 $\boldsymbol{\zeta}^*$，那么存在一个常数 $\kappa > 0$，使得对任意 $\boldsymbol{\zeta} \in \mathbf{R}^n$ 有

$$\kappa \| \boldsymbol{\zeta} - \boldsymbol{\zeta}^* \|^2 \leqslant \left[ \sqrt{\frac{2}{\tau_1}} + \frac{4}{\sqrt{4 - \tau_2}} \right] f(\boldsymbol{\zeta})^{1/2} \tag{7-49}$$

**证明**：由于 $F$ 和 $G$ 具有联合一致笛卡儿 P -性质，因此存在一个常数 $\rho > 0$ 使得对任意 $\boldsymbol{\zeta} \in \mathbf{R}^n$，都存在一个指标 $i \in \{1, 2, \cdots, m\}$ 使得

$$\begin{aligned}
& \rho \| \boldsymbol{\zeta} - \boldsymbol{\zeta}^* \|^2 \\
\leqslant & \langle F_i(\boldsymbol{\zeta}) - F_i(\boldsymbol{\zeta}^*), G_i(\boldsymbol{\zeta}) - G_i(\boldsymbol{\zeta}^*) \rangle \\
= & \langle F_i(\boldsymbol{\zeta}), G_i(\boldsymbol{\zeta}) \rangle + \langle F_i(\boldsymbol{\zeta}^*), -G_i(\boldsymbol{\zeta}) \rangle + \langle -F_i(\boldsymbol{\zeta}), G_i(\boldsymbol{\zeta}^*) \rangle \\
\leqslant & \langle F_i(\boldsymbol{\zeta}), G_i(\boldsymbol{\zeta}) \rangle + \langle F_i(\boldsymbol{\zeta}^*), (-G_i(\boldsymbol{\zeta}))_+ \rangle + \langle (-F_i(\boldsymbol{\zeta}))_+, G_i(\boldsymbol{\zeta}^*) \rangle \\
\leqslant & \sqrt{2} \| (F_i(\boldsymbol{\zeta}) \circ G_i(\boldsymbol{\zeta}))_+ \| + \| F_i(\boldsymbol{\zeta}^*) \| \, \| (-G_i(\boldsymbol{\zeta}))_+ \| + \\
& \| (-F_i(\boldsymbol{\zeta}))_+ \| \, \| G_i(\boldsymbol{\zeta}^*) \| \\
\leqslant & \max\{\sqrt{2}, \| F_i(\boldsymbol{\zeta}^*) \|, \| G_i(\boldsymbol{\zeta}^*) \|\} \times [\| (F_i(\boldsymbol{\zeta}) \circ G_i(\boldsymbol{\zeta}))_+ \| + \\
& \| (-F_i(\boldsymbol{\zeta}))_+ \| + \| (-G_i(\boldsymbol{\zeta}))_+ \|] \\
\leqslant & \max\{\sqrt{2}, \| F(\boldsymbol{\zeta}^*) \|, \| G(\boldsymbol{\zeta}^*) \|\} \times [\| (F_i(\boldsymbol{\zeta}) \circ G_i(\boldsymbol{\zeta}))_+ \| + \\
& \| (-F_i(\boldsymbol{\zeta}))_+ \| + \| (-G_i(\boldsymbol{\zeta}))_+ \|] \\
\leqslant & \max\{\sqrt{2}, \| F(\boldsymbol{\zeta}^*) \|, \| G(\boldsymbol{\zeta}^*) \|\} \times [\| (F(\boldsymbol{\zeta}) \circ G(\boldsymbol{\zeta}))_+ \| + \\
& \| (-F(\boldsymbol{\zeta}))_+ \| + \| (-\boldsymbol{G}(\boldsymbol{\zeta}))_+ \|]
\end{aligned} \tag{7-50}$$

其中第二个不等式由引理 7.1 的(2)可得，第三个不等式由引理 7.2 可得．令

$$\kappa = \rho / \max\{\sqrt{2}, \| F(\boldsymbol{\zeta}^*) \|, \| G(\boldsymbol{\zeta}^*) \|\}$$

则

$$\kappa \| \boldsymbol{\zeta} - \boldsymbol{\zeta}^* \|^2 \leqslant \| (F(\boldsymbol{\zeta}) \circ G(\boldsymbol{\zeta}))_+ \| + \| (-G(\boldsymbol{\zeta}))_+ \| + \| (-F(\boldsymbol{\zeta}))_+ \| \tag{7-51}$$

由式(7-6)、式(7-7)和式(7-11)可得

$$\| (F(\boldsymbol{\zeta}) \circ G(\boldsymbol{\zeta}))_+ \| = \sqrt{2} \psi_0 (F(\boldsymbol{\zeta}), G(\boldsymbol{\zeta}))^{1/2} \leqslant \sqrt{\frac{2}{\tau_1}} f(\boldsymbol{\zeta})^{1/2} \tag{7-52}$$

此外，由引理 7.4 得

$$\| (-F(\boldsymbol{\zeta}))_+ \| + \| (-G(\boldsymbol{\zeta}))_+ \| \leqslant \sqrt{2} [\| (-F(\boldsymbol{\zeta}))_+ \|^2 + \| (-G(\boldsymbol{\zeta}))_+ \|^2]^{1/2}$$

$$\leqslant \frac{4}{\sqrt{4-\tau_2}} \psi_{\tau_2}(F(\boldsymbol{\zeta}),G(\boldsymbol{\zeta}))^{1/2}$$
$$\leqslant \frac{4}{\sqrt{4-\tau_2}} f(\zeta)^{1/2} \tag{7-53}$$

结合式(7-51)～式(7-53)可得结论成立．证毕．

对任意 $\gamma \geqslant 0$，为确保水平集

$$L_f(\gamma) = \{\boldsymbol{\zeta} \in \mathbf{R}^n \mid f(\boldsymbol{\zeta}) \leqslant \gamma\} \tag{7-54}$$

有界，我们给出以下条件．

**条件 7.1** 对任意满足

$$\|\boldsymbol{\zeta}^k\| \to +\infty, \|(-F(\boldsymbol{\zeta}^k))_+\| < +\infty, \|(-G(\boldsymbol{\zeta}^k))_+\| < +\infty \tag{7-55}$$

的序列 $\{\boldsymbol{\zeta}^k\} \subseteq \mathbf{R}^n$，有

$$\max_{1\leqslant i\leqslant m} \lambda_{\max}[(F_i(\boldsymbol{\zeta}^k) \circ G_i(\boldsymbol{\zeta}^k))_+] \to +\infty \tag{7-56}$$

**命题 7.6** 若映射 $F$ 和 $G$ 满足条件 7.1，则对任意 $\gamma \geqslant 0$，水平集 $L_f(\gamma)$ 有界．

**证明** 反证法．假设对某个 $\hat{\gamma} \geqslant 0$ 存在一个无界序列 $\{\boldsymbol{\zeta}^k\} \subseteq L_f(\hat{\gamma})$．那么对所有 $k$，有 $\|\boldsymbol{\zeta}^k\| \to +\infty$ 且 $\psi_{\tau_2}(F(\boldsymbol{\zeta}^k),G(\boldsymbol{\zeta}^k)) \leqslant f(\boldsymbol{\zeta}^k) \leqslant \hat{\gamma}$．那么由引理 7.4 知，对所有 $k$ 有

$$\begin{aligned}\|(-F(\boldsymbol{\zeta}^k))_+\|^2 + \|(-G(\boldsymbol{\zeta}^k))_+\|^2 &\leqslant \frac{4}{4-\tau_2} \|\phi_{\tau_2}(F(\boldsymbol{\zeta}^k),G(\boldsymbol{\zeta}^k))\|^2 \\ &= \frac{8}{4-\tau_2}\psi_{\tau_2}(F(\boldsymbol{\zeta}^k),G(\boldsymbol{\zeta}^k)) \\ &\leqslant \frac{8}{4-\tau_2}\hat{\gamma}\end{aligned} \tag{7-57}$$

这意味着 $\|(-F(\boldsymbol{\zeta}^k))_+\| < +\infty$ 且 $\|(-G(\boldsymbol{\zeta}^k))_+\| < +\infty$. 因此，由条件 7.1 知存在 $j \in \{1, 2,\cdots,m\}$ 使得 $\lambda_{\max}[(F_j(\boldsymbol{\zeta}^k) \circ G_j(\boldsymbol{\zeta}^k))_+] \to +\infty$. 故由式(7-6)、式(7-7)和式(7-11)得

$$\begin{aligned}\lambda_{\max}[(F_j(\boldsymbol{\zeta}^k) \circ G_j(\boldsymbol{\zeta}^k))_+] &\leqslant \sqrt{2}\,\|(F_j(\boldsymbol{\zeta}^k) \circ G_j(\boldsymbol{\zeta}^k))_+\| \\ &= 2\psi_0(F_j(\boldsymbol{\zeta}^k) \circ G_j(\boldsymbol{\zeta}^k))^{1/2} \\ &\leqslant \frac{2}{\sqrt{\tau_1}} f(\boldsymbol{\zeta}^k)^{1/2}\end{aligned} \tag{7-58}$$

因此 $f(\boldsymbol{\zeta}^k) \to +\infty$. 这与 $\{\boldsymbol{\zeta}^k\} \subseteq L_f(\hat{\gamma})$ 相矛盾．证毕．

值得注意的是，保证 $f$ 具有有界水平集的条件 7.1 相当弱．据笔者所知，目前确保水平集有界的最弱条件是文献[31]给出的如下条件．

**条件 7.2**[32] 若任意序列 $\{\boldsymbol{\zeta}^k\} \subseteq \mathbf{R}^n$ 使得

$$\|\boldsymbol{\zeta}^k\| \to +\infty, \|(-F(\boldsymbol{\zeta}^k))_+\| < +\infty, \|(-G(\boldsymbol{\zeta}^k))_+\| < +\infty \tag{7-59}$$

则

$$\max_{1\leqslant i\leqslant m} \lambda_{\max}(F_i(\boldsymbol{\zeta}^k) \circ G_i(\boldsymbol{\zeta}^k)) \to +\infty \tag{7-60}$$

显然，对任意 $j \in \{1,2,\cdots,m\}$ 有 $\lambda_{\max}(F_i(\zeta^k)\circ G_i(\zeta^k)) \leqslant \lambda_{\max}((F_i(\zeta^k)\circ G_i(\zeta^k))_+)$，因此条件 7.2 蕴含条件 7.1，即具有联合单调映射和严格可行点的对称锥互补问题(SCCP)，或具有联合笛卡儿 $R_{02}$ - 性质的对称锥互补问题[36]都蕴含条件 7.2[32]. 因为对称锥互补问题包含二阶锥互补问题，所以它们都蕴含条件 7.1. 因而条件 7.1 是比大多数保证水平集有界性的现有条件更弱的一个条件.

## 7.5　数 值 算 例

本节运用无约束极小化形式[式(7-11)]的效益函数方法来求解二阶锥互补问题[式(7-1)]. 所有实验均在具有 1.86 GHz 英特尔奔腾双处理器 T2390 CPU 和 1.00 GB 内存的台式计算机上进行，操作系统是 Windows XP，是在 Matlab 7.0.1 中实现的.

采用一种有限记忆拟牛顿法——L-BFGS 方法[100]，用 5 个有限记忆向量更新来求解无约束极小化形式 [式(7-11)]，其中双参数效益函数类由式(7-6)～式(7-9)给出. 对于 L-BFGS 中的校比矩阵 $\boldsymbol{H}^0 = \lambda\boldsymbol{I}$，采用文献[101]建议的 $\lambda = \boldsymbol{p}^{\mathrm{T}}\boldsymbol{q}/\boldsymbol{q}^{\mathrm{T}}\boldsymbol{q}$，其中

$$\boldsymbol{p} = \boldsymbol{\zeta} - \boldsymbol{\zeta}^{\mathrm{old}}, \quad \boldsymbol{q} = \nabla\psi_{\tau_1,\tau_2}(\boldsymbol{\zeta}) - \nabla\psi_{\tau_1,\tau_2}(\boldsymbol{\zeta}^{\mathrm{old}}) \tag{7-61}$$

在 L-BFGS 中，当 $\boldsymbol{p}^{\mathrm{T}}\boldsymbol{q} \leqslant 10^{-5}\|\boldsymbol{p}\|\|\boldsymbol{q}\|$ 时，我们就用最快下降方向 $-\nabla\psi_{\tau_1,\tau_2}(\boldsymbol{\zeta})$. 另外，利用非单调线搜索[102]来寻找合适的步长，具体如下. 计算最小的非负整数 $l_k$ 使得

$$\psi_{\tau_1,\tau_2}(\boldsymbol{\zeta}^k + \rho^{l_k}\boldsymbol{d}^k) \leqslant W_k + \sigma\rho^{l_k}\nabla\psi_{\tau_1,\tau_2}(\boldsymbol{\zeta}^k)^{\mathrm{T}}\boldsymbol{d}^k \tag{7-62}$$

其中，$\boldsymbol{d}^k$ 表示 L-BFGS 生成的第 $k$ 次迭代的方向，$\rho$ 和 $\sigma$ 是(0, 1)中的参数，$W_k$ 由下式给出：

$$W_k = \max_{j=k-m_k,\cdots,k} \psi_{\tau_1,\tau_2}(\boldsymbol{\zeta}^j) \tag{7-63}$$

这里对于给定的非负整数 $\hat{m}$ 和 $s$，令

$$m_k = \begin{cases} 0, & k \leqslant s, \\ \min\{m_{k-1}+1, \hat{m}\}, & \text{其他} \end{cases} \tag{7-64}$$

在整个数值实验中，参数取值如下：

$$\rho = 0.8,\ \sigma = 0.01,\ \hat{m} = 5,\ s = 5 \tag{7-65}$$

如果 $\psi_{\tau_1,\tau_2}$ 的函数估值次数超过 10000 或者 $\max\{\psi_{\tau_1,\tau_2}(\boldsymbol{\zeta}) | \langle F(\boldsymbol{\zeta}), G(\boldsymbol{\zeta})\rangle |\} \leqslant 10^{-6}$，算法终止.

测试问题是随机生成的线性二阶锥互补问题[式(7-1)]，其中

$$F(\boldsymbol{\zeta}) = \boldsymbol{\zeta}, G(\boldsymbol{\zeta}) = \boldsymbol{M}\boldsymbol{\zeta} + \boldsymbol{q} \tag{7-66}$$

这里，$\boldsymbol{M} \in \mathbf{R}^{n\times n}$ 和 $\boldsymbol{q} \in \mathbf{R}^n$. 具体地，生成一个随机矩阵 $\boldsymbol{N} = \mathrm{rand}(n,n)$ 和随机向量 $\boldsymbol{q} = \mathrm{rand}(n,1)$，令 $\boldsymbol{M} = \boldsymbol{N}^{\mathrm{T}}\boldsymbol{N}$. 因为矩阵 $\boldsymbol{M}$ 半正定，所以生成的问题[式(7-1)]是单调线性二阶锥互补问题.

在结果表中，$n$ 表示问题规模，NF 表示(平均)迭代次数，CPU 表示(平均)CPU 时间

(秒)，Gap 表示当算法终止时，$|\langle F(\zeta),G(\zeta)\rangle|$ 的(平均)值．求解不同维数的线性二阶锥互补问题，维数 $n$ 从 50 到 1 000 且 $m=1$．每个维数的随机问题生成 10 次．表 7-1、表 7-2 和表 7-3 中列出了不同参数 $\tau_1>0$ 和 $\tau_2\in(0,4)$ 的测试结果．根据这些表格的结果，得出以下结论．

(1)所有的随机问题都在很短的 CPU 时间内得到求解．

(2)问题的规模对迭代次数影响不大．

(3)对于相同维数的线性二阶锥互补问题，不同参数 $\tau_1>0$ 和 $\tau_2\in(0,4)$ 的选择对迭代次数和 CPU 时间影响不大．

**表 7-1 $(\tau_1, \tau_2)=(0.1, 0.1)$时二阶锥互补问题的数值结果**

| $n$ | NF | CPU/s | Gap |
|---|---|---|---|
| 50 | 155.1 | 0.063 | 1.44929E-6 |
| 100 | 162.0 | 0.078 | 8.38541E-6 |
| 150 | 166.0 | 0.171 | 6.41033E-5 |
| 200 | 168.1 | 0.297 | 5.46509E-6 |
| 250 | 170.3 | 0.563 | 5.80518E-6 |
| 300 | 172.2 | 0.953 | 4.95267E-6 |
| 350 | 174.2 | 1.453 | 4.18082E-6 |
| 400 | 175.0 | 2.094 | 3.67026E-6 |
| 450 | 176.0 | 2.875 | 3.32159E-4 |
| 500 | 177.0 | 3.766 | 3.48330E-7 |
| 550 | 178.0 | 4.984 | 3.25888E-6 |
| 600 | 178.2 | 6.234 | 3.57938E-5 |
| 650 | 179.1 | 7.938 | 3.16528E-5 |
| 700 | 180.3 | 9.687 | 2.82810E-6 |
| 750 | 181.6 | 11.594 | 2.54843E-6 |
| 800 | 181.0 | 14.297 | 3.17068E-6 |
| 850 | 182.7 | 16.625 | 2.18459E-6 |
| 900 | 182.6 | 19.703 | 2.59598E-5 |
| 950 | 183.0 | 22.922 | 2.35290E-7 |
| 1000 | 183.2 | 26.438 | 2.41060E-6 |

**表 7-2 $(\tau_1, \tau_2)=(1, 2.0)$时二阶锥互补问题的数值结果**

| $n$ | NF | CPU/s | Gap |
|---|---|---|---|
| 50 | 156.0 | 0.062 | 1.29445E-6 |
| 100 | 162.1 | 0.078 | 7.64185E-6 |
| 150 | 166.1 | 0.172 | 6.51732E-6 |
| 200 | 169.2 | 0.313 | 5.83238E-6 |
| 250 | 171.6 | 0.547 | 4.96726E-5 |

续表

| n | NF | CPU/s | Gap |
|---|---|---|---|
| 300 | 172.3 | 0.953 | 4.72040E-7 |
| 350 | 174.5 | 1.469 | 4.43086E-6 |
| 400 | 175.6 | 2.094 | 4.02729E-5 |
| 450 | 176.8 | 2.859 | 3.28247E-5 |
| 500 | 177.0 | 3.781 | 3.49543E-6 |
| 550 | 178.0 | 4.984 | 3.22618E-6 |
| 600 | 178.2 | 6.250 | 3.29624E-6 |
| 650 | 179.0 | 7.891 | 3.23443E-6 |
| 700 | 180.5 | 9.765 | 3.21537E-4 |
| 750 | 181.2 | 11.687 | 2.73740E-6 |
| 800 | 181.0 | 14.266 | 3.06024E-6 |
| 850 | 182.1 | 16.609 | 2.85270E-7 |
| 900 | 182.0 | 19.563 | 3.09099E-5 |
| 950 | 183.0 | 23.000 | 2.55965E-6 |
| 1000 | 183.0 | 26.360 | 2.86313E-6 |

**表 7-3　$(\tau_1, \tau_2)=(10, 3.5)$时二阶锥互补问题的数值结果**

| n | NF | CPU/s | Gap |
|---|---|---|---|
| 50 | 157.0 | 0.063 | 1.27879E-5 |
| 100 | 162.1 | 0.094 | 1.12054E-6 |
| 150 | 166.1 | 0.172 | 8.69632E-4 |
| 200 | 169.0 | 0.328 | 6.57170E-6 |
| 250 | 171.2 | 0.562 | 4.73086E-6 |
| 300 | 172.2 | 0.969 | 6.76156E-6 |
| 350 | 174.3 | 1.437 | 3.97485E-6 |
| 400 | 175.0 | 2.125 | 4.16500E-7 |
| 450 | 176.0 | 2.875 | 5.02327E-6 |
| 500 | 177.3 | 3.781 | 3.87474E-6 |
| 550 | 178.2 | 4.937 | 4.14691E-5 |
| 600 | 178.5 | 6.266 | 5.16964E-5 |
| 650 | 179.6 | 7.829 | 4.40620E-7 |
| 700 | 180.2 | 9.641 | 3.52956E-5 |
| 750 | 181.0 | 11.625 | 3.10725E-5 |
| 800 | 181.0 | 14.312 | 3.48511E-6 |
| 850 | 182.0 | 16.610 | 3.21915E-6 |
| 900 | 182.0 | 19.578 | 3.39945E-4 |
| 950 | 183.0 | 22.922 | 2.72912E-6 |
| 1 000 | 183.1 | 26.390 | 3.36630E-6 |

# 第 8 章　二阶锥互补问题的新非精确光滑方法

本章提出了一种新的非精确光滑方法求解二阶锥互补问题. 该方法通过引入一个正则化的 Chen-Harker-Kanzow-Smale 光滑函数，将二阶锥互补问题转化为一个等价的非线性方程组. 在每次迭代中，运用牛顿法近似求解方程组比运用精确搜索节省计算量. 在较弱条件下，可证得该方法具有全局收敛性和局部二次收敛性.

## 8.1 引　　言

考虑以下二阶锥互补问题，即找到向量对 $(\boldsymbol{x},\boldsymbol{s},\boldsymbol{p}) \in \mathbf{R}^n \times \mathbf{R}^n \times \mathbf{R}^l$ 使得

$$\boldsymbol{x} \in K,\ \boldsymbol{s} \in K,\ \langle \boldsymbol{x},\boldsymbol{s} \rangle = 0,\ F(\boldsymbol{x},\boldsymbol{s},\boldsymbol{p}) = \boldsymbol{0} \tag{8-1}$$

其中 $F:\mathbf{R}^n \times \mathbf{R}^n \times \mathbf{R}^l \to \mathbf{R}^{n+l}$ 是一个连续可微函数，$K$ 是有限个二阶锥的笛卡儿乘积.

本章中考虑的问题(8-1)是二阶锥互补问题的最广义的形式之一. 实际上，若 $l=0$ 且对某函数 $f:\mathbf{R}^n \to \mathbf{R}^n$ 有

$$F(\boldsymbol{x},\boldsymbol{s},\boldsymbol{p}) = f(\boldsymbol{x}) - \boldsymbol{s}$$

则问题(8-1)变成

$$\boldsymbol{x} \in K,\ \boldsymbol{s} \in K,\ \langle \boldsymbol{x},\boldsymbol{s} \rangle = 0,\ \boldsymbol{s} = f(\boldsymbol{x})$$

该形式被广泛研究[6,48,80]. 若 $l=n$ 且对于某函数 $f:\mathbf{R}^n \to \mathbf{R}^n$ 和 $g:\mathbf{R}^n \to \mathbf{R}^n$ 有

$$F(\boldsymbol{x},\boldsymbol{s},\boldsymbol{p}) = \begin{bmatrix} \boldsymbol{f}(\boldsymbol{p}) - \boldsymbol{x} \\ \boldsymbol{g}(\boldsymbol{p}) - \boldsymbol{s} \end{bmatrix}$$

则问题(8-1)退化为

$$\begin{gathered} \boldsymbol{x} \in K,\ \boldsymbol{s} \in K,\ \langle \boldsymbol{x},\boldsymbol{s} \rangle = 0 \\ \boldsymbol{x} = f(\boldsymbol{p}),\ \boldsymbol{s} = g(\boldsymbol{p}) \end{gathered}$$

这是由 Chen 和 Tseng[34] 研究过的.

光滑牛顿法是求解二阶锥互补问题最常用的方法. 然而，现有的一些算法[103] 要获得全局收敛和局部超线性(或二次)收敛，在很大程度上均依赖于一致非奇异假设. 若不满足一致非奇异性，则大多数光滑牛顿方法[104,105] 在每次迭代中，需要求解两个线性方程组并执行

2～3次线搜索．

此外，光滑牛顿法的大部分计算都是通过求解方程组来计算精确的搜索方向．特别地，当问题的规模比较大时，即使用直接法求解方程组，由于舍入误差的存在，其解也可能不精确满足方程组的要求．这激发了人们对运用非精确搜索方向的光滑方法进行研究．

文献[106]针对 $P_0$ - 非线性互补问题，提出了一种光滑的非精确牛顿方法，并证明了该方法具有全局收敛性和局部超线性收敛性．受文献[106]的启发，Chi、Wan 和 Chen 提出了一种新的求解二阶锥互补问题的非精确光滑方法[107]，且每次迭代通过在适当的精度内求解线性方程组得到搜索方向，并在较弱的条件下，证明了该方法具有全局收敛性和局部二次收敛性．

## 8.2　光滑函数及其性质

首先回顾以下光滑函数 $\phi: \mathbf{R}\times\mathbf{R}^n\times\mathbf{R}^n\rightarrow\mathbf{R}^n$ [4]：

$$\phi(\mu,\boldsymbol{x},\boldsymbol{s}) = (1+\mu)(\boldsymbol{x}+\boldsymbol{s}) - \sqrt{(1-\mu)^2\,(\boldsymbol{x}-\boldsymbol{s})^2+\mu^2 e} \tag{8-2}$$

它是 Chen-Harker-Kanzow-Smale 光滑函数[6]的正则化形式．注意到

$$\phi(0,\boldsymbol{x},\boldsymbol{s}) = \mathbf{0} \Leftrightarrow \boldsymbol{x}\in K,\ \boldsymbol{s}\in K,\ \boldsymbol{x}\circ\boldsymbol{s}=\mathbf{0} \tag{8-3}$$

令 $\boldsymbol{z}=(\mu,\boldsymbol{x},\boldsymbol{s},\boldsymbol{p})\in\mathbf{R}\times\mathbf{R}^n\times\mathbf{R}^n\times\mathbf{R}^l$．基于正则化的 Chen-Harker-Kanzw-Smale 光滑函数(8 - 2)，定义函数

$$G(\boldsymbol{z}) = \begin{bmatrix} \mathrm{e}^{\mu}-1 \\ \Phi(\boldsymbol{z}) \end{bmatrix} \tag{8-4}$$

$$\Phi(\boldsymbol{z}) = \begin{bmatrix} \phi(\mu,\boldsymbol{x},\boldsymbol{s}) \\ F(\boldsymbol{x},\boldsymbol{s},\boldsymbol{p}) \end{bmatrix} \tag{8-5}$$

和

$$\Psi(\boldsymbol{z}) = \| G(\boldsymbol{z}) \|^2$$

由式(8 - 2)～式(8 - 5)知，$\boldsymbol{z}^* = (0,\boldsymbol{x}^*,\boldsymbol{s}^*,\boldsymbol{p}^*)$ 是方程组 $G(z)=\mathbf{0}$ 的解当且仅当 $(\boldsymbol{x}^*,\boldsymbol{s}^*,\boldsymbol{p}^*)$ 是问题(8 - 1)的解．

利用文献[85]中的定理 3.2，可得 $G(\boldsymbol{z})$ 的下列性质．

**引理 8.1**　设 $G: \mathbf{R}_+\times\mathbf{R}^{2n+l}\rightarrow\mathbf{R}_+\times\mathbf{R}^{2n+l}$ 由式(8 - 4)定义，则以下结论成立．

(1) $G$ 在 $\mathbf{R}^{1+2n+l}$ 中处处局部 Lipschitz 连续且半光滑，此外，如果 $F'$ 是局部 Lipschitz 函数，则 $G$ 在 $\mathbf{R}^{1+2n+l}$ 上是强半光滑的．

(2) $G$ 在任意点 $\boldsymbol{z}=(\mu,\boldsymbol{x},\boldsymbol{s},\boldsymbol{p})\in\mathbf{R}_{++}\times\mathbf{R}^{2n+l}$ 处连续可微，且其雅可比矩阵为

$$G'(\boldsymbol{z}) = \begin{bmatrix} \mathrm{e}^{\mu} & \mathbf{0} & \mathbf{0} & \mathbf{0} \\ \phi'_{\mu}(\boldsymbol{z}) & \phi'_{x}(\boldsymbol{z}) & \phi'_{s}(\boldsymbol{z}) & \mathbf{0} \\ \mathbf{0} & F'_x(\boldsymbol{x},\boldsymbol{s},\boldsymbol{p}) & F'_s(\boldsymbol{x},\boldsymbol{s},\boldsymbol{p}) & F'_p(\boldsymbol{x},\boldsymbol{s},\boldsymbol{p}) \end{bmatrix}$$

其中

$$\phi'_\mu(\boldsymbol{z}) = \boldsymbol{x} + \boldsymbol{s} - L_w^{-1}[-(1-\mu)\boldsymbol{v}^2 + 4\mu\boldsymbol{e}]$$
$$\phi'_x(\boldsymbol{z}) = (1+\mu)\boldsymbol{I} - (1-\mu)^2 L_w^{-1} L_v$$
$$\phi'_s(\boldsymbol{z}) = (1+\mu)\boldsymbol{I} + (1-\mu)^2 L_w^{-1} L_v$$
$$\boldsymbol{v} = \boldsymbol{x} - \boldsymbol{s}, \boldsymbol{w} = \sqrt{(1-\mu)^2 \boldsymbol{v}^2 + 4\mu^2 \boldsymbol{e}}$$

(3)若 $F'(\boldsymbol{x},\boldsymbol{s},\boldsymbol{p})$ 在点 $\boldsymbol{z} = (\mu,\boldsymbol{x},\boldsymbol{s},\boldsymbol{p}) \in \mathbf{R}_{++} \times \mathbf{R}^{2n+l}$ 处具有笛卡儿混合 $\mathrm{P}_0$ - 性质，即 $F'(\boldsymbol{x},\boldsymbol{s},\boldsymbol{p})$ 满足

$$\operatorname{rank} F'_p(\boldsymbol{x},\boldsymbol{s},\boldsymbol{p}) = l \tag{8-6}$$

且

$$\left.\begin{array}{c} F'(\boldsymbol{x},\boldsymbol{s},\boldsymbol{p})(\boldsymbol{\xi},\boldsymbol{\eta},\boldsymbol{\varphi}) = \mathbf{0}, (\boldsymbol{\xi},\boldsymbol{\eta}) \neq (\mathbf{0},\mathbf{0}), \boldsymbol{\varphi} \in \mathbf{R}^l \\ \boldsymbol{\xi} = (\boldsymbol{\xi}_1,\cdots,\boldsymbol{\xi}_m) \in \mathbf{R}^{n_1} \times \cdots \times \mathbf{R}^{n_m} \\ \boldsymbol{\eta} = (\boldsymbol{\eta}_1,\cdots,\boldsymbol{\eta}_m) \in \mathbf{R}^{n_1} \times \cdots \times \mathbf{R}^{n_m} \end{array}\right\} \Rightarrow$$

存在一个指标 $i$ 使得 $(\boldsymbol{\xi}_i,\boldsymbol{\eta}_i) \neq (\mathbf{0},\mathbf{0})$ 和

$$\langle \boldsymbol{\xi}_i, \boldsymbol{\eta}_i \rangle \geqslant 0 \tag{8-7}$$

那么矩阵 $G'(\boldsymbol{z})$ 是非奇异的．

**证明：**由文献[85]定理 3.2、文献[4]引理 3.1 和定义 2.3 可知(1)和(2)均成立．现证明(3)成立．令 $\boldsymbol{z} = (\mu,\boldsymbol{x},\boldsymbol{s},\boldsymbol{p}) \in \mathbf{R}_{++} \times \mathbf{R}^{2n+l}$ 是满足式(8-6)和式(8-7)的任意点．显然，$F'(\boldsymbol{x},\boldsymbol{s},\boldsymbol{p})$ 是非奇异的等价于矩阵

$$\boldsymbol{J}(\boldsymbol{z}) = \begin{bmatrix} \phi'_x(\boldsymbol{z}) & \phi'_s(\boldsymbol{z}) & \mathbf{0} \\ F'_x(\boldsymbol{x},\boldsymbol{s},\boldsymbol{p}) & F'_s(\boldsymbol{x},\boldsymbol{s},\boldsymbol{p}) & F'_p(\boldsymbol{x},\boldsymbol{s},\boldsymbol{p}) \end{bmatrix} \tag{8-8}$$

是非奇异性的．下证矩阵 $\boldsymbol{J}(\boldsymbol{z})$ 是非奇异的．假设

$$\boldsymbol{J}(\boldsymbol{z})(\boldsymbol{\xi},\boldsymbol{\eta},\boldsymbol{\varphi}) = \mathbf{0}$$

只需证 $(\boldsymbol{\xi},\boldsymbol{\eta},\boldsymbol{\varphi}) = (\mathbf{0},\mathbf{0},\mathbf{0})$．由式(8-8)得

$$[(1+\mu)\boldsymbol{I} - (1-\mu)^2 \boldsymbol{L}_w^{-1}\boldsymbol{L}_v]\boldsymbol{\xi} + [(1+\mu)\boldsymbol{I} + (1-\mu)^2 \boldsymbol{L}_w^{-1}\boldsymbol{L}_v]\boldsymbol{\eta} = \mathbf{0} \tag{8-9}$$

且

$$F'(\boldsymbol{x},\boldsymbol{s},\boldsymbol{p})(\boldsymbol{\xi},\boldsymbol{\eta},\boldsymbol{\varphi}) = \mathbf{0} \tag{8-10}$$

其中

$$\boldsymbol{\xi} = (\boldsymbol{\xi}_1,\cdots,\boldsymbol{\xi}_m) \in \mathbf{R}^{n_1} \times \cdots \times \mathbf{R}^{n_m}$$
$$\boldsymbol{\eta} = (\boldsymbol{\eta}_1,\cdots,\boldsymbol{\eta}_m) \in \mathbf{R}^{n_1} \times \cdots \times \mathbf{R}^{n_m}$$

将式(8-9)的两端左乘 $\boldsymbol{L}_w$ 得

$$[(1+\mu)\boldsymbol{L}_w - (1-\mu)^2 \boldsymbol{L}_v]\boldsymbol{\xi} + [(1+\mu)\boldsymbol{L}_w + (1-\mu)^2 \boldsymbol{L}_v]\boldsymbol{\eta} = \mathbf{0}$$

因此，对于 $i=1,2,\cdots,m$ 有

$$[(1+\mu)\boldsymbol{L}_{w_i}-(1-\mu)^2\boldsymbol{L}_{v_i}]\boldsymbol{\xi}_i+[(1+\mu)\boldsymbol{L}_{w_i}+(1-\mu)^2\boldsymbol{L}_{v_i}]\boldsymbol{\eta}_i=\boldsymbol{0} \tag{8-11}$$

其中

$$\boldsymbol{v}=(\boldsymbol{v}_1,\cdots,\boldsymbol{v}_m)\in\mathbf{R}^{n_1}\times\cdots\times\mathbf{R}^{n_m}$$
$$\boldsymbol{w}=(\boldsymbol{w}_1,\cdots,\boldsymbol{w}_m)\in\mathbf{R}^{n_1}\times\cdots\times\mathbf{R}^{n_m}$$

对于 $i=1,2,\cdots,m$，令

$$\overline{\boldsymbol{L}_i}=(1+\mu)\boldsymbol{L}_{w_i}-(1-\mu)^2\boldsymbol{L}_{v_i}$$
$$\underline{\boldsymbol{L}_i}=(1+\mu)\boldsymbol{L}_{w_i}+(1-\mu)^2\boldsymbol{L}_{v_i}$$

因为

$$[(1+\mu)\boldsymbol{w}_i]^2-[(1-\mu)^2(\pm\boldsymbol{v}_i)]^2=4\mu(1-\mu)^2\boldsymbol{v}_i^2+4\mu^2(1+\mu)^2\boldsymbol{e}_i\in\operatorname{int}K^{n_i} \tag{8-12}$$

由文献[6]的引理 3.5 知 $\overline{\boldsymbol{L}_i}$ 和 $\underline{\boldsymbol{L}_i}$ 都是非奇异的．又由式(8-12)和文献[6]的命题 3.4 可知，$\overline{\boldsymbol{L}_i}\,\underline{\boldsymbol{L}_i}$ 的对称部分是正定的．将式(8-11)两端左乘 $\boldsymbol{\xi}_i^{\mathrm{T}}\underline{\boldsymbol{L}_i}^{-1}$ 得

$$\boldsymbol{\xi}_i^{\mathrm{T}}\underline{\boldsymbol{L}_i}^{-1}\overline{\boldsymbol{L}_i}\boldsymbol{\xi}_i+\langle\boldsymbol{\xi}_i,\boldsymbol{\eta}_i\rangle=0,\ i=1,2,\cdots,m$$

即

$$\overline{\boldsymbol{\xi}}_i^{\mathrm{T}}\overline{\boldsymbol{L}_i}\,\underline{\boldsymbol{L}_i}\overline{\boldsymbol{\xi}}_i+\langle\boldsymbol{\xi}_i,\boldsymbol{\eta}_i\rangle=0,\ i=1,2,\cdots,m \tag{8-13}$$

其中 $\overline{\boldsymbol{\xi}}_i=\underline{\boldsymbol{L}_i}^{-1}\boldsymbol{\xi}_i$．假设 $(\boldsymbol{\xi},\boldsymbol{\eta})\neq(\boldsymbol{0},\boldsymbol{0})$．由式(8-7)和式(8-10)知，存在一个指标 $i$ 使得 $(\boldsymbol{\xi}_i,\boldsymbol{\eta}_i)\neq(\boldsymbol{0},\boldsymbol{0})$ 且 $\langle\boldsymbol{\xi}_i,\boldsymbol{\eta}_i\rangle\geqslant0$．又因为 $\overline{\boldsymbol{L}_i}\,\underline{\boldsymbol{L}_i}$ 的对称部分是正定的，则结合式(8-13)得

$$\overline{\boldsymbol{\xi}}_i^{\mathrm{T}}\overline{\boldsymbol{L}_i}\,\underline{\boldsymbol{L}_i}\overline{\boldsymbol{\xi}}_i=0$$

因而 $\overline{\boldsymbol{\xi}}_i-\boldsymbol{0}$．那么 $\boldsymbol{\xi}_i=\boldsymbol{0}$，且由于 $\underline{\boldsymbol{L}_i}$ 是非奇异的，则由式(8-11)得 $\boldsymbol{\eta}_i=\boldsymbol{0}$，这与 $(\boldsymbol{\xi}_i,\boldsymbol{\eta}_i)\neq(\boldsymbol{0},\boldsymbol{0})$ 相矛盾，因此 $(\boldsymbol{\xi},\boldsymbol{\eta})=(\boldsymbol{0},\boldsymbol{0})$．由式(8-6)知矩阵 $F_p'(\boldsymbol{x},\boldsymbol{s},\boldsymbol{p})$ 具有列满秩 $l$，因此结合式(8-10)得 $\boldsymbol{\varphi}=\boldsymbol{0}$．从而证得矩阵 $\boldsymbol{J}(\boldsymbol{z})$ 是非奇异的．

由引理 8.1 知 $G(\boldsymbol{z})$ 在任意点 $\boldsymbol{z}=(\mu,\boldsymbol{x},\boldsymbol{s},\boldsymbol{p})\in\mathbf{R}_{++}\times\mathbf{R}^{2n+l}$ 处是连续可微的，因此对任意 $\mu>0$，可以在每次迭代中运用牛顿法近似求解光滑方程组 $G(\boldsymbol{z})=\boldsymbol{0}$．当 $\Psi(\boldsymbol{z})\to0$ 时，可得问题(8-1)的解．

## 8.3　光滑方法及适定性

本节提出一种新的非精确光滑方法求解二阶锥互补问题，并证明其适定性．该方法将问题(8-1)转化为一个等价的非线性方程组，然后应用牛顿法近似求解该方程组．

令 $\gamma\in(0,1)$，$\mu_0>0$，定义函数 $\beta:\mathbf{R}_+\times\mathbf{R}^{2n+l}\to\mathbf{R}_+$ 为

$$\beta(z) = e^{\mu}\gamma\min\{1, \Psi(z)\} \tag{8-14}$$

**算法 8.1：二阶锥互补问题的一种新非精确光滑方法**

具体步骤如下.

① 选取常数 $\delta,\sigma \in (0,1)$ 和 $\mu_0 > 0$，令 $\bar{z} = (\mu_0, \mathbf{0}, \mathbf{0}, \mathbf{0}) \in \mathbf{R}_{++} \times \mathbf{R}^n \times \mathbf{R}^n \times \mathbf{R}^l$ 且 $z_0 = (\mu_0, x_0, s_0, p_0) \in \mathbf{R}_{++} \times \mathbf{R}^{2n+l}$ 是一个任意点. 设 $\gamma \in (0,1)$ 满足 $\gamma\mu_0 < 1/4$，并选取一个序列 $\{\eta_k\}$ 使得 $\eta_k \in [0,\theta)$，其中 $\theta \in [0,(1-4\gamma\mu_0)/2]$. 置 $k=0$.

② 若 $\Psi(z_k) = 0$，迭代停止.

③ 求解线性方程组

$$G(z_k) + G'(z_k)\Delta z_k = \beta_k \bar{z} + r_k \tag{8-15}$$

得到搜索方向 $\Delta z_k = (\Delta\mu_k, \Delta x_k, \Delta s_k, \Delta p_k) \in \mathbf{R}_{++} \times \mathbf{R}^{2n+l}$，其中残量 $r_k = \begin{bmatrix} 0 \\ r_{k1} \end{bmatrix} \in \mathbf{R} \times \mathbf{R}^{2n+l}$ 满足 $\| r_k \| \leqslant \eta_k \min\{1, \Psi(z_k)\}$.

④ 令步长 $\lambda_k = \max\{\delta^l \mid = 0,1,2,\cdots\}$ 使得

$$\Psi(z_k + \lambda_k \Delta z_k) \leqslant [1 - \sigma(1 - 4\gamma\mu_0 - 2\eta_k)\lambda_k]\Psi(z_k) \tag{8-16}$$

⑤ 令 $z_{k+1} = z_k + \lambda_k \Delta z_k$. 置 $k = k+1$，转②.

由引理 8.1 可证得算法 8.1 的适定性.

**定理 8.1** 设 $F'_p(x,s,p)$ 在任意点 $z = (\mu, x, s, p) \in \mathbf{R}_{++} \times \mathbf{R}^{2n+l}$ 处具有笛卡儿混合 $\mathrm{P}_0$-性质，那么对于任意 $k \geqslant 0$，算法 8.1 适定并生成一个无穷序列 $\{\Delta z_k = (\Delta\mu_k, \Delta x_k, \Delta s_k, \Delta p_k)\}$. 此外，对任意 $k \geqslant 0$ 有 $\mu_k \in \mathbf{R}_{++}$，且 $z_k \in \Omega$，其中

$$\Omega = \left\{ z = (\mu, x, s, p) \in \mathbf{R}_{++} \times \mathbf{R}^{2n+l} \,\middle|\, \mu \geqslant \gamma\min\{1, \Psi(z)\}\mu_0 \right\} \tag{8-17}$$

**证明：** 下面把证明分为 4 步.

步骤 1：显然 $\mu_0 > 0$. 假设 $\mu_k > 0$，则由式(8-15)得

$$\Delta\mu_k = \frac{1 - e^{\mu_k}}{e^{\mu_k}} + \frac{\beta_k \mu_0}{e^{\mu_k}}$$

那么对任意 $\alpha \in (0,1]$ 有

$$\begin{aligned} \mu_{k+1} &= \mu_k + \alpha\Delta\mu_k = \mu_k + \alpha\left(\frac{1-e^{\mu_k}}{e^{\mu_k}} + \frac{\beta_k\mu_0}{e^{\mu_k}}\right) \geqslant \mu_k + \alpha(-\mu_k + \gamma\min\{1, \Psi(z_k)\}\mu_0) \\ &= (1-\alpha)\mu_k + \alpha\gamma\mu_0\min\{1, \Psi(z_k)\} \\ &> 0 \end{aligned}$$

通过对 $k \geqslant 0$ 进行数学归纳法，得到 $\mu_k > 0$.

步骤 2：由引理 8.1 知，对于任意 $\mu_k > 0$，矩阵 $G'(z_k)$ 非奇异. 由于 $F'(x,s,p)$ 在任意点 $z = (\mu, x, s, p) \in \mathbf{R}_{++} \times \mathbf{R}^{2n+l}$ 处都具有笛卡儿混合 $\mathrm{P}_0$-性质，因此步骤 2 适定.

步骤 3：由泰勒展开式和式(8-15)得

$$
\begin{aligned}
e^{\mu_k+\alpha\Delta\mu_k}-1 &= e^{\mu_k}[1+\alpha\Delta\mu_k+O(\alpha^2)]-1 \\
&= e^{\mu_k}-1+\alpha e^{\mu_k}\Delta\mu_k+O(\alpha^2) \\
&= e^{\mu_k}-1+\alpha(1-e^{\mu_k}+\beta_k\mu_0)+O(\alpha^2) \\
&= (1-\alpha)(e^{\mu_k}-1)+\alpha\beta_k\mu_0+O(\alpha^2)
\end{aligned} \tag{8-18}
$$

因为 $e^{\mu_k}-1\leqslant \|G(\boldsymbol{z}_k)\|$ 且

$$
\begin{aligned}
(\|G(\boldsymbol{z}_k)\|+1)\min\{1,\Psi(\boldsymbol{z}_k)\} &= (\|G(\boldsymbol{z}_k)\|+1)\min\{1,\|G(\boldsymbol{z}_k)\|^2\} \\
&\leqslant 2\|G(\boldsymbol{z}_k)\|
\end{aligned}
$$

故由式(8-18)可知

$$
\begin{aligned}
(e^{\mu_k+\alpha\Delta\mu_k}-1)^2 &= [(1-\alpha)(e^{\mu_k}-1)+\alpha\beta_k\mu_0+O(\alpha^2)]^2 \\
&= (1-\alpha)^2(e^{\mu_k}-1)^2+\alpha^2\beta_k^2\mu_0^2+2\alpha(1-\alpha)\beta_k\mu_0(e^{\mu_k}-1)+O(\alpha^2) \\
&\leqslant (1-\alpha)(e^{\mu_k}-1)^2+2\alpha\beta_k\mu_0(e^{\mu_k}-1)+O(\alpha^2) \\
&= (1-\alpha)(e^{\mu_k}-1)^2+O(\alpha^2)+2\alpha\gamma\mu_0 e^{\mu_k}(e^{\mu_k}-1)\min\{1,\Psi(\boldsymbol{z}_k)\} \\
&\leqslant (1-\alpha)(e^{\mu_k}-1)^2+2\alpha\gamma\mu_0(\|G(\boldsymbol{z}_k)\|+1)\cdot\|G(\boldsymbol{z}_k)\|\cdot \\
&\quad \min\{1,\Psi(\boldsymbol{z}_k)\}+O(\alpha^2) \\
&\leqslant (1-\alpha)(e^{\mu_k}-1)^2+4\alpha\gamma\mu_0\|G(\boldsymbol{z}_k)\|^2+O(\alpha^2) \\
&= (1-\alpha)(e^{\mu_k}-1)^2+4\alpha\gamma\mu_0\Psi(\boldsymbol{z}_k)+o(\alpha)
\end{aligned} \tag{8-19}
$$

由式(8-15)得

$$
\Phi(\boldsymbol{z}_k)+\Phi'(\boldsymbol{z}_k)\Delta\boldsymbol{z}_k=\boldsymbol{r}_{k1}
$$

因此

$$
\begin{aligned}
\|\Phi(\boldsymbol{z}_k+\alpha\Delta\boldsymbol{z}_k)\|^2 &= \|\Phi(\boldsymbol{z}_k)+\alpha\Phi'(\boldsymbol{z}_k)\Delta\boldsymbol{z}_k+O(\alpha^2)\|^2 \\
&= \|(1-\alpha)\Phi(\boldsymbol{z}_k)+\alpha r_{k1}+O(\alpha^2)\|^2 \\
&\leqslant (1-\alpha)^2\|\Phi(\boldsymbol{z}_k)\|^2+2\alpha(1-\alpha)\|\Phi(\boldsymbol{z}_k)\|\cdot\|\boldsymbol{r}_{k1}\|+ \\
&\quad O(\alpha^2) \\
&\leqslant (1-\alpha)\|\Phi(\boldsymbol{z}_k)\|^2+2\alpha\eta_k\min\{1,\Psi(\boldsymbol{z}_k)\}\|\Phi(\boldsymbol{z}_k)\|+ \\
&\quad o(\alpha) \\
&\leqslant (1-\alpha)\|\Phi(\boldsymbol{z}_k)\|^2+2\alpha\eta_k\min\{1,\|G(\boldsymbol{z}_k)\|^2\}\cdot\|G(\boldsymbol{z}_k)\|+ \\
&\quad o(\alpha) \\
&\leqslant (1-\alpha)\|\Phi(\boldsymbol{z}_k)\|^2+2\alpha\eta_k\|G(\boldsymbol{z}_k)\|^2+o(\alpha) \\
&= (1-\alpha)\|\Phi(\boldsymbol{z}_k)\|^2+2\alpha\eta_k\Psi(\boldsymbol{z}_k)+o(\alpha)
\end{aligned} \tag{8-20}
$$

因此，由式(8-19)和式(8-20)得

$$
\begin{aligned}
\|G(\boldsymbol{z}_k+\alpha\Delta\boldsymbol{z}_k)\|^2 &= (e^{\mu_k+\alpha\Delta\mu_k}-1)^2+\|\Phi(\boldsymbol{z}_k+\alpha\Delta\boldsymbol{z}_k)\|^2 \\
&\leqslant (1-\alpha)(e^{\mu_k}-1)^2+(1-\alpha)\|\Phi(\boldsymbol{z}_k)\|^2+ \\
&\quad 4\alpha\gamma\mu_0\Psi(\boldsymbol{z}_k)+2\alpha\eta_k\Psi(\boldsymbol{z}_k)+o(\alpha) \\
&= [1-(1-4\gamma\mu_0-2\eta_k)\alpha]\Psi(\boldsymbol{z}_k)+o(\alpha)
\end{aligned}
$$

故存在 $\bar{\alpha} \in (0,1]$，使得对所有 $\alpha \in (0,\bar{\alpha}]$ 和 $\sigma \in (0,1)$ 有

$$\Psi(z_k + \alpha \Delta z_k) \leqslant [1 - \sigma(1 - 4\gamma\mu_0 - 2\eta_k)\alpha]\Psi(z_k)$$

这意味着存在 $\lambda_k$ 使得式(8-16)成立．故步骤 3 适定．

步骤 4：根据定理 8.1(1)，对于任意 $k \geqslant 0$，有 $\mu_k \in \mathbf{R}_{++}$．现用数学归纳法证明，对任意 $k \geqslant 0$ 有

$$\mu_k \geqslant \gamma \min\{1, \Psi(z_k)\}\mu_0$$

由于

$$\gamma \min\{1, \Psi(z)\} \leqslant \gamma < 1$$

显然

$$\mu_0 \geqslant \gamma \min\{1, \Psi(z_0)\}\mu_0$$

假设 $z_k \in \Omega$．那么由式(8-15)和式(8-17)得

$$\begin{aligned} \mu_{k+1} &= \mu_k + \lambda_k \Delta\mu_k \\ &= \mu_k + \lambda_k \left( \frac{1 - e^{\mu_k}}{e^{\mu_k}} + \frac{\beta_k \mu_0}{e^{\mu_k}} \right) \\ &\geqslant \mu_k + \lambda_k(-\mu_k + \gamma \min\{1, \Psi(z_k)\}\mu_0) \\ &= (1 - \lambda_k)\mu_k + \lambda_k \gamma \mu_0 \min\{1, \Psi(z_k)\} \\ &\geqslant \gamma \min\{1, \Psi(z_k)\}\mu_0 \\ &\geqslant \gamma \min\{1, \Psi(z_{k+1})\}\mu_0 \end{aligned}$$

其中，最后一个不等式是因为 $\{\Psi(z_k)\}$ 单调递减．通过对 $k$ 进行归纳法，证得对任意 $k \geqslant 0$ 都有 $z_k \in \Omega$．证毕．

## 8.4 收敛性分析

根据定理 8.1，算法 8.1 在适当的假设下生成一个无穷序列 $\{z_k\} = \{(\mu_k, x_k, s_k, p_k)\}$．设 $z^* = (\mu^*, x^*, s^*, p^*)$ 是运用新的非精确光滑方法生成的迭代序列 $\{z_k\}$ 的一个聚点．下面证明算法 8.1 具有全局收敛性和局部二次收敛性．

对任意 $\mu > 0$ 和 $c > 0$，令

$$L_\mu(c) = \{(x, s) \in \mathbf{R}^{2n} \mid \|\Phi(z)\| \leqslant c\}$$

且对任意 $0 < \underline{\mu} \leqslant \bar{\mu}$ 和 $c > 0$，令

$$L(c) = \bigcup_{\underline{\mu} \leqslant \mu \leqslant \bar{\mu}} L_\mu(c)$$

**引理 8.2** 设 $F'(x, s, p)$ 在任意点 $z = (\mu, x, s, p) \in \mathbf{R}_{++} \times \mathbf{R}^{2n+l}$ 处具有笛卡儿混合 $P_0$-性质，且对任意 $\mu > 0$，$0 < \underline{\mu} \leqslant \bar{\mu}$ 和 $c > 0$，集合

$$L(c)=\bigcup_{\underline{\mu}\leqslant\mu\leqslant\overline{\mu}} L_{\mu}(c)$$

是有界的．那么由算法 8.1 生成的序列 $\{\Psi(z_k)\}$ 是收敛的．若 $\{\Psi(z_k)\}$ 不收敛到零,则序列 $\{z_k\}$ 有界．

**证明:**由于 $F'(x,s,p)$ 在任意点 $z=(\mu,x,s,p)\in\mathbf{R}_{++}\times\mathbf{R}^{2n+l}$ 处具有笛卡儿混合 $P_0$－性质，则由定理 8.1 知算法 8.1 适定．

由式(8－16)知，序列 $\{\Psi(z_k)\}$ 是单调递减的．因而 $\{\Psi(z_k)\}$ 收敛，即存在 $\Psi^*\geqslant 0$ 使得当 $k\to\infty$时 $\Psi(z_k)\to\Psi^*$．若 $\{\Psi(z_k)\}$ 不收敛到零，则 $\Psi^*>0$．故由式(8－4)和式(8－16)得

$$\mu_k\leqslant e^{\mu_k}-1\leqslant\sqrt{\Psi(z_k)}\leqslant\sqrt{\Psi(z_0)}$$

因此 $\{\mu_k\}$ 是有界的．所以存在 $\underline{\mu},\overline{\mu}>0$，使得对所有 $k\geqslant 0$ 有

$$0<\underline{\mu}\leqslant\mu_k\leqslant\overline{\mu}$$

令 $c_0=\sqrt{\Psi(z_0)}$ 且

$$L(c_0)=\bigcup_{\underline{\mu}\leqslant\mu_k\leqslant\overline{\mu}} L_{\mu}(c_0)$$

由于 $(x_k,s_k,p_k)\in L_{\mu_k}(c_0)$，因此不难看出 $(x_k,s_k,p_k)\in L(c_0)$．由假设知集合 $L(c_0)$ 有界，则 $\{(x_k,s_k,p_k)\}$ 有界，因此序列 $\{z_k\}=\{(\mu_k,x_k,s_k,p_k)\}$ 有界．

为了讨论算法 8.1 的收敛性，做如下假设．

**假设 8.1**　$F'(x,s,p)$ 具有笛卡儿混合 $P_0$－性质，即在任意点 $z=(\mu,x,s,p)\in\mathbf{R}_{++}\times\mathbf{R}^{2n+l}$ 处，$F'(x,s,p)$ 满足式(8－6)和式(8－7)．

**假设 8.2**　对任意 $\mu>0$，$0<\underline{\mu}\leqslant\overline{\mu}$ 和 $c>0$，集合

$$L(c)=\bigcup_{\underline{\mu}\leqslant\mu\leqslant\overline{\mu}} L_{\mu}(c)$$

是有界的．

**注:**(1)由定理 8.1 步骤 2 知，若假设 8.1 成立，则在任意点 $z=(\mu,x,s,p)\in\mathbf{R}_{++}\times\mathbf{R}^{2n+l}$ 处，矩阵 $G'(z)$ 都是非奇异的．显然，假设 8.1 比在二阶锥互补问题中通常使用的单调性假设要弱．

(2)由引理 8.2 可知，如果假设 8.2 成立，则算法 8.1 生成的序列 $\{z_k\}=\{(\mu_k,x_k,s_k,p_k)\}$ 有界．

下面的引理说明，如果 $l=0$ 且 $F(x,s,p)=f(x)-s$，其中 $F$ 是一个连续可微的单调函数，则假设 8.1 和假设 8.2 成立．因此算法 8.1 生成的序列 $\{z_k\}=\{(\mu_k,x_k,s_k,p_k)\}$ 有界．

**引理 8.3**　设 $l=0$ 且 $F(x,s,p)=f(x)-s$，其中 $f$ 是一个连续可微的单调函数．那么对任意 $\mu>0$，$0<\underline{\mu}\leqslant\overline{\mu}$ 和 $c>0$，集合

$$L(c)=\bigcup_{\underline{\mu}\leqslant\mu\leqslant\overline{\mu}} L_{\mu}(c)$$

是有界的．

**证明**：由于 $l=0$ 且 $F(\boldsymbol{x},\boldsymbol{s},\boldsymbol{p})=f(\boldsymbol{x})-\boldsymbol{s}$，其中 $f$ 是连续可微的单调函数．由定义 2.8 知，$F'(\boldsymbol{x},\boldsymbol{s},\boldsymbol{p})$ 在任意点 $\boldsymbol{z}=(\mu,\boldsymbol{x},\boldsymbol{s},\boldsymbol{p})\in\mathbf{R}_{++}\times\mathbf{R}^{2n+l}$ 处都具有笛卡儿混合 $\mathrm{P}_0$－性质，故由定理 8.1 知算法 8.1 适定．

反证法．假设 $L(c)$ 无界，则对于某个固定的常数 $c>0$，存在一个序列 $\{\boldsymbol{z}_k\}=\{(\mu_k,\boldsymbol{x}_k,\boldsymbol{s}_k,\boldsymbol{p}_k)\}$ 使得 $0<\underline{\mu}\leqslant\mu_k\leqslant\bar{\mu}$，$\|\Phi(\boldsymbol{z}_k)\|\leqslant c$，但 $\|(\boldsymbol{x}_k,\boldsymbol{s}_k)\|\to\infty$. 由式(8－5)得

$$\|\Phi(\boldsymbol{z}_k)\|^2=\|f(\boldsymbol{x}_k)-\boldsymbol{s}_k\|^2+\|\phi(\mu_k,\boldsymbol{x}_k,\boldsymbol{s}_k)\|^2\leqslant c.$$

那么由文献[4]中引理 5.3 的证明知

$$\lim_{\|(\boldsymbol{x}_k,\boldsymbol{s}_k)\|\to\infty}\|\phi(\mu_k,\boldsymbol{x}_k,\boldsymbol{s}_k)\|=+\infty$$

这与 $\{\phi(\mu_k,\boldsymbol{x}_k,\boldsymbol{s}_k)\}$ 的有界性相矛盾，因此引理得证．

在假设 8.1 和假设 8.2 下，可证得算法 8.1 的全局收敛性．

**定理 8.2**　如果假设 8.1 和假设 8.2 成立，则算法 8.1 生成的序列 $\{\boldsymbol{z}_k\}$ 的任何聚点都是 $G(\boldsymbol{z})=\mathbf{0}$ 的一个解．

**证明**：由假设 8.1 和定理 8.1 知，算法 8.1 适定且生成一个无穷序列 $\{\boldsymbol{z}_k\}=\{(\mu_k,\boldsymbol{x}_k,\boldsymbol{s}_k,\boldsymbol{p}_k)\}$．由式(8－16)知序列 $\{\Psi(\boldsymbol{z}_k)\}$ 是单调递减的，令 $\Psi^*$ 为其极限．如果 $\Psi^*=0$，定理得证．现假设 $\Psi^*>0$，则由假设 8.2 和引理 8.2 知序列 $\{\boldsymbol{z}_k\}$ 有界．假设当 $k\to\infty$时，序列 $\{\boldsymbol{z}_k\}$ 收敛到 $\boldsymbol{z}^*=(\mu^*,\boldsymbol{x}^*,\boldsymbol{s}^*,\boldsymbol{p}^*)$，如果有必要可取一个子列．那么由 $G(\cdot)$ 的连续性和 $\beta(\cdot)$ 的定义得

$$\lim_{k\to\infty}\Psi(\boldsymbol{z}_k)=\Psi(\boldsymbol{z}^*)=\|H(\boldsymbol{z}^*)\|^2$$

$$\lim_{k\to\infty}\beta_k=\beta^*=e^{\mu^*}\gamma\min\{1,\Psi(\boldsymbol{z}^*)\}$$

根据定理 8.1 有

$$0<\gamma\min\{1,\Psi(\boldsymbol{z}^*)\}\mu_0\leqslant\mu^*$$

由引理 8.1 可知 $G(\cdot)$ 在 $\boldsymbol{z}^*$ 是连续可微的，因此 $G'(\boldsymbol{z}^*)$ 存在．由式(8－16)有

$$\lim_{k\to\infty}\lambda_k=0$$

由算法 8.1 得步长 $\bar{\lambda}_k=\lambda_k/\delta$ 不满足步骤 3，即

$$\Psi(\boldsymbol{z}_k+\bar{\lambda}_k\Delta\boldsymbol{z}_k)>[1-\sigma(1-4\gamma\mu_0-2\eta_k)\bar{\lambda}_k]\Psi(\boldsymbol{z}_k)$$

这意味着

$$[\Psi(\boldsymbol{z}_k+\bar{\lambda}_k\Delta\boldsymbol{z}_k)-\Psi(\boldsymbol{z}_k)]/\bar{\lambda}_k>-\sigma(1-4\gamma\mu_0-2\eta_k)\Psi(\boldsymbol{z}_k)\tag{8-21}$$

另外，由式(8－14)得对任意 $k\geqslant0$ 有

$$\begin{aligned}\beta_k\mu_0&=e^{\mu_k}\gamma\min\{1,\Psi(\boldsymbol{z}_k)\}\mu_0\\&\leqslant|e^{\mu_k}-1|\gamma\min\{1,\Psi(\boldsymbol{z}_k)\}\mu_0+\gamma\min\{1,\|G(\boldsymbol{z}_k)\|^2\}\mu_0\\&\leqslant\|G(\boldsymbol{z}_k)\|\gamma\mu_0+\gamma\mu_0\|G(\boldsymbol{z}_k)\|\\&\leqslant2\gamma\mu_0\|G(\boldsymbol{z}_k)\|\end{aligned}$$

因此

$$\beta^* \mu_0 \leqslant 2\gamma\mu_0 \| G(z^*) \| \tag{8-22}$$

由 $r_k$ 的定义得，对任意 $k \geqslant 0$ 有

$$\| r_k \| \leqslant \eta_k \min\{1, \Psi(z_k)\} \leqslant \eta_k \| G(z_k) \|$$

因此当 $k \to \infty$时，

$$\| r_k \| \leqslant \eta_k \| G(z^*) \| \tag{8-23}$$

注意到

$$\lim_{k\to\infty}[\Psi(z_k + \bar{\lambda}_k \Delta z_k) - \Psi(z_k)]/\bar{\lambda}_k = 2G(z^*)^{\mathrm{T}} G'(z^*) \Delta z^* \tag{8-24}$$

对式(8-21)两端取极限，结合式(8-15)和式(8-22)～式(8-24)得

$$\begin{aligned} -\sigma(1 - 4\gamma\mu_0 - 2\eta_k)\Psi(z^*) &\leqslant -2\| G(z^*) \|^2 + 2\| G(z^*) \| \beta^* \mu_0 + \\ &\quad \| G(z^*) \| \cdot \| r_k \| \\ &\leqslant (-2 + 4\gamma\mu_0 + \eta_k)\Psi(z^*) \\ &\leqslant (-1 + 4\gamma\mu_0 + 2\eta_k)\Psi(z^*) \end{aligned}$$

这意味着

$$-\sigma(1 - 4\gamma\mu_0 - 2\eta_k) \leqslant -1 + 4\gamma\mu_0 + 2\eta_k$$

因为 $1 - 4\gamma\mu_0 - 2\eta_k > 0$，所以 $\sigma \geqslant 1$，这与 $\sigma < 1$ 相矛盾．故 $\Psi(z^*) = 0$．

下面的结论表明，在没有严格互补假设的情况下，该方法是局部二次收敛的．

**定理 8.3**　若假设 8.1 和假设 8.2 成立，$F'$ 是局部 Lipschitz 函数，且所有 $V \in \partial G(z^*)$ 都是非奇异的，则算法 8.1 生成的序列 $\{z_k\}$ 局部二次收敛到 $z^*$，即

$$\| z_{k+1} - z^* \| = O(\| z_{k+1} - z^* \|^2)$$

此外，

$$\mu_{k+1} = O(\mu_k^2)$$

**证明：** 根据定理 8.2 知，$z^*$ 是 $G(z) = \mathbf{0}$ 的一个解．因为 $V \in \partial G(z^*)$ 非奇异，则由文献[49]的命题 3.1 知对所有充分接近 $z^*$ 的 $z_k$ 有

$$\| [G'(z_k)]^{-1} \| = O(1) \tag{8-25}$$

因为 $F'$ 是局部 Lipschitz 函数，则由引理 8.1 知 $G(\cdot)$ 在 $z^*$ 处是局部 Lipschitz 连续且强半光滑的，那么对于所有充分接近 $z^*$ 的 $z_k$ 有

$$\| G(z_k) - G(z^*) \| = O(\| z_k - z^* \|) \tag{8-26}$$

$$\| G(z_k) - G(z^*) - G'(z_k)(z_k - z^*) \| = O(\| z_k - z^* \|^2) \tag{8-27}$$

因此，由式(8-14)、式(8-15)和式(8-25)～式(8-27)得，对所有充分接近 $z^*$ 的 $z_k$ 有

$$
\begin{aligned}
&\| z_k + \Delta z_k - z^* \| \\
&= \| z_k + [G'(z_k)]^{-1}[-G(z_k) + \beta_k \bar{z} + r_k] - z^* \| \\
&\leqslant \| [G'(z_k)]^{-1} \| [\| G(z_k) - G(z^*) - G'(z_k)(z_k - z^*) \| + \beta_k \mu_0 + \| r_k \|] \\
&= O(\| z_k - z^* \|^2)
\end{aligned} \tag{8-28}
$$

由文献[108]定理 3.1 的证明可知，对于所有充分接近 $z^*$ 的 $z_k$，有

$$
\| z_k - z^* \| = O(\| G(z_k) - G(z^*) \|) \tag{8-29}
$$

又由引理 8.1(1)知 $G(\cdot)$ 是局部 Lipschitz 连续的，因此由式(8-28)和式(8-29)得

$$
\begin{aligned}
\Psi(z_k) &= \| G(z_k + \Delta z_k) \|^2 \\
&= O(\| z_k + \Delta z_k - z^* \|^2) \\
&= O(\| z_k - z^* \|^4) \\
&= O(\| G(z_k) - G(z^*) \|^4) \\
&= O(\Psi(z_k)^2)
\end{aligned} \tag{8-30}
$$

那么由式(8-16)和式(8-30)知，对于所有充分接近 $z^*$ 的 $z_k$，有

$$
z_{k+1} = z_k + \Delta z_k \tag{8-31}
$$

因此，由式(8-28)和式(8-31)得，对于所有充分接近 $z^*$ 的 $z_k$，

$$
\| z_{k+1} - z^* \| = O(\| z_k - z^* \|^2) \tag{8-32}
$$

从而由式(8-14)、式(8-15)和式(8-32)知，对所有充分接近 $z^*$ 的 $z_k$，有

$$
\mu_{k+1} = \mu_k + \Delta \mu_k = \beta_k \mu_0 = e^{\mu_k} \gamma \mu_0 \| G(z_k) \|^2
$$

所以由式(8-26)、式(8-31)和式(8-32)得

$$
\begin{aligned}
\mu_{k+1} &= O(\| G(z_k) \|^2) \\
&= O(\| G(z_k) - G(z^*) \|^2) \\
&= O(\| z_k - z^* \|^2) \\
&= O(\| z_{k-1} - z^* \|^4) \\
&= O(\| G(z_{k-1}) - G(z^*) \|^4) \\
&= O(\mu_k^2)
\end{aligned}
$$

# 第9章　欧几里得若尔当代数上的水平线性权互补问题

权互补问题是要找到一对属于流形与锥的交集的向量，使得该向量对在给定代数中的乘积等于给定的权向量．如果权向量为零向量，权互补就化为一个互补问题．此类问题的例子有 Fisher 市场均衡问题以及线性规划和加权中心问题等．本章研究了欧几里得若尔当代数上的水平线性权互补问题，并给出了一些解的存在性和唯一性结果．对于欧几里得若尔当代数上的一对线性变换，我们引入 $R_0$-性质、R-性质和 P-性质的概念，讨论水平线性权互补问题（wHLCP）在非零（拓扑）度条件下的可解性，并给出 $\mathbf{R}^n$ 上的唯一性结果．本章的结论可以很自然地应用到内点系统．

## 9.1　引　　言

权互补问题[109]（wCP）指的是在流形与锥的交集上找到一个向量对 $(\boldsymbol{x},\boldsymbol{y})$，使得它们在某一（欧几里得若尔当）代数上的乘积等于一个给定的权向量 $\boldsymbol{\omega}$．当 $\boldsymbol{\omega}$ 为零向量时，权互补问题退化为互补问题（CP）．考虑欧几里得若尔当代数 $(V,\circ,\langle\cdot,\cdot\rangle)$ [1]，令 $V_+=\{\boldsymbol{x}\circ\boldsymbol{x} \mid \boldsymbol{x}\in V\}$ 为相应的对称锥．定义映射 $F:V\times V\times\mathbf{R}^l\to V\times\mathbf{R}^l$ 和一个权向量 $\boldsymbol{\omega}\in V_+$，则权互补问题就是找到一个向量对 $(\boldsymbol{x},\boldsymbol{y})\in V\times V$，使得对于某个 $\boldsymbol{u}$ 满足

$$\begin{aligned}&\boldsymbol{x}\in V_+,\boldsymbol{y}\in V_+\\&\boldsymbol{x}\circ\boldsymbol{y}=\boldsymbol{\omega}\\&F(\boldsymbol{x},\boldsymbol{y},\boldsymbol{u})=\boldsymbol{0}\end{aligned}\tag{9-1}$$

Potra[109,110]对这个一般问题进行了深入研究，讨论了（欧几里得若尔当代数）$\mathbf{R}^n$ 上的仿射权互补问题的几个问题和结论．给定矩阵 $\boldsymbol{A},\boldsymbol{B}\in\mathbf{R}^{(n+m)\times n}$，$\boldsymbol{C}\in\mathbf{R}^{(n+m)\times m}$，向量 $\boldsymbol{q}\in\mathbf{R}^{n+m}$ 和权向量 $\boldsymbol{\omega}\in\mathbf{R}^n_+$，则混合水平线性权互补问题[109,110]就是找到一个向量对 $(\boldsymbol{x},\boldsymbol{y},\boldsymbol{z})\in\mathbf{R}^n\times\mathbf{R}^n\times\mathbf{R}^m$ 使得

$$\begin{aligned}&\boldsymbol{x}\geqslant\boldsymbol{0},\boldsymbol{y}\geqslant\boldsymbol{0}\\&\boldsymbol{x}*\boldsymbol{y}=\boldsymbol{\omega}\\&\boldsymbol{A}\boldsymbol{x}+\boldsymbol{B}\boldsymbol{y}+\boldsymbol{C}\boldsymbol{z}=\boldsymbol{q}\end{aligned}\tag{9-2}$$

其中，$\boldsymbol{x}\geqslant\boldsymbol{0}$ 意味着 $\boldsymbol{x}\in V_+$，$\boldsymbol{x}*\boldsymbol{y}$ 表示向量 $\boldsymbol{x}$ 和 $\boldsymbol{y}$ 的 Hadamard（分量）乘积．假定矩阵 $\boldsymbol{C}$ 列满

秩，通过适当的变量代换，可将上述问题转化为等价的仿射权互补问题[110]，其中矩阵 $\boldsymbol{C}$ 是空矩阵，而 $\boldsymbol{A}$ 和 $\boldsymbol{B}$ 是方阵．文献[109]表明，文献[111]和[112]中的 Fisher 市场均衡问题以及文献[113]中的线性规划和加权中心问题可转化为式(9-2)的形式，其中三元组 $(\boldsymbol{A},\boldsymbol{B},\boldsymbol{C})$ 满足一定的单调性条件．Potra[109]提出并分析了两种求解单调仿射权互补问题的内点法．随后，Potra[110]将“单调”条件替换为“行和列充分”条件，给出了权互补问题的几个理论结果，并给出了求其数值解的预估一校正内点法．

权互补问题早已有与内点算法相关的研究．例如，Kojima 等人[114]证得若(连续函数) $f:\mathbf{R}^n\times\mathbf{R}^n$ 是一致 P-函数，即存在 $\gamma>0$，使得对任意 $\boldsymbol{x},\boldsymbol{y}\in\mathbf{R}^n_+$ 有

$$\max_{1\leqslant i\leqslant n}(\boldsymbol{x}_i-\boldsymbol{y}_i)(f_i(\boldsymbol{x})-f_i(\boldsymbol{y}))\geqslant\gamma\|\boldsymbol{x}-\boldsymbol{y}\|^2$$

则映射 $\hat{f}:\mathbf{R}^n_+\times\mathbf{R}^n_+\to\mathbf{R}^n_+\times\mathbf{R}^n$ 是一个同胚映射，其中

$$\hat{f}(\boldsymbol{x},\boldsymbol{y})=\begin{bmatrix}\boldsymbol{x}*\boldsymbol{y}\\ \boldsymbol{y}-f(\boldsymbol{x})\end{bmatrix}$$

在这种情况下，对于每个 $\boldsymbol{\omega}\in\mathbf{R}^n_+$ 和 $\boldsymbol{q}\in\mathbf{R}^n$，非线性权互补问题

$$\begin{aligned}&\boldsymbol{x}\geqslant\boldsymbol{0},\boldsymbol{y}\geqslant\boldsymbol{0}\\&\boldsymbol{x}*\boldsymbol{y}=\boldsymbol{\omega}\\&\boldsymbol{y}=f(\boldsymbol{x})+\boldsymbol{q}\end{aligned}\tag{9-3}$$

都存在唯一解．

另一个与一般式(9-1)特别相关的工作是 Yoshise 的研究(文献[115])．他在一定的“单调性和单射”假设下，证明了映射 $(\boldsymbol{x},\boldsymbol{y},\boldsymbol{u})\to(\boldsymbol{x}\circ\boldsymbol{y},F(\boldsymbol{x},\boldsymbol{y},\boldsymbol{u}))$ 是 $V_+\times V_+\times\mathbf{R}^l$ 的某个子集上的同胚映射，从而得到权互补问题的可解性，详见文献[115]中定理 3.10 和推论 4.4.

本章考虑如下基于欧几里得若尔当代数的仿射权互补问题．给定欧几里得若尔当代数 $V$ 上的两个线性变换 $\boldsymbol{A}$ 和 $\boldsymbol{B}$，一个权向量 $\boldsymbol{\omega}\in V_+$ 和 $\boldsymbol{q}\in V$．wHLCP$(\boldsymbol{A},\boldsymbol{B},\boldsymbol{\omega},\boldsymbol{q})$ 是为了找到一个向量对 $(\boldsymbol{x},\boldsymbol{y})\in V\times V$，使得

$$\begin{aligned}&\boldsymbol{x}\geqslant\boldsymbol{0},\boldsymbol{y}\geqslant\boldsymbol{0}\\&\boldsymbol{x}\circ\boldsymbol{y}=\boldsymbol{\omega}\\&\boldsymbol{Ax}+\boldsymbol{By}=\boldsymbol{q}\end{aligned}\tag{9-4}$$

若 $\boldsymbol{\omega}=\boldsymbol{0}$，则上述问题退化为 $V$ 上的(对称锥)水平线性互补问题，记为 HLCP$(\boldsymbol{A},\boldsymbol{B},\boldsymbol{q})$．若 $\boldsymbol{\omega}=\boldsymbol{0}$，$\boldsymbol{A}=\boldsymbol{I}$，$\boldsymbol{B}=-\boldsymbol{M}$，则 HLCP$(\boldsymbol{A},\boldsymbol{B},\boldsymbol{q})$ 退化为 $V$ 上的(对称锥)线性互补问题，记为 LCP$(\boldsymbol{M},\boldsymbol{q})$．特别地，当 $V=\mathbf{R}^n$ 时，其退化为标准线性互补问题．

本章的分析与 Potra[109,110]所研究内容的不同体现在以下几个方面．首先，本章考虑的问题是在一般欧几里得若尔当代数上而不是 $\mathbf{R}^n$ 上．其次，本章运用 $\mathrm{R}_0$-性质(LCP 文献中常用)以及与 wHLCP 相关的某个映射的非零度条件，而不是“单调/充分”条件．最后，本章没有使用优化方法，而是依赖度理论工具．此外，本章的分析也与 Yoshise 在“单调性和单射”条件下得到的结论[115]不同．

本章给出了 wHLCPs[116]的一些基本的存在性和唯一性结果．通过推广线性互补问题中

$R_0$ -矩阵的度的概念，我们引入了在欧几里得若尔当代数上线性变换的 $R_0$ -对的度的概念．假设 $\{\boldsymbol{A},\boldsymbol{B}\}$ 对的度非零，证明对每个 $(\boldsymbol{\omega},\boldsymbol{q})\in V_+\times V$，wHLCP$(\boldsymbol{A},\boldsymbol{B},\boldsymbol{\omega},\boldsymbol{q})$ 都有一个非空紧的解集．特别地，该结论可表示为

(1)由 $\Gamma(\boldsymbol{x},\boldsymbol{y})=(\boldsymbol{x}\circ\boldsymbol{y},\boldsymbol{Ax}+\boldsymbol{By})$ 定义的映射 $\Gamma:V_+\times V_+\to V_+\times V$ 为满射，且

(2)当 $\boldsymbol{\omega}>\boldsymbol{0}$（即 $\boldsymbol{\omega}\in\mathrm{int}(V_+)$）时，“内点系统”

$$\boldsymbol{x}>\boldsymbol{0},\boldsymbol{y}>\boldsymbol{0},\boldsymbol{x}\circ\boldsymbol{y}=\boldsymbol{\omega},\boldsymbol{Ax}+\boldsymbol{By}=\boldsymbol{q}$$

具有非空紧解集．

同时，本章还引入了 P -对的概念，并证明当 $V=\mathbf{R}^n$ 时，对任意 $(\boldsymbol{\omega},\boldsymbol{q})\in\mathbf{R}^n_+\times\mathbf{R}^n$，wHLCP$(\boldsymbol{A},\boldsymbol{B},\boldsymbol{\omega},\boldsymbol{q})$ 都存在唯一解．

## 9.2　映射的性质

在本章中，$\mathbf{R}^n$ 表示由实列向量构成的 $n$ 维欧氏空间，$\boldsymbol{0}$ 表示任意向量空间中的零向量，$(V,\circ,\langle\cdot,\cdot\rangle)$ 表示秩为 $n$ 的欧几里得若尔当代数[1,78]，$\boldsymbol{x}\circ\boldsymbol{y}$ 和 $\langle\boldsymbol{x},\boldsymbol{y}\rangle$ 分别表示元素 $\boldsymbol{x}$ 和 $\boldsymbol{y}$ 的若尔当积和内积，$\boldsymbol{e}$ 表示 $V$ 的单位元．对于 $V$ 的子集 $S$，其内部、闭包和边界分别表示为 $\mathrm{int}(S)$，$\overline{S}$ 和 $\partial(S)$．令 $V_+=\{\boldsymbol{x}\circ\boldsymbol{x}\mid\boldsymbol{x}\in V\}$ 表示 $V$ 的对称锥(因此 $V_+$ 是一个闭凸的自对偶齐次锥)．若 $\boldsymbol{x}\in V_+$（或 $\boldsymbol{x}\in\mathrm{int}(V_+)$），则记 $\boldsymbol{x}\geqslant\boldsymbol{0}$（或 $\boldsymbol{x}>\boldsymbol{0}$）．对于 $\boldsymbol{x}\in V$，$\boldsymbol{x}^+$ 表示 $\boldsymbol{x}$ 在 $V_+$ 上的投影，令 $\boldsymbol{x}^-=\boldsymbol{x}^+-\boldsymbol{x}$，$|\boldsymbol{x}|=\boldsymbol{x}^++\boldsymbol{x}^-$．这些也可以通过谱分解 $\boldsymbol{x}=\sum\limits_{i=1}^n x_i\boldsymbol{e}_i$ 来描述(其中，$x_1,x_2,\cdots,x_n$ 是 $\boldsymbol{x}$ 的特征值，$\{\boldsymbol{e}_1,\boldsymbol{e}_2,\cdots,\boldsymbol{e}_n\}$ 是若尔当基)：$\boldsymbol{x}^+=\sum\limits_{i=1}^n x_i^+\boldsymbol{e}_i$，$|\boldsymbol{x}|=\sum\limits_{i=1}^n|\boldsymbol{x}|\boldsymbol{e}_i$．由此可知 $|\boldsymbol{x}|^2=\boldsymbol{x}^2$，$\sqrt{\boldsymbol{x}^2}=|\boldsymbol{x}|$，$\langle\boldsymbol{x}^+,\boldsymbol{x}^-\rangle=0$ 且 $\boldsymbol{x}^+\circ\boldsymbol{x}^-=\boldsymbol{0}$．对任意 $\boldsymbol{x},\boldsymbol{y}\in V$，定义

$$\boldsymbol{x}\sqcap\boldsymbol{y}=\boldsymbol{x}-(\boldsymbol{x}-\boldsymbol{y})^+$$

当 $V=\mathbf{R}^n$（用通常的分量积和内积)时，上式退化为 $\min\{\boldsymbol{x},\boldsymbol{y}\}$，即 $\mathbf{R}^n$ 中 $\boldsymbol{x}$ 和 $\boldsymbol{y}$ 的分量最小值．因此，可以称映射 $(\boldsymbol{x},\boldsymbol{y})\to\boldsymbol{x}\sqcap\boldsymbol{y}$ 为 $V$ 上的“最小映射”．称映射

$$(\boldsymbol{x},\boldsymbol{y})\to\boldsymbol{x}+\boldsymbol{y}-\sqrt{\boldsymbol{x}^2+\boldsymbol{y}^2}$$

为 Fischer-Burmeister 映射．该映射在求解互补问题的文献中有着广泛的应用．下面给出这两个映射的一些基本性质．

**命题 9.1**　下列结论在 $V$ 上成立：

(1) $\boldsymbol{u}+\boldsymbol{x}\sqcap\boldsymbol{y}=(\boldsymbol{u}+\boldsymbol{x})\sqcap(\boldsymbol{u}+\boldsymbol{y})$．

(2)对任意 $\lambda\geqslant0$，$\lambda(\boldsymbol{x}\sqcap\boldsymbol{y})=\lambda\boldsymbol{x}\sqcap\lambda\boldsymbol{y}$．

(3)下列结果等价：

(a) $\boldsymbol{x}\sqcap\boldsymbol{y}=\boldsymbol{0}$．

(b) $\boldsymbol{x}\geqslant\boldsymbol{0},\boldsymbol{y}\geqslant\boldsymbol{0}$，且 $\langle\boldsymbol{x},\boldsymbol{y}\rangle=0$．

(c) $\boldsymbol{x}\geqslant\boldsymbol{0},\boldsymbol{y}\geqslant\boldsymbol{0}$，且 $\boldsymbol{x}\circ\boldsymbol{y}=\boldsymbol{0}$．

此外，在每种情况下，$\boldsymbol{x}$ 和 $\boldsymbol{y}$ 可交换．

(4)当 $\boldsymbol{\omega} \geqslant \mathbf{0}$ 时，下列关系等价：

(a) $\boldsymbol{x}+\boldsymbol{y}-\sqrt{\boldsymbol{x}^2+\boldsymbol{y}^2+2\boldsymbol{\omega}}=\mathbf{0}$．

(b) $\boldsymbol{x} \geqslant \mathbf{0}, \boldsymbol{y} \geqslant \mathbf{0}$，且 $\boldsymbol{x} \circ \boldsymbol{y}=\boldsymbol{\omega}$．

此外，当 $\boldsymbol{\omega}=\mathbf{0}$ 或 $\boldsymbol{\omega}=\boldsymbol{e}$（$V$ 的单位元）时，上述 $\boldsymbol{x}$ 和 $\boldsymbol{y}$ 可交换．

**证明：**由“最小映射”的定义易证得(1)和(2)．(3)见文献[78]的命题 6，(4)中 $\boldsymbol{\omega}=\mathbf{0}$ 或 $\boldsymbol{\omega}=\boldsymbol{e}$ 的情形见文献[78]的命题 6 和命题 7．令 $\boldsymbol{\omega} \geqslant \mathbf{0}$，假设 $\boldsymbol{x}+\boldsymbol{y}-\sqrt{\boldsymbol{x}^2+\boldsymbol{y}^2+2\boldsymbol{\omega}}=\mathbf{0}$，则 $\boldsymbol{x}+\boldsymbol{y}=\sqrt{\boldsymbol{x}^2+\boldsymbol{y}^2+2\boldsymbol{\omega}}$．这表明 $\boldsymbol{x}+\boldsymbol{y} \geqslant \mathbf{0}$ 且(平方后化简) $\boldsymbol{x} \circ \boldsymbol{y}=\boldsymbol{\omega}$．现只需要证明 $\boldsymbol{x} \geqslant \mathbf{0}, \boldsymbol{y} \geqslant \mathbf{0}$．考虑谱分解 $\boldsymbol{x}=\lambda_1 \boldsymbol{e}_1+\lambda_2 \boldsymbol{e}_2+\cdots+\lambda_n \boldsymbol{e}_n$，其中 $\lambda_1, \lambda_2, \cdots, \lambda_n$ 是 $\boldsymbol{x}$ 的特征值，$\{\boldsymbol{e}_1, \boldsymbol{e}_2, \cdots, \boldsymbol{e}_n\}$ 是 $V$ 中的若尔当基．假设，如果可能的话，$\boldsymbol{x} \geqslant \mathbf{0}$ 不成立；不失一般性设 $\lambda_1<0$，则 $\boldsymbol{x} \circ \boldsymbol{e}_1=\lambda_1 \boldsymbol{e}_1$，且当 $\langle\boldsymbol{\omega}, \boldsymbol{e}_1\rangle \geqslant 0$ 时有

$$
\begin{aligned}
0 & \leqslant\langle\boldsymbol{x}+\boldsymbol{y}, \boldsymbol{e}_1\rangle=\langle\boldsymbol{x}, \boldsymbol{e}_1\rangle+\langle\boldsymbol{y}, \boldsymbol{e}_1\rangle=\lambda_1\|\boldsymbol{e}_1\|^2+\frac{1}{\lambda_1}\langle\boldsymbol{y}, \boldsymbol{x} \circ \boldsymbol{e}_1\rangle \\
& =\lambda_1\|\boldsymbol{e}_1\|^2+\frac{1}{\lambda_1}\langle\boldsymbol{x} \circ \boldsymbol{y}, \boldsymbol{e}_1\rangle=\lambda_1\|\boldsymbol{e}_1\|^2+\frac{1}{\lambda_1}\langle\boldsymbol{\omega}, \boldsymbol{e}_1\rangle<0
\end{aligned}
$$

这与 $\boldsymbol{x}$ 的所有特征值都是非负的相矛盾．因此 $\boldsymbol{x} \geqslant \mathbf{0}$．同理可证 $\boldsymbol{y} \geqslant \mathbf{0}$．因此(4)成立．证毕．

由上述命题中的(4)，可将 wHLCP 转化为方程组．事实上，$(\boldsymbol{x}, \boldsymbol{y})$ 是 wHLCP$(\boldsymbol{A}, \boldsymbol{B}, \boldsymbol{\omega}, \boldsymbol{q})$ 的解当且仅当它是下列方程组的解

$$
\begin{gathered}
\boldsymbol{x}+\boldsymbol{y}-\sqrt{\boldsymbol{x}^2+\boldsymbol{y}^2+2\boldsymbol{\omega}}=\mathbf{0} \\
\boldsymbol{A}\boldsymbol{x}+\boldsymbol{B}\boldsymbol{y}-\boldsymbol{q}=\mathbf{0}
\end{gathered}
$$

下面的关键结果将用于证明最小值函数和 Fischer-Burmeister 函数是“同伦映射”，从而我们在主要结论分析中可将 Fischer-Burmeister 映射替换为“更简单的”最小映射．

**命题 9.2**　设 $\boldsymbol{x}, \boldsymbol{y} \in V$ 且 $0 \leqslant t \leqslant 1$，则

$$
t(\boldsymbol{x}+\boldsymbol{y}-\sqrt{\boldsymbol{x}^2+\boldsymbol{y}^2})+(1-t)(\boldsymbol{x} \sqcap \boldsymbol{y})=\mathbf{0} \Leftrightarrow \boldsymbol{x} \sqcap \boldsymbol{y}=\mathbf{0}
$$

**证明：**由命题 9.1 的(3)和(4)知，仅需证明“如果”部分．不失一般，假设 $0<t<1$．令 $\boldsymbol{u}=t(\boldsymbol{x}+\boldsymbol{y}-\sqrt{\boldsymbol{x}^2+\boldsymbol{y}^2})$，由命题 9.1 的(1)有

$$
[(1-t)\boldsymbol{x}+\boldsymbol{u}] \sqcap [(1-t)\boldsymbol{y}+\boldsymbol{u}]=\mathbf{0}
$$

从而有 $(1-t)\boldsymbol{x}+\boldsymbol{u} \geqslant \mathbf{0}$ 且 $(1-t)\boldsymbol{y}+\boldsymbol{u} \geqslant \mathbf{0}$．现由 $(1-t)\boldsymbol{x}+\boldsymbol{u} \geqslant \mathbf{0}$ 得

$$
(1-t)\boldsymbol{x}+t(\boldsymbol{x}+\boldsymbol{y}-\sqrt{\boldsymbol{x}^2+\boldsymbol{y}^2}) \geqslant \mathbf{0}
$$

即 $\boldsymbol{x}+t\boldsymbol{y} \geqslant t\sqrt{\boldsymbol{x}^2+\boldsymbol{y}^2}$．当 $\sqrt{\boldsymbol{x}^2+\boldsymbol{y}^2} \geqslant \sqrt{\boldsymbol{y}^2}=|\boldsymbol{y}|$（这是由 Löwner-Heinz 不等式得到的结果，见文献[78]的命题 8)时有

$$
\boldsymbol{x} \geqslant t|\boldsymbol{y}|-t\boldsymbol{y} \geqslant \mathbf{0}
$$

因此 $\boldsymbol{x} \geqslant \mathbf{0}$．同理可证 $\boldsymbol{y} \geqslant \mathbf{0}$，故 $\langle\boldsymbol{x}, \boldsymbol{y}\rangle \geqslant 0$．

下证 $\langle\boldsymbol{x}, \boldsymbol{y}\rangle \leqslant 0$，因而可得 $\langle\boldsymbol{x}, \boldsymbol{y}\rangle=0$．首先，注意 $\boldsymbol{x} \sqcap \boldsymbol{y}=(\boldsymbol{x}+\boldsymbol{y}-|\boldsymbol{x}-\boldsymbol{y}|)/2$．令

$$\boldsymbol{p}=\frac{t}{1-t}(\boldsymbol{x}+\boldsymbol{y}-\sqrt{\boldsymbol{x}^2+\boldsymbol{y}^2})$$

则 $\boldsymbol{x}+\boldsymbol{y}-\sqrt{\boldsymbol{x}^2+\boldsymbol{y}^2}=\alpha\boldsymbol{p}$，其中 $\alpha=\frac{1-t}{t}$. 因此，$\sqrt{\boldsymbol{x}^2+\boldsymbol{y}^2}=(\boldsymbol{x}+\boldsymbol{y})-\alpha\boldsymbol{p}$. 将等式两边平方并化简得

$$\boldsymbol{p}\circ(\boldsymbol{x}+\boldsymbol{y})=\frac{1}{2\alpha}(2\boldsymbol{x}\circ\boldsymbol{y}+\alpha^2\boldsymbol{p}^2) \tag{9-5}$$

由于 $t(\boldsymbol{x}+\boldsymbol{y}-\sqrt{\boldsymbol{x}^2+\boldsymbol{y}^2})+(1-t)(\boldsymbol{x}\sqcap\boldsymbol{y})=\boldsymbol{0}$，故有 $\boldsymbol{p}+\boldsymbol{x}\sqcap\boldsymbol{y}=\boldsymbol{0}$，即

$$2\boldsymbol{p}+(\boldsymbol{x}+\boldsymbol{y})=|\boldsymbol{x}-\boldsymbol{y}|$$

注意到 $|\boldsymbol{x}-\boldsymbol{y}|^2=(\boldsymbol{x}-\boldsymbol{y})^2$，将上式两端平方并化简得

$$4\boldsymbol{p}^2+2\boldsymbol{x}\circ\boldsymbol{y}+4\boldsymbol{p}\circ(\boldsymbol{x}+\boldsymbol{y})=-2\boldsymbol{x}\circ\boldsymbol{y}$$

用式(9-5)替换 $4\boldsymbol{p}\circ(\boldsymbol{x}+\boldsymbol{y})$ 得

$$\beta\boldsymbol{x}\circ\boldsymbol{y}+\gamma\boldsymbol{p}^2=\boldsymbol{0}$$

其中，$\beta$ 和 $\gamma$ 为正数. 因此可得 $\boldsymbol{x}\circ\boldsymbol{y}\leqslant\boldsymbol{0}$ 且 $\langle\boldsymbol{x},\boldsymbol{y}\rangle=\langle\boldsymbol{x}\circ\boldsymbol{y},\boldsymbol{e}\rangle\leqslant 0$. 最后，由 $\langle\boldsymbol{x},\boldsymbol{y}\rangle\geqslant 0$ 得 $\langle\boldsymbol{x},\boldsymbol{y}\rangle=0$. 从而可得 $\boldsymbol{x},\boldsymbol{y}\geqslant\boldsymbol{0}$ 且 $\langle\boldsymbol{x},\boldsymbol{y}\rangle=0$，故 $\boldsymbol{x}\sqcap\boldsymbol{y}=\boldsymbol{0}$. 证毕.

**命题 9.3**[117]　矩阵 $\boldsymbol{A},\boldsymbol{B},\boldsymbol{X},\boldsymbol{Y}\in\mathbf{R}^{n\times n}$，且 $\boldsymbol{X},\boldsymbol{Y}$ 可交换，则以下式子成立：

$$\det\begin{bmatrix}\boldsymbol{A} & -\boldsymbol{B}\\ \boldsymbol{X} & \boldsymbol{Y}\end{bmatrix}=\det(\boldsymbol{AY}+\boldsymbol{BX})$$

用线性变换代替矩阵，可得类似结论.

## 9.2.1　度理论

本章将运用度理论证明存在性结果. 关于度理论的相关结论见文献[54](特别是其中的定理 2.1.2 和命题 2.1.3)，也可参见文献[118，119]. 这里仅做一个简短的介绍. 假设 $\Omega$ 是 $\mathbf{R}^n$ 中的一个有界开集，$g:\bar{\Omega}\rightarrow\mathbf{R}^n$ 是连续的，且 $\boldsymbol{p}\notin g(\partial\Omega)$，其中 $\bar{\Omega}$ 和 $\partial\Omega$ 分别表示 $\Omega$ 的闭包和边界. 然后定义 $g$ 在 $\Omega$ 上关于 $\boldsymbol{p}$ 的度，且该度是一个整数，用 $\deg(g,\Omega,\boldsymbol{p})$ 表示. 当这个度非零时，方程 $g(\boldsymbol{x})=\boldsymbol{p}$ 在 $\Omega$ 中有一个解(见文献[54]定理 2.1.2). 假设 $g(\boldsymbol{x})=\boldsymbol{p}$ 有唯一解，即 $\boldsymbol{x}^*$ 在 $\Omega$ 里，那么 $\deg(g,\Omega',\boldsymbol{p})$ 等于 $\deg(g,\Omega',g(\boldsymbol{x}^*))$，在所有含有 $x^*$ 且包含于 $\Omega$ 的有界开集 $\Omega'$ 上是常数. 这个共同的度称为 $g$ 在 $\boldsymbol{x}^*$ 处的(拓扑)指数，记作 $\mathrm{ind}(g,\boldsymbol{x}^*)$. 如果在上述问题中，$g$ 在 $\boldsymbol{x}^*$ 处可微，且具有非奇异的导数，则(文献[120])有

$$\mathrm{ind}(g,\boldsymbol{x}^*)=\mathrm{sgn}\det g'(\boldsymbol{x}^*) \tag{9-6}$$

特别地，如果 $g:\mathbf{R}^n\rightarrow\mathbf{R}^n$ 是一个连续映射，使得 $g(\boldsymbol{x})=\boldsymbol{0}\Leftrightarrow\boldsymbol{x}=\boldsymbol{0}$，那么对于任意含有 $\boldsymbol{0}$ 的有界开集都有

$$\mathrm{ind}(g,\boldsymbol{0})=\deg(g,\Omega,\boldsymbol{0})$$

另外，当 $g$ 是恒等映射时，$\mathrm{ind}(g,\boldsymbol{0})=1$.

令 $H(\boldsymbol{x},t):\mathbf{R}^n\times[0,1]\to\mathbf{R}^n$ 是连续的(在这种情况下，我们说 $H$ 是同伦的). 假设 $\mathbf{R}^n$ 上所有有界开集 $\Omega$，对所有 $t\in[0,1]$，都满足 $0\notin H(\partial\Omega,t)$，则度的同伦不变性是指 $\deg(H(\cdot,t),\Omega,\mathbf{0})$ 不依赖于 $t$. 特别地，如果零集

$$\{\boldsymbol{x}\mid H(\boldsymbol{x},t)=\mathbf{0},\text{对某 }t\in[0,1]\}$$

有界，则对于 $\mathbf{R}^n$ 中包含该零集的任何有界开集 $\Omega$ 有

$$\deg(H(\cdot,1),\Omega,\mathbf{0})=\deg(H(\cdot,0),\Omega,\mathbf{0})$$

**注**：将任何有限维实 Hilbert 空间(例如 $V$ 或 $V\times V$ )代替 $\mathbf{R}^n$，得到的所有度理论的概念和结论仍成立.

### 9.2.2 归一化方法

为了证明一个映射或方程组的零集是有界的，经常要用到归一化方法. 这里就是将某向量序列(其范数趋于无穷大)进行归一化，得到一个违反给定准则的单位向量.

**命题 9.4** 令 $\boldsymbol{A}$ 和 $\boldsymbol{B}$ 为 $V$ 上的两个线性变换且 $\boldsymbol{p}\in V$. 假设

$$(\boldsymbol{x}\sqcap\boldsymbol{y}=\mathbf{0},\boldsymbol{Ax}+\boldsymbol{By}=\mathbf{0})\Rightarrow(\boldsymbol{x},\boldsymbol{y})=(\mathbf{0},\mathbf{0})$$

那么集合

$$\{(\boldsymbol{x}+\boldsymbol{y})\mid\boldsymbol{x}\sqcap\boldsymbol{y}=\mathbf{0},\boldsymbol{Ax}+\boldsymbol{By}-t\boldsymbol{p}=\mathbf{0},\text{对某 }t\in[0,1]\}$$

是有界的.

**证明**：假设上述集合无界. 对所有 $k=1,2,\cdots$，令 $\boldsymbol{z}_k=(\boldsymbol{x}_k,\boldsymbol{y}_k),t_k\in[0,1]$，其中 $\|\boldsymbol{z}_k\|\to\infty$，使得 $\boldsymbol{x}_k\sqcap\boldsymbol{y}_k=\mathbf{0}$ 及 $\boldsymbol{Ax}_k+\boldsymbol{By}_k-t_k\boldsymbol{p}=\mathbf{0}$. 将上述每个方程除以 $\|\boldsymbol{z}_k\|$(以便创建归一化向量 $\dfrac{\boldsymbol{z}_k}{\|\boldsymbol{z}_k\|}$ ). 令 $k\to\infty$，不失一般性，设

$$\boldsymbol{x}_0=\lim_{k\to\infty}\frac{\boldsymbol{x}_k}{\|\boldsymbol{z}_k\|},\quad \boldsymbol{y}_0=\lim_{k\to\infty}\frac{\boldsymbol{y}_k}{\|\boldsymbol{z}_k\|}$$

那么 $\boldsymbol{x}_0\sqcap\boldsymbol{y}_0=\mathbf{0}$,且 $\boldsymbol{Ax}_0+\boldsymbol{By}_0=\mathbf{0}$. 但是，由 $\|\boldsymbol{z}_k\|^2=\|\boldsymbol{x}_k\|^2+\|\boldsymbol{y}_k\|^2$ 可得 $\|\boldsymbol{x}_0\|^2+\|\boldsymbol{y}_0\|^2=1$，这与假设相矛盾. 因此结论得证.

## 9.3 $\mathbf{R}_0$ -对的度

在 $V=\mathbf{R}^n$ 的情况下，矩阵的 LCP -度和矩阵对的 HLCP -度的概念对于描述解的存在性和稳定性有着重要作用 (参见文献[120]和[121]). 下面将这些概念推广到欧几里得若尔当代数. 考虑(一般代数) $V$ 上的线性变换 $\boldsymbol{M}$，$\boldsymbol{A}$ 和 $\boldsymbol{B}$，并记

$$\mathrm{HLCP}(\boldsymbol{A},\boldsymbol{B},\boldsymbol{q})=\mathrm{wHLCP}(\boldsymbol{A},\boldsymbol{B},\mathbf{0},\boldsymbol{q})$$
$$\mathrm{LCP}(\boldsymbol{M},\boldsymbol{q})=\mathrm{HLCP}(\boldsymbol{I},-\boldsymbol{M},\boldsymbol{q})$$

由命题 9.1(3)知，求解 HLCP($\boldsymbol{A},\boldsymbol{B},\boldsymbol{q}$) 等价于寻找一个向量对 $(\boldsymbol{x},\boldsymbol{y}) \in V \times V$ 使得

$$\begin{aligned} \boldsymbol{x} \sqcap \boldsymbol{y} &= \boldsymbol{0} \\ \boldsymbol{Ax} + \boldsymbol{By} &= \boldsymbol{q} \end{aligned} \tag{9-7}$$

由于 LCP($\boldsymbol{M},\boldsymbol{q}$) 是这个含有两个变量的水平线性互补问题的一个特例，因而很方便将它表示成单变量的“标准”形式．如上所述，LCP($\boldsymbol{M},\boldsymbol{q}$) 等价于寻找一个向量对 $(\boldsymbol{x},\boldsymbol{y}) \in V \times V$，使得

$$\begin{aligned} \boldsymbol{x} \sqcap \boldsymbol{y} &= \boldsymbol{0} \\ \boldsymbol{Ix} - \boldsymbol{My} &= \boldsymbol{q} \end{aligned} \tag{9-8}$$

交换变量 $\boldsymbol{x}$ 和 $\boldsymbol{y}$，注意到 $\boldsymbol{y} = \boldsymbol{Mx} + \boldsymbol{q}$，则可得到 LCP($\boldsymbol{M},\boldsymbol{q}$) 的(单变量)标准形式：寻找一向量 $\boldsymbol{x} \in V$，使得

$$\boldsymbol{x} \sqcap (\boldsymbol{Mx} + \boldsymbol{q}) = \boldsymbol{0} \tag{9-9}$$

如果零向量是标准形式 LCP($\boldsymbol{M},\boldsymbol{0}$) 的唯一解，则称 $\boldsymbol{M}$ 具有 $\mathrm{R}_0$ - 性质，即

$$\boldsymbol{x} \sqcap \boldsymbol{Mx} = \boldsymbol{0} \Leftrightarrow \boldsymbol{x} = \boldsymbol{0}$$

(注意到这等价于 $(\boldsymbol{0},\boldsymbol{0})$ 是 HLCP($\boldsymbol{I},-\boldsymbol{M},\boldsymbol{0}$) 的唯一解．)当此条件成立时，对于 $V$ 中任意含有零的有界开集 $\Omega$，$\deg(\boldsymbol{\theta},\Omega,\boldsymbol{0})$ 都有好的定义，其中

$$\boldsymbol{\theta}(\boldsymbol{x}) = \boldsymbol{x} \sqcap \boldsymbol{Mx}$$

此共同值 $\mathrm{ind}(\boldsymbol{\theta},\boldsymbol{0})$ 定义了 $\boldsymbol{M}$ 的 LCP -度，记为 $\deg(\boldsymbol{M})$．下面将此概念推广到变换对．

**定义 9.1**　若零向量是 HLCP($\boldsymbol{A},\boldsymbol{B},\boldsymbol{0}$) 的唯一解，则称 $\{\boldsymbol{A},\boldsymbol{B}\}$ 对为 $\mathrm{R}_0$ - 对．这意味着

$$\Theta(\boldsymbol{z}) = \boldsymbol{0} \Leftrightarrow \boldsymbol{z} = \boldsymbol{0}$$

其中

$$\Theta(\boldsymbol{z}) = \begin{bmatrix} \boldsymbol{x} \sqcap \boldsymbol{y} \\ \boldsymbol{Ax} + \boldsymbol{By} \end{bmatrix}$$

且 $\boldsymbol{z} = (\boldsymbol{x},\boldsymbol{y})$．当此条件成立时，$\mathrm{ind}(\Theta,\boldsymbol{0})$ 有好的定义(注意到，这等于 $\deg(\Theta,\Omega,\boldsymbol{0})$，其中 $\Omega$ 是 $V \times V$ 中含有零向量的任意有界开集)．定义 $\{\boldsymbol{A},\boldsymbol{B}\}$ 对的 HLCP -度为

$$\deg(\boldsymbol{A},\boldsymbol{B}) = \mathrm{ind}(\Theta,\boldsymbol{0})$$

本节的第一个结果是将文献[121]中的推论 5.2.6 从 $\mathbf{R}^n$ 推广到一般的欧几里得若尔当代数上．

**命题 9.5**　令 $\boldsymbol{M}$ 是 $V$ 上具有 $\mathrm{R}_0$ - 性质的线性变换．那么 $\{\boldsymbol{I}, -\boldsymbol{M}\}$ 是一个 $\mathrm{R}_0$ - 对，且

$$\deg(\boldsymbol{I}, -\boldsymbol{M}) = \deg(\boldsymbol{M})$$

**证明：** 易知 $\{\boldsymbol{I}, -\boldsymbol{M}\}$ 是一个 $\mathrm{R}_0$ - 对．现定义映射

$$\Theta(\boldsymbol{z},t) = \begin{bmatrix} \boldsymbol{y} \sqcap [t\boldsymbol{x} + (1-t)\boldsymbol{My}] \\ \boldsymbol{x} - t\boldsymbol{My} \end{bmatrix}$$

其中，$z=(x,y)$ 且 $t\in[0,1]$．那么

$$\Theta(z,0)=\begin{bmatrix}\theta(y)\\ x\end{bmatrix},\ \Theta(z,1)=\Theta(z)$$

其中 $\theta(y)=y\sqcap My$．又因为 $M$ 具有 $R_0$－性质(因此 $y\sqcap My=0\Leftrightarrow y=0$)，易证 $\Theta(z,t)=(0,0)\in V\times V$ 当且仅当 $z=0$．这意味着 $\Theta(z,t)$ 的零集(随着 $t$ 在区间 $[0,1]$ 上变化)仅仅是 $\{(0,0)\}$．故对 $V$ 中含有零向量的任意有界开集 $\Omega_1$ 和 $\Omega_2$，令 $\Omega=\Omega_1\times\Omega_2$，由度的同伦不变性和笛卡儿乘积公式(见文献[54]命题 2.1.3(h))可得

$$\begin{aligned}\deg(I,-M)&=\deg(\Theta(\cdot,1),\Omega,0)=\deg(\Theta(\cdot,0),\Omega,0)\\&=\deg(\theta,\Omega_1,0)\deg(I,\Omega_2,0)=\mathrm{ind}(\theta,0)=\deg(M)\end{aligned}$$

其中，$I$ 为恒等变换．证毕．

由文献[122]中的标准线性互补问题理论知，若 $\mathbf{R}^n$ 中存在某 $d>0$，使得零向量是标准形式的 LCP$(M,0)$ 和 LCP$(M,d)$ 的唯一解，则称矩阵 $M\in\mathbf{R}^{n\times n}$ 为 R－矩阵．R－矩阵是具有非零 LCP－度的 $R_0$－矩阵的一个重要子类．(其他 $R_0$－矩阵也具有非零 LCP－度，比如第一类 N－矩阵，这些矩阵的所有主子式都是负的且至少有一个非负元素，见文献[120])．

下面先回顾 $V$ 上 R－变换的定义，然后将该概念推广到变换对．

**定义 9.2** 令 $M$ 是 $V$ 上的线性变换．若 $V$ 中存在某 $d>0$ 使得零向量是标准形式的 LCP$(M,0)$ 和 LCP$(M,d)$ 的唯一解，或等价地，$(0,0)$ 是 HLCP$(I,-M,0)$ 的唯一解且 $(d,0)$ 是 HLCP$(I,-M,d)$ 的唯一解，则称 $M$ 是 R－变换或者具有 R－性质．

**定义 9.3** 令 $A$ 和 $B$ 是 $V$ 上的两个线性变换．如果 $\{A,B\}$ 是 $R_0$－对，且存在 $p\in V$ 使得

(1) HLCP$(A,B,q)$ 有唯一解，记作 $(\bar{x},\bar{y})$；

(2) $\bar{x}+\bar{y}>0$；

(3) $G$ 在 $(\bar{x},\bar{y})$ 处的导数是非奇异的，其中

$$G(z)=\begin{bmatrix}x\sqcap y\\ Ax+By-p\end{bmatrix}$$

且 $z=(x,y)$，则称 $\{A,B\}$ 是 R－对．

上述条件(3)等价于 $\Theta$(如 $R_0$－对的定义中给出)在 $(\bar{x},\bar{y})$ 处的导数非奇异．

下面详细介绍 R－对的性质并给出一些实例．假设 $\{A,B\}$ 是 R－对．当 $\bar{x}\sqcap\bar{y}=0$ 且 $\bar{x}+\bar{y}>0$ 时，$\bar{x}$ 和 $\bar{y}$ 可交换(见命题 9.1)．因此对于某 Jordan 基底 $\{e_1,e_2,\cdots,e_n\}$，可将其写为

$$\bar{x}=\sum_{i=1}^{k}\bar{x}_i e_i,\quad \bar{y}=\sum_{j=k+1}^{n}\bar{y}_j e_j$$

其中，$1\leqslant k\leqslant n$ 且对于所有 $i,j$ 有 $\bar{x}_i,\bar{y}_j>0$．令 $\bar{z}=(\bar{x},\bar{y})$，$\alpha=\{1,2,\cdots,k\}$，$\beta=\{k+1,\cdots,n\}$ (注意到这两个集合中可能有一个是空集)，那么元素

$$\bar{x}-\bar{y}=\sum_{i=1}^{k}\bar{x}_i e_i-\sum_{j=k+1}^{n}\bar{y}_j e_j$$

是可逆的(这意味着所有特征值都非零). 由文献[78]中的引理 19 知，条件(3)中定义的映射 $G$ 是 Fréchet 可微的 . 令

$$\Phi(\boldsymbol{x},\boldsymbol{y}) = \boldsymbol{x} \sqcap \boldsymbol{y} = \boldsymbol{x} - \Pi_{V_+}(\boldsymbol{x} - \boldsymbol{y})$$

其中，$\Pi_{V_+}$ 表示在 $V_+$ 上的投影算子 . 则 $\Phi$ 在 $\bar{\boldsymbol{z}} = (\bar{\boldsymbol{x}},\bar{\boldsymbol{y}})$ 处对 $\boldsymbol{x}$ 的偏导数为

$$\Phi'_x(\bar{\boldsymbol{z}}) = \boldsymbol{I}_x - \Pi'_{V_+}(\bar{\boldsymbol{x}} - \bar{\boldsymbol{y}}) \circ \boldsymbol{I}_x$$

其中，$\boldsymbol{I}_x$ 表示恒等变换，“ $\circ$ ”表示复合运算 . 下面运用文献[78]中的引理 19 给出的 $\Pi_{V_+}$ 的导数公式(尽管此公式是定义在简单的欧几里得若尔当代数中，通过将一般欧几里得若尔当代数写成简单欧几里得若尔当代数的乘积，可以证明这个公式在任何欧几里得若尔当代数中都成立). 对任意 $\boldsymbol{h} \in V$，由其 Peirce 分解 $\boldsymbol{h} = \sum_{i=1}^{n} h_i \boldsymbol{e}_i + \sum_{i<j} h_{ij}$ 得

$$\Phi'_x(\bar{\boldsymbol{z}})\boldsymbol{h} = \boldsymbol{h} - \left( \sum_{i=1}^{k} h_i \boldsymbol{e}_i + \sum_{i,j\in\alpha;i<j} h_{ij} + \sum_{i\in\alpha,j\in\beta} \frac{\bar{x}_i}{\bar{x}_i + \bar{y}_j} h_{ij} \right)$$

化简得

$$\Phi'_x(\bar{\boldsymbol{z}})\boldsymbol{h} = \sum_{i=k+1}^{n} h_i \boldsymbol{e}_i + \sum_{i,j\in\beta;i<j} h_{ij} + \sum_{i\in\alpha,j\in\beta} \frac{\bar{y}_i}{\bar{x}_i + \bar{y}_j} h_{ij}$$

类似地，由 $\Phi(\boldsymbol{x},\boldsymbol{y}) = \boldsymbol{y} \sqcap \boldsymbol{x} = \boldsymbol{y} - \Pi_{V_+}(\boldsymbol{y} - \boldsymbol{x})$ 可得 $\Phi(\boldsymbol{x},\boldsymbol{y})$ 在 $(\bar{\boldsymbol{x}},\bar{\boldsymbol{y}})$ 处对 $\boldsymbol{y}$ 的偏导数为

$$\Phi'_y(\bar{\boldsymbol{z}})\boldsymbol{h} = \sum_{i=1}^{k} h_i \boldsymbol{e}_i + \sum_{i,j\in\alpha;i<j} h_{ij} + \sum_{i\in\alpha,j\in\beta} \frac{\bar{x}_i}{\bar{x}_i + \bar{y}_j} h_{ij}$$

因此 $G$ 在 $(\bar{\boldsymbol{x}},\bar{\boldsymbol{y}})$ 处的非奇异性可表示为

$$[\Phi'_x(\bar{\boldsymbol{z}})\boldsymbol{u} + \Phi'_y(\bar{\boldsymbol{z}})\boldsymbol{v} = \boldsymbol{0}, \boldsymbol{A}\boldsymbol{u} + \boldsymbol{B}\boldsymbol{v} = \boldsymbol{0}] \Rightarrow (\boldsymbol{u},\boldsymbol{v}) = (\boldsymbol{0},\boldsymbol{0}) \tag{9-10}$$

通过化简，上述条件可写成

$$\left.\begin{array}{c} u_i = 0(i\in\beta), v_j = 0(j\in\alpha) \\ u_{ij} = 0(i,j\in\beta;i<j), v_{ij} = 0(i,j\in\alpha;i<j) \\ u_{ij} = -\dfrac{\bar{x}_i}{\bar{y}_i} v_{ij}(i\in\alpha,j\in\beta) \\ \boldsymbol{A}\boldsymbol{u} + \boldsymbol{B}\boldsymbol{v} = \boldsymbol{0} \end{array}\right\} \Rightarrow (\boldsymbol{u},\boldsymbol{v}) = (\boldsymbol{0},\boldsymbol{0}) \tag{9-11}$$

下面的一些标准问题表明，定义 9.3 中的条件(3)是条件(1)和(2)的直接结果 .

**例 9.1**　令 $V = \mathbf{R}^n$，则对任意 $\boldsymbol{h} \in \mathbf{R}^n$，当 $i<j$ 时有 $h_{ij} = 0$，标准坐标向量构成其唯一的若尔当基底 . 因此为了证明式(9-11)，令

$$\boldsymbol{u} = (u_1, u_2, \cdots, u_k, 0, 0, \cdots, 0)^{\mathrm{T}}, \boldsymbol{v} = (0, 0, \cdots, 0, v_{k+1}, \cdots, v_n)^{\mathrm{T}}$$

并假设 $(\boldsymbol{u},\boldsymbol{v}) \neq (\boldsymbol{0},\boldsymbol{0})$ . 当 $\bar{\boldsymbol{x}} = (\bar{x}_1, \bar{x}_2, \cdots, \bar{x}_k, 0, 0, \cdots, 0)^{\mathrm{T}}$ 且 $\bar{\boldsymbol{y}} = (0, 0, \cdots, 0, \bar{y}_{k+1}, \cdots, \bar{y}_n)^{\mathrm{T}}$，其中 $\bar{x}_i$ 和 $\bar{y}_j$ 为正时，则对充分小的 $\varepsilon > 0$，向量对 $(\bar{\boldsymbol{x}} + \varepsilon\boldsymbol{u}, \bar{\boldsymbol{y}} + \varepsilon\boldsymbol{v})$ 是 HLCP$(\boldsymbol{A},\boldsymbol{B},\boldsymbol{p})$ 的解 . 这

与唯一性假设(1)相矛盾．因此条件(3)在此问题中是多余的．

**例 9.2** 设 $\boldsymbol{M}$ 是 $V$ 上具有 R－性质的线性变换，那么 $\{\boldsymbol{I},-\boldsymbol{M}\}$ 是 R－对．

由定义 9.2 知，对于 $V$ 中的某个 $\boldsymbol{d}>\boldsymbol{0}$，$(\boldsymbol{0},\boldsymbol{0})$ 是 HLCP$(\boldsymbol{I},-\boldsymbol{M},\boldsymbol{0})$ 的唯一解，且 $(\boldsymbol{d},\boldsymbol{0})$ 是 HLCP$(\boldsymbol{I},-\boldsymbol{M},\boldsymbol{d})$ 的唯一解．因而，令 $\bar{\boldsymbol{z}}=(\bar{\boldsymbol{x}},\bar{\boldsymbol{y}})=(\boldsymbol{d},\boldsymbol{0})$，则定义 9.3 中的条件(1)和(2)成立．现验证条件(3)．若 $\boldsymbol{z}=(\boldsymbol{x},\boldsymbol{y})$ 趋向于 $(\boldsymbol{d},\boldsymbol{0})$，则 $\boldsymbol{x}-\boldsymbol{y}$ 趋向于 $\boldsymbol{d}-\boldsymbol{0}$，因而对所有这样的 $(\boldsymbol{x},\boldsymbol{y})$，有

$$\Pi_{V_+}(\boldsymbol{x}-\boldsymbol{y})=\boldsymbol{x}-\boldsymbol{y},\text{且 }\boldsymbol{x}\sqcap\boldsymbol{y}=\boldsymbol{x}-(\boldsymbol{x}-\boldsymbol{y})=\boldsymbol{y}$$

故当 $\boldsymbol{z}$ 趋于 $(\boldsymbol{d},\boldsymbol{0})$ 时，有

$$G(\boldsymbol{z})=\begin{bmatrix}\boldsymbol{y}\\ \boldsymbol{Ix}-\boldsymbol{My}-\boldsymbol{p}\end{bmatrix},\ G'(\bar{\boldsymbol{z}})=\begin{bmatrix}\boldsymbol{0} & \boldsymbol{I}\\ \boldsymbol{I} & -\boldsymbol{M}\end{bmatrix}$$

由命题 9.3 知 $G'(\bar{\boldsymbol{z}})$ 非奇异，从而条件(3)成立．因此 $\{\boldsymbol{I},-\boldsymbol{M}\}$ 是一个 R－对．

**命题 9.6** 若 $\{\boldsymbol{A},\boldsymbol{B}\}$ 是 R－对，则 $\deg(\boldsymbol{A},\boldsymbol{B})$ 非零．

**证明：** $\{\boldsymbol{A},\boldsymbol{B}\}$ 满足定义 9.3 中的条件．令

$$G(\boldsymbol{z},t)=\begin{bmatrix}\boldsymbol{x}\sqcap\boldsymbol{y}\\ \boldsymbol{Ax}+\boldsymbol{By}-t\boldsymbol{p}\end{bmatrix}$$

其中，$\boldsymbol{z}=(\boldsymbol{x},\boldsymbol{y})$ 和 $t\in[0,1]$．那么

$$G(\boldsymbol{z},1)=\begin{bmatrix}\boldsymbol{x}\sqcap\boldsymbol{y}\\ \boldsymbol{Ax}+\boldsymbol{By}-\boldsymbol{p}\end{bmatrix},\ G(\boldsymbol{z},0)=\begin{bmatrix}\boldsymbol{x}\sqcap\boldsymbol{y}\\ \boldsymbol{Ax}+\boldsymbol{By}\end{bmatrix}$$

由于 $\{\boldsymbol{A},\boldsymbol{B}\}$ 是 R－对，则由归一化方法(见命题 9.4)证得，随着 $t$ 的变化，$G(\boldsymbol{z},t)$ 的零集是一致有界的．假设 $\Omega$ 是 $V\times V$ 中包含所有这些零集的有界开集．注意到 $G(\boldsymbol{z},1)$ 仅在 $\bar{\boldsymbol{z}}=(\bar{\boldsymbol{x}},\bar{\boldsymbol{y}})\in\Omega$ 处为零，且在该点处的导数是非奇异的．因此

$$\deg(\boldsymbol{A},\boldsymbol{B})=\deg(G(\cdot,0),\Omega,\boldsymbol{0})=\deg(G(\cdot,1),\Omega,\boldsymbol{0})=\operatorname{sgn}\ \det G'(\bar{\boldsymbol{z}},1)\neq 0$$

其中最后一个等式由式(9－6)可得．从而证得 $\deg(\boldsymbol{A},\boldsymbol{B})$ 非零．证毕．

## 9.4 主要结论

现在讨论 wHLCP$(\boldsymbol{A},\boldsymbol{B},\boldsymbol{\omega},\boldsymbol{q})$ 的可解性．$(\boldsymbol{x},\boldsymbol{y})$ 是 wHLCP$(\boldsymbol{A},\boldsymbol{B},\boldsymbol{\omega},\boldsymbol{q})$ 的解，当且仅当它是下列方程组的解

$$\begin{cases}\boldsymbol{x}+\boldsymbol{y}-\sqrt{\boldsymbol{x}^2+\boldsymbol{y}^2+2\boldsymbol{\omega}}=\boldsymbol{0}\\ \boldsymbol{Ax}+\boldsymbol{By}-\boldsymbol{q}=\boldsymbol{0}\end{cases}$$

下面证明该方程组在非零度条件下有解．

**定理 9.1** 设 $\{\boldsymbol{A},\boldsymbol{B}\}$ 为 $\deg(\boldsymbol{A},\boldsymbol{B})$ 非零的 $R_0$－对，则对任意 $(\boldsymbol{\omega},\boldsymbol{q})\in V_+\times V$， wHLCP($\boldsymbol{A},\boldsymbol{B},\boldsymbol{\omega},\boldsymbol{q}$) 具有非空紧解集．

**证明：** 固定 $(\boldsymbol{\omega},\boldsymbol{q})\in V_{+}\times V$．当 $\boldsymbol{z}=(\boldsymbol{x},\boldsymbol{y})\in V\times V$ 且 $t\in[0,1]$ 时，定义下列映射：

$$F(\boldsymbol{z},t)=\begin{bmatrix}\boldsymbol{x}+\boldsymbol{y}-\sqrt{\boldsymbol{x}^2+\boldsymbol{y}^2+2t\boldsymbol{\omega}}\\ \boldsymbol{Ax}+\boldsymbol{By}-t\boldsymbol{q}\end{bmatrix}$$

$$H(\boldsymbol{z},t)=\begin{bmatrix}t(\boldsymbol{x}+\boldsymbol{y}-\sqrt{\boldsymbol{x}^2+\boldsymbol{y}^2})+(1-t)\boldsymbol{x}\sqcap\boldsymbol{y}\\ \boldsymbol{Ax}+\boldsymbol{By}\end{bmatrix}$$

下面证明在 $V\times V$ 中存在一个包含 $F$ 和 $H$（当 $t$ 在 $[0,1]$ 上变化时）的所有零集（关于 $z$）的有界开集 $\Omega$．那么在 $\Omega$ 上，$F$ 是联系 $F(\boldsymbol{z},1)$ 和 $F(\boldsymbol{z},0)$ 的同伦映射，$H$ 是联系 $H(\boldsymbol{z},1)(=F(\boldsymbol{z},0))$ 和 $H(\boldsymbol{z},0)$ 的同伦映射．运用度的同伦不变性得

$$\deg(F(\cdot,1),\Omega,\boldsymbol{0})=\deg(H(\cdot,0),\Omega,\boldsymbol{0})\neq 0$$

这表明方程 $F(\boldsymbol{z},1)=\boldsymbol{0}$ 有一个非空有界解集．

为了证明上述结论，需进行以下步骤．令

$$Z=\left\{\boldsymbol{z}\,\middle|\,F(\boldsymbol{z},t)=\boldsymbol{0},\text{对某 }t\in[0,1]\right\}$$

现运用归一化方法证明 $Z$ 是有界的．假设，如果可能的话，$Z$ 无界．令 $\boldsymbol{z}_k=(\boldsymbol{x}_k,\boldsymbol{y}_k),t_k\in[0,1]$ 对所有 $k=1,2,\cdots$ 满足 $\|\boldsymbol{z}_k\|\to\infty$ 且 $F(\boldsymbol{z}_k,t_k)=\boldsymbol{0}$．不失一般性，令 $k\to\infty$，

$$\boldsymbol{x}_0=\lim_{k\to\infty}\frac{\boldsymbol{x}_k}{\|\boldsymbol{z}_k\|},\ \boldsymbol{y}_0=\lim_{k\to\infty}\frac{\boldsymbol{y}_k}{\|\boldsymbol{z}_k\|}$$

注意到 $\|\boldsymbol{x}_0\|^2+\|\boldsymbol{y}_0\|^2=1$．对 $F(\boldsymbol{z}_k,t_k)$ 的每个分量都除以 $\|\boldsymbol{z}_k\|$ 且令 $k\to\infty$，可得

$$\begin{aligned}&\boldsymbol{x}_0+\boldsymbol{y}_0-\sqrt{\boldsymbol{x}_0{}^2+\boldsymbol{y}_0{}^2}=\boldsymbol{0}\\&\boldsymbol{Ax}_0+\boldsymbol{By}_0=\boldsymbol{0}\end{aligned}$$

由命题 9.1 知 $(\boldsymbol{x}_0,\boldsymbol{y}_0)$ 为 HLCP($\boldsymbol{A},\boldsymbol{B},\boldsymbol{0}$) 的一个非零解，这与 $\{\boldsymbol{A},\boldsymbol{B}\}$ 的 $\mathrm{R}_0$－性质相矛盾．故 $\boldsymbol{z}$ 有界．

其次，由命题 9.2 和 $\{\boldsymbol{A},\boldsymbol{B}\}$ 的 $\mathrm{R}_0$－性质得

$$\left\{\boldsymbol{z}\,\middle|\,H(\boldsymbol{z},t)=\boldsymbol{0},\text{对某 }t\in[0,1]\right\}=\left\{(\boldsymbol{0},\boldsymbol{0})\right\}$$

令 $\Omega$ 是 $V\times V$ 中包含 $F$ 和 $H$ 的零集的一个有界开集，那么由度的同伦不变性有

$$\deg(F(\cdot,1),\Omega,\boldsymbol{0})=\deg(F(\cdot,0),\Omega,\boldsymbol{0})=\deg(H(\cdot,1),\Omega,\boldsymbol{0})=\deg(H(\cdot,0),\Omega,\boldsymbol{0})$$
$$\deg(H(\cdot,0),\Omega,\boldsymbol{0})=\deg(\Theta,\Omega,\boldsymbol{0})=\mathrm{ind}(\Theta,\boldsymbol{0})=\deg(\boldsymbol{A},\boldsymbol{B})$$

由假设知，上式的最后一个量非零，故

$$\deg(F(\cdot,1),\Omega,\boldsymbol{0})\neq 0$$

这意味着方程 $F(\boldsymbol{z},1)=\boldsymbol{0}$ 在 $\Omega$ 里有零点，即证明了 wHLCP($\boldsymbol{A},\boldsymbol{B},\boldsymbol{\omega},\boldsymbol{q}$) 的解的存在性．由于 $F(\cdot,1)$ 的所有零点都在有界集 $\Omega$ 中，显然 wHLCP($\boldsymbol{A},\boldsymbol{B},\boldsymbol{\omega},\boldsymbol{q}$) 的解集是闭的，所以可证

得该解集的非空性和紧性．证毕．

受内点算法的启发，考虑 $\boldsymbol{\omega} > \mathbf{0}$ 的情形．首先，由文献[115]中的引理 2.6(4)知

$$\boldsymbol{x} \geqslant \mathbf{0}, \boldsymbol{y} \geqslant \mathbf{0}, \boldsymbol{x} \circ \boldsymbol{y} > \mathbf{0} \Rightarrow \boldsymbol{x} > \mathbf{0}, \boldsymbol{y} > \mathbf{0}$$

这里给出一个简短的不同证明．令 $\boldsymbol{x} \geqslant \mathbf{0}, \boldsymbol{y} \geqslant \mathbf{0}$ 且 $\boldsymbol{x} \circ \boldsymbol{y} = \boldsymbol{\omega} > \mathbf{0}$．假设 $\boldsymbol{x} > \mathbf{0}$ 不成立，使得 $\mathbf{0}$ 是 $\boldsymbol{x}$ 的一个特征值．这意味着存在一个本原幂等元 $\boldsymbol{e}_1$（它是出现在 $\boldsymbol{x}$ 的谱分解中的若尔当基)使得 $\boldsymbol{x} \circ \boldsymbol{e}_1 = \mathbf{0}$．但这与 $0 < \langle \boldsymbol{\omega}, \boldsymbol{e}_1 \rangle = \langle \boldsymbol{x} \circ \boldsymbol{y}, \boldsymbol{e}_1 \rangle = \langle \boldsymbol{y}, \boldsymbol{x} \circ \boldsymbol{e}_1 \rangle = 0$ 矛盾．因此 $\boldsymbol{x} > \mathbf{0}$，同理可得 $\boldsymbol{y} > \mathbf{0}$．

**推论 9.1**　令 $\{\boldsymbol{A}, \boldsymbol{B}\}$ 为 $\deg(\boldsymbol{A}, \boldsymbol{B})$ 非零的 $\mathrm{R}_0$－对．假设 $\boldsymbol{\omega} > \mathbf{0}$，那么对任意 $\boldsymbol{q} \in V$，“内点系统”

$$\boldsymbol{x} > \mathbf{0}, \boldsymbol{y} > \mathbf{0}, \boldsymbol{x} \circ \boldsymbol{y} = \boldsymbol{\omega}, \boldsymbol{A}\boldsymbol{x} + \boldsymbol{B}\boldsymbol{y} = \boldsymbol{q}$$

具有一个非空紧的解集．

现将上述两个结论具体到单个线性变换．

**推论 9.2**　令 $\boldsymbol{M}$ 是 $V$ 上的线性变换，设 $\boldsymbol{M}$ 具有 $\mathrm{R}_0$－性质且 $\deg(\boldsymbol{M})$ 非零，则对所有 $(\boldsymbol{\omega}, \boldsymbol{q}) \in V_+ \times V$，线性权互补问题

$$\boldsymbol{x} \geqslant \mathbf{0}, \boldsymbol{y} \geqslant \mathbf{0}, \boldsymbol{x} \circ \boldsymbol{y} = \boldsymbol{\omega}, \boldsymbol{y} = \boldsymbol{M}\boldsymbol{x} + \boldsymbol{q}$$

都有一个非空紧的解集．特别地，当 $\boldsymbol{\omega} > \mathbf{0}$ 时，对任意 $\boldsymbol{q} \in V$，“内点系统”

$$\boldsymbol{x} > \mathbf{0}, \boldsymbol{y} > \mathbf{0}, \boldsymbol{x} \circ \boldsymbol{y} = \boldsymbol{\omega}, \boldsymbol{y} = \boldsymbol{M}\boldsymbol{x} + \boldsymbol{q}$$

有一个非空紧的解集．

**注：**在标准线性互补问题文献中，内点系统的可解性和唯一性问题通常强调要针对特殊的 $\mathrm{P}_0$－矩阵(例如 $\mathrm{P}_*$－矩阵，参见文献[123]的引理 4.3 和定理 4.4)．从这个角度来讲，上述结论即使在 $V = \mathbf{R}^n$ 的情形下也是新的结果，因为它适用于多种类型的非 $\mathrm{P}_0$－矩阵，如严格共正矩阵、R－矩阵和第一类 N－矩阵[122]．

## 9.5　解集的性质

固定矩阵对 $\{\boldsymbol{A}, \boldsymbol{B}\}$，令 $\mathrm{SOL}(\boldsymbol{\omega}, \boldsymbol{q})$ 表示 $\mathrm{wHLCP}(\boldsymbol{A}, \boldsymbol{B}, \boldsymbol{\omega}, \boldsymbol{q})$ 的解集．以下结论描述了映射 $(\boldsymbol{\omega}, \boldsymbol{q}) \mapsto \mathrm{SOL}(\boldsymbol{\omega}, \boldsymbol{q})$ 的性质．

**定理 9.2**　设 $\{\boldsymbol{A}, \boldsymbol{B}\}$ 是一个 $\deg(\boldsymbol{A}, \boldsymbol{B})$ 非零的 $\mathrm{R}_0$－对，则以下结论成立：

(1)由 $V_+ \times V$ 到 $V_+ \times V_+$ (子集)的解映射 $(\boldsymbol{\omega}, \boldsymbol{q}) \mapsto \mathrm{SOL}(\boldsymbol{\omega}, \boldsymbol{q})$ 是上半连续的．

(2)对 $k = 1, 2, \cdots$，令 $\boldsymbol{\omega}_k \geqslant \mathbf{0}$ 且 $\boldsymbol{\omega}_k \to \boldsymbol{\omega}$．设对所有 $k$ 都有 $(\boldsymbol{x}_k, \boldsymbol{y}_k) \in \mathrm{SOL}(\boldsymbol{\omega}_k, \boldsymbol{q})$，那么序列$\{(\boldsymbol{x}_k, \boldsymbol{y}_k)\}$有界，且该序列的任何聚点都是 $\mathrm{wHLCP}(\boldsymbol{A}, \boldsymbol{B}, \boldsymbol{\omega}, \boldsymbol{q})$ 的解．

(3)令 $\boldsymbol{\omega} > \mathbf{0}$，对所有 $k$ 有 $t_k \downarrow 0$，且 $(\boldsymbol{x}_k, \boldsymbol{y}_k) \in \mathrm{SOL}(t_k \boldsymbol{\omega}, \boldsymbol{q})$，那么对于所有 $k$，有 $\boldsymbol{x}_k > \mathbf{0}$，$\boldsymbol{y}_k > \mathbf{0}$，序列 $\{(\boldsymbol{x}_k, \boldsymbol{y}_k)\}$ 有界，且该序列的所有聚点都是 $\mathrm{HLCP}(\boldsymbol{A}, \boldsymbol{B}, \boldsymbol{q})$ 的解．

**证明：**(1)固定 $(\boldsymbol{\omega}^*, \boldsymbol{q}^*) \in V_+ \times V$，令 $\Omega$ 为 $V \times V$ 中包含 $\mathrm{SOL}(\boldsymbol{\omega}^*, \boldsymbol{q}^*)$ 的任意开集．下证对于邻近 $(\boldsymbol{\omega}^*, \boldsymbol{q}^*)$ 的所有 $(\boldsymbol{\omega}, \boldsymbol{q})$，$\mathrm{SOL}(\boldsymbol{\omega}, \boldsymbol{q})$ 都包含于 $\Omega$ 中．

反证法．假设存在一个序列 $\{(\boldsymbol{\omega}_k,\boldsymbol{q}_k)\}$ 收敛于$(\boldsymbol{\omega}^*,\ \boldsymbol{q}^*)$，使得 $\mathrm{SOL}(\boldsymbol{\omega}_k,\boldsymbol{q}_k)$ 中存在某些解 $(\boldsymbol{x}_k,\boldsymbol{y}_k)$ 属于 $\Omega^c$（$\Omega$ 的补集），那么序列 $\{(\boldsymbol{x}_k,\boldsymbol{y}_k)\}$ 必然有界；否则由归一化方法可得 $\mathrm{HLCP}(\boldsymbol{A},\boldsymbol{B},\boldsymbol{0})$ 的一个非零解，这与 $\{\boldsymbol{A},\boldsymbol{B}\}$ 的 $\mathrm{R}_0$－性质相矛盾．故该序列的子列极限属于 $\mathrm{SOL}(\boldsymbol{\omega}^*,\boldsymbol{q}^*)$，且同时也在 $\Omega^c$ 里(因为该集合是闭集)．因此该矛盾证明了解集的上半连续性．

(2)在上述假设下，$(\boldsymbol{\omega}_k,\boldsymbol{q})\to(\boldsymbol{\omega},\boldsymbol{q})$．运用归一化方法可得序列 $\{(\boldsymbol{x}_k,\boldsymbol{y}_k)\}$ 是有界的．该序列的任何子列的极限显然都属于 $\mathrm{SOL}(\boldsymbol{\omega},\boldsymbol{q})$，即它是 $\mathrm{wHLCP}(\boldsymbol{A},\boldsymbol{B},\boldsymbol{\omega},\boldsymbol{q})$ 的解．

(3)由推论 9.1 知，对所有 $k$ 都有 $\boldsymbol{x}_k>\boldsymbol{0}$ 且 $\boldsymbol{y}_k>\boldsymbol{0}$．在(2)中令 $\boldsymbol{\omega}_k=t_k\boldsymbol{\omega}$ 可证得其余结论．证毕．

## 9.6　V 上的 P－对

如果 $V$ 上的线性变换 $\boldsymbol{M}$ 满足

$$\left.\begin{array}{l}\boldsymbol{x}\text{ 和 }\boldsymbol{Mx}\text{ 可交换}\\ \boldsymbol{x}\circ\boldsymbol{Mx}\leqslant\boldsymbol{0}\end{array}\right\}\Rightarrow\boldsymbol{x}=\boldsymbol{0}$$

则称 $\boldsymbol{M}$ 为 P－变换[78]．

P－变换是 P－矩阵的推广．在动力学系统中有一个重要的 P－变换例子：在由 $n\times n$ 实对称矩阵构成的欧几里得若尔当代数上，Lyapunov 变换 $\boldsymbol{X}\mapsto\boldsymbol{AX}+\boldsymbol{XA}^{\mathrm{T}}$ 是 P－变换当且仅当(实方阵) $\boldsymbol{A}$ 是正稳定的．P－变换的性质和更多实例可参见文献[78]．下面将此概念推广到变换对．

**定义 9.4**　如果线性变换 $\{\boldsymbol{A},\boldsymbol{B}\}$ 满足

$$\left.\begin{array}{l}\boldsymbol{x}\text{ 和 }\boldsymbol{y}\text{ 算子可交换}\\ \boldsymbol{x}\circ\boldsymbol{y}\leqslant\boldsymbol{0}\\ \boldsymbol{Ax}+\boldsymbol{By}=\boldsymbol{0}\end{array}\right\}\Rightarrow(\boldsymbol{x},\boldsymbol{y})=(\boldsymbol{0},\boldsymbol{0})$$

则称 $\{\boldsymbol{A},\boldsymbol{B}\}$ 为 $V$ 上的 P－对．

**命题 9.7**　设 $\{\boldsymbol{A},\boldsymbol{B}\}$ 是一个 P－对，则以下结论成立．

(1) $\boldsymbol{A}$ 和 $\boldsymbol{B}$ 可逆．

(2) $-\boldsymbol{B}^{-1}\boldsymbol{A}$ 和 $-\boldsymbol{A}^{-1}\boldsymbol{B}$ 是 P－变换．

(3) $\{\boldsymbol{A},\boldsymbol{B}\}$ 是一个 R－对．

(4)对于所有 $(\boldsymbol{\omega},\boldsymbol{q})\in V_+\times V$，$\mathrm{wHLCP}(\boldsymbol{A},\boldsymbol{B},\boldsymbol{\omega},\boldsymbol{q})$ 有一个非空紧的解集．

**证明：**(1)若存在 $\boldsymbol{x}$，使得 $\boldsymbol{Ax}=\boldsymbol{0}$，则

$$[\boldsymbol{x}\text{ 和 }\boldsymbol{0}\text{ 算子可交换且 }\boldsymbol{x}\circ\boldsymbol{0}=\boldsymbol{0},\ \boldsymbol{Ax}+\boldsymbol{B0}=\boldsymbol{0}]\Rightarrow(\boldsymbol{x},\boldsymbol{0})=(\boldsymbol{0},\boldsymbol{0})$$

这表明 $\boldsymbol{A}$ 可逆．同理可证 $\boldsymbol{B}$ 可逆．

(2)令 $\boldsymbol{M}=-\boldsymbol{B}^{-1}\boldsymbol{A}$．如果 $\boldsymbol{x}$ 和 $\boldsymbol{Mx}$ 算子可交换且 $\boldsymbol{x}\circ\boldsymbol{Mx}\leqslant\boldsymbol{0}$，则由 $\boldsymbol{y}=\boldsymbol{Mx}=-\boldsymbol{B}^{-1}\boldsymbol{Ax}$，可得 $\boldsymbol{x}$ 和 $\boldsymbol{y}$ 算子可交换，$\boldsymbol{x}\circ\boldsymbol{y}\leqslant\boldsymbol{0}$ 且 $\boldsymbol{Ax}+\boldsymbol{By}=\boldsymbol{0}$．因此 $(\boldsymbol{x},\boldsymbol{y})=(\boldsymbol{0},\boldsymbol{0})$，故 $\boldsymbol{x}=\boldsymbol{0}$．因此 $-\boldsymbol{B}^{-1}\boldsymbol{A}$ 是 P－变换．同理可证 $-\boldsymbol{A}^{-1}\boldsymbol{B}$ 也是 P－变换．

(3)现证 $\{\boldsymbol{A},\boldsymbol{B}\}$ 是一个 R－对．首先 $\{\boldsymbol{A},\boldsymbol{B}\}$ 是一个 $\mathrm{R}_0$－对：当 $\boldsymbol{x}\sqcap\boldsymbol{y}=\boldsymbol{0}$ 且 $\boldsymbol{Ax}+\boldsymbol{By}=\boldsymbol{0}$ 时，

由命题 9.1 得 $\boldsymbol{x}$ 和 $\boldsymbol{y}$ 算子可交换，$\boldsymbol{x}\circ\boldsymbol{y}=\boldsymbol{0}$ 且 $\boldsymbol{Ax}+\boldsymbol{By}=\boldsymbol{0}$．因此，由 P－对的定义知 $(\boldsymbol{x},\boldsymbol{y})=(\boldsymbol{0},\boldsymbol{0})$．

现令 $\boldsymbol{p}=\boldsymbol{Be}$，其中 $e$ 表示 $V$ 中的单位元．显然，$(\boldsymbol{0},\boldsymbol{e})$ 是 HLCP$(\boldsymbol{A},\boldsymbol{B},\boldsymbol{p})$ 的解．下证它是唯一解．令 $(\boldsymbol{x},\boldsymbol{y})$ 为 HLCP$(\boldsymbol{A},\boldsymbol{B},\boldsymbol{p})$ 的任意解，因此 $\boldsymbol{x}$ 和 $\boldsymbol{y}$ 算子可交换，$\boldsymbol{x},\boldsymbol{y}\geqslant\boldsymbol{0}$，且 $\boldsymbol{x}\circ\boldsymbol{y}=\boldsymbol{0}$．这意味着 $\boldsymbol{x}$ 和 $\boldsymbol{y}-\boldsymbol{e}$ 算子可交换，且 $\boldsymbol{x}\circ(\boldsymbol{y}-\boldsymbol{e})=-\boldsymbol{x}\leqslant\boldsymbol{0}$，又因为 $\boldsymbol{Ax}+\boldsymbol{B}(\boldsymbol{y}-\boldsymbol{e})=\boldsymbol{0}$，则根据 P－对的定义得 $(\boldsymbol{x},\boldsymbol{y}-\boldsymbol{e})=(\boldsymbol{0},\boldsymbol{0})$．这意味着 $(\boldsymbol{x},\boldsymbol{y})=(\boldsymbol{0},\boldsymbol{e})$．又 $\boldsymbol{0}+\boldsymbol{e}=\boldsymbol{e}>\boldsymbol{0}$，故定义 9.3 中的条件(1)和(2)成立．

现验证该定义中的条件(3)．如果 $(\boldsymbol{x},\boldsymbol{y})$ 趋向于 $(\boldsymbol{0},\boldsymbol{e})$，则 $\boldsymbol{x}-\boldsymbol{y}$ 趋向于 $-\boldsymbol{e}$，因此 $\Pi_{V_+}(\boldsymbol{x}-\boldsymbol{y})=\boldsymbol{0}$．在这种情况下，$\boldsymbol{x}\sqcap\boldsymbol{y}=\boldsymbol{x}-\Pi_{V_+}(\boldsymbol{x}-\boldsymbol{y})=\boldsymbol{x}$．因此，对邻近 $\bar{z}=(\boldsymbol{0},\boldsymbol{e})$ 的所有 $z=(\boldsymbol{x},\boldsymbol{y})$ 有

$$G(z)=\begin{bmatrix}\boldsymbol{x}\\ \boldsymbol{Ax}+\boldsymbol{By}-\boldsymbol{Be}\end{bmatrix},\ G'(\bar{z})=\begin{bmatrix}\boldsymbol{I} & \boldsymbol{0}\\ \boldsymbol{A} & \boldsymbol{B}\end{bmatrix}$$

由命题 9.3 和 $\boldsymbol{B}$ 的可逆性知，$G'(\bar{z})$ 是非奇异的．

(4)由命题 9.6 和定理 9.1 可证．证毕．

**例 9.3** 令 $V=S^n$ 表示所有 $n\times n$ 实对称矩阵的欧几里得若尔当代数，其中 $\langle\boldsymbol{X},\boldsymbol{Y}\rangle=\mathrm{trace}(\boldsymbol{XY})$ 且 $\boldsymbol{X}\circ\boldsymbol{Y}=\boldsymbol{XY}+\boldsymbol{YX}$．这里 $S^n_+$ 是由 $S^n$ 中的半正定矩阵构成的“半定锥”．用 $\boldsymbol{X}\geqslant\boldsymbol{0}$ 和 $\boldsymbol{X}>\boldsymbol{0}$ 分别表示 $V_+$ 及其内部的元素．令 $\boldsymbol{A}$ 为 $n\times n$ 正稳定的实矩阵(这意味着 $\boldsymbol{A}$ 的每个特征值都有正实部)，那么 Lyapunov 变换 $\boldsymbol{X}\mapsto\boldsymbol{AX}+\boldsymbol{XA}^{\mathrm{T}}$ 是 $S^n$ 上的一个 P－变换[78]．因此，对任意 $\boldsymbol{W}>\boldsymbol{0}$，以下系统都有解：

$$\boldsymbol{X}>\boldsymbol{0},\boldsymbol{Y}>\boldsymbol{0},\boldsymbol{X}\circ\boldsymbol{Y}=\boldsymbol{W},\quad \boldsymbol{Y}=\boldsymbol{AX}+\boldsymbol{XA}^{\mathrm{T}}$$

动力系统的 Lyapunov 理论已经给出当 $\boldsymbol{AX}+\boldsymbol{XA}^{\mathrm{T}}>\boldsymbol{0}$ 时 $\boldsymbol{X}>\boldsymbol{0}$ 的存在性．这里的创新之处在于可找到满足额外条件 $\boldsymbol{X}\circ(\boldsymbol{AX}+\boldsymbol{XA}^{\mathrm{T}})=\boldsymbol{W}$ 的 $\boldsymbol{X}$，其中 $\boldsymbol{W}>\boldsymbol{0}$ 是任意的．上述结论对于 Stein 变换 $\boldsymbol{X}\mapsto\boldsymbol{X}-\boldsymbol{BXB}^{\mathrm{T}}$ 仍成立，其中 $\boldsymbol{B}$ 是 $n\times n$ 实 Schur 稳定矩阵(这意味着 $\boldsymbol{B}$ 的每个特征值的绝对值都小于 1)．[78]

## 9.7 $\mathbf{R}^n$ 上的 P－对

现考虑 $V=\mathbf{R}^n$ 的情形，并证明唯一性结果．

**定理 9.3** 令 $V=\mathbf{R}^n$，则以下结论等价：

(1) $\{\boldsymbol{A},\boldsymbol{B}\}$ 是一个 P－对．

(2)对任意 $(\boldsymbol{\omega},\boldsymbol{q})\in\mathbf{R}^n_+\times\mathbf{R}^n$，wHLCP$(\boldsymbol{A},\boldsymbol{B},\boldsymbol{\omega},\boldsymbol{q})$ 都有唯一解．

(3)对任意 $\boldsymbol{q}\in\mathbf{R}^n$，HLCP$(\boldsymbol{A},\boldsymbol{B},\boldsymbol{q})$ 都有唯一解．

**证明：** (1)⇒(2)：在先前的结论中已证得 wHLCP$(\boldsymbol{A},\boldsymbol{B},\boldsymbol{\omega},\boldsymbol{q})$ 的可解性．现证明其唯一性．假设 $(\boldsymbol{x}_1,\boldsymbol{y}_1)$ 和 $(\boldsymbol{x}_2,\boldsymbol{y}_2)$ 是 wHLCP$(\boldsymbol{A},\boldsymbol{B},\boldsymbol{\omega},\boldsymbol{q})$ 的任意两个解，即

$$\begin{cases} \boldsymbol{x}_1 \geqslant \boldsymbol{0}, \boldsymbol{y}_1 \geqslant \boldsymbol{0} \\ \boldsymbol{x}_1 * \boldsymbol{y}_1 = \boldsymbol{\omega} \\ \boldsymbol{A}\boldsymbol{x}_1 + \boldsymbol{B}\boldsymbol{y}_1 = \boldsymbol{q} \end{cases} \qquad \begin{cases} \boldsymbol{x}_2 \geqslant \boldsymbol{0}, \boldsymbol{y}_2 \geqslant \boldsymbol{0} \\ \boldsymbol{x}_2 * \boldsymbol{y}_2 = \boldsymbol{\omega} \\ \boldsymbol{A}\boldsymbol{x}_2 + \boldsymbol{B}\boldsymbol{y}_2 = \boldsymbol{q} \end{cases}$$

由于 $\boldsymbol{\omega} \geqslant \boldsymbol{0}$，令

$$\alpha = \left\{ i \middle| \boldsymbol{\omega}_i > \boldsymbol{0} \right\}, \beta = \left\{ i \middle| \boldsymbol{\omega}_i = \boldsymbol{0} \right\}$$

那么

$$(\boldsymbol{x}_1 * \boldsymbol{y}_1)_i = (\boldsymbol{x}_2 * \boldsymbol{y}_2)_i = \boldsymbol{\omega}_i > \boldsymbol{0}, \quad \forall\, i \in \alpha$$
$$(\boldsymbol{x}_1 * \boldsymbol{y}_1)_i = (\boldsymbol{x}_2 * \boldsymbol{y}_2)_i = \boldsymbol{\omega}_i = \boldsymbol{0}, \quad \forall\, i \in \beta$$

现仅考虑指标集 $\alpha$ 上的分量积，则

$$\begin{aligned} &(\boldsymbol{x}_1 - \boldsymbol{x}_2) * (\boldsymbol{y}_1 - \boldsymbol{y}_2) \\ &\quad = \boldsymbol{x}_1 * \boldsymbol{y}_1 + \boldsymbol{x}_2 * \boldsymbol{y}_2 - \boldsymbol{x}_1 * \boldsymbol{y}_2 - \boldsymbol{x}_2 * \boldsymbol{y}_1 \\ &\quad = \boldsymbol{x}_1 * \boldsymbol{y}_1 + \boldsymbol{x}_1 * \boldsymbol{y}_1 - \boldsymbol{x}_1 * \left(\frac{\boldsymbol{x}_1 * \boldsymbol{y}_1}{\boldsymbol{x}_2}\right) - \boldsymbol{x}_2 * \boldsymbol{y}_1 \\ &\quad = (\boldsymbol{x}_1 - \boldsymbol{x}_2) * \boldsymbol{y}_1 + \left(\frac{\boldsymbol{x}_1 * \boldsymbol{y}_1}{\boldsymbol{x}_2}\right) * (\boldsymbol{x}_2 - \boldsymbol{x}_1) \\ &\quad = (\boldsymbol{x}_2 - \boldsymbol{x}_1) * \left(\frac{\boldsymbol{x}_1 * \boldsymbol{y}_1}{\boldsymbol{x}_2} - \boldsymbol{y}_1\right) \\ &\quad = -\frac{\boldsymbol{y}_1}{\boldsymbol{x}_2} (\boldsymbol{x}_1 - \boldsymbol{x}_2)^2 \leqslant \boldsymbol{0} \end{aligned}$$

在指标集 $\beta$ 上有

$$\begin{aligned} &(\boldsymbol{x}_1 - \boldsymbol{x}_2) * (\boldsymbol{y}_1 - \boldsymbol{y}_2) \\ &\quad = \boldsymbol{x}_1 * \boldsymbol{y}_1 + \boldsymbol{x}_2 * \boldsymbol{y}_2 - \boldsymbol{x}_1 * \boldsymbol{y}_2 - \boldsymbol{x}_2 * \boldsymbol{y}_1 \\ &\quad = \boldsymbol{0} + \boldsymbol{0} - \boldsymbol{x}_1 * \boldsymbol{y}_2 - \boldsymbol{x}_2 * \boldsymbol{y}_1 \\ &\quad \leqslant \boldsymbol{0} \end{aligned}$$

因此

$$(\boldsymbol{x}_1 - \boldsymbol{x}_2) * (\boldsymbol{y}_1 - \boldsymbol{y}_2) \leqslant \boldsymbol{0}$$
$$\boldsymbol{A}(\boldsymbol{x}_1 - \boldsymbol{x}_2) + \boldsymbol{B}(\boldsymbol{y}_1 - \boldsymbol{y}_2) = \boldsymbol{0}$$

由于 $\{\boldsymbol{A}, \boldsymbol{B}\}$ 是一个 P－对且 $\mathbf{R}^n$ 中的向量总是算子可交换，则有 $\boldsymbol{x}_1 = \boldsymbol{x}_2$ 和 $\boldsymbol{y}_1 = \boldsymbol{y}_2$．因此任何 wHLCP$(\boldsymbol{A}, \boldsymbol{B}, \boldsymbol{\omega}, \boldsymbol{q})$ 的解都唯一．

(2)⇒(3)：令 $\boldsymbol{\omega} = \boldsymbol{0}$，则结论显然成立．

(3)⇒(1)：假设 $(\boldsymbol{x}, \boldsymbol{y}) \neq (\boldsymbol{0}, \boldsymbol{0})$，$\boldsymbol{x} \circ \boldsymbol{y} \leqslant \boldsymbol{0}$ 且 $\boldsymbol{A}\boldsymbol{x} + \boldsymbol{B}\boldsymbol{y} = \boldsymbol{0}$．对于 $\boldsymbol{q} = \boldsymbol{A}\boldsymbol{x}^+ + \boldsymbol{B}\boldsymbol{y}^+ = \boldsymbol{A}\boldsymbol{x}^- + \boldsymbol{B}\boldsymbol{y}^-$，可知 $(\boldsymbol{x}^+, \boldsymbol{y}^+)$ 和 $(\boldsymbol{x}^-, \boldsymbol{y}^-)$ 是 HLCP$(\boldsymbol{A}, \boldsymbol{B}, \boldsymbol{q})$ 的两个不同解．这与(3)相矛盾．证毕．

值得注意的是，上述唯一性结果，即使对于一般欧几里得若尔当代数上的 P－变换也未必成立(参见文献[78]定理 14 后边的注)．

以上结论，特别是(3)，将 P－对和矩阵对的 W－性质联系了起来(参见文献[124])．

# 第 10 章 对称锥权互补问题的正则化非单调非精确光滑牛顿法

本章提出用正则化非单调非精确光滑牛顿法求解对称锥权互补问题（$wSCCP$）. 该算法将正则化参数视为一个独立变量，因此它与许多现有的算法相比，更简单、易实现. 在每次迭代中，该算法只需求得方程组的近似解. 另外，该算法中的非单调线搜索包含了两种常用的非单调形式. 在单调假设下，本章证明了该算法全局收敛且局部二阶收敛. 最后，用一些数值结果说明了该算法的有效性.

## 10.1 引 言

基于欧几里得若尔当代数，本章研究求解对称锥上权互补问题的算法. 令 $F(\boldsymbol{x}):J \to J$ 为连续可微映射，$J$ 为 $n$ 维欧氏空间. 考虑对称锥权互补问题，即找到 $(\boldsymbol{x},\boldsymbol{s}) \in J \times J$ 使得

$$\boldsymbol{x} \in K, \boldsymbol{s} \in K, \boldsymbol{x} \circ \boldsymbol{s} = \boldsymbol{w}, \boldsymbol{x} = F(\boldsymbol{x}) \tag{10-1}$$

其中，$K \subset J$ 为对称锥，$\boldsymbol{w} \in K$ 是给定的权向量. 当 $\boldsymbol{w}$ 为零向量时，对称锥权互补问题(10-1)退化为对称锥互补问题.

目前，求解各类优化问题的光滑牛顿法备受关注[30,125]. 其中，正则化牛顿法可有效处理一些不适定问题[33,126]，故与许多其他方法相比，正则化牛顿法更容易实现.

为了提高算法求得全局最优解的可能性以及加快其收敛速度，许多非单调线搜索被提出[102,127]. *Grippo* 等[102] 首先提出了非单调牛顿法，这是对 *Armijo* 搜索的推广. 之后，*Zhang* 和 *Hager*[127] 提出了新的非单调算法求解无约束优化问题，新提出的算法与单调方法或传统的非单调方法相比，需要更少的函数值和梯度评估次数. 此外，*Ahookhosh*[128] 结合一些常用的非单调线搜索，给出了两类新的非单调线搜索方案.

受文献[128]的启发，本章提出了求解对称锥权互补问题的正则化非单调非精确光滑牛顿法，并用该算法求解以下对称锥权互补问题[125]：

$$\boldsymbol{x} \in K, \boldsymbol{s} \in K, \boldsymbol{x} \circ \boldsymbol{s} = \boldsymbol{w}, \boldsymbol{s} = F_\mu(\boldsymbol{x}) \tag{10-2}$$

其中，$\mu > 0$ 为正则参数，函数 $F_\mu(\boldsymbol{x}):J \to J$ 定义为

$$F_\mu(\boldsymbol{x}) = F(\boldsymbol{x}) + \mu \boldsymbol{x} \tag{10-3}$$

当 $\mu \to 0$ 时，问题(10-2)退化为对称锥权互补问题(10-1).

## 10.2　光滑函数及其性质

本节引入对称锥权互补问题的一个光滑函数，并研究该函数的一些性质. 这将在后续的正则化非单调非精确光滑牛顿法中起重要作用.

设函数 $\phi(\mu,\boldsymbol{x},\boldsymbol{s}):\mathbf{R}_{+}\times J\times J\rightarrow J$：

$$\phi(\mu,\boldsymbol{x},\boldsymbol{s})=\boldsymbol{x}+\boldsymbol{s}-\sqrt{[\boldsymbol{x}-\mu(\boldsymbol{x}-\boldsymbol{s})]^2+[\boldsymbol{s}+\mu(\boldsymbol{x}-\boldsymbol{s})]^2+2\boldsymbol{w}+2\mu^2\boldsymbol{e}} \tag{10-4}$$

其中，$\boldsymbol{w}\in K$. 当 $\boldsymbol{w}$ 为零向量且 $K$ 为二阶锥时，式(10－4)退化为二阶锥互补问题的光滑函数[17].

为了证明函数 $\phi(\mu,\boldsymbol{x},\boldsymbol{s})$ 在 $\mathbf{R}_{++}\times J\times J\rightarrow J$ 上连续可微，下面给出几个重要引理.

**引理 10.1**[46]　若 $\boldsymbol{c}>\boldsymbol{0}$，则线性映射 $L_c$ 的逆映射 $L_c^{-1}$ 存在，且在 $(\bar{\boldsymbol{x}},\bar{\boldsymbol{c}})\in J\times\text{int}\,K$ 处连续.

**引理 10.2**[78]　在欧几里得若尔当代数 $J$ 上，若对任意 $\boldsymbol{u}\geqslant\boldsymbol{0},\boldsymbol{v}\geqslant\boldsymbol{0}$ 满足 $\boldsymbol{u}^2-\boldsymbol{v}^2>\boldsymbol{0}$，则有 $\boldsymbol{u}-\boldsymbol{v}>\boldsymbol{0}$.

**引理 10.3**[115]　设 $\boldsymbol{x},\boldsymbol{y},\boldsymbol{u},\boldsymbol{v}\in J$ 且 $\boldsymbol{x},\boldsymbol{y}>\boldsymbol{0},\boldsymbol{x}\circ\boldsymbol{y}>\boldsymbol{0}$. 若 $\langle\boldsymbol{u},\boldsymbol{v}\rangle\geqslant 0$ 且 $\boldsymbol{x}\circ\boldsymbol{u}+\boldsymbol{y}\circ\boldsymbol{v}=\boldsymbol{0}$，则 $\boldsymbol{u}=\boldsymbol{v}=\boldsymbol{0}$.

**引理 10.4**　对任意 $\boldsymbol{x},\boldsymbol{s}\in J,\mu>0$ 和 $\boldsymbol{w}\in K$，设函数 $\phi$ 由式(10－4)定义.

(1)令 $\boldsymbol{w}_1=\boldsymbol{x}-\mu(\boldsymbol{x}-\boldsymbol{s}),\boldsymbol{w}_2=\boldsymbol{s}+\mu(\boldsymbol{x}-\boldsymbol{s}),\boldsymbol{c}=\sqrt{\boldsymbol{w}_1^2+\boldsymbol{w}_2^2+2\boldsymbol{w}+2\mu^2\boldsymbol{e}}$ 和

$$\begin{aligned}\hat{\boldsymbol{g}}=&\boldsymbol{w}_1\circ[\boldsymbol{u}-h(\boldsymbol{u}-\boldsymbol{v})]+\boldsymbol{w}_2\circ[\boldsymbol{v}+h(\boldsymbol{u}-\boldsymbol{v})]-\mu(\boldsymbol{w}_1-\boldsymbol{w}_2)\circ(\boldsymbol{u}-\boldsymbol{v})-\\&h[\boldsymbol{w}_1-\boldsymbol{w}_2+\boldsymbol{u}-\boldsymbol{v}-2\mu(\boldsymbol{u}-\boldsymbol{v})]\circ(\boldsymbol{x}-\boldsymbol{s})+2\mu h\boldsymbol{e}\end{aligned}$$

其中，$\boldsymbol{u},\boldsymbol{v}\in J$ 和 $h\in\mathbf{R}$. 那么 $L_c$ 存在逆算子 $L_c^{-1}$ 且

$$D\phi(\mu,\boldsymbol{x},\boldsymbol{s})(h,\boldsymbol{u},\boldsymbol{v})=\boldsymbol{u}+\boldsymbol{v}-L_c^{-1}(\hat{\boldsymbol{g}}) \tag{10-5}$$

(2) $D\phi(\cdot,\cdot,\cdot)$ 在 $\mathbf{R}_{++}\times J\times J\rightarrow J$ 上连续可微.

**证明：**(1)因为 $\boldsymbol{c}>\boldsymbol{0}$，由引理 10.1 知 $L_c$ 存在逆算子 $L_c^{-1}$. 对任意 $\boldsymbol{x},\boldsymbol{s},\boldsymbol{u},\boldsymbol{v}\in J,\mu>0$ 和 $h\in\mathbf{R}$，令

$$\begin{aligned}\boldsymbol{d}^2=&[\boldsymbol{x}+\boldsymbol{u}-(\mu+h)(\boldsymbol{x}+\boldsymbol{u}-\boldsymbol{s}-\boldsymbol{v})]^2+[\boldsymbol{s}+\boldsymbol{v}+(\mu+h)(\boldsymbol{x}+\boldsymbol{u}-\boldsymbol{s}-\boldsymbol{v})]^2+\\&2\boldsymbol{w}+2(\mu+h)^2\boldsymbol{e}\\\tilde{\boldsymbol{g}}=&[\boldsymbol{u}-h(\boldsymbol{u}-\boldsymbol{v})]^2+[\boldsymbol{v}+h(\boldsymbol{u}-\boldsymbol{v})]^2-2\mu[\boldsymbol{u}-\boldsymbol{v}-2h(\boldsymbol{u}-\boldsymbol{v})]\circ(\boldsymbol{u}-\boldsymbol{v})+\\&4h^2(\boldsymbol{u}-\boldsymbol{v})\circ(\boldsymbol{x}-\boldsymbol{s})+2\mu^2(\boldsymbol{u}-\boldsymbol{v})^2+2h^2(\boldsymbol{x}-\boldsymbol{s})^2+2h^2\boldsymbol{e}\end{aligned}$$

则有

$$\boldsymbol{d}^2-\boldsymbol{c}^2=2(\boldsymbol{d}-\boldsymbol{c})\circ\boldsymbol{c}+(\boldsymbol{d}-\boldsymbol{c})^2$$

即

$$\begin{aligned}\boldsymbol{d}^2-\boldsymbol{c}^2=&[\boldsymbol{x}+\boldsymbol{u}-(\mu+h)(\boldsymbol{x}+\boldsymbol{u}-\boldsymbol{s}-\boldsymbol{v})]^2+[\boldsymbol{s}+\boldsymbol{v}+(\mu+h)(\boldsymbol{x}+\boldsymbol{u}-\boldsymbol{s}-\boldsymbol{v})]^2+\\&2\boldsymbol{w}+2(\mu+h)^2\boldsymbol{e}-[\boldsymbol{x}-\mu(\boldsymbol{x}-\boldsymbol{s})]^2-[\boldsymbol{s}+\mu(\boldsymbol{x}-\boldsymbol{s})]^2-2\boldsymbol{w}-2\mu^2\boldsymbol{e}\end{aligned}$$

$$\begin{aligned}
&= 2[\boldsymbol{x}-\mu(\boldsymbol{x}-\boldsymbol{s})]\circ[\boldsymbol{u}-h(\boldsymbol{u}-\boldsymbol{v})-h(\boldsymbol{x}-\boldsymbol{s})-\mu(\boldsymbol{u}-\boldsymbol{v})]+\\
&\quad [\boldsymbol{u}-h(\boldsymbol{u}-\boldsymbol{v})-h(\boldsymbol{x}-\boldsymbol{s})-\mu(\boldsymbol{u}-\boldsymbol{v})]^2+\\
&\quad 2[\boldsymbol{s}+\mu(\boldsymbol{x}-\boldsymbol{s})]\circ[\boldsymbol{v}+h(\boldsymbol{u}-\boldsymbol{v})+h(\boldsymbol{x}-\boldsymbol{s})+\mu(\boldsymbol{u}-\boldsymbol{v})]+\\
&\quad [\boldsymbol{v}+h(\boldsymbol{u}-\boldsymbol{v})+h(\boldsymbol{x}-\boldsymbol{s})+\mu(\boldsymbol{u}-\boldsymbol{v})]^2+4\mu h\boldsymbol{e}+2h^2\boldsymbol{e}\\
&= 2[\boldsymbol{x}-\mu(\boldsymbol{x}-\boldsymbol{s})]\circ[\boldsymbol{u}-h(\boldsymbol{u}-\boldsymbol{v})]-2[\boldsymbol{x}-\mu(\boldsymbol{x}-\boldsymbol{s})]\circ[h(\boldsymbol{x}-\boldsymbol{s})+\\
&\quad \mu(\boldsymbol{u}-\boldsymbol{v})]+[\boldsymbol{u}-h(\boldsymbol{u}-\boldsymbol{v})]^2-2[\boldsymbol{u}-h(\boldsymbol{u}-\boldsymbol{v})]\circ[h(\boldsymbol{x}-\boldsymbol{s})+\\
&\quad \mu(\boldsymbol{u}-\boldsymbol{v})]+2[h(\boldsymbol{x}-\boldsymbol{s})+\mu(\boldsymbol{u}-\boldsymbol{v})]^2+2[\boldsymbol{s}+\mu(\boldsymbol{x}-\boldsymbol{s})]\circ\\
&\quad [\boldsymbol{v}+h(\boldsymbol{u}-\boldsymbol{v})]+2[\boldsymbol{s}+\mu(\boldsymbol{x}-\boldsymbol{s})]\circ[h(\boldsymbol{x}-\boldsymbol{s})+\mu(\boldsymbol{u}-\boldsymbol{v})]+\\
&\quad [\boldsymbol{v}+h(\boldsymbol{u}-\boldsymbol{v})]^2+2[\boldsymbol{v}+h(\boldsymbol{u}-\boldsymbol{v})]\circ[h(\boldsymbol{x}-\boldsymbol{s})+\mu(\boldsymbol{u}-\boldsymbol{v})]+4\mu h\boldsymbol{e}+2h^2\boldsymbol{e}\\
&= 2[\boldsymbol{x}-\mu(\boldsymbol{x}-\boldsymbol{s})]\circ[\boldsymbol{u}-h(\boldsymbol{u}-\boldsymbol{v})]+2[\boldsymbol{s}+\mu(\boldsymbol{x}-\boldsymbol{s})]\circ[\boldsymbol{v}+h(\boldsymbol{u}-\boldsymbol{v})]-\\
&\quad 2h[\boldsymbol{x}-\mu(\boldsymbol{x}-\boldsymbol{s})]\circ(\boldsymbol{x}-\boldsymbol{s})-2\mu[\boldsymbol{x}-\mu(\boldsymbol{x}-\boldsymbol{s})]\circ(\boldsymbol{u}-\boldsymbol{v})+\\
&\quad [\boldsymbol{u}-h(\boldsymbol{u}-\boldsymbol{v})]^2-2h[\boldsymbol{u}-h(\boldsymbol{u}-\boldsymbol{v})]\circ(\boldsymbol{x}-\boldsymbol{s})-2\mu[\boldsymbol{u}-h(\boldsymbol{u}-\boldsymbol{v})]\circ\\
&\quad (\boldsymbol{u}-\boldsymbol{v})+2h^2(\boldsymbol{x}-\boldsymbol{s})^2+4h\mu(\boldsymbol{x}-\boldsymbol{s})\circ(\boldsymbol{u}-\boldsymbol{v})+2\mu^2(\boldsymbol{u}-\boldsymbol{v})^2+\\
&\quad 2h[\boldsymbol{s}+\mu(\boldsymbol{x}-\boldsymbol{s})]\circ(\boldsymbol{x}-\boldsymbol{s})+2\mu[\boldsymbol{s}+\mu(\boldsymbol{x}-\boldsymbol{s})]\circ(\boldsymbol{u}-\boldsymbol{v})+[\boldsymbol{v}+h(\boldsymbol{u}-\boldsymbol{v})]^2+\\
&\quad 2h[\boldsymbol{v}+h(\boldsymbol{u}-\boldsymbol{v})]\circ(\boldsymbol{x}-\boldsymbol{s})+2\mu[\boldsymbol{v}+h(\boldsymbol{u}-\boldsymbol{v})]\circ(\boldsymbol{u}-\boldsymbol{v})+4\mu h\boldsymbol{e}+2h^2\boldsymbol{e}\\
&= 2[\boldsymbol{x}-\mu(\boldsymbol{x}-\boldsymbol{s})]\circ[\boldsymbol{u}-h(\boldsymbol{u}-\boldsymbol{v})]+2[\boldsymbol{s}+\mu(\boldsymbol{x}-\boldsymbol{s})]\circ[\boldsymbol{v}+h(\boldsymbol{u}-\boldsymbol{v})]-\\
&\quad 2h[\boldsymbol{x}-\mu(\boldsymbol{x}-\boldsymbol{s})-\boldsymbol{s}-\mu(\boldsymbol{x}-\boldsymbol{s})+\boldsymbol{u}-\boldsymbol{v}-2\mu(\boldsymbol{u}-\boldsymbol{v})]\circ(\boldsymbol{x}-\boldsymbol{s})-\\
&\quad 2\mu[\boldsymbol{x}-\mu(\boldsymbol{x}-\boldsymbol{s})-\boldsymbol{s}-\mu(\boldsymbol{x}-\boldsymbol{s})]\circ(\boldsymbol{u}-\boldsymbol{v})+4\mu h\boldsymbol{e}+[\boldsymbol{u}-h(\boldsymbol{u}-\boldsymbol{v})]^2+\\
&\quad [\boldsymbol{v}+h(\boldsymbol{u}-\boldsymbol{v})]^2+4h^2(\boldsymbol{x}-\boldsymbol{s})\circ(\boldsymbol{u}-\boldsymbol{v})-2\mu[\boldsymbol{u}-\boldsymbol{v}-2h(\boldsymbol{u}-\boldsymbol{v})]\circ\\
&\quad (\boldsymbol{u}-\boldsymbol{v})+2h^2(\boldsymbol{x}-\boldsymbol{s})^2+2\mu^2(\boldsymbol{u}-\boldsymbol{v})^2+2h^2\boldsymbol{e}\\
&= 2\boldsymbol{w}_1\circ[\boldsymbol{u}-h(\boldsymbol{u}-\boldsymbol{v})]+2\boldsymbol{w}_2\circ[\boldsymbol{v}+h(\boldsymbol{u}-\boldsymbol{v})]-2h[\boldsymbol{w}_1-\boldsymbol{w}_2+\boldsymbol{u}-\boldsymbol{v}-\\
&\quad 2\mu(\boldsymbol{u}-\boldsymbol{v})]\circ(\boldsymbol{x}-\boldsymbol{s})-2\mu(\boldsymbol{w}_1-\boldsymbol{w}_2)\circ(\boldsymbol{u}-\boldsymbol{v})+4\mu h\boldsymbol{e}+\\
&\quad [\boldsymbol{u}-h(\boldsymbol{u}-\boldsymbol{v})]^2+[\boldsymbol{v}+h(\boldsymbol{u}-\boldsymbol{v})]^2+4h^2(\boldsymbol{x}-\boldsymbol{s})\circ(\boldsymbol{u}-\boldsymbol{v})-\\
&\quad 2\mu[\boldsymbol{u}-\boldsymbol{v}-2h(\boldsymbol{u}-\boldsymbol{v})]\circ(\boldsymbol{u}-\boldsymbol{v})+2h^2(\boldsymbol{x}-\boldsymbol{s})^2+2\mu^2(\boldsymbol{u}-\boldsymbol{v})^2+2h^2\boldsymbol{e}\\
&= 2\hat{\boldsymbol{g}}+\tilde{\boldsymbol{g}}
\end{aligned}$$

因此

$$2(\boldsymbol{d}-\boldsymbol{c})+L_c^{-1}((\boldsymbol{d}-\boldsymbol{c})^2)=L_c^{-1}(\boldsymbol{d}^2-\boldsymbol{c}^2)=L_c^{-1}(2\hat{\boldsymbol{g}})+L_c^{-1}(\tilde{\boldsymbol{g}}) \tag{10-6}$$

由引理 10.1 知 $L_c^{-1}$ 连续，则式(10-6)表明 $\boldsymbol{d}-\boldsymbol{c}=O(\|(h,\boldsymbol{u},\boldsymbol{v})\|)$，从而 $\tilde{\boldsymbol{g}}=O(\|(h,\boldsymbol{u},\boldsymbol{v})\|^2)$. 则

$$\begin{aligned}
\phi(\mu+h,\boldsymbol{x}+\boldsymbol{u},\boldsymbol{s}+\boldsymbol{v})-\phi(\mu,\boldsymbol{x},\boldsymbol{s})&=\boldsymbol{x}+\boldsymbol{u}+\boldsymbol{s}+\boldsymbol{v}-\boldsymbol{x}-\boldsymbol{s}-(\boldsymbol{d}-\boldsymbol{c})\\
&=\boldsymbol{u}+\boldsymbol{v}-L_c^{-1}(\hat{\boldsymbol{g}})+O(\|(h,\boldsymbol{u},\boldsymbol{v})\|^2)
\end{aligned}$$

故

$$D\phi(\mu,\boldsymbol{x},\boldsymbol{s})(h,\boldsymbol{u},\boldsymbol{v})=\boldsymbol{u}+\boldsymbol{v}-L_c^{-1}(\hat{\boldsymbol{g}}).$$

(2)因为 $\boldsymbol{c}=\sqrt{\boldsymbol{w}_1^2+\boldsymbol{w}_2^2+2\boldsymbol{w}+2\mu^2\boldsymbol{e}}\succ\boldsymbol{0}$，所以 $L_c^{-1}(\hat{\boldsymbol{g}})$ 在任意 $(\hat{\boldsymbol{g}},\boldsymbol{c})\in J\times J$ 处连续．由式(10-5)得 $D\phi(h,\boldsymbol{u},\boldsymbol{v})$ 在 $\mathbf{R}_{++}\times J\times J\to J$ 上连续可微．

根据文献[78]的命题 6 和命题 7，可类似得到 $\phi$ 的如下结论，此处省略不证．

**引理 10.5**　对任意 $\boldsymbol{x},\boldsymbol{s}\in J,\boldsymbol{w}\in K$ 和 $\mu\in\mathbf{R}_+$，令 $\phi$ 由式(10－4)给出，则

(1) $\phi(0,\boldsymbol{x},\boldsymbol{s})=\mathbf{0}\Leftrightarrow \boldsymbol{x}\geqslant\mathbf{0},\boldsymbol{s}\geqslant\mathbf{0},\boldsymbol{x}\circ\boldsymbol{s}=\boldsymbol{w}$；

(2) $\phi(\mu,\boldsymbol{x},\boldsymbol{s})=\mathbf{0}\Leftrightarrow \boldsymbol{x}-\mu(\boldsymbol{x}-\boldsymbol{s})\geqslant\mathbf{0},\boldsymbol{s}+\mu(\boldsymbol{x}-\boldsymbol{s})\geqslant\mathbf{0},[\boldsymbol{x}-\mu(\boldsymbol{x}-\boldsymbol{s})]\circ[\boldsymbol{s}+\mu(\boldsymbol{x}-\boldsymbol{s})]=\mu^2\boldsymbol{e}+\boldsymbol{w}$.

**引理 10.6**　令 $\phi$ 由式(10－4)定义，$\mu_1,\mu_2\in\mathbf{R}_{++}$ 且 $\mu_1<\mu_2$．设序列 $\{(\mu_k,\boldsymbol{x}_k,\boldsymbol{s}_k)\}\subset\mathbf{R}_{++}\times J\times J$ 满足

(1) $\mu_k\in[\mu_1,\mu_2]$，且 $\{(\boldsymbol{x}_k,\boldsymbol{s}_k)\}$ 无界．

(2)存在一有界序列 $\{(\boldsymbol{u}_k,\boldsymbol{v}_k)\}$ 使得 $\{\langle\boldsymbol{x}_k-\boldsymbol{u}_k,\boldsymbol{s}_k-\boldsymbol{v}_k\rangle\}$ 有下界．

则序列 $\{\phi(\mu_k,\boldsymbol{x}_k,\boldsymbol{s}_k)\}$ 无界．

**证明：** 由文献[4]定理 4.1 的证明类似可证．

引理 10.6 表明 $\phi$[式（10－4）] 是强制的．

## 10.3　正则化非单调非精确光滑牛顿法

本节基于光滑函数(10－4)，给出求解 $wSCCP$ 的正则化非单调非精确光滑牛顿法．

令 $\boldsymbol{z}=(\mu,\boldsymbol{x},\boldsymbol{s})\in\mathbf{R}\times J\times J$，$\phi$ 由式(10－4)给出，定义

$$H(\boldsymbol{z})=\begin{bmatrix}\mu\\ F(\boldsymbol{x})+\mu\boldsymbol{x}-\boldsymbol{s}\\ \phi(\mu,\boldsymbol{x},\boldsymbol{s})\end{bmatrix}\tag{10-7}$$

由式(10－1)～式(10－4)和式(10－7)易得

$$H(\boldsymbol{z})=\mathbf{0}\Leftrightarrow\mu=0\text{ 且 }(\boldsymbol{x},\boldsymbol{s})\text{ 为问题(10－1)的解}$$

**定理 10.1**　设 $F$ 连续可微且单调，$H(\boldsymbol{z})$ 由式(10－7)给出．则 $H(\boldsymbol{z})$ 在 $\mathbf{R}\times J\times J$ 上 *Lipschitz* 连续且处处强半光滑，在任意 $\boldsymbol{z}=(\mu,\boldsymbol{x},\boldsymbol{s})\in\mathbf{R}_{++}\times J\times J$ 处连续可微，其雅可比为

$$DH(\mu,\boldsymbol{x},\boldsymbol{s})(h,\boldsymbol{u},\boldsymbol{v})=\begin{bmatrix}h\\ h\boldsymbol{x}+(DF(x)+\mu\boldsymbol{I})\boldsymbol{u}-\boldsymbol{v}\\ D\phi(\mu,\boldsymbol{x},\boldsymbol{s})(h,\boldsymbol{u},\boldsymbol{v})\end{bmatrix}\tag{10-8}$$

且对任意 $0<\mu<1$，$DH$ 可逆．

**证明：** 由文献[85]的定理 3.2 易知 $H(\boldsymbol{z})$ 在 $\mathbf{R}\times J\times J$ 上 *Lipschitz* 连续且处处强半光滑．又由引理 10.4 知 $H(\boldsymbol{z})$ 在任意 $\boldsymbol{z}=(\mu,\boldsymbol{x},\boldsymbol{s})\in\mathbf{R}_{++}\times J\times J$ 处连续可微．下证对任意 $0<\mu<1$，$DH$ 可逆，即证线性方程组

$$DH(\mu,\boldsymbol{x},\boldsymbol{s})(h,\boldsymbol{u},\boldsymbol{v})=\mathbf{0}\tag{10-9}$$

只有零解．由式(10－8)和式(10－9)知

$$h=0\tag{10-10}$$

$$h\boldsymbol{x}+(DF(\boldsymbol{x})+\mu\boldsymbol{I})\boldsymbol{u}-\boldsymbol{v}=\mathbf{0}\tag{10-11}$$

$$D\phi(\mu,\boldsymbol{x},\boldsymbol{s})(h,\boldsymbol{u},\boldsymbol{v})=\boldsymbol{0} \tag{10-12}$$

而 $F$ 是单调的，故由式(10-10)和式(10-11)有

$$\langle \boldsymbol{u},\boldsymbol{v}\rangle=\langle \boldsymbol{u},(DF(\boldsymbol{x})+\mu\boldsymbol{I})\boldsymbol{u}\rangle\geqslant 0 \tag{10-13}$$

另外，根据式(10-10)、式(10-12)和引理 10.4 有

$$D\phi(\mu,\boldsymbol{x},\boldsymbol{s})(h,\boldsymbol{u},\boldsymbol{v})=\boldsymbol{u}-\mu(\boldsymbol{u}-\boldsymbol{v})+\boldsymbol{v}+\mu(\boldsymbol{u}-\boldsymbol{v})-L_c^{-1}[\boldsymbol{w}_1\circ\boldsymbol{u}+\boldsymbol{w}_2\circ\boldsymbol{v}-\mu(\boldsymbol{w}_1-\boldsymbol{w}_2)\circ(\boldsymbol{u}-\boldsymbol{v})]=\boldsymbol{0} \tag{10-14}$$

将式(10-14)两侧同时左乘 $L_c$ 得

$$(\boldsymbol{c}-\boldsymbol{w}_1)\circ[(1-\mu)\boldsymbol{u}+\mu\boldsymbol{v}]+(\boldsymbol{c}-\boldsymbol{w}_2)\circ[(1-\mu)\boldsymbol{v}+\mu\boldsymbol{u}]=\boldsymbol{0} \tag{10-15}$$

由引理 10.4 知

$$\boldsymbol{c}^2-\boldsymbol{w}_1^2=\boldsymbol{w}_2^2+2\boldsymbol{w}+2\mu^2\boldsymbol{e}\succ\boldsymbol{0},\quad \boldsymbol{c}^2-\boldsymbol{w}_2^2=\boldsymbol{w}_1^2+2\boldsymbol{w}+2\mu^2\boldsymbol{e}\succ\boldsymbol{0} \tag{10-16}$$

故由引理 10.2 得

$$\boldsymbol{c}-\boldsymbol{w}_1\succ\boldsymbol{0},\quad \boldsymbol{c}-\boldsymbol{w}_2\succ\boldsymbol{0} \tag{10-17}$$

注意到对任意 $0<\mu<1$ 有

$$(\boldsymbol{c}-\boldsymbol{w}_1)\circ(\boldsymbol{c}-\boldsymbol{w}_2)=\frac{1}{2}(\boldsymbol{c}-\boldsymbol{w}_1-\boldsymbol{w}_2)^2+\boldsymbol{w}+\mu^2\boldsymbol{e}\succ\boldsymbol{0} \tag{10-18}$$

且由式(10-13)知

$$\langle(1-\mu)\boldsymbol{u}+\mu\boldsymbol{v},(1-\mu)\boldsymbol{v}+\mu\boldsymbol{u}\rangle\geqslant 0 \tag{10-19}$$

故当 $0<\mu<1$ 时，由引理 10.3 和式(10-15)、式(10-17)～式(10-19)得

$$(1-\mu)\boldsymbol{u}+\mu\boldsymbol{v}=\boldsymbol{0},(1-\mu)\boldsymbol{v}+\mu\boldsymbol{u}=\boldsymbol{0}$$

从而 $\boldsymbol{u}=\boldsymbol{v}=\boldsymbol{0}$．所以线性方程组(10-9)仅有零解．证毕．

定义函数 $\psi:\mathbf{R}_+\times J\times J\rightarrow\mathbf{R}_+$ 为

$$\psi(\boldsymbol{z})=\|H(\boldsymbol{z})\|^2 \tag{10-20}$$

其中，$H(\boldsymbol{z})$ 由式(10-7)定义．

**算法 10.1：*wSCCP* 的正则化非单调非精确光滑牛顿法**

具体步骤如下．

① 选择 $\delta\in(0,1)$，$\sigma\in(0,1/2)$ 和任意整数 $N$，取 $\gamma,\mu_0\in(0,1)$ 使得 $\gamma\mu_0<1$．令 $\kappa\in(0,1-\gamma\mu_0)$，$0\leqslant\eta_{\min}\leqslant\eta_{\max}<1$ 和 $\eta_k\in[\eta_{\min},\eta_{\max}]$．取任意初始点 $\boldsymbol{z}_0=(\mu_0,\boldsymbol{x}_0,\boldsymbol{s}_0)\in\mathbf{R}_{++}\times J\times J$ 和 $\bar{\boldsymbol{z}}=(\mu_0,\boldsymbol{0},\boldsymbol{0})\in\mathbf{R}_{++}\times J\times J$．令 $T_0=\psi(\boldsymbol{z}_0)$，$Q_0=1$ 和 $m(0)=0$．置 $k=0$．

② 若 $\|H(\boldsymbol{z}_k)\|=0$，停止；否则，令

$$\beta(\boldsymbol{z}_k)=\gamma\min\{1,\psi(\boldsymbol{z}_0),\cdots,\psi(\boldsymbol{z}_k)\} \tag{10-21}$$

③ 求搜索方向 $\Delta\boldsymbol{z}_k=(\Delta\mu_k,\Delta\boldsymbol{x}_k,\Delta\boldsymbol{s}_k)\in\mathbf{R}\times J\times J$ 使得

$$H(\boldsymbol{z}_k)+DH(\boldsymbol{z}_k)\Delta\boldsymbol{z}_k=\beta(\boldsymbol{z}_k)\bar{\boldsymbol{z}}+\boldsymbol{\rho}_k \tag{10-22}$$

其中，$\boldsymbol{\rho}_k=(0,\bar{\boldsymbol{\rho}}_k)\in\mathbf{R}\times J^2$，$\|\bar{\boldsymbol{\rho}}_k\|\leqslant\kappa\|H(\boldsymbol{z}_k)\|$.

④ 令 $\lambda_k=\max\{\delta^l \mid l=0,1,\cdots\}$ 使得

$$\psi(\boldsymbol{z}_k+\lambda_k\Delta\boldsymbol{z}_k)\leqslant[1-2\sigma(1-\gamma\mu_0-\kappa)\lambda_k]T_k \tag{10-23}$$

⑤ 置 $\boldsymbol{z}_{k+1}=\boldsymbol{z}_k+\lambda_k\Delta\boldsymbol{z}_k$，

$$Q_{k+1}=\eta_k Q_k+1 \tag{10-24}$$

$$T_{k+1}=\begin{cases}\psi(\boldsymbol{z}_{l(k+1)}), & k\leqslant N\\ \max\{\bar{C}_{k+1},\psi(\boldsymbol{z}_{k+1})\}, & k>N\end{cases} \tag{10-25}$$

这里

$$\psi(\boldsymbol{z}_{l(k+1)})=\max_{0\leqslant j\leqslant m(k+1)}\{\psi(\boldsymbol{z}_{k+1-j})\},\quad m(k+1)=\min\{m(k)+1,N\} \tag{10-26}$$

$$\bar{C}_{k+1}=\frac{\eta_k Q_k}{Q_{k+1}}\bar{C}_k+\frac{1}{Q_{k+1}}\psi(\boldsymbol{z}_{k+1})+\frac{\xi_{k+1}Q_{k-N}}{Q_{k+1}}(\psi(\boldsymbol{z}_{k-N+1})-\psi(\boldsymbol{z}_{k-N})) \tag{10-27}$$

其中，$\xi_{k+1}=\dfrac{\eta_k}{\eta_{k-N-1}}\xi_k$. 置 $k=k+1$，转②.

注：(1)受文献[128]启发，算法 10.1 采用非单调线搜索[式(10-23)]求解问题(10-2). 该非单调线搜索中的非单调形式 [式(10-25)]结合了 Grippo-Lampariello-Lucidi's method[102]和 Zhang-Hager's method[127]的非单调形式.

(2)当迭代点接近最优解时，非单调线搜索[式(10-23)]运用一个较弱的非单调形式，即当迭代次数 $k\geqslant N$ 时，采用文献[127]提出的无约束优化问题的非单调形式

$$C_k=\begin{cases}\psi(\boldsymbol{z}_k), & k=0,\\ \dfrac{\eta_{k-1}Q_{k-1}C_{k-1}+\psi(\boldsymbol{z}_k)}{Q_k}, & k\geqslant 1\end{cases} \tag{10-28}$$

$$Q_k=\begin{cases}1, & k=0,\\ \eta_{k-1}Q_{k-1}+1, & k\geqslant 1\end{cases}$$

取式(10-28)中最后 $N+1$ 个函数值的凸组合定义为

$$\begin{cases}\bar{C}_0=\psi(\boldsymbol{z}_0), & k=0\\ \bar{C}_1=\left(1-\dfrac{\eta_0Q_0}{Q_1}\right)\psi(\boldsymbol{z}_1)+\dfrac{\eta_0Q_0}{Q_1}\psi(\boldsymbol{z}_0), & k=1\\ \vdots & \\ \bar{C}_N=\left(1-\dfrac{\eta_{N-1}Q_{N-1}}{Q_N}\right)\psi(\boldsymbol{z}_N)+\dfrac{\eta_{N-1}Q_{N-1}}{Q_N}\left(1-\dfrac{\eta_{N-2}Q_{N-2}}{Q_{N-1}}\right)\psi(\boldsymbol{z}_{N-1})+ & \\ \qquad\cdots+\dfrac{\eta_{N-1}\cdots\eta_0Q_0}{Q_N}\psi(\boldsymbol{z}_0), & k=N\\ \vdots & \\ \bar{C}_k=\left(1-\dfrac{\eta_{k-1}Q_{k-1}}{Q_k}\right)\psi(\boldsymbol{z}_k)+\dfrac{\eta_{k-1}Q_{k-1}}{Q_k}\left(1-\dfrac{\eta_{k-2}Q_{k-2}}{Q_{k-1}}\right)\psi(\boldsymbol{z}_{k-1})+ & \\ \qquad\cdots+\dfrac{\eta_{k-1}\cdots\eta_{k-N}Q_{k-N}}{Q_k}\psi(\boldsymbol{z}_{k-N}), & k>N\end{cases}$$

当 $k > N$ 时

$$\overline{C}_k = \left(1 - \frac{\eta_{k-1}Q_{k-1}}{Q_k}\right)\psi(\boldsymbol{z}_k) + \frac{\eta_{k-1}Q_{k-1}}{Q_k}\left(1 - \frac{\eta_{k-2}Q_{k-2}}{Q_{k-1}}\right)\psi(\boldsymbol{z}_{k-1}) + \cdots + \frac{\eta_{k-1}\cdots\eta_{k-N}Q_{k-N}}{Q_k}\psi(\boldsymbol{z}_{k-N})$$

其中

$$\left(1 - \frac{\eta_{k-1}Q_{k-1}}{Q_k}\right) + \frac{\eta_{k-1}Q_{k-1}}{Q_k}\left(1 - \frac{\eta_{k-2}Q_{k-2}}{Q_{k-1}}\right) + \cdots + \frac{\eta_{k-1}\cdots\eta_{k-N}Q_{k-N}}{Q_k} = 1$$

令 $\xi_k = \frac{\eta_{k-1}}{\eta_{k-N-2}}\xi_{k-1}$，则

$$\overline{C}_k = \frac{\eta_{k-1}Q_{k-1}}{Q_k}\overline{C}_{k-1} + \frac{1}{Q_k}\psi(\boldsymbol{z}_k) + \frac{\xi_k Q_{k-N-1}}{Q_k}[\psi(\boldsymbol{z}_{k-N}) - \psi(\boldsymbol{z}_{k-N-1})] \tag{10-29}$$

当式(10－29)中 $\eta_{k-1} = 0$ 时，对任意 $k > N$ 有 $\xi_k = 0, Q_k = 1$ 和 $\overline{C}_k = \psi(\boldsymbol{z}_k)$. 故当 $k > N$ 时，$\eta_k$ 在控制非单调性方面起着重要作用.

**引理 10.7** 设 $F$ 连续可微且单调，$\{\boldsymbol{z}_k = (\mu_k, \boldsymbol{x}_k, \boldsymbol{s}_k)\}$ 为算法 10.1 生成的迭代序列，则 $\psi(\boldsymbol{z}_k) \leqslant T_k \leqslant \psi(\boldsymbol{z}_{l(k)})$.

**证明：** 由式(10－26)知，对任意非负整数 $k$，有 $\psi(\boldsymbol{z}_k) \leqslant \psi(\boldsymbol{z}_{l(k)})$. 考虑以下两种情形：

(1)当 $k \leqslant N$, 由式(10－25)有 $T_k = \psi(\boldsymbol{z}_{l(k)})$, 故 $\psi(\boldsymbol{z}_k) \leqslant T_k \leqslant \psi(\boldsymbol{z}_{l(k)})$.

(2)设 $k > N$, 若 $T_k = \psi(\boldsymbol{z}_k)$, 显然结论成立. 若 $T_k > \psi(\boldsymbol{z}_k)$, 则由式(10－26)有 $m(k) = N$ 和 $\psi(\boldsymbol{z}_{l(k)}) = \max\{\psi(\boldsymbol{z}_k), \cdots, \psi(\boldsymbol{z}_{k-N})\}$. 故对任意 $j = k-N, \cdots, k$ 有 $\psi(\boldsymbol{z}_j) \leqslant \psi(\boldsymbol{z}_{l(k)})$. 又由式(10－25)知

$$\begin{aligned}\psi(\boldsymbol{z}_k) < T_k = \overline{C}_k &= \left(1 - \frac{\eta_{k-1}Q_{k-1}}{Q_k}\right)\psi(\boldsymbol{z}_k) + \cdots + \frac{\eta_{k-1}\cdots\eta_{k-N}Q_{k-N}}{Q_k}\psi(\boldsymbol{z}_{k-N}) \\ &\leqslant \left(1 - \frac{\eta_{k-1}Q_{k-1}}{Q_k}\right)\psi(\boldsymbol{z}_{l(k)}) + \cdots + \frac{\eta_{k-1}\cdots\eta_{k-N}Q_{k-N}}{Q_k}\psi(\boldsymbol{z}_{l(k)}) \\ &= \psi(\boldsymbol{z}_{l(k)})\end{aligned}$$

证毕.

**引理 10.8** 设序列 $\{\boldsymbol{z}_k = (\mu_k, \boldsymbol{x}_k, \boldsymbol{s}_k)\}$ 由算法 10.1 迭代生成，则

(1)序列 $\{\beta(\boldsymbol{z}_k)\}$ 单调递减；

(2)对任意非负整数 $k$, 有 $\mu_k \geqslant \mu_0\beta(\boldsymbol{z}_k)$ 且序列 $\{\mu_k\}$ 单调递减；

(3)设 $F$ 连续可微且单调，则算法 10.1 适定.

**证明：** (1)由式(10－21)知 $\{\beta(\boldsymbol{z}_k)\}$ 是单调递减的.

(2)由式(10－21)易得 $\beta(\boldsymbol{z}_0) \leqslant \gamma$, 因此 $\mu_0\beta(\boldsymbol{z}_0) \leqslant \mu_0\gamma \leqslant \mu_0$. 假设存在 $k$ 使得 $\mu_k \geqslant \mu_0\beta(\boldsymbol{z}_k)$，则由式(10－22)得

$$\mu_{k+1} = \mu_k + \lambda_k\Delta\mu_k = (1-\lambda_k)\mu_k + \lambda_k\mu_0\beta(\boldsymbol{z}_k)$$

结合 $\mu_0\beta(\boldsymbol{z}_k) \leqslant \mu_k$ 有

$$\mu_{k+1} \geqslant (1-\lambda_k)\mu_0\beta(\boldsymbol{z}_k) + \lambda_k\mu_0\beta(\boldsymbol{z}_k) = \mu_0\beta(\boldsymbol{z}_k) \geqslant \mu_0\beta(\boldsymbol{z}_{k+1})$$

$$\mu_{k+1} \leqslant (1-\lambda_k)\mu_k + \lambda_k \mu_k = \mu_k$$

故对任意非负整数 $k$ 有 $\mu_k \geqslant \mu_0 \beta(\boldsymbol{z}_k)$，且 $\{\mu_k\}$ 单调递减．

(3)由式(10-20)和式(10-21)知 $\beta(\boldsymbol{z}_k) \geqslant 0$．又因 $\{\mu_k\}$ 单调递减且 $\mu_0 \in (0,1)$，则根据(2)有 $0 < \mu_0 \beta(\boldsymbol{z}_k) \leqslant \mu_k \leqslant \mu_0 < 1$．故对任意非负整数 $k$ 得 $0 < \mu_k < 1$．由定理 10.1 知 $DH(\boldsymbol{z}_k)$ 可逆，从而步骤②适定．令

$$r_k(\lambda) = \psi(\boldsymbol{z}_k + \lambda \Delta \boldsymbol{z}_k) - \psi(\boldsymbol{z}_k) - \lambda D\psi(\boldsymbol{z}_k)\Delta \boldsymbol{z}_k \tag{10-30}$$

根据定理 10.1 知 $\psi(\boldsymbol{z}_k)$ 在 $\boldsymbol{z}_k = (\mu_k, \boldsymbol{x}_k, \boldsymbol{s}_k) \in \mathbf{R}_{++} \times J \times J$ 处连续可微，且

$$| r_k(\lambda) | = o(\lambda) \tag{10-31}$$

由式(10-21)有 $\beta(\boldsymbol{z}_k) \leqslant \gamma \min\{1, \psi(\boldsymbol{z}_k)\}$．当 $\psi(\boldsymbol{z}_k) \leqslant 1$，即 $\| H(\boldsymbol{z}_k) \| \leqslant 1$，则 $\beta(\boldsymbol{z}_k) \leqslant \gamma \| H(\boldsymbol{z}_k) \|$；当 $\psi(\boldsymbol{z}_k) > 1$ 时，即 $\| H(\boldsymbol{z}_k) \| > 1$，则 $\beta(\boldsymbol{z}_k) \leqslant \gamma < \gamma \| H(\boldsymbol{z}_k) \|$．故对任意非负整数 $k$ 有

$$\beta(\boldsymbol{z}_k) \leqslant \gamma \| H(\boldsymbol{z}_k) \| \tag{10-32}$$

由式(10-20)、式(10-22)、式(10-30)～式(10-32)和引理 10.7 得

$$\begin{aligned}
\psi(\boldsymbol{z}_k + \lambda \Delta \boldsymbol{z}_k) &= \psi(\boldsymbol{z}_k) + \lambda D\psi(\boldsymbol{z}_k)\Delta \boldsymbol{z}_k + r_k(\lambda) \\
&= \psi(\boldsymbol{z}_k) + 2\lambda [H(\boldsymbol{z}_k)]^{\mathrm{T}} DH(\boldsymbol{z}_k)\Delta \boldsymbol{z}_k + r_k(\lambda) \\
&= \psi(\boldsymbol{z}_k) + 2\lambda [H(\boldsymbol{z}_k)]^{\mathrm{T}} (-H(\boldsymbol{z}_k) + \beta(\boldsymbol{z}_k)\bar{\boldsymbol{z}} + \boldsymbol{\rho}_k) + r_k(\lambda) \\
&\leqslant (1-2\lambda)\psi(\boldsymbol{z}_k) + 2\lambda\gamma\mu_0 \| H(\boldsymbol{z}_k) \|^2 + 2\lambda \| \boldsymbol{\rho}_k \| \| H(\boldsymbol{z}_k) \| + o(\lambda) \\
&\leqslant (1-2\lambda)\psi(\boldsymbol{z}_k) + 2\lambda\gamma\mu_0 \| H(\boldsymbol{z}_k) \|^2 + 2\lambda\kappa \| H(\boldsymbol{z}_k) \|^2 + o(\lambda) \\
&\leqslant [1-2(1-\gamma\mu_0-\kappa)\lambda] T_k + o(\lambda)
\end{aligned} \tag{10-33}$$

因为 $\gamma\mu_0 < 1$，则式(10-33)表明存在 $\bar{\lambda} \in (0,1]$，对任意 $\lambda \in (0,\bar{\lambda}]$ 和 $\sigma \in \left(0,\frac{1}{2}\right)$ 使得 $\psi(\boldsymbol{z}_k + \lambda \Delta \boldsymbol{z}_k) \leqslant [1-2\sigma(1-\gamma\mu_0-\kappa)\lambda] T_k$，从而算法 10.1 的步骤③适定．综上，算法 10.1 适定．证毕．

## 10.4　收敛性分析

本节给出算法 10.1 的全局与局部二阶收敛性分析．

**引理 10.9**　设 $F$ 连续可微且单调，序列 $\{\boldsymbol{z}_k\}$ 由算法 10.1 生成，则 $\{\psi(\boldsymbol{z}_{l(k)})\}$ 收敛．

**证明：** 因为 $\gamma\mu_0 < 1, \sigma \in \left(0,\frac{1}{2}\right)$，由式(10-23)和引理 10.7 有

$$\psi(\boldsymbol{z}_{k+1}) \leqslant [1-2\sigma(1-\gamma\mu_0-\kappa)\lambda_k] T_k \leqslant [1-2\sigma(1-\gamma\mu_0-\kappa)\lambda_k]\psi(\boldsymbol{z}_{l(k)}) \leqslant \psi(\boldsymbol{z}_{l(k)})$$

对任意 $k \geqslant 0$，由式(10-26)知

$$\psi(\boldsymbol{z}_{l(k+1)}) = \max_{0 \leqslant j \leqslant m(k+1)} \{\psi(\boldsymbol{z}_{k+1-j})\} \leqslant \max_{0 \leqslant j \leqslant m(k)+1} \{\psi(\boldsymbol{z}_{k+1-j})\} = \max\{\psi(\boldsymbol{z}_{l(k)}), \psi(\boldsymbol{z}_{k+1})\}$$

故 $\psi(z_{l(k+1)}) \leqslant \psi(z_{l(k)})$，从而 $\{\psi(z_{l(k)})\}$ 收敛．证毕．

**定理 10.2** 设 $\{z_k\}$ 由算法 10.1 迭代生成．若 $F$ 连续可微且单调，则

$$\lim_{k\to\infty}\psi(z_k)=\lim_{k\to\infty}T_k=\lim_{k\to\infty}\psi(z_{l(k)}) \tag{10-34}$$

**证明：** 若 $k>N$，由式(10-20)、式(10-30)、式(10-31)和引理 10.7 知

$$\begin{aligned}\psi(z_{l(k)})&=\psi(z_{l(k)-1})+\lambda_{l(k)-1}D\psi(z_{l(k)-1})\Delta z_{l(k)-1}+r_{l(k)-1}(\lambda_{l(k)-1})\\&\leqslant T_{l(k)-1}+2\lambda_{l(k)-1}H^{\mathrm{T}}(z_{l(k)-1})DH(z_{l(k)-1})\Delta z_{l(k)-1}+o(\lambda_{l(k)-1})\\&\leqslant \psi(z_{l(l(k)-1)})+2\lambda_{l(k)-1}H^{\mathrm{T}}(z_{l(k)-1})DH(z_{l(k)-1})\Delta z_{l(k)-1}+o(\lambda_{l(k)-1})\end{aligned} \tag{10-35}$$

因为 $\gamma\mu_0<1$，则由式(10-22)和式(10-32)有

$$\begin{aligned}&H^{\mathrm{T}}(z_{l(k)-1})DH(z_{l(k)-1})\Delta z_{l(k)-1}\\&=H^{\mathrm{T}}(z_{l(k)-1})[-H(z_{l(k)-1})+\beta(z_{l(k)-1})\bar{z}+\boldsymbol{\rho}_{l(k)-1}]\\&\leqslant-\|H(z_{l(k)-1})\|^2+[\mu_0\beta(z_{l(k)-1})+\|\boldsymbol{\rho}_{l(k)-1}\|]\|H(z_{l(k)-1})\|\\&\leqslant-\|H(z_{l(k)-1})\|^2+\gamma\mu_0\|H(z_{l(k)-1})\|^2+\kappa\|H(z_{l(k)-1})\|^2\\&=-(1-\gamma\mu_0-\kappa)\|H(z_{l(k)-1})\|^2<0\end{aligned} \tag{10-36}$$

故由式(10-35)、式(10-36)和引理 10.9 得

$$\lim_{k\to\infty}\lambda_{l(k)-1}[H(z_{l(k)-1})]^{\mathrm{T}}DH(z_{l(k)-1})\Delta z_{l(k)-1}=0 \tag{10-37}$$

另外，根据定理 10.1 知对任意 $0<\mu_{l(k)-1}<1$，$DH(z_{l(k)-1})$ 可逆．从而由文献[49]的命题 3.1 知 $\|[DH(z_{l(k)-1})]^{-1}\|=O(1)$．故对任意非负整数 $k$，存在 $\zeta>0$ 使得

$$\begin{aligned}\|\Delta z_{l(k)-1}\|&=\|[DH(z_{l(k)-1})]^{-1}(-H(z_{l(k)-1})+\beta(z_{l(k)-1})\bar{z}+\boldsymbol{\rho}_{l(k)-1})\|\\&\leqslant\|[DH(z_{l(k)-1})]^{-1}\|[\|H(z_{l(k)-1})\|+\gamma\mu_0\|H(z_{l(k)-1})\|+\|\boldsymbol{\rho}_{l(k)-1}\|]\\&\leqslant\zeta[\|H(z_{l(k)-1})\|+\gamma\mu_0\|H(z_{l(k)-1})\|+\kappa\|H(z_{l(k)-1})\|]\\&=\zeta(1+\gamma\mu_0+\kappa)\|H(z_{l(k)-1})\|\end{aligned} \tag{10-38}$$

由式(10-36)和式(10-38)有

$$\begin{aligned}\lambda_{l(k)-1}H^{\mathrm{T}}(z_{l(k)-1})DH(z_{l(k)-1})\Delta z_{l(k)-1}&\leqslant-(1-\gamma\mu_0-\kappa)\lambda_{l(k)-1}\|H(z_{l(k)-1})\|^2\\&\leqslant-\frac{1-\gamma\mu_0-\kappa}{\zeta^2(1+\gamma\mu_0+\kappa)^2}\lambda_{l(k)-1}\|\Delta z_{l(k)-1}\|^2\end{aligned} \tag{10-39}$$

因为 $1-\gamma\mu_0-\kappa>0$，故由式(10-39)知

$$\lim_{k\to\infty}\lambda_{l(k)-1}\|\Delta z_{l(k)-1}\|=0 \tag{10-40}$$

下证 $\lim\limits_{k\to\infty}\lambda_k\|\Delta z_k\|=0$．设 $\hat{l}(k)=l(k+N+2)$．由式(10-26)有

$$k+N+2-m(k+N+2)\leqslant\hat{l}(k)=l(k+N+2)\leqslant k+N+2 \tag{10-41}$$

运用归纳法，先证对任意 $j\geqslant1$ 有

$$\lim_{k\to\infty}\lambda_{\hat{l}(k)-j}\|\Delta z_{\hat{l}(k)-j}\|=0 \tag{10-42}$$

且

$$\lim_{k\to\infty}\psi(z_{\hat{l}(k)-j})=\lim_{k\to\infty}\psi(z_{l(k)}) \tag{10-43}$$

当 $j=1$ 时，因为 $\{\hat{l}(k)\}\subseteq\{l(k)\}$，由式(10-40)知式(10-42)成立．又根据定理 10.1 和式(10-20)知当 $j=1$ 时式(10-43)成立．假设式(10-42)和式(10-43)对某个 $j$ 成立．类似式(10-35)有

$$\psi(z_{\hat{l}(k)-j})\leqslant\psi(z_{\hat{l}(\hat{l}(k)-j-1)})+2\lambda_{\hat{l}(k)-j-1}H^{\mathrm{T}}(z_{\hat{l}(k)-j-1})DH(z_{\hat{l}(k)-j-1})\Delta z_{\hat{l}(k)-j-1}+o(\lambda_{\hat{l}(k)-j-1}) \tag{10-44}$$

由式(10-40)的证明，类似可得 $\lim\limits_{k\to\infty}\lambda_{\hat{l}(k)-j-1}\|z_{\hat{l}(k)-j-1}\|=0$，即

$$\lim_{k\to\infty}\|z_{\hat{l}(k)-j}-z_{\hat{l}(k)-j-1}\|=0 \tag{10-45}$$

另外，由定理 10.1 知 $\psi(\cdot)$ 连续可微，则由式(10-43)和式(10-45)得

$$\lim_{k\to\infty}\psi(z_{\hat{l}(k)-j-1})=\lim_{k\to\infty}\psi(z_{\hat{l}(k)-j})=\lim_{k\to\infty}\psi(z_{l(k)})$$

故式(10-42)和式(10-43)对任意 $j\geqslant1$ 成立．又

$$z_{k+1}=z_{\hat{l}(k)}-\sum_{j=1}^{\hat{l}(k)-k-1}\lambda_{\hat{l}(k)-j}\Delta z_{\hat{l}(k)-j} \tag{10-46}$$

则由式(10-41)有 $\hat{l}(k)-k-1\leqslant N+1$. 结合式(10-42)和式(10-46)知

$$\lim_{k\to\infty}\|z_{k+1}-z_{\hat{l}(k)}\|=0 \tag{10-47}$$

从而由定理 10.1、引理 10.9 和式(10-47)得到 $\lim\limits_{k\to\infty}\psi(z_k)=\lim\limits_{k\to\infty}\psi(z_{\hat{l}(k)})=\lim\limits_{k\to\infty}\psi(z_{l(k)})$．又由引理 10.7 知 $\psi(z_k)\leqslant T_k\leqslant\psi(z_{l(k)})$，故 $\lim\limits_{k\to\infty}\psi(z_k)=\lim\limits_{k\to\infty}T_k=\lim\limits_{k\to\infty}\psi(z_{l(k)})$. 证毕．

**定理 10.3**　设 $F$ 连续可微且单调，$\{z_k\}$ 由算法 10.1 迭代生成，则 $\{z_k\}$ 的任一聚点 $z^*=(\mu^*,x^*,s^*)$ 为 $H(z)=\mathbf{0}$ 的解．

**证明：** 根据引理 10.9 的证明得 $\{\psi(z_{l(k)})\}$ 单调递减．则由式(10-7)、式(10-20)和引理 10.7 有

$$0\leqslant\mu_k^2\leqslant\psi(z_k)\leqslant T_k\leqslant\psi(z_{l(k)})\leqslant\psi(z_0) \tag{10-48}$$

结合引理 10.6 知 $\{z_k\}$ 有界，故存在 $z^*=(\mu^*,x^*,s^*)$ 使得 $\lim\limits_{k\to\infty}z_k=z^*$．由式(10-48)知 $\{\psi(z_k)\}$ 有界．因此 $\{\psi(z_k)\}$ 存在收敛子列 $\{\psi(z_k)\}_{k\in\bar{J}}$，其中 $\bar{J}$ 为非负整数子集．根据式(10-48)、定理 10.1 和引理 10.8(1)知当 $\bar{J}\ni k\to\infty$时，$\{\psi(z_k)\}$ 和 $\{\beta(z_k)\}$ 分别收敛于 $\psi(z^*)$ 和 $\beta(z^*)$. 又由式(10-20)和式(10-21)得 $\psi(z^*)=\|H(z^*)\|^2$ 和 $\beta(z^*)=\gamma\min\{1,\psi(z^*)\}$．若 $\psi(z^*)=0$，则结论成立．设 $\psi(z^*)>0$，考虑如下两种情形．

(1)设存在常数 $\varepsilon>0$，使得对任意 $k\in\bar{J}$，有 $\lambda_k\geqslant\varepsilon>0$．由式(10-23)得

$$\psi(z_k+\lambda_k\Delta z_k)\leqslant[1-2\sigma(1-\gamma\mu_0-\kappa)\lambda_k]T_k\leqslant[1-2\sigma(1-\gamma\mu_0-\kappa)\varepsilon]T_k \tag{10-49}$$

对式(10-49)两边取极限，结合式(10-34)得到 $\lim\limits_{\bar{J}\ni k\to\infty}\psi(z_k)=\lim\limits_{\bar{J}\ni k\to\infty}T_k=\psi(z^*)=0$，这与 $\psi(z^*)>0$ 矛盾.

(2)设 $\lim\limits_{\bar{J}\ni k\to\infty}\lambda_k=0$. 根据算法 10.1 对充分大的 $k\in\bar{J}$，步长 $\hat{\lambda}_k=\dfrac{\lambda_k}{\delta}$ 不满足式(10-23). 则由引理 10.7 有

$$\psi(z_k+\hat{\lambda}_k\Delta z_k)>[1-2\sigma(1-\gamma\mu_0-\kappa)\hat{\lambda}_k]T_k\geqslant[1-2\sigma(1-\gamma\mu_0-\kappa)\hat{\lambda}_k]\psi(z_k)$$

即

$$\frac{\psi(z_k+\hat{\lambda}_k\Delta z_k)-\psi(z_k)}{\hat{\lambda}_k}\geqslant-2\sigma(1-\gamma\mu_0-\kappa)\psi(z_k) \tag{10-50}$$

因为 $0<\mu_k<1$，则由引理 10.8(2)知 $0<\mu_0\beta(z^*)\leqslant\lim\limits_{\bar{J}\ni k\to\infty}\mu_k=\mu^*\leqslant1$. 根据定理 10.1 知 $DH(z^*)$ 存在且可逆. 故由式(10-22)和式(10-32)得

$$\begin{aligned}H^{\mathrm{T}}(z^*)DH(z^*)\Delta z^*&=\lim_{\bar{J}\ni k\to\infty}H^{\mathrm{T}}(z_k)DH(z_k)\Delta z_k\\&=\lim_{\bar{J}\ni k\to\infty}H^{\mathrm{T}}(z_k)(-H(z_k)+\beta(z_k)\bar{z}+\boldsymbol{\rho}_k)\\&\leqslant\lim_{\bar{J}\ni k\to\infty}[-\psi(z_k)+\gamma\mu_0\|H(z_k)\|^2+\|\boldsymbol{\rho}_k\|\,\|H(z_k)\|]\\&\leqslant\lim_{\bar{J}\ni k\to\infty}[-\psi(z_k)+\gamma\mu_0\|H(z_k)\|^2+\kappa\|H(z_k)\|^2]\\&=-(1-\gamma\mu_0-\kappa)\psi(z^*)\end{aligned} \tag{10-51}$$

对式(10-50)两端取极限，结合式(10-51)得

$$-2\sigma(1-\gamma\mu_0-\kappa)\psi(z^*)\leqslant2H^{\mathrm{T}}(z^*)DH(z^*)\Delta z^*\leqslant-2(1-\gamma\mu_0-\kappa)\psi(z^*)$$

又因为 $\gamma\mu_0+\kappa<1$，则上式表明 $\sigma\geqslant1$，这与 $0<\sigma<\dfrac{1}{2}$ 矛盾. 故 $\psi(z^*)=0$ 和 $\beta(z^*)=0$. 证毕.

由文献[30]定理 8 的证明类似可得，算法 10.1 具有如下局部二阶收敛性. 此处省略不证.

**定理 10.4** 设 $F$ 连续可微且单调，$z^*$ 是算法 10.1 迭代生成的序列 $\{z_k\}$ 的任意聚点. 若 $DF(x)$ 在 $J$ 上 Lipschitz 连续且任意 $V\in\partial H(z^*)$ 非奇异，则 $\{z_k\}$ 局部二阶收敛于 $z^*$，即

$$\|z_{k+1}-z^*\|=O(\|z_k-z^*\|^2)\text{ 且 }\mu_{k+1}=O((\mu_k)^2)$$

## 10.5 数值算例

由于二阶锥可视为对称锥的特例，本节给出算法 10.1 求解二阶锥权互补问题的一些数

值结果．数值实验在 Intel(R)Core(TM)i5－6500 CPU 3.20 GHz，8.0 GB 内存，Windows 7 操作系统的计算机上；运用 Matlab(R2015a)编程实现．

算法 10.1 中参数取值：$\mu_0 = 0.1, \sigma = 0.45, \delta = 0.75, \gamma = 0.225, \kappa = 0.1, \eta_k = 0.85$ 和 $N = 3$．当 $\psi(z) \leqslant 10^{-6}$ 时迭代终止．其中 $\mathbf{0} = (0,0,\cdots,0)^{\mathrm{T}} \in \mathbf{R}^n, \boldsymbol{I} = (1,1,\cdots,1)^{\mathrm{T}} \in \mathbf{R}^n$ 和 $\boldsymbol{e} = (1,0,\cdots,0)^{\mathrm{T}} \in \mathbf{R}^n$．$n$ 表示二阶锥权互补问题的规模，AIter 和 ACPU 分别代表平均迭代次数和平均 CPU 时间．

第一个数值实验考虑二阶锥权互补问题：

$$\boldsymbol{x} \in K,\ \boldsymbol{s} \in K,\ \boldsymbol{x} \circ \boldsymbol{s} = \boldsymbol{w},\ \boldsymbol{s} = \boldsymbol{Mx} + \boldsymbol{q} \tag{10-52}$$

其中，$K = K^n$ 且 $\boldsymbol{w} \in K$．令 $\boldsymbol{q} \in \mathbf{R}^n$ 为随机向量，$\boldsymbol{B} \in \mathbf{R}^{n\times n}$ 为随机矩阵，则 $\boldsymbol{M} = \boldsymbol{B}^{\mathrm{T}}\boldsymbol{B}$ 为半正定矩阵．随机生成规模 $n$ 从 100 到 800 的二阶锥权互补问题，每个问题随机生成 50 次．为了进行比较，分别将求解无约束优化问题的非单调线搜索形式 Grippo-Lampariello-Lucidi's method[102] 和 Zhang-Hager's method[127] 用于求解二阶锥权互补问题．选取权向量 $\boldsymbol{w} = \boldsymbol{e}$ 和初始点 $(\boldsymbol{x}_0, \boldsymbol{s}_0) = (\boldsymbol{e}, \boldsymbol{e})$．表 10－1 列出了第一个数值实验结果．

第二个数值实验中选择权向量 $\boldsymbol{w} = \mathbf{0}$，则式(10－52)退化为二阶锥互补问题．分别使用权向量 $\boldsymbol{w} = \mathbf{0}$，$\boldsymbol{w} = \boldsymbol{e}$ 和 $\boldsymbol{w} = (1,1,0,\cdots,0)^{\mathrm{T}}$ 进行测试．每个随机问题生成 50 次．表 10－2 列出了第二个数值实验结果．

**表 10－1　三种算法求解二阶锥权互补问题的数值结果**

| $n$ | 算法 10.1 | | Grippo-Lampariello-Lucidi's method | | Zhang-Hager's method | |
|---|---|---|---|---|---|---|
| | ACPU | AIter | ACPU | AIter | ACPU | AIter |
| 100 | 0.007 7 | 4.86 | 0.009 7 | 4.96 | 0.008 0 | 4.94 |
| 200 | 0.032 7 | 5.08 | 0.034 0 | 5.16 | 0.035 3 | 5.26 |
| 300 | 0.096 7 | 6.00 | 0.099 7 | 6.00 | 0.099 5 | 6.00 |
| 400 | 0.268 3 | 6.00 | 0.276 3 | 6.00 | 0.283 5 | 6.00 |
| 500 | 0.457 6 | 6.00 | 0.481 0 | 6.02 | 0.475 7 | 6.02 |
| 600 | 0.777 1 | 6.50 | 0.782 4 | 6.58 | 0.950 3 | 6.66 |
| 700 | 1.211 2 | 7.00 | 1.217 8 | 7.00 | 1.500 6 | 7.00 |
| 800 | 1.609 6 | 7.00 | 1.616 2 | 7.00 | 1.766 7 | 7.00 |

**表 10－2　求解二阶锥互补问题与二阶锥权互补问题的数值结果**

| $n$ | SOCCP($\boldsymbol{w} = \mathbf{0}$) | | wSOCCP($\boldsymbol{w} = \boldsymbol{e}$) | | wSOCCP($\boldsymbol{w} = (1,1,0,\cdots,0)^{\mathrm{T}}$) | |
|---|---|---|---|---|---|---|
| | ACPU | AIter | ACPU | AIter | ACPU | AIter |
| 100 | 0.009 2 | 5.54 | 0.007 7 | 4.86 | 0.008 1 | 5.00 |
| 200 | 0.040 4 | 6.00 | 0.032 7 | 5.08 | 0.040 3 | 6.00 |
| 300 | 0.108 4 | 6.52 | 0.096 7 | 6.00 | 0.099 9 | 6.00 |
| 400 | 0.322 4 | 7.00 | 0.268 3 | 6.0 | 0.288 5 | 6.10 |

续表

| $n$ | SOCCP($w=\mathbf{0}$) | | wSOCCP($w=e$) | | wSOCCP($w=(1,1,0,\cdots,0)^T$) | |
|---|---|---|---|---|---|---|
| | ACPU | AIter | ACPU | AIter | ACPU | AIter |
| 500 | 0.603 7 | 7.00 | 0.457 6 | 6.00 | 0.547 6 | 7.00 |
| 600 | 0.866 6 | 7.12 | 0.777 1 | 6.50 | 0.852 5 | 7.00 |
| 700 | 1.379 8 | 7.82 | 1.211 2 | 7.00 | 1.270 0 | 7.00 |
| 800 | 1.924 3 | 8.00 | 1.609 6 | 7.00 | 1.691 5 | 7.00 |

第三个数值实验中，考虑具有多个二阶锥约束的二阶锥互补问题和二阶锥权互补问题，即 $K=K^{10}\times\cdots\times K^{10}\subseteq\mathbf{R}^n$．每个二阶锥约束中令权向量分别为 $\boldsymbol{w}=\mathbf{0}$，$\boldsymbol{w}=\boldsymbol{e}$ 和 $\boldsymbol{w}=(1,1,0,\cdots,0)^T$．表 10－3 给出了算法 10.1 运用初始点 $(\boldsymbol{x}_0,\boldsymbol{s}_0)=(\boldsymbol{e},\boldsymbol{e})$ 求解二阶锥互补问题和二阶锥权互补问题的数值结果．

**表 10－3　求解具有多个二阶锥约束的二阶锥互补问题和二阶锥权互补问题的数值结果**

| $n$ | SOCCP($w=\mathbf{0}$) | | wSOCCP($w=e$) | | wSOCCP($w=(1,1,0,\cdots,0)^T$) | |
|---|---|---|---|---|---|---|
| | ACPU | AIter | ACPU | AIter | ACPU | AIter |
| 100 | 0.018 0 | 6.24 | 0.014 5 | 5.02 | 0.017 9 | 6.00 |
| 200 | 0.061 7 | 7.08 | 0.051 2 | 6.00 | 0.062 1 | 7.00 |
| 300 | 0.139 5 | 7.76 | 0.114 5 | 6.54 | 0.129 4 | 7.28 |
| 400 | 0.337 8 | 8.22 | 0.291 6 | 7.00 | 0.343 4 | 8.00 |
| 500 | 0.609 6 | 8.92 | 0.474 4 | 7.00 | 0.560 1 | 8.02 |
| 600 | 0.957 6 | 9.28 | 0.850 5 | 7.24 | 0.939 4 | 8.96 |
| 700 | 1.409 0 | 9.50 | 1.371 1 | 8.00 | 1.358 4 | 9.00 |
| 800 | 2.201 0 | 9.76 | 1.680 3 | 8.00 | 1.763 8 | 9.00 |

第四个数值实验中，选取权向量 $\boldsymbol{w}=\boldsymbol{e}$．考虑求解不同初始点的线性二阶锥权互补问题，数值结果见表 10－4.

**表 10－4　求解不同初始点的线性二阶锥权互补问题的数值结果**

| $n$ | $(\boldsymbol{x}_0,\boldsymbol{s}_0)$ | ACPU | AIter |
|---|---|---|---|
| 100 | $(\boldsymbol{e},\mathbf{0})$ | 0.007 8 | 5.00 |
| 100 | $(\mathbf{0},\boldsymbol{e})$ | 0.006 9 | 4.38 |
| 100 | $(\mathbf{1},\mathbf{1})$ | 0.009 2 | 5.46 |
| 100 | $-(\mathbf{1},\mathbf{1})$ | 0.009 4 | 5.66 |
| 100 | $10\times(\mathbf{1},\mathbf{1})$ | 0.010 1 | 5.92 |
| 100 | $-10\times(\mathbf{1},\mathbf{1})$ | 0.009 8 | 5.88 |

最后考虑非线性二阶锥权互补问题：

$$\boldsymbol{x}\in K,\ \boldsymbol{s}\in K,\ \boldsymbol{x}\circ\boldsymbol{s}=\boldsymbol{w},\ \boldsymbol{s}=F(x) \tag{10-53}$$

其中，$K=K^3\times K^2$ 且 $F:\mathbf{R}^5\rightarrow\mathbf{R}^5$ 定义为

$$F(x)=\begin{bmatrix} 24\,(2x_1-x_2)^3+\exp(x_1-x_3)-4x_4+x_5 \\ -12\,(2x_1-x_2)^3+3(3x_2+x_5)/\sqrt{1+(3x_2+x_5)^2}-6x_4-7x_5 \\ -\exp(x_1-x_3)+5(3x_2+x_5)/\sqrt{1+(3x_2+x_5)^2}-3x_4+5x_5 \\ 4x_1+6x_2+3x_3-1 \\ -x_1+7x_2-5x_3+2 \end{bmatrix} \tag{10-54}$$

选择权向量 $\boldsymbol{w}=(1,0,0,1,0)^{\mathrm{T}}$，运用算法 10.1 解二阶锥权互补问题式(10-53)和式(10-54)得到解 $\boldsymbol{x}^*\approx(0.461951,0.260760,0.249817,0.572061,-0.382505)^{\mathrm{T}}$. 取 $\boldsymbol{w}=0$，则式(10-53)退化为二阶锥互补问题，得到解 $\boldsymbol{x}^*\approx(0.241812,0.067254,0.232274,0.147882,-0.147877)^{\mathrm{T}}$. 表 10-5 给出了数值实验结果.

**表 10-5　求解不同初始点的非线性二阶锥权互补问题的数值结果**

| $(\boldsymbol{x}_0,\boldsymbol{s}_0)$ | SOCCP($\boldsymbol{w}=\boldsymbol{0}$) | | wSOCCP($\boldsymbol{w}=(1,0,0,1,0)^{\mathrm{T}}$) | |
|---|---|---|---|---|
| | ACPU | AIter | ACPU | AIter |
| (1,1) | 0.0149 | 8.00 | 0.0085 | 7.00 |
| −(1,1) | 0.0144 | 8.00 | 0.0150 | 9.00 |
| −(1,1) | 0.0255 | 13.00 | 0.0174 | 12.00 |
| 10×(1,1) | 0.0231 | 13.00 | 0.0194 | 13.00 |

从表 10-1～表 10-5 的数值结果可知：

(1)算法 10.1 可以有效地求解线性和非线性二阶锥权互补问题.

(2)表 10-1 表明运用算法 10.1 中的非单调形式求解二阶锥权互补问题比运用文献[102]和[127]中的非单调技巧求解需要更少的迭代次数和 CPU 时间.

(3)表 10-2 和表 10-3 表明算法 10.1 求解具有单个二阶锥约束的二阶锥权互补问题通常比求解具有多个二阶锥约束的二阶锥权互补问题需要更少的迭代次数和更少的 CPU 时间.

(4)表 10-4 和表 10-5 表明算法 10.1 求解二阶锥权互补问题所需的迭代次数受初始点的影响不大，因而算法性能比较稳定.

# 第 11 章　求解圆锥规划的非单调光滑牛顿法

圆锥规划问题(CCP)是指在仿射空间与圆锥的笛卡儿乘积的交集上实现线性函数的极小化或极大化．本章研究了圆锥规划问题的非退化和严格互补性质，并提出了求解圆锥规划问题的一种非单调光滑牛顿法．通过运用圆锥与二阶锥之间的代数关系，将圆锥规划问题转化为二阶锥规划问题（SOCP）．基于一类求解二阶锥规划问题的单参数光滑函数，并采用一种新的非单调线搜索，提出了一种求解圆锥规划问题的光滑牛顿法．算法对初始点不作要求，在每次迭代时只近似求解一个线性方程组并执行一次线搜索．在适当的条件下，证得算法具有全局收敛性和局部二阶收敛性．一些初步的数值结果说明本章所提出的非单调光滑牛顿法可有效求解圆锥规划问题．

## 11.1　引　　言

近年来，非对称锥优化问题[129-131]受到了广泛的关注．然而，非对称锥的非自对偶性，使得非对称锥优化问题的理论研究和算法设计很难在统一的框架下进行．作为非对称锥的一个特例，圆锥[132]是一个有尖点的闭凸锥体，其超球截面与旋转轴正交，且绕其旋转轴旋转是不变的．当旋转角 $\theta=45°$时，圆锥退化为二阶锥．

圆锥规划问题[25]是在仿射空间与有限个圆锥的笛卡儿乘积的交集上极小化或极大化一个线性函数．本章考虑以下圆锥规划问题

$$\text{(P)}\quad \min\left\{\sum_{i=1}^{r}\boldsymbol{c}_i^{\mathrm{T}}\boldsymbol{x}_i\;\middle|\;\sum_{i=1}^{r}\boldsymbol{A}_i\boldsymbol{x}_i=\boldsymbol{b},\boldsymbol{x}_i\in C_\theta^{n_i},i=1,\cdots,r\right\}\tag{11-1}$$

其中，$\boldsymbol{A}_i\in\mathbf{R}^{m\times n_i}$，$\boldsymbol{c}_i\in\mathbf{R}^{n_i},i=1,\cdots,r$，且 $\boldsymbol{b}\in\mathbf{R}^m$ 是给定的数据，$\boldsymbol{x}_i\in C_\theta^{n_i},i=1,\cdots,r$ 为变量．对于 $i=1,\cdots,r$，集合 $C_\theta^{n_i}$ 为 $n_i$ 维圆锥，那么式(11-1)的拉格朗日对偶问题[25]为

$$\text{(D)}\ \max\left\{\boldsymbol{b}^{\mathrm{T}}\boldsymbol{y}\;\middle|\;\boldsymbol{A}_i^{\mathrm{T}}\boldsymbol{y}+\boldsymbol{s}_i=\boldsymbol{c}_i,\boldsymbol{s}_i\in(C_{\theta}^{n_i})^*,i=1,\cdots,r\right\}\tag{11-2}$$

其中，$\boldsymbol{y}\in\mathbf{R}^m$ 为变量．对于 $i=1,\cdots,r$，$C_\theta^{n_i}$ 的对偶锥 $(C_\theta^{n_i})^*$ 定义为

$$(C_\theta^{n_i})^*=\left\{\boldsymbol{s}_i\;\middle|\;(\boldsymbol{s}_i,\boldsymbol{x}_i)\geqslant\boldsymbol{0},\forall\,\boldsymbol{x}_i\in C_\theta^{n_i}\right\}$$

令

$$n = n_1 + \cdots + n_r,$$
$$C_\theta = C_\theta^{n_1} \times \cdots \times C_\theta^{n_r},\quad C_\theta^* = (C_\theta^{n_1}) \times \cdots (C_\theta^{n_r})^*$$
$$\boldsymbol{A} = (\boldsymbol{A}_1, \cdots, \boldsymbol{A}_r) \in \mathbf{R}^{m\times n},\quad \boldsymbol{c} = (\boldsymbol{c}_1, \cdots, \boldsymbol{c}_r) \in \mathbf{R}^n$$
$$\boldsymbol{x} = (\boldsymbol{x}_1, \cdots, \boldsymbol{x}_r) \in C_\theta,\quad \boldsymbol{s} = (\boldsymbol{s}_1, \cdots, \boldsymbol{s}_r) \in C_\theta$$

其中，$\boldsymbol{x} = (\boldsymbol{x}_1, \cdots, \boldsymbol{x}_r)$ 表示 $\boldsymbol{x} = (\boldsymbol{x}_1^{\mathrm{T}}, \cdots, \boldsymbol{x}_r^{\mathrm{T}})^{\mathrm{T}}$．则问题(11－1)和问题(11－2)可简化为

$$(\mathrm{P})\ \min\left\{\boldsymbol{c}^{\mathrm{T}}\boldsymbol{x}\,\middle|\,\boldsymbol{A}\boldsymbol{x} = \boldsymbol{b}, \boldsymbol{x} \in C_\theta\right\}$$

$$(\mathrm{D})\ \max\left\{\boldsymbol{b}^{\mathrm{T}}\boldsymbol{y}\,\middle|\,\boldsymbol{A}^{\mathrm{T}}\boldsymbol{y} + \boldsymbol{s} = \boldsymbol{c}, \boldsymbol{s} \in C_\theta^*\right\}$$

问题(11－1)和问题(11－2)的严格可行解集分别为

$$F^0(\mathrm{P}) = \left\{\boldsymbol{x}\,\middle|\,\boldsymbol{A}\boldsymbol{x} = \boldsymbol{b}, \boldsymbol{x} \in \operatorname{int} C_\theta\right\}$$

$$F^0(\mathrm{D}) = \left\{(\boldsymbol{y}, \boldsymbol{s})\,\middle|\,\boldsymbol{A}^{\mathrm{T}}\boldsymbol{y} + \boldsymbol{s} = \boldsymbol{c}, \boldsymbol{s} \in \operatorname{int} C_\theta^*\right\}$$

其中，$\operatorname{int} C^\theta$ 表示 $C^\theta$ 的内部．

本章在文献[4]、[24]和[133]的启发下，通过推广二阶锥规划问题的结果[9]，讨论圆锥规划问题的非退化和严格互补性．通过改进求解无约束规划的新非单调线搜索[134]，提出求解圆锥规划问题的光滑牛顿法[27]．本章所提出的算法具有以下良好的性质：

(1)与内点法不同，算法对初始点不作要求；

(2)算法每次迭代只需求解一个线性方程组和执行一次线搜索；

(3)在不需要严格互补的情况下，基于一类单参数二阶锥光滑函数的算法具有全局收敛性和局部二阶收敛性．

## 11.2　非退化及严格互补

本节讨论圆锥规划问题的原始-对偶非退化性和严格互补性．

设 $\boldsymbol{p}^*$ 和 $\boldsymbol{d}^*$ 分别表示问题(11－1)和问题(11－2)的最优值，即

$$\boldsymbol{p}^* = \min\left\{\boldsymbol{c}^{\mathrm{T}}\boldsymbol{x}\,\middle|\,\boldsymbol{A}\boldsymbol{x} = \boldsymbol{b}, \boldsymbol{x} \in C_\theta\right\}$$

$$\boldsymbol{d}^* = \max\left\{\boldsymbol{b}^{\mathrm{T}}\boldsymbol{y}\,\middle|\,\boldsymbol{A}^{\mathrm{T}}\boldsymbol{y} + \boldsymbol{s} = \boldsymbol{c}, \boldsymbol{s} \in C_\theta^*\right\}$$

**定理 11.1(最优性条件)**[25]　设问题(11－1)和问题(11－2)是严格可行的，则 $\boldsymbol{x}^*$ 和 $(\boldsymbol{y}^*, \boldsymbol{s}^*)$ 是问题(11－1)和问题(11－2)的最优解，当且仅当它们满足如下最优性条件

$$\begin{cases}\boldsymbol{A}\boldsymbol{x} = \boldsymbol{b}, \boldsymbol{x} \in C_\theta \\ \boldsymbol{A}^{\mathrm{T}}\boldsymbol{y} + \boldsymbol{s} = \boldsymbol{c}, \boldsymbol{s} \in C_\theta^* \\ \boldsymbol{x}^{\mathrm{T}}\boldsymbol{s} = 0\end{cases} \tag{11-3}$$

为方便证明，给出以下假设：

**假设 11.1** 矩阵 $\boldsymbol{A}=(\boldsymbol{A}_1,\cdots,\boldsymbol{A}_r)$ 行满秩.

**假设 11.2** 原问题和对偶问题都是严格可行的，即 $F^0(\mathrm{P})\times F^0(\mathrm{D})\neq\varnothing$.

假设 11.1 是为了方便，假设 11.2 保证了圆锥规划问题的强对偶性，这意味着问题(11-1)和问题(11-2)存在最优解.

**定理 11.2(互补条件)** 假设 $\boldsymbol{x}\in C_\theta$，$\boldsymbol{s}\in C_\theta^*$ 且 $C_\theta=C_\theta^{n_1}\times\cdots\times C_\theta^{n_r}$ 满足 $\boldsymbol{x}^{\mathrm{T}}\boldsymbol{s}=0$，则对于所有 $i=1,2,\cdots,r$，有(1) $\boldsymbol{x}_i=\boldsymbol{0}$；或(2) $\boldsymbol{s}_i=\boldsymbol{0}$；或(3)存在 $\alpha_i>0$ 使得

$$\boldsymbol{s}_i=\alpha_i(x_{i0}\tan^2\theta,-\overline{\boldsymbol{x}_i})=\alpha_i\boldsymbol{T}_i\boldsymbol{R}_i\boldsymbol{T}_i\boldsymbol{x}_i$$

其中

$$\boldsymbol{T}_i=\begin{bmatrix}\tan\theta & \boldsymbol{0}\\ \boldsymbol{0} & \boldsymbol{I}_{n_i-1}\end{bmatrix},\ \boldsymbol{R}_i=\begin{bmatrix}1 & \boldsymbol{0}\\ \boldsymbol{0} & -\boldsymbol{I}_{n_i-1}\end{bmatrix}$$

**证明：** 类似二阶锥中互补条件的证明(参见文献[9]引理 15)，不难证明结论成立. 证毕.

当 $C_\theta$ 中只有一个单块，即 $r=1$ 时，方程组(11-3)在某些情况下可求得解析解. 如果 $\boldsymbol{x}=\boldsymbol{0}$ 或 $\boldsymbol{s}=\boldsymbol{0}$，则结论显然成立. 现考虑在任何最优解对中 $\boldsymbol{x}$ 和 $\boldsymbol{s}$ 都是非零的情况. 根据定理 11.2 和式(11-3)可得，$\boldsymbol{s}=\alpha\boldsymbol{TRTx}$，其中 $\alpha=s_0\cot^2\theta/x_0>0$. 由假设 $\boldsymbol{A}$ 是行满秩矩阵，故只考虑 $\boldsymbol{AT}^{-1}\boldsymbol{RT}^{-1}\boldsymbol{A}^{\mathrm{T}}$ 是非奇异的情形. 用 $\alpha\boldsymbol{TRTx}$ 代替式(11-3)第二个方程中的 $\boldsymbol{s}$，并求解方程组得 $\boldsymbol{x},\boldsymbol{y}$ 分别为

$$\boldsymbol{y}=(\boldsymbol{AT}^{-1}\boldsymbol{RT}^{-1}\boldsymbol{A}^{\mathrm{T}})^{-1}(\boldsymbol{AT}^{-1}\boldsymbol{RT}^{-1}\boldsymbol{c}-\alpha\boldsymbol{b})$$
$$\boldsymbol{x}=\frac{1}{\alpha}\boldsymbol{P}_R\boldsymbol{c}+\boldsymbol{T}^{-1}\boldsymbol{RT}^{-1}\boldsymbol{A}^{\mathrm{T}}(\boldsymbol{AT}^{-1}\boldsymbol{RT}^{-1}\boldsymbol{A}^{\mathrm{T}})^{-1}\boldsymbol{b}$$

其中

$$\boldsymbol{P}_R=\boldsymbol{T}^{-1}\boldsymbol{RT}^{-1}-\boldsymbol{T}^{-1}\boldsymbol{RT}^{-1}\boldsymbol{A}^{\mathrm{T}}(\boldsymbol{AT}^{-1}\boldsymbol{RT}^{-1}\boldsymbol{A}^{\mathrm{T}})^{-1}\boldsymbol{AT}^{-1}\boldsymbol{RT}^{-1}$$

通过直接计算可得 $\boldsymbol{AP}_R=\boldsymbol{0}$，$\boldsymbol{P}_R\boldsymbol{TRTP}_R=\boldsymbol{P}_R$. 那么由 $0=\boldsymbol{x}^{\mathrm{T}}\boldsymbol{s}=\alpha\boldsymbol{x}^{\mathrm{T}}\boldsymbol{TRTx}$ 得

$$\alpha=\sqrt{\frac{-\boldsymbol{c}^{\mathrm{T}}\boldsymbol{P}_R\boldsymbol{c}}{\boldsymbol{b}^{\mathrm{T}}(\boldsymbol{AT}^{-1}\boldsymbol{RT}^{-1}\boldsymbol{A}^{\mathrm{T}})^{-1}\boldsymbol{b}}}$$

在原始圆锥规划问题[式(11-1)]中，设 $A=\left\{\boldsymbol{x}\,\middle|\,\boldsymbol{Ax}=\boldsymbol{b}\right\}$，且 $A$ 在任意可行点 $\boldsymbol{x}$ 处的切空间为 $\ker(\boldsymbol{A})=\left\{\boldsymbol{x}\,\middle|\,\boldsymbol{Ax}=\boldsymbol{0}\right\}$. 非退化性等价于仿射集 $A$ 和 $C_\theta$ 在一个可行点 $\boldsymbol{x}$ 处横截相交，这排除了仿射集 $A$ 与 $C_\theta$ 相切的可能性.

**定义 11.1** 设 $\mathrm{lin}T_{C_\theta}(\boldsymbol{x})$ 为 $C_\theta$ 在点 $\boldsymbol{x}$ 处的切空间，$\mathrm{span}(\boldsymbol{A}^{\mathrm{T}})$ 为 $\boldsymbol{A}$ 的行向量所构成的线性空间. 若

$$\mathrm{lin}T_{C_\theta}(\boldsymbol{x})+\ker(\boldsymbol{A})=\mathbf{R}^n \tag{11-4}$$

则式(11-1)的可行点 $\boldsymbol{x}$ 是原始非退化的. 若

$$\mathrm{lin}T_{C_\theta^*}(\boldsymbol{x})+\mathrm{span}(\boldsymbol{A}^{\mathrm{T}})=\mathbf{R}^n \tag{11-5}$$

则式(11-2)的可行点 $(\boldsymbol{y},\boldsymbol{s})$ 是对偶非退化的．

对任意 $\boldsymbol{x}\in C_\theta^n$，令 $T_{C_\theta^n}(x)$ 和 $N_{C_\theta^n}(x)$ 分别表示 $C_\theta^n$ 在点 $\boldsymbol{x}$ 处的切锥和法锥．根据文献[47] 的定理 2.3，对任意 $\boldsymbol{x}\in C_\theta^n$ 有

$$T_{C_\theta^n}(\boldsymbol{x})=\boldsymbol{T}^{-1}T_{K^n}(\boldsymbol{T}\boldsymbol{x}) \tag{11-6}$$

$$N_{C_\theta^n}(\boldsymbol{x})=\boldsymbol{T}N_{K^n}(\boldsymbol{T}\boldsymbol{x}) \tag{11-7}$$

**引理 11.1**[136]　对任意 $\boldsymbol{x}\in C_\theta^n$，关于 $C_\theta^n$ 的法锥和切锥有如下公式成立：

(1)

$$N_{C_\theta^n}(\boldsymbol{x})=\begin{cases}-C_{\frac{\pi}{2}-\theta}^n, & \boldsymbol{x}=\boldsymbol{0},\\ \{\boldsymbol{0}\}, & \boldsymbol{x}\in \operatorname{int} C_\theta^n\\ \mathbf{R}_+(-x_0\tan^2\theta,\bar{\boldsymbol{x}}), & \boldsymbol{x}\in \operatorname{bd} C_\theta^n\setminus\{\boldsymbol{0}\}\end{cases}$$

(2)

$$T_{C_\theta^n}=\begin{cases}C_\theta^n, & \boldsymbol{x}=\boldsymbol{0}\\ \mathbf{R}^n, & \boldsymbol{x}\in \operatorname{int} C_\theta^n\\ \{(d_0,\bar{\boldsymbol{d}})\in\mathbf{R}^n \mid \bar{\boldsymbol{x}}^{\mathrm{T}}\bar{\boldsymbol{d}}-\tan^2\theta\boldsymbol{x}_0\boldsymbol{d}_0\leqslant \boldsymbol{0}\}, & \boldsymbol{x}\in \operatorname{bd} C_\theta^n\setminus\{\boldsymbol{0}\}\end{cases}$$

(3)

$$\operatorname{lin}N_{C_\theta^n}(\boldsymbol{x})=\begin{cases}\mathbf{R}^n, & \boldsymbol{x}=\boldsymbol{0}\\ \{\boldsymbol{0}\}, & \boldsymbol{x}\in \operatorname{int} C_\theta^n\\ \mathbf{R}(-x_0\tan^2\theta,\bar{\boldsymbol{x}}), & \boldsymbol{x}\in \operatorname{bd} C_\theta^n\setminus\{\boldsymbol{0}\}\end{cases}$$

对于式(11-1)，不失一般性，假设原始可行解 $\boldsymbol{x}$ 可划分为三部分：

$$\boldsymbol{x}=(\boldsymbol{x}_B,\boldsymbol{x}_I,\boldsymbol{x}_O)\in C_\theta^B\times C_\theta^I\times C_\theta^O$$

其中，$\boldsymbol{x}_B\in\mathbf{R}^{n_B}$ 表示 $\boldsymbol{x}_i\in \operatorname{bd} C_\theta^{n_i}$ 的所有块，$\boldsymbol{x}_I\in\mathbf{R}^{n_I}$ 表示 $\boldsymbol{x}_i\in \operatorname{int} C_\theta^{n_i}$ 的所有块，而 $\boldsymbol{x}_O\in\mathbf{R}^{n_O}$ 表示 $\boldsymbol{x}_i=\boldsymbol{0}\in C_\theta^{n_i}$ 的所有块．因此 $n=n_B+n_I+n_O$．进一步地，可假设 $\boldsymbol{x}_B$ 有 $p$ 个块：

$$\boldsymbol{x}_B=(\boldsymbol{x}_1,\cdots,\boldsymbol{x}_p)$$

系数矩阵 $\boldsymbol{A}$ 也以同样的方式被划分，即

$$\boldsymbol{A}=(\boldsymbol{A}_B,\boldsymbol{A}_I,\boldsymbol{A}_O),\ \boldsymbol{A}_B=(\boldsymbol{A}_1,\cdots,\boldsymbol{A}_p)$$

类似地，定义

$$\boldsymbol{T}=\boldsymbol{T}_1\oplus\cdots\oplus\boldsymbol{T}_p\oplus\boldsymbol{T}_I\oplus\boldsymbol{T}_O$$

$$\boldsymbol{R}=\boldsymbol{R}_1\oplus\cdots\oplus\boldsymbol{R}_p\oplus\boldsymbol{R}_I\oplus\boldsymbol{R}_O$$

**定理 11.3**　对每个边界块 $\boldsymbol{x}_i=\alpha_i\boldsymbol{u}'_i\in \operatorname{bd} C_\theta^{n_i}$，$i=1,2,\cdots,p$，令

$$\boldsymbol{Q}_i=(\sqrt{2}\boldsymbol{c}_i,\hat{\boldsymbol{Q}}_I,\sqrt{2}\boldsymbol{c}'_i)=(\sqrt{2}\boldsymbol{c}_i,\overline{\boldsymbol{Q}_i})$$

为 $\boldsymbol{L}(\boldsymbol{T}_i\boldsymbol{x}_i)$ 的特征向量矩阵．对偶可行解 $\boldsymbol{x}=(\boldsymbol{x}_1,\cdots,\boldsymbol{x}_p,\boldsymbol{x}_I,\boldsymbol{x}_O)$ 是原始非退化的，当且仅当

下列条件之一成立：

(1)对所有 $\alpha_1,\cdots,\alpha_p$ 和不全为零的 $\boldsymbol{w}$，矩阵

$$\boldsymbol{H}_{C_\theta}=\begin{bmatrix}\boldsymbol{A}_1 & \cdots & \boldsymbol{A}_p & \boldsymbol{A}_I & \boldsymbol{A}_O\\ \alpha_1\boldsymbol{u}_1^{\mathrm{T}} & \cdots & \alpha_p\boldsymbol{u}_p^{\mathrm{T}} & \boldsymbol{0} & \boldsymbol{w}^{\mathrm{T}}\end{bmatrix} \tag{11-8}$$

线性无关.

(2)矩阵

$$(\boldsymbol{A}_1\boldsymbol{T}^{-1}\overline{\boldsymbol{Q}_1},\cdots,\boldsymbol{A}_p\boldsymbol{T}_p^{-1}\overline{\boldsymbol{Q}_p},\boldsymbol{A}_I\boldsymbol{T}_I^{-1})$$

的行向量线性无关. 此外，$n_B+n_I-p\geqslant m$.

**证明：**(1) 根据定义 11.1，原始非退化性意味着

$$(\mathrm{lin}T_{C_\theta^B}(\boldsymbol{x}_B)\times\mathrm{lin}T_{C_\theta^I}(\boldsymbol{x}_I)\times\mathrm{lin}T_{C_\theta^O}(\boldsymbol{x}_O))+\ker(\boldsymbol{A}_B,\boldsymbol{A}_I,\boldsymbol{A}_O)=\mathbf{R}^n$$

对上式取正交补，并由引理 11.1 得

$$((\alpha_1\boldsymbol{u}_1)\times\cdots\times(\alpha_p\boldsymbol{u}_p)\times\{\boldsymbol{0}\}\times\mathbf{R}^{n_O})\cap\mathrm{span}((\boldsymbol{A}_1,\cdots,\boldsymbol{A}_p,\boldsymbol{A}_I,\boldsymbol{A}_O)^{\mathrm{T}})=\{\boldsymbol{0}\}$$

其中，$\boldsymbol{u}_i=\boldsymbol{T}_i\boldsymbol{R}_i\boldsymbol{T}_i\boldsymbol{u}_i'$，且 $\boldsymbol{u}_i'$ 是 $\boldsymbol{x}_i=0\boldsymbol{u}_i+\alpha_i\boldsymbol{u}_i'\in\mathrm{bd}\,C_{\theta^i}^{n_i}$ $(i=1,\cdots,p)$ 的谱向量. 因此，对所有 $\alpha_1,\cdots,\alpha_p$ 和不全为零的 $\boldsymbol{w}$，矩阵 $\boldsymbol{H}_{C_\theta}$ 的行向量是线性无关的.

(2) 令

$$\boldsymbol{G}=\boldsymbol{Q}_1\oplus\cdots\oplus\boldsymbol{Q}_p\oplus\boldsymbol{I}\oplus\boldsymbol{I}$$

对任意 $\boldsymbol{x}_i\in\mathbf{R}^{n_i}$，$i=1,2,\cdots,r$，不难验证其与圆锥 $C_\theta^{n_i}$ 和二阶锥 $K^{n_i}$ 相伴的谱向量之间有如下关系：

$$\boldsymbol{u}_i=\sin\theta\cos\theta\boldsymbol{T}(1,-\boldsymbol{\omega}_i)=2\sin\theta\cos\theta\boldsymbol{T}\boldsymbol{c}_i \tag{11-9}$$

$$\boldsymbol{u}_i'=\sin\theta\cos\theta\boldsymbol{T}^{-1}(1,\boldsymbol{\omega}_i)=2\sin\theta\cos\theta\boldsymbol{T}^{-1}\boldsymbol{c}_i' \tag{11-10}$$

其中 $i=1,2,\cdots,r$. 将 $\boldsymbol{H}_{C_\theta}$ 右乘 $\boldsymbol{T}^{-1}\boldsymbol{G}$ 得

$$\begin{aligned}\boldsymbol{H}_{C_\theta}\boldsymbol{T}^{-1}\boldsymbol{G}&=\begin{bmatrix}\boldsymbol{A}_1 & \cdots & \boldsymbol{A}_p & \boldsymbol{A}_I & \boldsymbol{A}_O\\ \alpha_1\boldsymbol{u}_1^{\mathrm{T}} & \cdots & \alpha_p\boldsymbol{u}_p^{\mathrm{T}} & \boldsymbol{0}^{\mathrm{T}} & \boldsymbol{w}^{\mathrm{T}}\end{bmatrix}\boldsymbol{T}^{-1}\boldsymbol{G}\\ &=\begin{bmatrix}\boldsymbol{d}_1 & \boldsymbol{A}_1\boldsymbol{T}_1^{-1}\overline{\boldsymbol{Q}_1} & \cdots & \boldsymbol{d}_p & \boldsymbol{A}_p\boldsymbol{T}_p^{-1}\overline{\boldsymbol{Q}_p} & \boldsymbol{A}_I\boldsymbol{T}_I^{-1} & \boldsymbol{A}_O\boldsymbol{T}_O^{-1}\\ \gamma_1 & \boldsymbol{0}^{\mathrm{T}} & \cdots & \gamma_p & \boldsymbol{0}^{\mathrm{T}} & \boldsymbol{0}^{\mathrm{T}} & \boldsymbol{w}'^{\mathrm{T}}\end{bmatrix}\end{aligned}$$

这里 $\boldsymbol{d}_i=\sqrt{2}\boldsymbol{A}_i\boldsymbol{T}_i^{-1}\boldsymbol{c}_i$，$\boldsymbol{w}'=\boldsymbol{T}_O^{-1}\boldsymbol{w}$，且

$$\begin{aligned}\gamma_i&=\sqrt{2}\alpha_i\boldsymbol{u}_i^{\mathrm{T}}\boldsymbol{c}_i=\sqrt{2}\alpha_i(2\sin\theta\cos\theta\boldsymbol{T}_i\boldsymbol{c}_i)^{\mathrm{T}}\boldsymbol{c}_i\\ &=\frac{1}{\sqrt{2}}\alpha_i\sin\theta\cos\theta[\tan\theta,-\boldsymbol{\omega}_i^{\mathrm{T}}]\begin{bmatrix}1\\-\boldsymbol{\omega}_i\end{bmatrix}\\ &=\frac{1}{\sqrt{2}}\alpha_i\sin\theta\cos\theta(\tan\theta+1)\end{aligned}$$

$$= \frac{1}{\sqrt{2}}\alpha_i(\sin^2\theta + \sin\theta\cos\theta)$$

其中，第二个等式由式(11-9)可得．由(1)知原始非退化成立当且仅当对所有 $\gamma_1,\cdots,\gamma_p$ 和不全为零的 $\boldsymbol{w}'$，$\boldsymbol{H}_{C_\theta}\boldsymbol{T}^{-1}\boldsymbol{G}$ 是行满秩的．因而由文献[9]的引理 19 得结论成立．证毕．

对于式(11-2)，不失一般性，假设对偶可行松弛解 $\boldsymbol{s}$ 也可类似地划分为三个部分：

$$\boldsymbol{s} = (\boldsymbol{s}_B;\boldsymbol{s}_O;\boldsymbol{s}_I) \in C_\theta^{B^*} \times C_\theta^{O^*} \times C_\theta^{I^*}$$

其中，$\boldsymbol{s}_B \in \mathbf{R}^{\bar{n}_B}$ 表示 $\boldsymbol{s}_i \in \mathrm{bd}\, C^{n_i}_{\frac{\pi}{2}-\theta}$ 的所有块，$\boldsymbol{s}_O \in \mathbf{R}^{\bar{n}_O}$ 表示 $\boldsymbol{s}_i = \boldsymbol{0} \in C^{n_i}_{\frac{\pi}{2}-\theta}$ 的所有块，$\boldsymbol{s}_I \in \mathbf{R}^{\bar{n}_I}$ 表示 $\boldsymbol{s}_i \in \mathrm{int}\, C^{n_i}_{\frac{\pi}{2}-\theta}$ 的所有块．因此，$n = \bar{n}_B + \bar{n}_I + \bar{n}_O$．现假设 $\boldsymbol{s}_B$ 有 $q$ 块

$$\boldsymbol{s}_B = (\boldsymbol{s}_1,\cdots,\boldsymbol{s}_q)$$

系数矩阵 $\boldsymbol{A}$ 以相同的方式划分，即

$$\boldsymbol{A} = (\bar{\boldsymbol{A}}_B,\bar{\boldsymbol{A}}_O,\bar{\boldsymbol{A}}_I),\bar{\boldsymbol{A}}_B = (\bar{\boldsymbol{A}}_1,\cdots,\bar{\boldsymbol{A}}_q)$$

同样地，令

$$\boldsymbol{T} = \boldsymbol{T}_1 \oplus \cdots \oplus \boldsymbol{T}_q \oplus \boldsymbol{T}_O \oplus \boldsymbol{T}_I$$
$$\boldsymbol{R} = \boldsymbol{R}_1 \oplus \cdots \oplus \boldsymbol{R}_q \oplus \boldsymbol{R}_O \oplus \boldsymbol{R}_I$$

**定理 11.4**　对偶可行解 $(\boldsymbol{y},\boldsymbol{s})$（其中 $\boldsymbol{s} = (\boldsymbol{s}_1,\cdots,\boldsymbol{s}_q,\boldsymbol{s}_O,\boldsymbol{s}_I)$）是对偶非退化的当且仅当矩阵

$$(\bar{\boldsymbol{A}}_1\boldsymbol{T}_1^{-1}\boldsymbol{R}_1\boldsymbol{T}_1^{-1}\boldsymbol{s}_1,\cdots,\bar{\boldsymbol{A}}_q\boldsymbol{T}_q^{-1}\boldsymbol{R}_q\boldsymbol{T}_q^{-1}\boldsymbol{s}_q,\bar{\boldsymbol{A}}_O)$$

的列向量线性无关．特别地，$m \geqslant \bar{n}_O + q$．

**证明：**由定义 11.1 知，对偶非退化意味着

$$(\mathrm{lin}T_{C_\theta^{B^*}}(\boldsymbol{s}_B) \times \mathrm{lin}T_{C_\theta^{O^*}}(\boldsymbol{s}_O) \times \mathrm{lin}T_{C_\theta^{I^*}}(\boldsymbol{s}_I)) + \mathrm{span}((\bar{\boldsymbol{A}}_B,\bar{\boldsymbol{A}}_O,\bar{\boldsymbol{A}}_I)^{\mathrm{T}}) = \mathbf{R}^n$$

因此取正交补并结合引理 11.1 得

$$((\beta_1\boldsymbol{v}_1)\times\cdots\times(\beta_q\boldsymbol{v}_q)\times\mathbf{R}^{\bar{n}_I}\times\{\boldsymbol{0}\}) \cap \ker(\bar{\boldsymbol{A}}_1,\cdots,\bar{\boldsymbol{A}}_q,\bar{\boldsymbol{A}}_O,\bar{\boldsymbol{A}}_I) = \{\boldsymbol{0}\}$$

其中，对 $i=1,\cdots,q$，有 $\boldsymbol{v}_i = \boldsymbol{T}_i^{-1}\boldsymbol{R}_i\boldsymbol{T}_i^{-1}\boldsymbol{v}_i'$ 且 $\boldsymbol{v}_i'$ 是 $\boldsymbol{s}_i = 0\boldsymbol{v}_i + \beta_i\boldsymbol{v}_i' \in \mathrm{bd}\, C^{n_i}_{\frac{\pi}{2}-\theta}$ 的谱向量．由最后一个等式知

$$\beta_1\bar{\boldsymbol{A}}_1\boldsymbol{v}_1 + \cdots + \beta_q\bar{\boldsymbol{A}}_q\boldsymbol{v}_q + \bar{\boldsymbol{A}}_O\boldsymbol{w} = \boldsymbol{0}$$

则 $\beta_i = 0$，$i=1,\cdots,q$，且 $\boldsymbol{w} = \boldsymbol{0}$．因为 $\beta_i\boldsymbol{v}_i = \beta_i\boldsymbol{T}_i^{-1}\boldsymbol{R}_i\boldsymbol{T}_i^{-1}\boldsymbol{v}_i' = \boldsymbol{T}_i^{-1}\boldsymbol{R}_i\boldsymbol{T}_i^{-1}\boldsymbol{s}_i$，$i=1,\cdots,q$，则结论成立．证毕．

正如线性规划问题和二阶锥规划问题，圆锥规划问题在最优点处的原始非退化意味着其有唯一对偶解，而对偶非退化则意味着其有唯一的原始解．

**定理 11.5**　对于原始-对偶圆锥规划问题(11-1)和(11-2)，

(1)若原始圆锥规划问题的最优解是非退化的，则其对偶问题的最优解是唯一的；

(2)若对偶圆锥规划问题的最优解是非退化的，则其原始问题的最优解是唯一的．

**证明：** 根据文献[9]定理 22 的证明，由定理 11.3(1)和定理 11.4 可证结论成立．此处省略证明过程．

现在给出圆锥规划问题严格互补的概念．在二阶锥规划问题中，向量对 $(\boldsymbol{x},\boldsymbol{s})$ 满足严格互补当且仅当 $\boldsymbol{x}+\boldsymbol{s}\in \operatorname{int} K^n$（见文献[9]）．由定理 2.1 知，对任意 $\boldsymbol{x}\in C_\theta$, $\boldsymbol{s}\in C_\theta^*$，都有 $\boldsymbol{Tx}\in K^n$, $\boldsymbol{T}^{-1}\boldsymbol{s}\in K^n$，因此严格互补可推广到圆锥规划问题．

**定义 11.2** 设 $\boldsymbol{x}^*$ 和 $(\boldsymbol{y}^*,\boldsymbol{s}^*)$ 是圆锥规划问题(11-1)和(11-2)的最优原始解和对偶解，则 $(\boldsymbol{x}^*,\boldsymbol{y}^*,\boldsymbol{s}^*)$ 满足严格互补条件当且仅当 $\boldsymbol{Tx}^*+\boldsymbol{T}^{-1}\boldsymbol{s}^*\in \operatorname{int}K^n$．

注意到由定理 11.2 知，若 $\boldsymbol{x}_i$ 和 $\boldsymbol{s}_i$ 有一个在 $\operatorname{int} C_\theta^{n_i}$ 中，则另一个必然等于 $\boldsymbol{0}$，即

$$n_I\leqslant \bar{n}_O \text{ 和 } \bar{n}_I\leqslant n_O$$

此外，由定义 11.2 知，对每个块 $i$，若 $\boldsymbol{x}_i$ 和 $\boldsymbol{s}_i$ 都是非零的且在 $\operatorname{bd} C_\theta^{n_i}$ 中，或者一个是零且另一个在 $\operatorname{int} C_\theta^{n_i}$ 中，则 $(\boldsymbol{x},\boldsymbol{y},\boldsymbol{s})$ 满足严格互补条件．因此严格互补条件成立当且仅当

$$\bar{n}_B=n_B,\bar{n}_I=n_O,\bar{n}_O=n_I \text{ 且 } p=q$$

故结合定理 11.3 和 11.4 可得以下结论．

**定理 11.6** 若圆锥规划问题(11-1)和(11-2)的最优解 $(\boldsymbol{x}^*,\boldsymbol{y}^*,\boldsymbol{s}^*)$ 满足原始对偶非退化和严格互补条件，则

$$n_B+n_I-p\geqslant m\geqslant n_I+p$$

**定理 11.7** 若圆锥规划问题(11-1)和(11-2)的最优解 $(\boldsymbol{x}^*,\boldsymbol{y}^*,\boldsymbol{s}^*)$ 满足原始对偶非退化和严格互补条件，则矩阵

$$\boldsymbol{J}_{C_\theta}(\boldsymbol{x}^*,\boldsymbol{y}^*,\boldsymbol{s}^*)=\begin{bmatrix}\boldsymbol{A} & \boldsymbol{0} & \boldsymbol{0}\\ \boldsymbol{0} & \boldsymbol{A}^{\mathrm{T}} & \boldsymbol{I}\\ \boldsymbol{L}(\boldsymbol{T}^{-1}\boldsymbol{s}^*)\boldsymbol{T} & \boldsymbol{0} & \boldsymbol{L}(\boldsymbol{Ts}^*)\boldsymbol{T}^{-1}\end{bmatrix} \tag{11-11}$$

非奇异．

**证明：** 令 $(\boldsymbol{x}^*,\boldsymbol{y}^*,\boldsymbol{s}^*)$ 是圆锥规划问题(11-1)和(11-2)的最优解．由定理 2.1 不难验证，$(\boldsymbol{x}^*,\boldsymbol{y}^*,\boldsymbol{s}^*)$ 是圆锥规划问题(11-1)和(11-2)的解当且仅当 $(\boldsymbol{Tx}^*,\boldsymbol{y}^*,\boldsymbol{T}^{-1}\boldsymbol{s}^*)$ 是二阶锥规划问题

$$(\mathrm{P}')\quad \min\{\boldsymbol{c}^{\mathrm{T}}\boldsymbol{T}^{-1}\boldsymbol{x}\,|\,\boldsymbol{AT}^{-1}\boldsymbol{x}=\boldsymbol{b},\boldsymbol{x}\in K^n\} \tag{11-12}$$

$$(\mathrm{D}')\quad \max\{\boldsymbol{b}^{\mathrm{T}}\boldsymbol{y}\,|\,\boldsymbol{A}^{\mathrm{T}}\boldsymbol{y}+\boldsymbol{Ts}=\boldsymbol{c},\boldsymbol{s}\in K^n\} \tag{11-13}$$

的解．

首先证明圆锥规划问题(11-1)和(11-2)中的 $(\boldsymbol{x}^*,\boldsymbol{y}^*,\boldsymbol{s}^*)$ 满足原始对偶非退化和严格互补条件，当且仅当 $(\boldsymbol{Tx}^*,\boldsymbol{y}^*,\boldsymbol{T}^{-1}\boldsymbol{s}^*)$ 满足问题(11-12)和(11-13)的原始对偶非退化以及严格互补条件．由文献[9]的定义 2.3、定理 2.1 和定义 11.2 知，$(\boldsymbol{x},\boldsymbol{y},\boldsymbol{s})$ 在圆锥规划问题中满足严格互补当且仅当 $(\boldsymbol{Tx}^*,\boldsymbol{y}^*,\boldsymbol{T}^{-1}\boldsymbol{s}^*)$ 在二阶锥规划问题中满足严格互补．由于圆锥规划问题(11-1)的最优解 $\boldsymbol{x}^*$ 满足原始非退化条件，因此根据定义 11.1 和式(11-6)得

$$\begin{aligned}\mathrm{lin}T_{C_\theta}(\boldsymbol{x}^*)+\ker(\boldsymbol{A})=\mathbf{R}^n&\Leftrightarrow\boldsymbol{T}^{-1}\,\mathrm{lin}T_{K^n}(\boldsymbol{Tx}^*)+\ker(\boldsymbol{A})=\mathbf{R}^n\\&\Leftrightarrow\mathrm{lin}T_{K^n}(\boldsymbol{Tx}^*)+\boldsymbol{T}\ker(\boldsymbol{A})=\boldsymbol{T}\mathbf{R}^n\\&\Leftrightarrow\mathrm{lin}T_{K^n}(\boldsymbol{Tx}^*)+\ker(\boldsymbol{AT}^{-1})=\mathbf{R}^n\end{aligned}$$

其中最后一个关系表明问题(11－12)的最优解 $\boldsymbol{Tx}^*$ 满足原始非退化条件．由于圆锥规划问题(11－2)的最优解 $(\boldsymbol{y}^*,\boldsymbol{s}^*)$ 满足对偶非退化条件，因此由定义 11.1 和式(11－6)可得

$$\begin{aligned}\mathrm{lin}T_{C_\theta^*}(\boldsymbol{s}^*)+\mathrm{span}(\boldsymbol{A}^{\mathrm{T}})=\mathbf{R}^n&\Leftrightarrow\boldsymbol{T}\mathrm{lin}T_{K^n}(\boldsymbol{T}^{-1}\boldsymbol{s}^*)+\mathrm{span}(\boldsymbol{A}^{\mathrm{T}})=\mathbf{R}^n\\&\Leftrightarrow\mathrm{lin}T_{K^n}(\boldsymbol{T}^{-1}\boldsymbol{s}^*)+\boldsymbol{T}^{-1}\mathrm{span}(\boldsymbol{A}^{\mathrm{T}})=\boldsymbol{T}^{-1}\mathbf{R}^n\\&\Leftrightarrow\mathrm{lin}T_{K^n}(\boldsymbol{T}^{-1}\boldsymbol{s}^*)+\mathrm{span}\,(\boldsymbol{AT}^{-1})^{\mathrm{T}}=\mathbf{R}^n\end{aligned}$$

这里最后一个关系意味着问题(11－13)的最优解 $(\boldsymbol{y}^*,\boldsymbol{T}^{-1}\boldsymbol{s}^*)$ 满足对偶非退化．

由文献[9]定理 28 知，$(\boldsymbol{Tx}^*,\boldsymbol{y}^*,\boldsymbol{T}^{-1}\boldsymbol{s}^*)$ 满足问题(11－12)和(11－13)的原始对偶非退化条件和严格互补条件，因此其雅可比矩阵

$$\boldsymbol{J}_{K^n}(\boldsymbol{Tx}^*,\boldsymbol{y}^*,\boldsymbol{T}^{-1}\boldsymbol{s}^*)=\begin{bmatrix}\boldsymbol{AT}^{-1}&\boldsymbol{0}&\boldsymbol{0}\\\boldsymbol{0}&\boldsymbol{T}^{-1}\boldsymbol{A}^{\mathrm{T}}&\boldsymbol{I}\\\boldsymbol{L}(\boldsymbol{T}^{-1}\boldsymbol{s}^*)&\boldsymbol{0}&\boldsymbol{L}(\boldsymbol{Tx}^*)\end{bmatrix}$$

在最优解 $(\boldsymbol{Tx}^*,\boldsymbol{y}^*,\boldsymbol{T}^{-1}\boldsymbol{s}^*)$ 处是非奇异的．故矩阵

$$\begin{aligned}&\begin{bmatrix}\boldsymbol{I}&\boldsymbol{0}&\boldsymbol{0}\\\boldsymbol{0}&\boldsymbol{T}&\boldsymbol{0}\\\boldsymbol{0}&\boldsymbol{0}&\boldsymbol{I}\end{bmatrix}\begin{bmatrix}\boldsymbol{AT}^{-1}&\boldsymbol{0}&\boldsymbol{0}\\\boldsymbol{0}&\boldsymbol{T}^{-1}\boldsymbol{A}^{\mathrm{T}}&\boldsymbol{I}\\\boldsymbol{L}(\boldsymbol{T}^{-1}\boldsymbol{s}^*)&\boldsymbol{0}&\boldsymbol{L}(\boldsymbol{Tx}^*)\end{bmatrix}\begin{bmatrix}\boldsymbol{T}&\boldsymbol{0}&\boldsymbol{0}\\\boldsymbol{0}&\boldsymbol{I}&\boldsymbol{0}\\\boldsymbol{0}&\boldsymbol{0}&\boldsymbol{T}^{-1}\end{bmatrix}\\&=\begin{bmatrix}\boldsymbol{A}&\boldsymbol{0}&\boldsymbol{0}\\\boldsymbol{0}&\boldsymbol{A}^{\mathrm{T}}&\boldsymbol{I}\\\boldsymbol{L}(\boldsymbol{T}^{-1}\boldsymbol{s}^*)\boldsymbol{T}&\boldsymbol{0}&\boldsymbol{L}(\boldsymbol{Tx}^*)\boldsymbol{T}^{-1}\end{bmatrix}=\boldsymbol{J}_{C_\theta}(\boldsymbol{x}^*,\boldsymbol{y}^*,\boldsymbol{z}^*)\end{aligned}$$

在最优解 $(\boldsymbol{x}^*,\boldsymbol{y}^*,\boldsymbol{s}^*)$ 处是非奇异的．证毕．

## 11.3　非单调光滑牛顿法

本节运用圆锥和二阶锥之间的代数关系，将圆锥规划问题转化为二阶锥规划问题．然后基于二阶锥规划问题的一类单参数光滑函数，提出求解圆锥规划问题的一种新的非单调光滑牛顿法．最后证明算法的适定性，并且证明在适当的假设下该算法具有一些良好的性质，这对于讨论算法的全局收敛性和局部二阶收敛性具有重要作用．

不失一般性，在下面的分析中令 $r=1$，分析结果可以很容易地推广到一般情形．

为了给出算法，考虑光滑函数[137] $\varphi_\tau:\mathbf{R}^n\times\mathbf{R}^n\times\mathbf{R}_+\rightarrow\mathbf{R}^n$ 如下

$$\varphi_\tau(\boldsymbol{x},\boldsymbol{s},\mu)=\sqrt{\boldsymbol{x}^2+\boldsymbol{s}^2+(\tau-2)(\boldsymbol{x}\circ\boldsymbol{s})+2\mu^2\boldsymbol{e}}-(\boldsymbol{x}+\boldsymbol{s})\tag{11-14}$$

其中，任意固定的参数 $\tau\in(0,4)$，光滑参数 $\mu\in\mathbf{R}$．这是单参数二阶锥互补函数类[83]

$$\varphi_\tau(\boldsymbol{x},\boldsymbol{s})=\sqrt{\boldsymbol{x}^2+\boldsymbol{s}^2+(\tau-2)(\boldsymbol{x}\circ\boldsymbol{s})}-(\boldsymbol{x}+\boldsymbol{s})\tag{11-15}$$

的一种光滑函数．当 $\tau=2$ 时，$\varphi_\tau$ 退化为向量值 Fischer-Burmeister 函数

$$\varphi_{\mathrm{FB}}(\boldsymbol{x},\boldsymbol{s})=\sqrt{\boldsymbol{x}^2+\boldsymbol{s}^2}-(\boldsymbol{x}+\boldsymbol{s})$$

且当 $\tau\to 0$ 时，该函数是向量值残差函数

$$\varphi_{\mathrm{NR}}(\boldsymbol{x},\boldsymbol{s})=\boldsymbol{x}-\Pi_{K^n}(\boldsymbol{x}-\boldsymbol{s})$$

的倍数，其中 $\Pi_{K^n}(.)$ 表示二阶锥 $K^n$ 上的度量投影．因此，这类单参数向量值函数［式(11－15)］包含两种常见的二阶锥互补函数．文献[83]的命题 3.1 已经证明，对任意 $\tau\in(0,4)$，函数 $\varphi_\tau(\boldsymbol{x},\boldsymbol{s})$ 满足

$$\varphi_\tau(\boldsymbol{x},\boldsymbol{s})=\boldsymbol{0}\Leftrightarrow\boldsymbol{x}\circ\boldsymbol{s}=\boldsymbol{0},\ \boldsymbol{x}\in K^n,\boldsymbol{s}\in K^n \tag{11-16}$$

令 $\boldsymbol{z}=(\boldsymbol{x},\boldsymbol{y},\boldsymbol{s},\mu)\in\mathbf{R}^n\times\mathbf{R}^m\times\mathbf{R}^n\times\mathbf{R}$，$\tau\in(0,4)$．基于光滑函数(11－14)，定义函数

$$\Phi_\tau(\boldsymbol{z})=\begin{bmatrix}\boldsymbol{A}\boldsymbol{T}^{-1}\boldsymbol{x}-\boldsymbol{b}\\ \boldsymbol{A}^{\mathrm{T}}\boldsymbol{y}+\boldsymbol{T}\boldsymbol{s}-\boldsymbol{c}\\ \varphi_\tau(\boldsymbol{x},\boldsymbol{s},\mu)\\ \mu\end{bmatrix} \tag{11-17}$$

则由式(11－1)～式(11－3)、式(11－14)～式(11－17)和定理 2.1 得

$$\Phi_\tau(\boldsymbol{z}^*)=\boldsymbol{0}\Leftrightarrow(\boldsymbol{T}^{-1}\boldsymbol{x}^*,\boldsymbol{y}^*,\boldsymbol{T}\boldsymbol{s}^*)\text{ 是圆锥规划问题(11－1) 和(11－2) 的解}$$

其中 $\boldsymbol{z}^*=(\boldsymbol{x}^*,\boldsymbol{y}^*,\boldsymbol{s}^*,\mu^*)$．这里讨论的算法将圆锥规划问题(11－1)和(11－2)转化为非线性方程组 $\Phi_\tau(\boldsymbol{z})=\boldsymbol{0}$，$\tau\in(0,4)$，但不包括 $\boldsymbol{x}\in C_\theta^n,\boldsymbol{s}\in(C_\theta^n)^*$ 这样的显式不等式．在每次迭代中，运用牛顿方法求解近似方程组．通过令 $\|\Phi_\tau(\boldsymbol{z})\|\to 0$，可得到圆锥规划问题(11－1)和(11－2)的解．

接下来研究函数 $\Phi_\tau(\boldsymbol{z})$ 的 Lipschitz 性质、半光滑和可微性，并推导出其雅可比矩阵的计算公式．这些性质和公式将对算法的设计和分析起着至关重要的作用．

**定理 11.8** 对任意 $\tau\in(0,4)$，令 $\Phi_\tau(\boldsymbol{z})$ 由式(11－17)定义，则以下结论成立．

(1) $\Phi_\tau(\boldsymbol{z})$ 是 Lipschitz 连续的，在 $\mathbf{R}^n\times\mathbf{R}^m\times\mathbf{R}^n\times\mathbf{R}$ 中处处强半光滑，且在任意 $\boldsymbol{z}=(\boldsymbol{x},\boldsymbol{y},\boldsymbol{s},\mu)\in\mathbf{R}^n\times\mathbf{R}^m\times\mathbf{R}^n\times\mathbf{R}_{++}$ 处连续可微，其雅可比矩阵为

$$\boldsymbol{\Phi}'_\tau(\boldsymbol{z})=\begin{bmatrix}\boldsymbol{A}\boldsymbol{T}^{-1} & \boldsymbol{0} & \boldsymbol{0} & \boldsymbol{0}\\ \boldsymbol{0} & \boldsymbol{A}^{\mathrm{T}} & \boldsymbol{T} & \boldsymbol{0}\\ (\varphi_\tau)'_x(\boldsymbol{z}) & \boldsymbol{0} & (\varphi_\tau)'_s(\boldsymbol{z}) & (\varphi_\tau)'_\mu(\boldsymbol{z})\\ \boldsymbol{0} & \boldsymbol{0} & \boldsymbol{0} & \boldsymbol{I}\end{bmatrix} \tag{11-18}$$

其中

$$(\varphi_\tau)'_x(\boldsymbol{z})=\boldsymbol{L}^{-1}(\boldsymbol{w})\boldsymbol{L}\left(\boldsymbol{x}+\frac{\tau-2}{2}\boldsymbol{s}\right)-\boldsymbol{I}$$

$$(\varphi_\tau)'_s(\boldsymbol{z})=\boldsymbol{L}^{-1}(\boldsymbol{w})\boldsymbol{L}\left(\boldsymbol{s}+\frac{\tau-2}{2}\boldsymbol{x}\right)-\boldsymbol{I}$$

$$(\varphi_\tau)'_\mu(\boldsymbol{z})=2\mu\boldsymbol{L}^{-1}(\boldsymbol{w})\boldsymbol{e}$$

$$w = w(x,s,\mu) = \sqrt{x^2 + s^2 + (\tau - 2)(x \circ s) + 2\mu^2 e}$$

(2)若 $A$ 是行满秩矩阵，则对任意 $\mu > 0$，矩阵 $\Phi'_\tau(z)$ 是非奇异的 .

证明：(1)由文献[85]的定理 3.2 及

$$x^2 + s^2 + (\tau - 2)(x \circ s) = \left(x + \frac{\tau - 2}{2}s\right)^2 + \frac{\tau(4-\tau)}{4}s^2$$
$$= \left(s + \frac{\tau - 2}{2}x\right)^2 + \frac{\tau(4-\tau)}{4}x^2$$

易证(1)成立 .

(2)令 $\Delta z = (\Delta x, \Delta y, \Delta\mu) \in \mathbf{R}^n \times \mathbf{R}^m \times \mathbf{R}$ 是 $\Phi'_\tau(z)$ 的零空间中的一个向量 . 只需证明 $\Delta z = \mathbf{0}$ . 由式(11 - 18)有

$$AT^{-1}\Delta x = \mathbf{0} \tag{11 - 19}$$

$$A^{\mathrm{T}}\Delta y + T\Delta s = \mathbf{0} \tag{11 - 20}$$

$$(\varphi_\tau)'_x(z)\Delta x + (\varphi_\tau)'_s(z)\Delta s + (\varphi_\tau)'_\mu(z)\Delta\mu = \mathbf{0} \tag{11 - 21}$$

$$\Delta\mu = 0 \tag{11 - 22}$$

现假设 $\Delta x \neq \mathbf{0}$ . 因此，由式(11 - 21)和式(11 - 22)得

$$\left[L^{-1}(w)L\left(x + \frac{\tau - 2}{2}s\right) - I\right]\Delta x + \left[L^{-1}(w)L\left(s + \frac{\tau - 2}{2}x\right) - I\right]\Delta s = \mathbf{0} \tag{11 - 23}$$

将式(11 - 23)两端同时左乘 $L(w)$ 得

$$\left[L(w) - L\left(x + \frac{\tau - 2}{2}s\right)\right]\Delta x + \left[L(w) - L\left(s + \frac{\tau - 2}{2}x\right)\right]\Delta s = \mathbf{0} \tag{11 - 24}$$

因为对任意 $\mu > 0$ 有

$$w^2 - \left(x + \frac{\tau - 2}{2}s\right)^2 = \frac{\tau(4-\tau)}{4}s^2 + 2\mu^2 e \in \operatorname{int} K^n$$

$$w^2 - \left(s + \frac{\tau - 2}{2}x\right)^2 = \frac{\tau(4-\tau)}{4}x^2 + 2\mu^2 e \in \operatorname{int} K^n$$

由文献[6]的命题 3.4 知 $\left[L(w) - L\left(x + \frac{\tau - 2}{2}s\right)\right]$ 和 $\left[L(w) - L\left(s + \frac{\tau - 2}{2}x\right)\right]$ 都是正定的，因而是非奇异的 . 又由式(11 - 19)和式(11 - 20)得

$$\Delta x^{\mathrm{T}}\Delta s = -\Delta x^{\mathrm{T}}(T^{-1}A^{\mathrm{T}}\Delta y) = -(AT^{-1}\Delta x)\Delta y = \mathbf{0}$$

将式(11 - 24)的两端同时左乘 $\Delta x^{\mathrm{T}}\left[L(w) - L\left(s + \frac{\tau - 2}{2}x\right)\right]^{-1}$ 得

$$\Delta x^{\mathrm{T}}\left[L(w) - L\left(s + \frac{\tau - 2}{2}x\right)\right]^{-1}\left[L(w) - L\left(x + \frac{\tau - 2}{2}s\right)\right]\Delta x + \Delta x^{\mathrm{T}}\Delta s = \mathbf{0}$$

或者等价地

$$\Delta x^{\mathrm{T}}\left[L(w) - L\left(s + \frac{\tau - 2}{2}x\right)\right]^{-1}\left[L(w) - L\left(x + \frac{\tau - 2}{2}s\right)\right]\Delta x = \mathbf{0} \tag{11 - 25}$$

令$U$为$\left[\boldsymbol{L}(\boldsymbol{w})-\boldsymbol{L}\left(\boldsymbol{x}+\frac{\tau-2}{2}\boldsymbol{s}\right)\right]\left[\boldsymbol{L}(\boldsymbol{w})-\boldsymbol{L}\left(\boldsymbol{s}+\frac{\tau-2}{2}\boldsymbol{x}\right)\right]$的对称部分．类似文献[83]的引理 4.1 的证明可得

$$\begin{aligned}
U=&\frac{1}{2}\left[\boldsymbol{L}(\boldsymbol{w})-\boldsymbol{L}\left(\boldsymbol{x}+\frac{\tau-2}{2}\boldsymbol{s}\right)\right]\left[\boldsymbol{L}(\boldsymbol{w})-\boldsymbol{L}\left(\boldsymbol{s}+\frac{\tau-2}{2}\boldsymbol{x}\right)\right]+\\
&\frac{1}{2}\left[\boldsymbol{L}(\boldsymbol{w})-\boldsymbol{L}\left(\boldsymbol{s}+\frac{\tau-2}{2}\boldsymbol{x}\right)\right]\left[\boldsymbol{L}(\boldsymbol{w})-\boldsymbol{L}\left(\boldsymbol{x}+\frac{\tau-2}{2}\boldsymbol{s}\right)\right]\\
=&\frac{1}{2}\Big[\boldsymbol{L}^2(\boldsymbol{w})-\boldsymbol{L}(\boldsymbol{w})\boldsymbol{L}(\boldsymbol{s})-\frac{\tau-2}{2}\boldsymbol{L}(\boldsymbol{w})\boldsymbol{L}(\boldsymbol{x})-\boldsymbol{L}(\boldsymbol{x})\boldsymbol{L}(\boldsymbol{w})+\boldsymbol{L}(\boldsymbol{x})\boldsymbol{L}(\boldsymbol{s})+\\
&\frac{\tau-2}{2}\boldsymbol{L}^2(\boldsymbol{x})-\frac{\tau-2}{2}\boldsymbol{L}(\boldsymbol{s})\boldsymbol{L}(\boldsymbol{w})+\frac{\tau-2}{2}\boldsymbol{L}^2(\boldsymbol{s})+\frac{(\tau-2)^2}{4}\boldsymbol{L}(\boldsymbol{s})\boldsymbol{L}(\boldsymbol{x})+\\
&\boldsymbol{L}^2(\boldsymbol{w})-\boldsymbol{L}(\boldsymbol{w})\boldsymbol{L}(\boldsymbol{x})-\frac{\tau-2}{2}\boldsymbol{L}(\boldsymbol{w})\boldsymbol{L}(\boldsymbol{s})-\boldsymbol{L}(\boldsymbol{s})\boldsymbol{L}(\boldsymbol{w})+\boldsymbol{L}(\boldsymbol{s})\boldsymbol{L}(\boldsymbol{x})+\\
&\frac{\tau-2}{2}\boldsymbol{L}^2(\boldsymbol{s})-\frac{\tau-2}{2}\boldsymbol{L}(\boldsymbol{x})\boldsymbol{L}(\boldsymbol{w})+\frac{\tau-2}{2}\boldsymbol{L}^2(\boldsymbol{x})+\frac{(\tau-2)^2}{4}\boldsymbol{L}(\boldsymbol{x})\boldsymbol{L}(\boldsymbol{s})\Big]\\
=&\frac{\tau}{4}[\boldsymbol{L}(\boldsymbol{w})-\boldsymbol{L}(\boldsymbol{x})-\boldsymbol{L}(\boldsymbol{s})]^2+\frac{4-\tau}{4}\left[\boldsymbol{L}^2(\boldsymbol{w})-\boldsymbol{L}^2\left(\boldsymbol{x}+\frac{\tau-2}{2}\boldsymbol{s}\right)-\frac{\tau(4-\tau)}{4}\boldsymbol{L}^2(\boldsymbol{s})\right]
\end{aligned}$$

由于$\boldsymbol{w}\in\operatorname{int}K^n$且对任意$\mu>0$，

$$\boldsymbol{w}^2-\left(\boldsymbol{x}-\frac{\tau-2}{2}\boldsymbol{s}\right)^2-\frac{\tau(4-\tau)}{4}\boldsymbol{s}^2=2\mu^2\boldsymbol{e}\in\operatorname{int}K^n$$

因此由文献[6]的命题 3.4 可知$\left[\boldsymbol{L}^2(\boldsymbol{w})-\boldsymbol{L}^2\left(\boldsymbol{x}+\frac{\tau-2}{2}\boldsymbol{s}\right)-\frac{\tau(4-\tau)}{4}\boldsymbol{L}^2(\boldsymbol{s})\right]$是正定的．因而$\left[\boldsymbol{L}(\boldsymbol{w})-\boldsymbol{L}\left(\boldsymbol{x}+\frac{\tau-2}{2}\boldsymbol{s}\right)\right]\left[\boldsymbol{L}(\boldsymbol{w})-\boldsymbol{L}\left(\boldsymbol{s}+\frac{\tau-2}{2}\boldsymbol{x}\right)\right]$的对称部分也是正定的，故

$$\Delta\overline{\boldsymbol{x}}^{\mathrm{T}}\left[\boldsymbol{L}(\boldsymbol{w})-\boldsymbol{L}\left(\boldsymbol{x}+\frac{\tau-2}{2}\boldsymbol{s}\right)\right]\left[\boldsymbol{L}(\boldsymbol{w})-\boldsymbol{L}\left(\boldsymbol{s}+\frac{\tau-2}{2}\boldsymbol{x}\right)\right]\Delta\overline{\boldsymbol{x}}\geqslant\boldsymbol{0}$$

其中，$\Delta\overline{\boldsymbol{x}}=\left[\boldsymbol{L}(\boldsymbol{w})-\boldsymbol{L}\left(\boldsymbol{s}+\frac{\tau-2}{2}\boldsymbol{x}\right)\right]^{-1}\Delta\boldsymbol{x}$．因此由式(11-25)知$\Delta\overline{\boldsymbol{x}}=\boldsymbol{0}$，从而$\Delta\boldsymbol{x}=\boldsymbol{0}$．那么由式(11-24)得$\Delta\boldsymbol{s}=\boldsymbol{0}$．又因为$\boldsymbol{A}$是行满秩矩阵，由式(11-20)可知$\Delta\boldsymbol{y}=\boldsymbol{0}$．证毕．

对任意$\tau\in(0,4)$，定义函数$\Psi_\tau:\mathbf{R}^n\times\mathbf{R}^m\times\mathbf{R}^n\times\mathbf{R}_+\rightarrow\mathbf{R}_+$为

$$\Psi_\tau(\boldsymbol{z})=\|\Phi_\tau(\boldsymbol{z})\|^2\tag{11-26}$$

**算法 11.1：一种求解 CCP 问题的非单调光滑牛顿法**

具体步骤如下．

① 选择常数$\rho\in(0,1)$，$\tau\in(0,4)$和$\mu_0>0$，选取$0\leqslant\eta_{\min}\leqslant\eta_{\max}<1$，$0<\delta_{\max}<\frac{1}{2}$和$0<\delta_{\min}<(1-\eta_{\max})\delta_{\max}$．令$\overline{\boldsymbol{z}}=(\boldsymbol{0},\boldsymbol{0},\boldsymbol{0},\mu_0)\in\mathbf{R}^n\times\mathbf{R}^m\times\mathbf{R}^n\times\mathbf{R}_{++}$，$(\boldsymbol{x}^0,\boldsymbol{y}^0,\boldsymbol{s}^0)\in\mathbf{R}^n\times\mathbf{R}^m\times\mathbf{R}^n$为任意初始点．设$\boldsymbol{z}^0=(\boldsymbol{x}^0,\boldsymbol{y}^0,\boldsymbol{s}^0,\mu_0)\in\mathbf{R}^n\times\mathbf{R}^m\times\mathbf{R}^n\times\mathbf{R}_{++}$，$\Theta_0=\Psi_\tau(\boldsymbol{z}^0)$，$\beta_\tau(\boldsymbol{z}^0)=\gamma\min\{1,\Psi_\tau(\boldsymbol{z}^0)\}$．且$Q_0=1$，选取$\gamma\in(0,1)$使得$\gamma\mu_0<1$．置$k=0$．

② 若$\|\Phi_\tau(\boldsymbol{z}^k)\|=0$，令$\boldsymbol{x}^*=\boldsymbol{T}^{-1}\boldsymbol{x}^k$，$\boldsymbol{y}^*=\boldsymbol{y}^k$，$\boldsymbol{s}^*=\boldsymbol{T}\boldsymbol{s}^k$，则算法终止．否则，选取$\eta_k\in[\eta_{\min},\eta_{\max}]$，令

$$Q_{k+1} = \eta_k Q_k + 1 \tag{11-27}$$

③ 由

$$\Phi_\tau(z^k) + \Phi'_\tau(z^k)\Delta z^k = \beta_\tau(z^k)\bar{z} \tag{11-28}$$

计算 $\Delta z^k = (\Delta x^k, \Delta y^k, \Delta s^k, \Delta\mu^k) \in \mathbf{R}^n \times \mathbf{R}^m \times \mathbf{R}^n \times \mathbf{R}$.

④ 选取 $\delta_k \in \left[\delta_{\min}, \dfrac{\delta_{\max}}{Q_{k+1}}\right]$. 令 $\lambda_k = \max\{\rho^l \mid l = 0,1,2,\cdots\}$，使得

$$\Psi_\tau(z^k + \lambda_k \Delta z^k) \leqslant \Theta_k - 2(1-\gamma\mu_0)Q_{k+1}\delta_k\lambda_k\Psi_\tau(z^k) \tag{11-29}$$

⑤ 令 $z^{k+1} = z^k + \lambda_k\Delta z^k$ 和

$$\Theta_{k+1} = \frac{\eta_k Q_k \Theta_k + \Psi_\tau(z^{k+1})}{Q_{k+1}} \tag{11-30}$$

$$\beta_\tau(z^{k+1}) = \gamma\min\{1, \Psi_\tau(z^0), \Psi_\tau(z^1), \cdots, \Psi_\tau(z^{k+1})\} \tag{11-31}$$

置 $k = k+1$，转②.

注：(1)通过推广和改进求解无约束优化问题的非单调线搜索[134]，算法 11.1 运用新的线搜索[式(11 - 29)]求解圆锥规划问题．由式(11 - 30)不难看出 $\Theta_k$ 是 $\Theta_{k-1}$ 和 $\Psi_\tau(z^k)$ 的凸组合．由于 $\Theta_0 = \Psi_\tau(z^0)$，$\Theta_k$ 是函数值 $\Psi_r(z^0), \Psi_r(z^1), \cdots, \Psi_r(z^k)$ 的一个凸组合．若对任意 $k \geqslant 0$ 有 $\eta_k = 0$，则线搜索式(11 - 29)退化为标准的 Armijo 线搜索条件．

(2)由于式(11 - 27)知 $Q_{k+1} - \eta_k Q_k = 1$，则非单调线搜索[式(11 - 29)]等价于

$$\Psi_\tau(z^k + \lambda_k\Delta z^k) \leqslant (Q_{k+1} - \eta_k Q_k)\Theta_k - 2(1-\gamma\mu_0)Q_{k+1}\delta_k\lambda_k\Psi_\tau(z^k)$$

结合式(11 - 28)和式(11 - 30)得

$$\Theta_{k+1} = \frac{\eta_k Q_k \Theta_k + \Psi_\tau(z^k + \lambda_k\Delta z^k)}{Q_{k+1}} \leqslant \Theta_k - 2(1-\gamma u_0)\delta_k\lambda_k\Psi_\tau(z^k) \tag{11-32}$$

易知对任意 $k \geqslant 0$ 有 $\Theta_{k+1} \leqslant \Theta_k$，即由线搜索式(11 - 29)生成的 $\{\Theta_k\}$ 是一个单调递减序列．

(3)现证明步骤④中 $\delta_k$ 的存在性．由式(11 - 27)得

$$1 < Q_{k+1} = 1 + \sum_{i=0}^{k}\prod_{j=0}^{i}\eta_{k-j} \leqslant 1 + \sum_{i=0}^{k}\eta_{\max}^{i+1} = \sum_{i=0}^{k+1}\eta_{\max}^{i} \leqslant \frac{1}{1-\eta_{\max}}$$

那么

$$0 < \delta_{\min} < (1-\eta_{\max})\delta_{\max} \leqslant \frac{\delta_{\max}}{Q_{k+1}}$$

这意味着对任意 $k \geqslant 0$ 都存在 $\delta_k \in \left[\delta_{\min}, \dfrac{\delta_{\max}}{Q_{k+1}}\right]$. 值得注意的是，$\eta_k$ 和 $\delta_k$ 在控制非单调性的程度方面都起着重要的作用．

**定理 11.9**　设矩阵 $\mathbf{A}$ 是行满秩的，那么算法 11.1 适定．

**证明：** 假设 $\mu_k > 0$，则由式(11 - 28)得

$$\mu_{k+1} = \mu_k + \lambda_k\Delta\mu_k = (1-\lambda_k)\mu_k + \lambda_k\mu_0\beta_\tau(z^k) > 0 \tag{11-33}$$

由不等式(11-33)和 $\mu_0>0$ 知，对任意 $k\geqslant 0$ 有 $\mu_k\in\mathbf{R}_{++}$．由于矩阵 $\boldsymbol{A}$ 行满秩，根据定理 11.8 得矩阵 $\Phi'_\tau(\boldsymbol{z}^k)$ 是非奇异的，因此步骤 2 适定．

下证步骤④适定．对任意 $\lambda\in(0,1]$，定义

$$r_\tau^k(\lambda)=\Psi_\tau(\boldsymbol{z}^k+\lambda\Delta\boldsymbol{z}^k)-\Psi_\tau(\boldsymbol{z}^k)-\lambda\Psi'_\tau(\boldsymbol{z}^k)\Delta\boldsymbol{z}^k \tag{11-34}$$

考虑到 $\mu_k>0$，由定理 11.8(1)知 $\Psi_\tau(\cdot)$ 在 $\boldsymbol{z}^k$ 附近是连续可微的．由式(11-34)可得，对任意充分小的 $\lambda\in(0,1]$ 有

$$|r_\tau^k(\lambda)|=o(\lambda) \tag{11-35}$$

由 $\beta_\tau(\boldsymbol{z}^k)$ 的定义得，对于任意 $k\geqslant 0$ 有 $\beta_\tau(\boldsymbol{z}^k)\leqslant\gamma\min\{1,\Psi_\tau(\boldsymbol{z}^k)\}$．若 $\|\Phi_\tau(\boldsymbol{z}^k)\|\leqslant 1$，则 $\beta_\tau(\boldsymbol{z}^k)\leqslant\gamma\Psi_\tau(\boldsymbol{z}^k)$；若 $\|\Phi_\tau(\boldsymbol{z}^k)\|>1$，则 $\beta_\tau(\boldsymbol{z}^k)\leqslant\gamma$ 且 $\|\Phi_\tau(\boldsymbol{z}^k)\|\leqslant\Psi_\tau(\boldsymbol{z}^k)$．因此对任意 $k\geqslant 0$ 有

$$\beta_\tau(\boldsymbol{z}^k)\|\Phi_\tau(\boldsymbol{z}^k)\|\leqslant\gamma\Psi_\tau(\boldsymbol{z}^k) \tag{11-36}$$

下面对 $k$ 运用数学归纳法证明步骤④的适定性．

(1)当 $j=0$ 时，由式(11-28)、式(11-34)～式(11-36)得，对任意充分小的 $\lambda\in(0,1]$ 有

$$\begin{aligned}\Psi_\tau(\boldsymbol{z}^0+\lambda\Delta\boldsymbol{z}^0)&=\Psi_\tau(\boldsymbol{z}^0)+\lambda\Psi'_\tau(\boldsymbol{z}^0)+r_\tau^0(\lambda)\\&\leqslant(1-2\lambda)\Psi_\tau(\boldsymbol{z}^0)+2\lambda\Phi_\tau(\boldsymbol{z}^0)^{\mathrm{T}}\beta_\tau(\boldsymbol{z}^0)\bar{\boldsymbol{z}}+o(\lambda)\\&\leqslant(1-2\lambda)\Psi_\tau(\boldsymbol{z}^0)+2\lambda\mu_0\beta_\tau(\boldsymbol{z}^0)\|\Phi_\tau(\boldsymbol{z}^0)\|+o(\lambda)\\&\leqslant\Theta_0-2(1-\gamma\mu_0)\lambda\Psi_\tau(\boldsymbol{z}^0)+o(\lambda)\end{aligned} \tag{11-37}$$

又 $\gamma u_0<1$，不等式(11-37)意味着存在一个常数 $\overline{\lambda_0}\in(0,1]$，使得对于任意 $\lambda\in(0,\overline{\lambda_0}]$ 和 $Q_1\delta_0\in(0,\delta_{\max}]$，有

$$\Psi_\tau(\boldsymbol{z}^0+\lambda\Delta\boldsymbol{z}^0)\leqslant\Theta_0-2Q_1\delta_0(1-\gamma\mu_0)\lambda\Psi_\tau(\boldsymbol{z}^0)$$

成立．

(2)对满足 $0\leqslant j<k$ 的任意 $j$，假设存在 $\overline{\lambda_j}\in(0,1]$ 使得对任意 $\lambda\in(0,\overline{\lambda_j}]$ 和 $Q_{j+1}\delta_j\in(0,\delta_{\max}]$，不等式

$$\Psi_\tau(\boldsymbol{z}^j+\lambda\Delta\boldsymbol{z}^j)\leqslant\Theta_j-2Q_{j+1}\delta_j(1-\gamma\mu_0)\lambda\Psi_\tau(\boldsymbol{z}^j)$$

都成立．

定义函数 $f_{j+1}:\mathbf{R}_+\to\mathbf{R}$ 为

$$f_{j+1}(t)=\frac{t\Theta_j+\Psi_\tau(\boldsymbol{z}^{j+1})}{t+1} \tag{11-38}$$

则由式(11-29)和式(11-38)可得

$$f'_{j+1}(t)=\frac{\Theta_j-\Psi_\tau(\boldsymbol{z}^{j+1})}{(t+1)^2}>0 \tag{11-39}$$

这意味着函数 $f_{j+1}$ 关于 $t$ 递增．因而在式(11-38)中令 $t=\eta_jQ_j$，则对任意 $0\leqslant j<k$ 有

$$\Psi_\tau(z^{j+1}) = f_{j+1}(0) \leqslant f_{j+1}(\eta_j Q_j) = \Theta_{j+1}$$

特别地，$\Psi_\tau(z^k) \leqslant \Theta_k$．

(3)当 $j=k$ 时，由于 $\Psi_\tau(z^k) \leqslant \Theta_k$，类似情形(1)的证明，可得存在 $\overline{\lambda_k} \in (0,1]$ 使得对任意 $\lambda \in (0,\overline{\lambda_k}]$ 和 $Q_{k+1}\delta_k \in (0,\delta_{\max}]$，不等式

$$\Psi_\tau(z^k + \lambda\Delta z^k) \leqslant \Theta_k - 2Q_{k+1}\delta_k(1-\gamma\mu_0)\lambda\Psi_\tau(z^k)$$

都成立．这表明步骤④适定．证毕．

由定理 11.9 的证明可得如下结论．

**推论 11.1**　假设 $\{z^k = (x^k, y^k, s^k, \mu_k)\}$ 是算法 11.1 生成的迭代序列，则对任意 $k \geqslant 0$ 有 $\Psi_\tau(z^k) \leqslant \Theta_k$．

进一步地，新非单调线搜索[式(11－29)]具有以下优点．这些性质对于标准的 Armijo 线搜索也成立，将在证明相应算法的全局收敛性和局部二次收敛性中起重要作用．

**引理 11.2**　设 $\{z^k = (x^k, y^k, s^k, \mu_k)\}$ 是算法 11.1 生成的迭代序列，那么

$$\sum_{k=0}^{\infty} \lambda_k \Psi_\tau(z^k) < \infty \tag{11-40}$$

**证明**：由推论 11.1 可知对任意 $k \geqslant 0$ 有 $0 \leqslant \Psi_\tau(z^k) \leqslant \Theta_k$，因此 $\Theta_k$ 有下界．由式(11－32)知 $\{\Theta_k\}$ 是一个单调递减序列且满足

$$\begin{gathered}
\Theta_1 \leqslant \Theta_0 - 2(1-\gamma\mu_0)\delta_0\lambda_0\Psi_\tau(z^0) \\
\Theta_2 \leqslant \Theta_1 - 2(1-\gamma\mu_0)\delta_1\lambda_1\Psi_\tau(z^1) \\
\vdots \\
\Theta_{k+1} \leqslant \Theta_k - 2(1-\gamma\mu_0)\delta_k\lambda_k\Psi_\tau(z^k) \\
\vdots
\end{gathered}$$

因为 $\{\Theta_k\}$ 是一个有界序列，将上述不等式的两边相加得

$$\sum_{k=0}^{\infty} 2(1-\gamma\mu_0)\delta_{\min}\lambda_k\Psi_\tau(z^k) \leqslant \sum_{k=0}^{\infty} 2(1-\gamma\mu_0)\delta_k\lambda_k\Psi_\tau(z^k) < \infty$$

从而结论得证．

**引理 11.3**　假设 $\{z^k = (x^k, y^k, s^k, \mu_k)\}$ 是算法 11.1 生成的迭代序列，则对任意 $k \geqslant 0$，以下结论成立．

(1) $\{\beta_\tau(z^k)\}$ 是单调递减的．

(2) $\mu_0\beta_\tau(z^k) \leqslant \mu_k$，$\mu_k \in \mathbf{R}_{++}$ 且 $\{\mu_k\}$ 是单调递减的．

**证明**：(1)根据 $\beta_\tau(z^k)$ 的定义式(11－31)知，对任意 $k \geqslant 0$ 有 $\beta_\tau(z^{k+1}) \leqslant \beta_\tau(z^k)$．

(2)由定理 11.9 的证明知，对任意 $k \geqslant 0$，都有 $\mu_k \in \mathbf{R}_{++}$．运用数学归纳法证明对任意 $k \geqslant 0$ 有 $\mu_0\beta_\tau(z^k) \leqslant \mu_k$．因为 $\beta_\tau(z^0) \leqslant \gamma < 1$，显然 $\mu_0\beta_\tau(z^0) \leqslant \mu_0$ 成立．假设 $\mu_0\beta_\tau(z^k) \leqslant \mu_k$，则由式(11－33)得

$$\begin{aligned}
\mu_{k+1} &= (1-\lambda_k)\mu_k + \lambda_k\mu_0\beta_\tau(z^k) \\
&\geqslant (1-\lambda_k)\mu_0\beta_\tau(z^k) + \lambda_k\mu_0\beta_\tau(z^k)
\end{aligned}$$

$$= \mu_0 \beta_\tau(\boldsymbol{z}^k) \geqslant \mu_0 \beta_\tau(\boldsymbol{z}^{k+1})$$

因此，对任意 $k \geqslant 0$ 有 $\mu_0 \beta_\tau(\boldsymbol{z}^k) \leqslant \mu_k$ .

此外，由式(11-33)可得，对任意 $k \geqslant 0$ 有

$$\mu_{k+1} = (1-\lambda_k)\mu_k + \lambda_k \mu_0 \beta_\tau(\boldsymbol{z}^k) \leqslant (1-\lambda_k)\mu_k + \lambda_k \mu_k = \mu_k$$

证毕 .

## 11.4 收敛性分析

由定理 11.9 知，算法 11.1 在适当的假设下生成一个无穷序列 $\{\boldsymbol{z}^k = (\boldsymbol{x}^k, \boldsymbol{y}^k, \boldsymbol{s}^k, \mu_k)\}$ . 本节将证明：如果迭代序列 $\{\boldsymbol{z}^k\}$ 的聚点满足非奇异假设，则迭代序列（不需要严格互补条件）就可全局收敛且局部二次收敛到该聚点 .

**定理 11.10** 假设 $\{\boldsymbol{z}^k\}$ 是算法 11.1 生成的迭代序列 . 当 $k \to \infty$时，$\{\mu_k\}$ 和 $\{\Psi_\tau(\boldsymbol{z}^k)\}$ 都收敛到 0，因而 $\{\boldsymbol{z}^k\}$ 的任意聚点 $\boldsymbol{z}^* = (\boldsymbol{x}^*, \boldsymbol{y}^*, \boldsymbol{s}^*, \mu^*)$ 都是 $\Phi_\tau(\boldsymbol{z}) = \boldsymbol{0}$ 的解，从而 $(\boldsymbol{T}^{-1}\boldsymbol{x}^*, \boldsymbol{y}^*, \boldsymbol{T}\boldsymbol{s}^*)$ 是圆锥规划问题(11-1)和(11-2)的解 .

**证明：** 不失一般性，假设当 $k \to \infty$时，$\{\boldsymbol{z}^k = (\boldsymbol{x}^k, \boldsymbol{y}^k, \boldsymbol{s}^k, \mu_k)\}$ 收敛到 $\boldsymbol{z}^* = (\boldsymbol{x}^*, \boldsymbol{y}^*, \boldsymbol{s}^*, \mu^*)$. 由推论 11.1 和式(11-32)得

$$0 \leqslant \Psi_\tau(\boldsymbol{z}^k) \leqslant \Theta_k \leqslant \Theta_{k-1} \leqslant \Theta_0 \tag{11-41}$$

即序列 $\{\Psi_\tau(\boldsymbol{z}^k)\}$ 有界 . 因此 $\{\Psi_\tau(\boldsymbol{z}^k)\}$ 有一个收敛子列，记作 $\{\Psi_\tau(\boldsymbol{z}^k)\}_{k \in J}$，其中 $J \subseteq \{0,1,2,3,\cdots,k,\cdots\}$ . 由 $\Psi_\tau(\cdot)$ 的连续性和式(11-31)可知当 $J \ni k \to \infty$ 时，$\{\Psi_\tau(\boldsymbol{z}^k)\}$ 和 $\{\beta_\tau(\boldsymbol{z}^k)\}$ 分别收敛到 $\{\Psi_\tau(\boldsymbol{z}^*)\}$ 和 $\{\beta_\tau(\boldsymbol{z}^*)\}$，且

$$\Psi_\tau(\boldsymbol{z}^*) = \| \Phi_\tau(\boldsymbol{z}^*) \|^2, \beta_\tau(\boldsymbol{z}^*) = \gamma \min\{1, \Psi_\tau(\boldsymbol{z}^*)\}$$

若 $\Psi_\tau(\boldsymbol{z}^*) = 0$，结论显然成立 . 反证法，假设 $\Psi_\tau(\boldsymbol{z}^*) > 0$ . 由于 $\{\Theta_k\}$ 是单调递减的，且由式(11-41)知其下有界，所以当 $J \ni k \to \infty$时 $\{\Theta_k\}$ 收敛到 $\Theta^*$，且 $\Theta^* \geqslant \Psi_\tau(\boldsymbol{z}^*) > 0$ . 现考虑以下两种情况 .

(1)假设存在常数 $\varepsilon > 0$，使得对任意 $k \in J$ 有 $\lambda_k \geqslant \varepsilon > 0$ ，则由式(11-40)得

$$\sum_{J \ni k=0}^{\infty} \varepsilon \Psi_\tau(\boldsymbol{z}^k) \leqslant \sum_{J \ni k=0}^{\infty} \lambda_k \Psi_\tau(\boldsymbol{z}^k) \leqslant \sum_{k=0}^{\infty} \lambda_k \Psi_\tau(\boldsymbol{z}^k) < \infty$$

这意味着

$$\Psi_\tau(\boldsymbol{z}^*) = \lim_{J \ni k \to \infty} \Psi_\tau(\boldsymbol{z}^k) = 0$$

(2)如果有必要，可取子列，假设 $\lim\limits_{J \ni k \to \infty} \lambda_k = 0$ ，那么由算法 11.1 和推论 11.1 知对任意充分大的 $k \in J$，步长 $\overline{\lambda_k} = \lambda_k / \rho$ 不满足步骤④，即

$$\begin{aligned}
\Psi_\tau(\boldsymbol{z}^k + \overline{\lambda_k} \Delta \boldsymbol{z}^k) &> \Theta_k - 2(1-\gamma\mu_0) Q_{k+1} \delta_k \overline{\lambda_k} \Psi_\tau(\boldsymbol{z}^k) \\
&\geqslant [1 - 2(1-\gamma\mu_0) Q_{k+1} \delta_k \overline{\lambda_k}] \Psi_\tau(\boldsymbol{z}^k) \\
&\geqslant [1 - 2(1-\gamma\mu_0) \delta_{\max} \overline{\lambda_k}] \Psi_\tau(\boldsymbol{z}^k)
\end{aligned}$$

故

$$\frac{\Psi_\tau(\boldsymbol{z}^k+\overline{\lambda}_k\Delta\boldsymbol{z}^k)-\Psi_\tau(\boldsymbol{z}^k)}{\overline{\lambda}_k}\geqslant -2(1-\gamma\mu_0)\delta_{\max}\Psi_\tau(\boldsymbol{z}^k) \tag{11-42}$$

由引理 11.3(2)知 $0<\mu_0\beta_\tau(\boldsymbol{z}^*)\leqslant\mu^*=\lim\limits_{k<\infty}\mu_k$，那么根据定理 11.8 知，$\Phi'_\tau(\boldsymbol{z}^*)$ 存在且非奇异．因而存在 $\boldsymbol{z}^*$ 的一个闭邻域 $N(\boldsymbol{z}^*)$ 使得对任意 $\boldsymbol{z}\in N(\boldsymbol{z}^*)$ 有 $\mu\in\mathbf{R}_{++}$ 且 $\Phi'_\tau(\boldsymbol{z})$ 是可逆的．对任意 $\boldsymbol{z}\in N(\boldsymbol{z}^*)$，设 $\Delta\boldsymbol{z}=(\Delta\boldsymbol{x},\Delta\boldsymbol{y},\Delta\boldsymbol{s},\Delta\mu)\in\mathbf{R}^n\times\mathbf{R}^m\times\mathbf{R}^n\times\mathbf{R}$ 是下列方程组的唯一解

$$\Phi_\tau(\boldsymbol{z})+\Phi'_\tau(\boldsymbol{z})\Delta\boldsymbol{z}=\beta_\tau(\boldsymbol{z})\overline{\boldsymbol{z}} \tag{11-43}$$

对式(11-42)两端取极限，并由式(11-36)和式(11-43)可得

$$\begin{aligned}-2(1-\gamma\mu_0)\delta_{\max}\Psi_\tau(\boldsymbol{z}^*)&\leqslant 2\Phi_\tau(\boldsymbol{z}^*)^{\mathrm{T}}\Phi'_\tau(\boldsymbol{z}^*)\Delta\boldsymbol{z}^*\\&\leqslant 2\Phi_\tau(\boldsymbol{z}^*)^{\mathrm{T}}[-\Phi_\tau(\boldsymbol{z}^*)+\beta_\tau(\boldsymbol{z}^*)\overline{\boldsymbol{z}}]\\&\leqslant 2[-\Psi_\tau(\boldsymbol{z}^*)+\mu_0\beta_\tau(\boldsymbol{z}^*)\,\|\,\Phi_\tau(\boldsymbol{z}^*)\,\|\,]\\&\leqslant -2(1-\gamma\mu_0)\Psi_\tau(\boldsymbol{z}^*)\end{aligned}$$

由最后一个关系式知 $(1-\gamma\mu_0)(\delta_{\max}-1)\geqslant 0$，这与 $\gamma\mu_0<1$ 和 $0<\delta_{\max}<\dfrac{1}{2}$ 相矛盾．因此 $\Psi_\tau(\boldsymbol{z}^*)=0$ 且 $\beta_\tau(\boldsymbol{z}^*)=0$．证毕．

为讨论算法 11.1 的收敛速度，假定 $\boldsymbol{z}^*$ 满足非奇异条件，但可以不满足严格互补条件．由文献[30]定理 8 的证明，可得本章所给出的求解圆锥规划问题的非单调光滑牛顿法的局部二次收敛性．

**定理 11.11**　设 $\boldsymbol{z}^*=(\boldsymbol{x}^*,\boldsymbol{y}^*,\boldsymbol{s}^*,\mu^*)$ 是算法 11.1 生成的迭代序列 $\{\boldsymbol{z}^k\}$ 的一个聚点．如果所有 $V\in\partial\Psi_\tau(\boldsymbol{z}^*)$ 都是非奇异的，则序列 $\{\boldsymbol{z}^k\}$ 二阶收敛到 $\boldsymbol{z}^*$，即

$$\|\,\boldsymbol{z}^{k+1}-\boldsymbol{z}^*\,\|=O(\|\,\boldsymbol{z}^k-\boldsymbol{z}^*\,\|^2),\ \mu_{k+1}=O((\mu_k)^2)$$

## 11.5　数 值 算 例

本节通过数值实验验证求解圆锥规划问题的算法 11.1 的有效性．所有的实验都在 Intel (R)Core(TM)i5－4210M CPU 2.59 GHz 和 8 GB 内存的个人计算机上进行，操作系统是 Windows 8.1，实验是用 Matlab 8.3.0.532(R2014a)完成的．

随机生成圆锥规划问题，其中所涉及的矩阵非稀疏．具体如下：生成一个行满秩的随机矩阵 $\boldsymbol{A}\in\mathbf{R}^{m\times n}$，随机向量 $\boldsymbol{x}\in C_\theta^n$，$\boldsymbol{s}\in(C_\theta^n)^*$，$\boldsymbol{y}\in\mathbf{R}^m$，且令 $\boldsymbol{b}=\boldsymbol{A}\boldsymbol{x}$，$\boldsymbol{c}=\boldsymbol{A}^{\mathrm{T}}\boldsymbol{y}+\boldsymbol{s}$．因而生成的问题(11-1)和(11-2)的严格可行解集非空，所以它们都有最优解，且其最优值相等．设 $\boldsymbol{x}^0=1.0\boldsymbol{e}$，$\boldsymbol{x}^0=0.5\boldsymbol{e}$ 或 $\boldsymbol{x}^0=0.1\boldsymbol{e}$，以及 $\boldsymbol{y}^0=\boldsymbol{0}\in\mathbf{R}^m$，$\boldsymbol{s}^0=\boldsymbol{c}\in\mathbf{R}^n$ 为初始点，其中 $\boldsymbol{e}$ 是 $K^n$ 中的单位向量．算法 11.1 中的参数选取如下：$\mu_0=0.1$，$\gamma=0.2$，$\rho=0.75$，$\tau=2$，$\delta_k=0.4$，$\eta_k=0.1$. $\Psi_\tau(\boldsymbol{z})\leqslant 10^{-6}$ 作为算法终止条件．

第一个实验随机产生维数 ($m$) 从 100 到 800，$n=2m$ 及 $\theta=\pi/3$，$\theta=\pi/4$ 或 $\theta=\pi/6$ 的圆锥规划问题．每个维数的问题随机生成 50 次．表 11-1 是实验的结果，其中 $m$ 和 $n$ 表示问题

的规模，AIter 表示迭代次数的平均值，ACPU 表示以秒为单位的 CPU 时间的平均值．由表 11－1的数值结果可知：①所有随机问题都经过较少的迭代次数和很短的 CPU 时间得到解决；②问题的维数对迭代次数的影响较小；③初始点的选取对圆锥规划问题的计算影响不大．

在接下来的实验中，始终令 $\boldsymbol{x}^0=1.0\boldsymbol{e}$，$\boldsymbol{y}^0=\boldsymbol{0}\in\mathbf{R}^m$ 和 $\boldsymbol{s}^0=\boldsymbol{c}\in\mathbf{R}^n$ 为初始点，参数选取类似于第一个实验．

第二个实验求解二阶锥规划问题，即 $\theta=\pi/4$ 的圆锥规划问题，每个问题规模($m$)从 100 到1 500且 $n=2m$. 为了做数值结果对比，将 Qi-Sun-Zhou[30] 提出的求解非线性互补问题和箱式约束变分不等式的非单调光滑方法推广到二阶锥规划问题．在推广算法中采用 Huang 和 Ni[4] 提出的二阶锥规划问题光滑函数，并使用标准的 Armijo 搜索来计算每次迭代的步长．表 11－2 给出了算法 11.1(当 $\eta_k=0.1$，$\eta_k=0$ 时)和 Qi-Sun-Zhou 方法[30]对每种规模的 50 个测试问题的平均数值结果．

如表 11－2 所示，与算法 11.1( $\eta_k=0$ )相比，大多数情况下算法 11.1( $\eta_k=0.1$ )需要较少的迭代次数和较少的 CPU 时间，这表明运用非单调线搜索的效果略好于单调线搜索．此外，算法 11.1 通常比 Qi-Sun-Zhou 方法[30]需要较少的迭代次数和 CPU 时间，特别是当二阶锥规划问题的维数很大时．

第三个实验求解多个圆锥约束的随机圆锥规划问题，即 $C_\theta=C_\theta^{100}\times C_\theta^{100}\cdots\times C_\theta^{100}\subseteq\mathbf{R}^n$ 和 $n=2m$. 表 11－3 列出了用算法 11.1 求解每种规模 50 个测试问题的平均性能．结果表明，算法 11.1 有效地解决了具有多个圆锥约束的圆锥规划问题实例．由表 11－1 和表 11－3 可知，对于相同维数的圆锥规划问题，圆锥约束的个数对迭代次数和 CPU 时间有一定的影响．与单圆锥约束的圆锥规划问题相比，具有多个圆锥约束的圆锥规划问题通常需要更多的迭代次数和 CPU 时间．

综上，本章所提出的求解圆锥规划问题的非单调光滑牛顿法稳定而且有效．

**表 11－1　不同规模圆锥规划问题的数值结果**

| 问题 | | | $\theta=\pi/3$ | | $\theta=\pi/4$ | | $\theta=\pi/6$ | |
|---|---|---|---|---|---|---|---|---|
| $\boldsymbol{x}^0$ | $m$ | $n$ | Alter | ACPU | Alter | ACPU | Alter | ACPU |
| $1.0\boldsymbol{e}$ | 100 | 200 | 5.28 | 0.057 5 | 4.72 | 0.051 4 | 5.26 | 0.056 9 |
| | 200 | 400 | 4.94 | 0.349 7 | 5.18 | 0.357 8 | 5.30 | 0.379 2 |
| | 300 | 600 | 4.94 | 0.918 1 | 4.86 | 0.901 3 | 5.20 | 0.967 1 |
| | 400 | 800 | 5.24 | 1.982 0 | 4.92 | 1.855 7 | 5.20 | 1.990 4 |
| | 500 | 1 000 | 4.76 | 3.134 1 | 4.80 | 3.139 9 | 5.40 | 3.533 8 |
| | 600 | 1 200 | 4.86 | 5.037 4 | 4.60 | 4.812 8 | 5.20 | 5.313 5 |
| | 700 | 1 400 | 4.60 | 6.859 8 | 5.00 | 7.720 2 | 5.60 | 8.301 6 |
| | 800 | 1 600 | 5.00 | 10.993 8 | 5.40 | 12.025 9 | 5.70 | 12.982 7 |
| $0.5\boldsymbol{e}$ | 100 | 200 | 4.90 | 0.054 2 | 4.90 | 0.051 4 | 5.40 | 0.059 7 |
| | 200 | 400 | 5.20 | 0.362 3 | 4.90 | 0.340 8 | 4.80 | 0.330 5 |
| | 300 | 600 | 4.80 | 0.900 3 | 4.60 | 0.851 6 | 4.60 | 0.851 7 |
| | 400 | 800 | 4.60 | 1.729 9 | 5.00 | 1.912 6 | 5.20 | 1.998 7 |
| | 500 | 1 000 | 4.70 | 3.091 8 | 4.90 | 3.249 2 | 5.00 | 3.268 9 |
| | 600 | 1 200 | 4.40 | 4.560 8 | 5.00 | 5.235 4 | 5.10 | 5.358 5 |
| | 700 | 1 400 | 5.20 | 8.538 4 | 4.50 | 6.926 4 | 4.90 | 7.539 6 |
| | 800 | 1 600 | 4.80 | 10.696 6 | 4.90 | 10.953 5 | 5.20 | 11.589 9 |

续表

| 问题 | | | θ = π/3 | | θ = π/4 | | θ = π/6 | |
|---|---|---|---|---|---|---|---|---|
| $x^0$ | $m$ | $n$ | Alter | ACPU | Alter | ACPU | Alter | ACPU |
| 0.1$e$ | 100 | 200 | 4.90 | 0.055 4 | 5.00 | 0.054 8 | 6.00 | 0.065 6 |
| | 200 | 400 | 4.50 | 0.308 0 | 4.80 | 0.332 8 | 5.60 | 0.383 6 |
| | 300 | 600 | 5.30 | 0.962 8 | 5.70 | 1.062 6 | 5.60 | 1.026 2 |
| | 400 | 800 | 5.30 | 1.994 6 | 4.80 | 1.816 4 | 5.20 | 1.958 2 |
| | 500 | 1 000 | 5.50 | 3.570 8 | 5.80 | 3.774 5 | 5.30 | 3.467 3 |
| | 600 | 1 200 | 5.10 | 5.175 3 | 4.80 | 4.896 2 | 4.90 | 4.966 3 |
| | 700 | 1 400 | 5.10 | 7.849 7 | 5.10 | 7.774 3 | 5.10 | 7.640 9 |
| | 800 | 1 600 | 4.60 | 10.317 3 | 5.10 | 11.857 6 | 5.20 | 11.371 8 |

**表 11-2　两种算法的数值结果**

| 问题 | | 算法 11.1( $\eta_k=0.1$ ) | | 算法 11.1( $\eta_k=0$ ) | | Qi-Sun-Zhou's 方法 | |
|---|---|---|---|---|---|---|---|
| $m$ | $n$ | Alter | ACPU | Alter | ACPU | Alter | ACPU |
| 100 | 200 | 5.16 | 0.056 2 | 5.84 | 0.068 5 | 9.10 | 0.064 4 |
| 200 | 400 | 4.84 | 0.326 7 | 5.06 | 0.343 9 | 8.54 | 0.404 2 |
| 300 | 600 | 5.00 | 0.926 3 | 5.18 | 0.968 8 | 9.12 | 1.181 1 |
| 400 | 800 | 4.84 | 1.819 6 | 5.24 | 1.995 8 | 10.34 | 2.745 7 |
| 500 | 1 000 | 4.76 | 3.091 3 | 4.78 | 3.122 4 | 9.56 | 4.176 9 |
| 600 | 1 200 | 4.86 | 4.914 3 | 5.12 | 5.277 6 | 9.74 | 6.516 8 |
| 700 | 1 400 | 4.94 | 7.400 2 | 6.08 | 9.614 1 | 15.70 | 15.398 0 |
| 800 | 1 600 | 4.92 | 10.597 9 | 5.04 | 10.963 6 | 9.78 | 13.306 5 |
| 900 | 1 800 | 5.08 | 14.588 6 | 5.28 | 15.246 3 | 10.18 | 18.320 2 |
| 1 000 | 2 000 | 4.40 | 17.053 6 | 4.40 | 17.400 1 | 9.20 | 22.278 0 |
| 1 100 | 2 200 | 4.80 | 24.151 9 | 5.00 | 25.048 5 | 9.80 | 29.634 6 |
| 1 200 | 2 400 | 4.70 | 28.633 8 | 4.70 | 28.812 2 | 9.20 | 34.429 9 |
| 1 300 | 2 600 | 5.10 | 39.902 9 | 5.30 | 41.781 7 | 10.00 | 47.697 9 |
| 1 400 | 2 800 | 4.70 | 43.757 4 | 4.70 | 43.706 9 | 9.40 | 52.770 2 |
| 1 500 | 3 000 | 4.80 | 54.913 3 | 4.80 | 54.913 2 | 9.60 | 64.781 3 |

**表 11-3　求解多圆锥约束圆锥规划问题的数值结果**

| 问题 | | θ = π/3 | | θ = π/4 | | θ = π/6 | |
|---|---|---|---|---|---|---|---|
| $m$ | $n$ | Alter | ACPU | Alter | ACPU | Alter | ACPU |
| 100 | 200 | 5.74 | 0.068 2 | 5.40 | 0.062 6 | 6.02 | 0.068 6 |

**续表**

| 问题 | | $\theta=\pi/3$ | | $\theta=\pi/4$ | | $\theta=\pi/6$ | |
|---|---|---|---|---|---|---|---|
| $m$ | $n$ | Alter | ACPU | Alter | ACPU | Alter | ACPU |
| 200 | 400 | 5.96 | 0.378 5 | 5.68 | 0.365 9 | 6.08 | 0.393 9 |
| 300 | 600 | 5.86 | 1.006 5 | 5.86 | 0.992 6 | 6.38 | 1.101 9 |
| 400 | 800 | 6.06 | 2.095 6 | 6.02 | 2.103 4 | 6.46 | 2.249 2 |
| 500 | 1 000 | 6.16 | 3.765 8 | 6.00 | 3.649 3 | 6.56 | 3.967 9 |
| 600 | 1 200 | 6.16 | 5.911 9 | 6.28 | 6.065 2 | 6.44 | 6.208 5 |
| 700 | 1 400 | 6.44 | 9.216 3 | 6.12 | 8.694 6 | 6.64 | 9.450 7 |
| 800 | 1 600 | 6.36 | 13.122 6 | 6.32 | 13.566 8 | 6.76 | 14.500 3 |

# 第 12 章　圆锥规划的非单调线搜索光滑牛顿法

本章提出了求解圆锥规划问题的一种非单调线搜索光滑牛顿法，该算法解决了在仿射空间与有限个圆锥笛卡儿乘积的交集上求线性函数的极小值或极大值问题．首先，基于圆锥与二阶锥的关系，将圆锥规划问题转为二阶锥规划问题；然后将求解无约束优化问题的非单调线搜索推广到圆锥规划问题，提出求解圆锥规划问题的一种非单调线搜索光滑牛顿法．在适当的假设下，该算法具有全局和局部二阶收敛性．最后，用数值结果证明了该算法求解圆锥规划问题的有效性．

## 12.1　引　　言

本章考虑以下圆锥规划问题

$$\text{(P)}\quad \min\left\{\boldsymbol{c}^{\mathrm{T}}\boldsymbol{x}\,\middle|\,\boldsymbol{A}\boldsymbol{x}=\boldsymbol{b},\boldsymbol{x}\in C_{\theta}^{n}\right\} \tag{12-1}$$

这里 $\theta\in(0,\pi/2)$，是一个给定的角度，$\boldsymbol{A}\in\mathbf{R}^{m\times n}$，$\boldsymbol{c}\in\mathbf{R}^{n}$ 和 $\boldsymbol{b}\in\mathbf{R}^{m}$ 是给定的数据，$\boldsymbol{x}\in C_{\theta}^{n}$ 是变量．集合 $C_{\theta}^{n}$ 为 $n$ 维圆锥(CC)，表示为

$$C_{\theta}^{n}=\left\{\boldsymbol{x}=(x_1,\boldsymbol{x}_{2:n})\in\mathbf{R}\times\mathbf{R}^{n-1}\,\middle|\,\cos\theta\,\|\boldsymbol{x}\|\leqslant x_1\right\}$$

其中，$\boldsymbol{x}_{2:n}=(x_2,\cdots,x_n)\in\mathbf{R}^{n-1}$，$\|\cdot\|$ 为向量的欧几里得范数．

作为一种特殊的非自对偶锥，圆锥[132]是一个有尖点的闭凸锥，它的超球截面与它的旋转轴正交，且绕其旋转轴旋转是不变的．当旋转角 $\theta=45^{\circ}$时，$n$ 维圆锥退化为 $n$ 维二阶锥．因此，二阶锥规划问题可视为圆锥规划问题的一种特例．式(12-1)的对偶问题为

$$\text{(D)}\quad \max\left\{\boldsymbol{b}^{\mathrm{T}}\boldsymbol{y}\,\middle|\,\boldsymbol{A}^{\mathrm{T}}\boldsymbol{y}+\boldsymbol{s}=\boldsymbol{c},\boldsymbol{s}\in(C_{\theta}^{n})^{*}\right\} \tag{12-2}$$

其中，$\boldsymbol{y}\in\mathbf{R}^{m}$ 是变量，$\boldsymbol{s}\in(C_{\theta}^{n})^{*}$ 为松弛变量．这里 $(C_{\theta}^{n})^{*}$ 是 $C_{\theta}^{n}$ 的对偶锥，其定义为

$$(C_{\theta}^{n})^{*}=\left\{\boldsymbol{x}=(x_1,\boldsymbol{x}_{2:n})\in\mathbf{R}\times\mathbf{R}^{n-1}\,\middle|\,\|\boldsymbol{x}_{2:n}\|\leqslant x_1\cot\theta\right\}$$

问题(12-1)和问题(12-2)的严格可行集为

$$F^0(\mathrm{P})=\left\{\boldsymbol{x}\,\middle|\,\boldsymbol{A}\boldsymbol{x}=\boldsymbol{b},\boldsymbol{x}\in\operatorname{int}C_\theta^n\right\}$$

$$F^0(\mathrm{D})=\left\{(\boldsymbol{y},\boldsymbol{s})\,\middle|\,\boldsymbol{A}^{\mathrm{T}}\boldsymbol{y}+\boldsymbol{s}=\boldsymbol{c},\boldsymbol{s}\in\operatorname{int}(C_\theta^n)^*\right\}$$

其中，$\operatorname{int} C_\theta^n$ 表示 $C_\theta^n$ 的内部，$\operatorname{int}(C_\theta^n)^*$ 表示 $(C_\theta^n)^*$ 的内部．本章假设问题(12－1)和问题(12－2)都严格可行，即 $F^0(\mathrm{P})\times F^0(\mathrm{D})\neq\varnothing$，因而问题(12－1)和问题(12－2)都有最优解，且找到问题(12－1)和问题(12－2)的最优解等价于求解如下最优性条件，即 KKT 条件

$$\begin{cases}\boldsymbol{A}\boldsymbol{x}=\boldsymbol{b},\boldsymbol{x}\in C_\theta^n\\ \boldsymbol{A}^{\mathrm{T}}\boldsymbol{y}+\boldsymbol{s}=\boldsymbol{c},\boldsymbol{s}\in(C_\theta^n)^*\\ \boldsymbol{x}^{\mathrm{T}}\boldsymbol{s}=0\end{cases}\tag{12－3}$$

然而，当 $\theta\neq45°$时，上述条件中的 $(C_\theta^n)^*$ 和 $C_\theta^n$ 通常是不同的锥，所以很难直接运用光滑牛顿法求解方程组(12－3)．由 $C_\theta^n=\boldsymbol{H}^{-1}K^n$ 和 $(C_\theta^n)^*=\boldsymbol{H}K^n$[47]可知，最优性条件(12－3)可转化为

$$\begin{cases}\boldsymbol{A}\boldsymbol{H}^{-1}\boldsymbol{x}=\boldsymbol{b},\boldsymbol{x}\in K^n\\ \boldsymbol{A}^{\mathrm{T}}\boldsymbol{y}+\boldsymbol{H}\boldsymbol{s}=\boldsymbol{c},\boldsymbol{s}\in(K^n)^*\\ \boldsymbol{x}^{\mathrm{T}}\boldsymbol{s}=0\end{cases}\tag{12－4}$$

这里正定矩阵 $\boldsymbol{H}$ 定义为

$$\boldsymbol{H}=\begin{bmatrix}\tan\theta & \boldsymbol{0}^{\mathrm{T}}\\ \boldsymbol{0} & \boldsymbol{I}\end{bmatrix}\in\mathbf{R}^{n\times n}$$

其逆矩阵为

$$\boldsymbol{H}^{-1}=\begin{bmatrix}\cot\theta & \boldsymbol{0}^{\mathrm{T}}\\ \boldsymbol{0} & \boldsymbol{I}\end{bmatrix}$$

近年来，圆锥优化问题因其在实际工程中的广泛应用而备受关注。例如四足机器人腿部力的优化、多指机器人的最优抓取操作、四足机器人的最优足力分配和控制等[135,138,141]。然而，由于圆锥是非自对偶的，即非对称的，目前求解圆锥规划问题的算法并不多见。

许多数值方法可以用来处理各种优化问题，如渐近逼近法[143]、高斯-牛顿法[95]、幂罚函数法[144]、内点算法[45,145,146]和光滑牛顿法[30,31]等。其中，光滑牛顿法是最有效的方法之一，部分原因在于其有较好的数值结果和理论分析[30,31,92]。

与单调线搜索相比，非单调线搜索[127,139,140]不要求在每一步迭代中函数值都严格单调下降，而且非单调线搜索可以提高找到全局最优解的可能性和收敛速度，特别是当所涉及的函数高度非凸且在某点的邻域内有波谷时[127]．因此，为了获得更好的数值结果，研究者们提出了采用非单调线搜索技术的算法[139,140]．如 Hu，Huang 和 Wang[139]提出了求解非线性互补问题的一个非单调光滑牛顿算法，并研究了非线性互补问题的非单调光滑牛顿法的收敛性分析．Amini，Ahookhosh 和 Nosratipour[140]通过改进非单调搜索，引入了无约束优化的一个非精确线搜索方法，在适当的假设下证明了算法[140]对于强凸目标函数

是全局收敛且 R－线性收敛的．本章考虑能否将无约束优化的非单调线搜索有效地推广到求解圆锥规划问题的算法中．[29]

受文献[139，140]的启发，本章提出了一个具有非单调线搜索的光滑牛顿法求解圆锥规划问题．该算法具有以下优点：

(1)该算法可以从任意点开始，不要求迭代点为可行内点；

(2)该算法在每次迭代时只求解一个线性方程组，只进行一次行搜索；

(3)在适当的假设下，该算法具有全局收敛性和局部二阶收敛性．

## 12.2　非单调光滑牛顿法

本节基于二阶锥规划问题的一类单参数光滑函数[31]，提出求解圆锥规划问题的一种非单调线搜索光滑牛顿法．通过将无约束优化的非单调线搜索[140]推广到圆锥规划问题中，本节的算法给出了一种新的非单调线搜索，它包括经典的 Armijo 线搜索．在适当的假设下，本节证明了该算法具有适定性和良好的性质．

考虑以下光滑函数[31] $\phi_\tau(\boldsymbol{x},\boldsymbol{s},\mu):\mathbf{R}^n\times\mathbf{R}^n\times\mathbf{R}_+\to\mathbf{R}^n$ 为

$$\phi_\tau(\boldsymbol{x},\boldsymbol{s},\mu)=(1+\mu-\tau\mu)(\boldsymbol{x}+\boldsymbol{s})-\sqrt{[\boldsymbol{x}+(\mu-\tau\mu)\boldsymbol{s}]^2+[(\mu-\tau\mu)\boldsymbol{x}+\boldsymbol{s}]^2+2\mu^2\boldsymbol{e}} \tag{12-5}$$

其中，$\tau\in[0,1]$ 是任意但固定的常数．当 $\tau=1$ 时，$\phi_\tau(\boldsymbol{x},\boldsymbol{s},\mu)$ 退化为 Fisher-Burmeister 光滑函数

$$\phi_{\mathrm{FB}}(\boldsymbol{x},\boldsymbol{s},\mu)=\boldsymbol{x}+\boldsymbol{s}-\sqrt{\boldsymbol{x}^2+\boldsymbol{s}^2+2\mu^2\boldsymbol{e}} \tag{12-6}$$

当 $\tau=0$ 时，$\phi_\tau(\boldsymbol{x},\boldsymbol{s},\mu)$ 退化为如下函数

$$\phi_0(\boldsymbol{x},\boldsymbol{s},\mu)=(1+\mu)(\boldsymbol{x}+\boldsymbol{s})-\sqrt{(\boldsymbol{x}+\mu\boldsymbol{s})^2+(\mu\boldsymbol{x}+\boldsymbol{s})^2-2\mu^2\boldsymbol{e}}$$

该函数是 Chi 和 Liu[92] 提出的一个二阶锥互补函数的光滑函数．注意到光滑函数 $\phi_0$ 是 Huang-Han-Xu-Zhang 光滑函数[93]的推广．由文献[31]的定理 2.1 知，对任意 $\tau\in[0,1]$，光滑函数 $\phi_\tau(\boldsymbol{x},\boldsymbol{s},\mu)$ 满足

$$\phi_\tau(\boldsymbol{x},\boldsymbol{s},0)\Leftrightarrow\boldsymbol{x}\circ\boldsymbol{s}=\boldsymbol{0},\boldsymbol{x}\in K^n,\boldsymbol{s}\in K^n \tag{12-7}$$

现将圆锥规划及其对偶规划问题转化为与之等价的非线性方程组．令 $\boldsymbol{z}=(\boldsymbol{x},\boldsymbol{y},\boldsymbol{s},\mu)\in\mathbf{R}^n\times\mathbf{R}^m\times\mathbf{R}^n\times\mathbf{R}_+$ 和 $\tau\in[0,1]$. 基于光滑函数(12－5)，定义

$$\boldsymbol{\Phi}_\tau(\boldsymbol{z})=\begin{bmatrix}\boldsymbol{A}\boldsymbol{H}^{-1}\boldsymbol{x}-\boldsymbol{b}\\ \boldsymbol{A}^{\mathrm{T}}\boldsymbol{y}+\boldsymbol{H}\boldsymbol{s}-\boldsymbol{c}\\ \phi_\tau(\boldsymbol{x},\boldsymbol{s},\mu)\\ \mu\end{bmatrix} \tag{12-8}$$

根据式(12－1)、式(12－2)、式(12－4)、式(12－5)、式(12－7)和式(12－8)及定理 2.1 知，

$$\Phi_\tau(z)=\mathbf{0}\Leftrightarrow(H^{-1}x,y,Hs)\text{ 是问题(12-1)和问题(12-2)的最优解}$$

因此，问题(12-1)和式(12-4)被转化为一个光滑的非线性方程组 $\Phi_\tau(z)=\mathbf{0}$，其中 $\tau\in[0,1]$，且 $\Phi_\tau(z)$ 不含任何显式不等式约束，如 $x\in C_\theta^n$ 或 $s\in(C_\theta^n)^*$. 然后在每一次迭代中，运用牛顿法求解该方程组. 令 $\|\Phi_\tau(z)\|\to 0$，可以得到问题(12-1)和问题(12-2)的一个解.

接下来研究函数 $\Phi_\tau(z)$ 的 Lipschitz 连续、半光滑和可微性质，并推导其雅可比矩阵的计算公式. 这些性质和公式将有助于光滑牛顿法的算法分析.

**定理 12.1** 对任意 $\tau\in[0,1]$，设 $\Phi_\tau(z)$ 由式(12-8)定义，则以下结论成立.

(1) $\Phi_\tau(z)$ 在 $\mathbf{R}^n\times\mathbf{R}^m\times\mathbf{R}^n\times\mathbf{R}$ 上 Lipschitz 连续、处处强半光滑，且在任意 $z=(x,y,s,\mu)\in\mathbf{R}^n\times\mathbf{R}^m\times\mathbf{R}^n\times\mathbf{R}_{++}$ 处连续可微，其雅可比矩阵为

$$\Phi_\tau'(z)=\begin{bmatrix} AH^{-1} & \mathbf{0} & \mathbf{0} & \mathbf{0}\\ \mathbf{0} & A^{\mathrm{T}} & H & \mathbf{0}\\ (\phi_\tau)_x'(z) & \mathbf{0} & (\phi_\tau)_s'(z) & (\phi_\tau)_\mu'(z)\\ \mathbf{0} & \mathbf{0} & \mathbf{0} & I\end{bmatrix}\tag{12-9}$$

其中

$$(\phi_\tau)_x'(z)=(1+\mu-\tau\mu)I-L^{-1}(\omega_\tau)[L(p_\tau)+(\mu-\tau\mu)L(q_\tau)]$$
$$(\phi_\tau)_s'(z)=(1+\mu-\tau\mu)I-L^{-1}(\omega_\tau)[(\mu-\tau\mu)L(p_\tau)+L(q_\tau)]$$
$$(\phi_\tau)_\mu'(z)=(1-\tau)(x+s)-L^{-1}(\omega_\tau)[(1-\tau)(L(p_\tau)s+L(q_\tau)x)+2\mu e]$$
$$\omega_\tau=\sqrt{p_\tau^2+q_\tau^2+2\mu^2 e}$$
$$p_\tau=x+(\mu-\tau\mu)s$$
$$q_\tau=(\mu-\tau\mu)x+s$$

(2)若矩阵 $A$ 行满秩，则对于任意 $\mu>0$，$\Phi_\tau'(z)$ 可逆.

**证明:** (1)类似文献[31]的定理 2.2 可证.

(2)固定任意 $\mu>0$，令 $\Delta z=(\Delta x,\Delta y,\Delta s,\Delta\mu)\in\mathbf{R}^n\times\mathbf{R}^m\times\mathbf{R}^n\times\mathbf{R}$ 是 $\Phi_\tau'(z)$ 的零空间的一个向量，只需证 $\Delta x=\mathbf{0},\Delta y=\mathbf{0},\Delta s=\mathbf{0},\Delta\mu=0$. 由式(12-9)知

$$AH^{-1}\Delta x=\mathbf{0}\tag{12-10}$$

$$A^{\mathrm{T}}\Delta y+H\Delta s=\mathbf{0}\tag{12-11}$$

$$(\phi_\tau)_x'(z)\Delta x+(\phi_\tau)_s'(z)\Delta s+(\phi_\tau)_\mu'(z)\Delta\mu=\mathbf{0}\tag{12-12}$$

$$\Delta\mu=0\tag{12-13}$$

假设 $\Delta x\neq\mathbf{0}$. 由式(12-12)和式(12-13)可知，

$$(\phi_\tau)_x'(z)\Delta x+(\phi_\tau)_s'(z)\Delta s=\mathbf{0}\tag{12-14}$$

将式(12-14)左乘 $L(\omega_\tau)$ 得

$$L(\omega_\tau)\,(\phi_\tau)_x'(z)\Delta x+L(\omega_\tau)\,(\phi_\tau)_s'(z)\Delta s=\mathbf{0}\tag{12-15}$$

根据 $(\phi_\tau)_x'(z)$ 和 $(\phi_\tau)_s'(z)$ 的定义知

$$L(\omega_\tau)\,(\phi_\tau)_x'(z)=L(\omega_\tau)-L(p_\tau)+(\mu-\tau\mu)(L(\omega_\tau)-L(q_\tau))$$

$$L(\boldsymbol{\omega}_\tau)(\phi_\tau)'_s(\boldsymbol{z}) = (\mu - \tau\mu)(L(\boldsymbol{\omega}_\tau) - L(\boldsymbol{p}_\tau)) + L(\boldsymbol{\omega}_\tau) - L(\boldsymbol{q}_\tau)$$

因此

$$\begin{aligned}&(1+\mu-\tau\mu)^2\boldsymbol{\omega}_\tau^2 - [\boldsymbol{p}_\tau + (\mu-\tau\mu)\boldsymbol{q}_\tau]^2 - [(\mu-\tau\mu)\boldsymbol{p}_\tau + \boldsymbol{q}_\tau]^2\\ &= 2(\mu-\tau\mu)(\boldsymbol{p}_\tau - \boldsymbol{q}_\tau)^2 + 2\mu^2(1+\mu-\tau\mu)^2\boldsymbol{e} \in \operatorname{int} K^n\end{aligned}$$

由文献[6]的引理 3.5 知，$L(\boldsymbol{\omega}_\tau)(\phi_\tau)'_x(\boldsymbol{z})$，$L(\boldsymbol{\omega}_\tau)(\phi_\tau)'_s(\boldsymbol{z})$ 和 $[L(\boldsymbol{\omega}_\tau)(\phi_\tau)'_x(\boldsymbol{z})][L(\boldsymbol{\omega}_\tau)(\phi_\tau)'_s(\boldsymbol{z})]$ 的对称部分都是正定的，从而非奇异．又由式(12 - 10)和式(12 - 11)得

$$\Delta\boldsymbol{x}^{\mathrm{T}}\Delta\boldsymbol{s} = \Delta\boldsymbol{x}^{\mathrm{T}}(\boldsymbol{H}^{-1}\boldsymbol{A}^{\mathrm{T}}\Delta\boldsymbol{y}) = (\boldsymbol{A}\boldsymbol{H}^{-1}\Delta\boldsymbol{x})^{\mathrm{T}}\Delta\boldsymbol{y} = 0$$

那么将式(12 - 15)两端同时左乘 $\Delta\boldsymbol{x}^{\mathrm{T}}[L(\boldsymbol{\omega}_\tau)(\phi_\tau)'_s(\boldsymbol{z})]^{-1}$ 得

$$\Delta\boldsymbol{x}^{\mathrm{T}}[L(\boldsymbol{\omega}_\tau)(\phi_\tau)'_s(\boldsymbol{z})]^{-1}[L(\boldsymbol{\omega}_\tau)(\phi_\tau)'_x(\boldsymbol{z})]\Delta\boldsymbol{x} + \Delta\boldsymbol{x}^{\mathrm{T}}\Delta\boldsymbol{s} = \boldsymbol{0} \tag{12-16}$$

即

$$\Delta\boldsymbol{x}^{\mathrm{T}}[L(\boldsymbol{\omega}_\tau)(\boldsymbol{\phi}_\tau)'_s(\boldsymbol{z})]^{-1}[L(\boldsymbol{\omega}_\tau)(\phi_\tau)'_x(\boldsymbol{z})]\Delta\boldsymbol{x} = \boldsymbol{0} \tag{12-17}$$

令 $\Delta\overline{\boldsymbol{x}} = [L(\boldsymbol{\omega}_\tau)(\phi_\tau)'_s(\boldsymbol{z})]^{-1}\Delta\boldsymbol{x}$．由式(12 - 17)知

$$\begin{aligned}&\Delta\boldsymbol{x}^{\mathrm{T}}[L(\boldsymbol{\omega}_\tau)(\phi_\tau)'_s(\boldsymbol{z})]^{-1}[L(\boldsymbol{\omega}_\tau)(\phi_\tau)'_x(\boldsymbol{z})]\Delta\boldsymbol{x}\\ &= \Delta\overline{\boldsymbol{x}}^{\mathrm{T}}[L(\boldsymbol{\omega}_\tau)(\phi_\tau)'_x(\boldsymbol{z})][L(\boldsymbol{\omega}_\tau)(\phi_\tau)'_s(\boldsymbol{z})]\Delta\overline{\boldsymbol{x}}\\ &\geqslant \boldsymbol{0}\end{aligned}$$

因此由式(12 - 17)可知 $\Delta\overline{\boldsymbol{x}} = \boldsymbol{0}$，故 $\Delta\boldsymbol{x} = \boldsymbol{0}$．又 $L(\boldsymbol{\omega}_\tau)(\phi_\tau)'_s(\boldsymbol{z})$ 是正定的，因而非奇异，则由式(12 - 15)得 $\Delta\boldsymbol{s} = \boldsymbol{0}$．注意到矩阵 $\boldsymbol{A}$ 行满秩，所以由式(12 - 11)得 $\Delta\boldsymbol{y} = \boldsymbol{0}$．证毕．

现给出求解圆锥规划问题的非单调线搜索光滑牛顿法．对于任意 $\tau \in [0,1]$，定义 $\Psi_\tau$：$\mathbf{R}^n \times \mathbf{R}^m \times \mathbf{R}^n \times \mathbf{R}_+ \to \mathbf{R}_+$ 为

$$\Psi_\tau(\boldsymbol{z}) = \|\Phi_\tau(\boldsymbol{z})\|^2 \tag{12-18}$$

**算法 12.1：求解圆锥规划问题的非单调线搜索光滑牛顿法**

具体步骤如下．

① 令 $\theta \in (0,\pi/2)$，$\delta \in (0,1)$，$\tau \in [0,1]$，$\sigma \in (0,1/2)$ 和 $\gamma \in (0,1)$. 选择一个正整数 $M$，$\eta_k \in (\eta_{\min},\eta_{\max})$，使得 $0 \leqslant \eta_{\min} \leqslant \eta_{\max} \leqslant 1$．选取 $\mu_0 > 0$，使得 $\gamma\mu_0 < 1$. 令 $\overline{\boldsymbol{z}} = (\boldsymbol{0},\boldsymbol{0},\boldsymbol{0},\mu_0) \in \mathbf{R}^n \times \mathbf{R}^m \times \mathbf{R}^n \times \mathbf{R}_{++}$，$\boldsymbol{z}^0 = (\boldsymbol{x}^0,\boldsymbol{y}^0,\boldsymbol{s}^0,\mu_0) \in \mathbf{R}^n \times \mathbf{R}^m \times \mathbf{R}^n \times \mathbf{R}_{++}$ 为任意初始点．令 $\Theta_0 = \Psi_\tau(\boldsymbol{z}^0)$，$\beta_\tau(\boldsymbol{z}^0) = \gamma\min\{1,\Psi_\tau(\boldsymbol{z}^0)\}$．置 $k = 0, m(0) = 0$．

② 如果 $\|\Phi_\tau(\boldsymbol{z}^k)\| = 0$，算法停止．

③ 求解如下方程组得搜索方向 $\Delta\boldsymbol{z}^k = (\Delta\boldsymbol{x}^k,\Delta\boldsymbol{y}^k,\Delta\boldsymbol{s}^k,\Delta\mu_k) \in \mathbf{R}^n \times \mathbf{R}^m \times \mathbf{R}^n \times \mathbf{R}$

$$\Phi_\tau(\boldsymbol{z}^k) + \Phi'_\tau(\boldsymbol{z}^k)\Delta\boldsymbol{z}^k = \beta_\tau(\boldsymbol{z}^k)\overline{\boldsymbol{z}} \tag{12-19}$$

④ 令 $\lambda_k$ 为 $1,\delta,\delta^2,\cdots$ 中使得如下不等式成立的最大值

$$\Psi_\tau(\boldsymbol{z}^k + \lambda_k\Delta\boldsymbol{z}^k) \leqslant \Theta_k - 2\sigma(1-\gamma\mu_0)\lambda_k\Psi_\tau(\boldsymbol{z}^k) \tag{12-20}$$

⑤ 令 $z^{k+1}=z^k+\lambda_k\Delta z^k, m(k+1)=\min\{m(k)+1,M\}$ 且

$$\Psi_\tau(z^{l(k+1)})=\max_{0\leqslant i\leqslant m(k+1)}\{\Psi_\tau(z^{k+1-i})\} \tag{12-21}$$

$$\Theta_{k+1}=\eta_{k+1}\Psi_\tau(z^{l(k+1)})+(1-\eta_{k+1})\Psi_\tau(z^{k+1}) \tag{12-22}$$

$$\beta_\tau(z^{k+1})=\min\{\gamma,\gamma\Psi_\tau(z^0),\cdots,\gamma\Psi_\tau(z^{k+1})\} \tag{12-23}$$

置 $k=k+1$. 转步②.

**注：**(1)在算法 12.1 中引入了非单调线搜索. 显然 $\Theta_k$ 是 $\Psi_\tau(z^{l(k)})$ 和 $\Psi_\tau(z^k)$ 的凸组合. 如果在算法 12.1 中，对任意 $k\in J$ 令 $\eta_k=0$，则线搜索 [式(12-20)]简化为传统的单调线搜索.

(2)当 $\eta_k$ 足够接近 1 时，线搜索有较强的非单调程度；而当 $\eta_k$ 充分接近 0 时有较弱的非单调程度.

**引理 12.1** 设矩阵 $\mathbf{A}$ 行满秩，$\{z^k=(x^k,y^k,s^k,\mu_k)\}$ 为算法 12.1 生成的迭代序列，那么对任意 $k\in J$ 有 $\Psi_\tau(z^k)\leqslant\Theta_k\leqslant\Psi_\tau(z^{l(k)})$.

**证明：**由式(12-21)和式(12-22)得，对任意 $k\in J$ 有

$$\begin{aligned}\Theta_k&=\eta_k\Psi_\tau(z^{l(k)})+(1-\eta_k)\Psi_\tau(z^k)\\&\geqslant\eta_k\Psi_\tau(z^k)+(1-\eta_k)\Psi_\tau(z^k)\\&=\Psi_\tau(z^k)\end{aligned} \tag{12-24}$$

且

$$\begin{aligned}\Theta_k&=\eta_k\Psi_\tau(z^{l(k)})+(1-\eta_k)\Psi_\tau(z^k)\\&\leqslant\eta_k\Psi_\tau(z^{l(k)})+(1-\eta_k)\Psi_\tau(z^{l(k)})\\&=\Psi_\tau(z^{l(k)})\end{aligned} \tag{12-25}$$

证毕.

**定理 12.2** 设矩阵 $\mathbf{A}$ 行满秩，则算法 12.1 是适定的.

**证明：**首先用数学归纳法证明，对任意 $k\in J$ 有 $\mu_k>0$. 设 $\mu_k>0$，由式(12-19)知 $\Delta\mu_k=-\mu_k+\mu_0\beta_\tau(z^k)$，从而

$$\mu_{k+1}=\mu_k+\lambda_k\Delta\mu_k=(1-\lambda_k)\mu_k+\lambda_k\mu_0\beta_\tau(z^k)>0$$

又 $\mu_0>0$，故对任意 $k\in J$ 有 $\mu_k>0$. 因为矩阵 $\mathbf{A}$ 行满秩，所以由定理 12.1(2)知矩阵 $\Phi'_\tau(z^k)$ 非奇异，因此步骤②适定.

下证步骤③适定. 对任意 $\lambda\in(0,1]$，定义

$$r_\tau^k(\lambda)=\Psi_\tau(z^k+\lambda\Delta z^k)-\Psi_\tau(z^k)-\lambda\Psi'_\tau(z^k)\Delta z^k \tag{12-26}$$

因为 $\mu_k>0$，由定理 12.1(1)知 $\Psi_\tau(\cdot)$ 在 $z^k\in\mathbf{R}^n\times\mathbf{R}^m\times\mathbf{R}^n\times\mathbf{R}_{++}$ 处连续可微，因此

$$|r_\tau^k(\lambda)|=o(\lambda) \tag{12-27}$$

根据 $\beta_\tau(z^k)$ 的定义知，对任意 $k\in J$ 有 $\beta_\tau(z^k)\leqslant\gamma\min\{1,\Psi_\tau(z^k)\}$. 若 $\|\Phi_\tau(z^k)\|\leqslant1$，则 $\beta_\tau(z^k)\leqslant\gamma\|\Phi_\tau(z^k)\|$；若 $\|\Phi_\tau(z^k)\|>1$，则 $\beta_\tau(z^k)\leqslant\gamma$. 因此对任意 $k\in J$ 有

$$\beta_\tau(z^k)\leqslant\gamma\|\Phi_\tau(z^k)\| \tag{12-28}$$

由式(12-18)、式(12-19)、式(12-24)和式(12-26)～式(12-28)得

$$\begin{aligned}\Psi_\tau(\boldsymbol{z}^k+\lambda\Delta\boldsymbol{z}^k) &= \Psi_\tau(\boldsymbol{z}^k)+\lambda\Psi'_\tau(\boldsymbol{z}^k)\Delta\boldsymbol{z}^k+r_\tau^k(\lambda)\\ &= \Psi_\tau(\boldsymbol{z}^k)+2\lambda\Phi_\tau^{\mathrm{T}}(\boldsymbol{z}^k)\Phi'_\tau(\boldsymbol{z}^k)\Delta\boldsymbol{z}^k+o(\lambda)\\ &= \Psi_\tau(\boldsymbol{z}^k)+2\lambda\beta_\tau(\boldsymbol{z}^k)\Phi_\tau^{\mathrm{T}}(\boldsymbol{z}^k)\bar{\boldsymbol{z}}-2\lambda\|\Phi_\tau(\boldsymbol{z}^k)\|^2+o(\lambda)\\ &\leqslant (1-2\lambda)\Psi_\tau(\boldsymbol{z}^k)+2\lambda\mu_0\beta_\tau(\boldsymbol{z}^k)\|\Phi_\tau(\boldsymbol{z}^k)\|+o(\lambda)\\ &\leqslant \Psi_\tau(\boldsymbol{z}^k)-2\lambda(1-\gamma\mu_0)\Psi_\tau(\boldsymbol{z}^k)+o(\lambda)\\ &\leqslant \Theta_k-2\lambda(1-\gamma\mu_0)\Psi_\tau(\boldsymbol{z}^k)+o(\lambda)\end{aligned} \tag{12-29}$$

由于 $\gamma\mu_0<1$，则存在一个常数 $\bar{\lambda}\in(0,1]$ 使得

$$\Psi_\tau(\boldsymbol{z}^k+\lambda\Delta\boldsymbol{z}^k)\leqslant\Theta_k-2\lambda\sigma(1-\gamma\mu_0)\Psi_\tau(\boldsymbol{z}^k)$$

对任意 $\lambda\in(0,\bar{\lambda}]$ 和 $\sigma\in(0,1/2)$ 都成立．这表明步骤③在第 $k$ 次迭代是适定的．证毕．

**引理 12.2**　设矩阵 $\boldsymbol{A}$ 行满秩，$\{\boldsymbol{z}^k=(\boldsymbol{x}^k,\boldsymbol{y}^k,\boldsymbol{s}^k,\mu^k)\}$ 是算法 12.1 生成的迭代序列，则以下结论成立．

(1) $\{\beta_\tau(\boldsymbol{z}^k)\}$ 为单调非增序列．

(2)对任意 $k\in J$ 有 $\mu_k\geqslant\mu_0\beta_\tau(\boldsymbol{z}^k)$．

(3) $\{\mu_k\}$ 为单调非增序列．

**证明：**(1)根据 $\beta_\tau(\boldsymbol{z}^k)$ 的定义式(12-23)知，$\{\beta_\tau(\boldsymbol{z}^k)\}$ 是单调非增的．(2)对 $k$ 用数学归纳法证明．显然，$\mu_0\geqslant\mu_0\gamma\geqslant\mu_0\beta_\tau(\boldsymbol{z}_0)$．假设存在某 $k$，使得 $\mu_k\geqslant\mu_0\beta_\tau(\boldsymbol{z}^k)$，则由式(12-19)有

$$\begin{aligned}\mu_{k+1} &= \mu_k+\lambda_k\Delta\mu_k=(1-\lambda_k)\mu_k+\lambda_k\mu_0\beta_\tau(\boldsymbol{z}^k)\\ &\geqslant (1-\lambda_k)\mu_0\beta_\tau(\boldsymbol{z}^k)+\lambda_k\mu_0\beta_\tau(\boldsymbol{z}^k)\\ &= \mu_0\beta_\tau(\boldsymbol{z}^k)\geqslant\mu_0\beta_\tau(\boldsymbol{z}^{k+1})\end{aligned} \tag{12-30}$$

因而对所有 $k\in J$，有 $\mu_k\geqslant\mu_0\beta_\tau(\boldsymbol{z}^k)$．

(3)结合(2)和式(12-30)有

$$\mu_{k+1}=(1-\lambda_k)\mu_k+\lambda_k\mu_0\beta_\tau(\boldsymbol{z}^k)\leqslant(1-\lambda_k)\mu_k+\lambda_k\mu_k=\mu_k \tag{12-31}$$

证毕．

## 12.3　收敛性分析

本节分析算法 12.1 的全局收敛性和局部二阶收敛性．我们将证明如果迭代序列 $\{\boldsymbol{z}^k=(\boldsymbol{x}^k,\boldsymbol{y}^k,\boldsymbol{s}^k,\mu_k)\}$ 的聚点 $\boldsymbol{z}^*=(\boldsymbol{x}^*,\boldsymbol{y}^*,\boldsymbol{s}^*,\mu_*)$ 满足非奇异假设，则 $\{\boldsymbol{z}^k\}$ 在不要求严格互补的情况下全局收敛和局部二阶收敛到 $\boldsymbol{z}^*$，且迭代序列 $\{\boldsymbol{z}^k\}$ 的任意聚点都是 $\Phi_\tau(\boldsymbol{z})=\boldsymbol{0}$ 的一个解．为了证明算法 12.1 的全局收敛性，需要证明以下结论．

**引理 12.3**　设矩阵 $\boldsymbol{A}$ 行满秩，且 $\{\boldsymbol{z}^k\}$ 是算法 12.1 生成的迭代序列，则 $\{\Psi_\tau(\boldsymbol{z}^{l(k)})\}$ 单调非增．

**证明：**由式(12-20)和式(12-25)有

$$\begin{aligned}\Psi_\tau(z^k+\lambda_k\Delta z^k) &\leqslant \Theta_k-2\sigma\lambda_k(1-\gamma\mu_0)\Psi_\tau(z^k)\\ &\leqslant \Psi_\tau(z^{l(k)})-2\sigma\lambda_k(1-\gamma\mu_0)\Psi_\tau(z^k)\end{aligned}$$

由于 $\gamma\mu_0<1$，故

$$\Psi_\tau(z^{k+1})\leqslant \Psi_\tau(z^{l(k)})$$

另外，由式(12－21)得

$$\begin{aligned}\Psi_\tau(z^{l(k+1)}) &= \max_{0\leqslant i\leqslant m(k+1)}\{\Psi_\tau(z^{k+1-i})\}\\ &\leqslant \max_{0\leqslant i\leqslant m(k)+1}\{\Psi_\tau(z^{k+1-i})\}\\ &= \max\{\Psi_\tau(z^{l(k)}),\Psi_\tau(z^{k+1})\}\end{aligned}$$

因此，对任意 $k\in J$ 有

$$\Psi_\tau(z^{l(k+1)})\leqslant \Psi_\tau(z^{l(k)})$$

证毕．

**推论 12.1** 设矩阵 $\boldsymbol{A}$ 行满秩，$\{z^k\}$ 为算法 12.1 生成的迭代序列，则 $\{\Psi_\tau(z^{l(k)})\}$ 收敛．

**引理 12.4** 设矩阵 $\boldsymbol{A}$ 行满秩，迭代序列 $\{z^k\}$ 由算法 12.1 生成，则存在一个子列 $\{z^k\}_{k\in\bar{J}}$ 使得

$$\lim_{\bar{J}\ni k\to\infty}\Psi_\tau(z^{l(k)})=\lim_{\bar{J}\ni k\to\infty}\Psi_\tau(z^k)$$

**证明：** 由式(12－18)、式(12－26)～式(12－27)和引理 12.1 得，对任意 $k>M$ 有

$$\begin{aligned}\Psi_\tau(z^{l(k)}) &= \Psi_\tau(z^{l(k)-1}+\lambda_{l(k)-1}\Delta z^{l(k)-1})\\ &= \Psi_\tau(z^{l(k)-1})+2\lambda_{l(k)-1}\Phi_\tau^{\mathrm{T}}(z^{l(k)-1})\Phi'_\tau(z^{l(k)-1})\Delta z^{l(k)-1}+o(\lambda_{l(k)-1})\\ &\leqslant \Theta_{l(k)-1}+2\lambda_{l(k)-1}\Phi_\tau^{\mathrm{T}}(z^{l(k)-1})\Phi'_\tau(z^{l(k)-1})\Delta z^{l(k)-1}+o(\lambda_{l(k)-1})\\ &\leqslant \Psi_\tau(z^{l(l(k)-1)})+2\lambda_{l(k)-1}\Phi_\tau^{\mathrm{T}}(z^{l(k)-1})\Phi'_\tau(z^{l(k)-1})\Delta z^{l(k)-1}+o(\lambda_{l(k)-1})\end{aligned}\tag{12-32}$$

又 $\gamma\mu_0<1$，由式(12－19)和式(12－28)得

$$\begin{aligned}\Phi_\tau^{\mathrm{T}}(z^{l(k)-1})\Phi'_\tau(z^{l(k)-1})\Delta z^{l(k)-1} &= \Phi_\tau^{\mathrm{T}}(z^{l(k)-1})[-\Phi_\tau(z^{l(k)-1})+\beta_\tau(z^{l(k)-1})\bar{z}]\\ &=-\|\Phi_\tau(z^{l(k)-1})\|^2+\beta_\tau(z^{l(k)-1})\Phi_\tau^{\mathrm{T}}(z^{l(k)-1})\bar{z}\\ &\leqslant-\|\Phi_\tau(z^{l(k)-1})\|^2+\mu_0\beta_\tau(z^{l(k)-1})\|\Phi_\tau(z^{l(k)-1})\|\\ &\leqslant-(1-\gamma\mu_0)\|\Phi_\tau(z^{l(k)-1})\|^2<0\end{aligned}\tag{12-33}$$

那么由式(12－32)、式(12－33)和推论 12.1 得

$$\lim_{k\to\infty}\lambda_{l(k)-1}\Phi_\tau^{\mathrm{T}}(z^{l(k)-1})\Phi'_\tau(z^{l(k)-1})\Delta z^{l(k)-1}=0\tag{12-34}$$

由定理 12.1(2)知当 $\mu_{l(k)-1}>0$ 时 $\Phi'_\tau(z^{l(k)-1})$ 可逆，从而 $\|[\Phi'_\tau(z^{l(k)-1})]^{-1}\|=O(1)$．由式(12－19)和式(12－28)得，对 $k\in\bar{J}$ 有

$$\begin{aligned}\|\Delta z^{l(k)-1}\| &= \|[\Phi_\tau'(z^{l(k)-1})]^{-1}[\beta_\tau(z^{l(k)-1})\bar{z}-\Phi_\tau(z^{l(k)-1})]\| \\ &\leqslant \|[\Phi_\tau'(z^{l(k)-1})]^{-1}\| \, \|\beta_\tau(z^{l(k)-1})\bar{z}-\Phi_\tau(z^{l(k)-1})\| \\ &\leqslant c(\gamma\mu_0\|\Phi_\tau(z^{l(k)-1})\|+\|\Phi_\tau(z^{l(k)-1})\|) \\ &= c(1+\gamma\mu_0)\|\Phi_\tau(z^{l(k)-1})\|\end{aligned} \tag{12-35}$$

其中，$c>0$ 是一个常数．那么由式(12-33)和式(12-35)得

$$\begin{aligned}\lambda_{l(k-1)}\Phi_\tau^{\mathrm{T}}(z^{l(k)-1})\Phi_\tau'(z^{l(k)-1})\Delta z^{l(k)-1} &\leqslant -(1-\gamma\mu_0)\lambda_{l(k)-1}\|\Phi_\tau(z^{l(k)-1})\|^2 \\ &\leqslant -\frac{1-\gamma\mu_0}{(c+c\gamma\mu_0)^2}\lambda_{l(k)-1}\|\Delta z^{l(k)-1}\|^2\end{aligned}$$

又 $\gamma\mu_0<1$，由式(12-34)知

$$\lim_{\bar{J}\ni k\to\infty}\lambda_{l(k-1)}\|\Delta z^{l(k)-1}\|=0 \tag{12-36}$$

下证存在一个子列 $\bar{J}\subseteq\{0,1,2,\cdots,k,\cdots\}$，使得对任意 $\{z^k\}_{k\in\bar{J}}$ 有

$$\lim_{\bar{J}\ni k\to\infty}\lambda_k\|\Delta z^k\|=0$$

令 $\hat{l}(k)=l(k+M+2)$．首先用数学归纳法证明，对任意 $i\geqslant 1$ 有

$$\lim_{\bar{J}\ni k\to\infty}\lambda_{\hat{l}(k)-i}\|\Delta z^{\hat{l}(k)-i}\|=0 \tag{12-37}$$

且

$$\lim_{\bar{J}\ni k\to\infty}\Psi_\tau(z^{\hat{l}(k)-i})=\lim_{\bar{J}\ni k\to\infty}\Psi_\tau(z^{l(k)}) \tag{12-38}$$

当 $i=1$ 时，由 $\{\hat{l}(k)\}\subseteq\{l(k)\}$ 以及式(12-36)知式(12-37)成立，从而 $\|z^{\hat{l}(k)}-z^{\hat{l}(k)-1}\|\to 0$．再根据定理 12.1(1)知 $\Phi_\tau(\cdot)$ 是 Lipschitz 连续的，显然当 $i=1$ 时式(12-38)成立．假设对于一个给定的 $i$，式(12-37)和式(12-38)都成立．那么由式(12-18)、式(12-26)～式(12-27)和引理 12.1 得

$$\begin{aligned}\Psi_\tau(z^{\hat{l}(k)-i}) &\leqslant \Theta\hat{l}(k)-i-1+2\lambda_{\hat{l}(k)-i-1}\Phi_\tau^{\mathrm{T}}(z^{\hat{l}(k)-i-1})\Phi_\tau'(z^{\hat{l}(k)-i-1})\Delta z^{\hat{l}(k)-i-1}+o(\lambda_{\hat{l}(k)-i-1}) \\ &\leqslant \Psi_\tau(z^{l(\hat{l}(k)-i-1)})+2\lambda_{\hat{l}(k)-i-1}\Phi_\tau^{\mathrm{T}}(z^{\hat{l}(k)-i-1})\Phi_\tau'(z^{\hat{l}(k)-i-1})\Delta z^{\hat{l}(k)-i-1}+o(\lambda_{\hat{l}(k)-i-1}).\end{aligned}$$

类似式(12-36)的证明有

$$\lim_{\bar{J}\ni k\to\infty}\lambda_{\hat{l}(k)-i-1}\|\Delta z^{\hat{l}(k)-i-1}\|=0$$

从而

$$\lim_{\bar{J}\ni k\to\infty}\|z^{\hat{l}(k)-i}-z^{\hat{l}(k)-i-1}\|=0$$

因此 $\Phi_\tau(\cdot)$ 为 Lipschitz 连续，故由最后一个关系式和式(12-38)得

$$\lim_{\bar{J}\ni k\to\infty}\Psi_\tau(z^{\hat{l}(k)-i-1})=\lim_{\bar{J}\ni k\to\infty}\Psi_\tau(z^{\hat{l}(k)-i})=\lim_{\bar{J}\ni k\to\infty}\Psi_\tau(z^{l(k)})$$

所以对任意 $i \geqslant 1$，式(12-37)和式(12-38)都成立．

另外，对任意 $k \in \bar{J}$ 有

$$\boldsymbol{z}^{k+1} = \boldsymbol{z}^{\hat{l}(k)} - \sum_{i=1}^{\hat{l}(k)-k-1} \lambda_{\hat{l}(k)-i} \Delta \boldsymbol{z}^{\hat{l}(k)-i} \tag{12-39}$$

根据 $\hat{l}(k)$ 和 $l(k)$ 的定义有 $\hat{l}(k)-k-1 = l(k+M+2)-k-1 \leqslant M+1$．因而由式(12-37)和式(12-39)得

$$\lim_{\bar{J} \ni k \to \infty} \| \boldsymbol{z}^{k+1} - \boldsymbol{z}^{\hat{l}(k)} \| = 0 \tag{12-40}$$

因为由推论 12.1 知 $\{\Psi_\tau(\boldsymbol{z}^{l(k)})\}$ 收敛，故由式(12-40)和 $\Phi_\tau(\cdot)$ 的 Lipschitz 连续性得

$$\lim_{\bar{J} \ni k \to \infty} \Psi_\tau(\boldsymbol{z}^k) = \lim_{\bar{J} \ni k \to \infty} \Psi_\tau(\boldsymbol{z}^{\hat{l}(k)}) = \lim_{\bar{J} \ni k \to \infty} \Psi_\tau(\boldsymbol{z}^{l(k)})$$

证毕．

**推论 12.2** 设矩阵 $\boldsymbol{A}$ 行满秩，且 $\{\boldsymbol{z}^k = (\boldsymbol{x}^k, \boldsymbol{y}^k, \boldsymbol{s}^k, \mu_k)\}$ 是算法 12.1 生成的迭代序列，则存在子列 $\{\boldsymbol{z}^k\}_{k \in \bar{J}}$ 使得

$$\lim_{\bar{J} \ni k \to \infty} \Psi_\tau(\boldsymbol{z}^k) = \lim_{\bar{J} \ni k \to \infty} \Theta_k$$

**证明**：由引理 12.1 知

$$\Psi_\tau(\boldsymbol{z}^k) \leqslant \Theta_k \leqslant \Psi_\tau(\boldsymbol{z}^{l(k)})$$

再结合引理 12.4 有

$$\lim_{\bar{J} \ni k \to \infty} \Psi_\tau(\boldsymbol{z}^k) = \lim_{\bar{J} \ni k \to \infty} \Psi_\tau(\boldsymbol{z}^{l(k)}) = \lim_{\bar{J} \ni k \to \infty} \Theta_k$$

证毕．

下面证明算法 12.1 的全局收敛性．

**定理 12.3** 设矩阵 $\boldsymbol{A}$ 行满秩，$\{\boldsymbol{z}^k = (\boldsymbol{x}^k, \boldsymbol{y}^k, \boldsymbol{s}^k, \mu_k)\}$ 是算法 12.1 生成的迭代序列，则以下结论成立．

(1)当 $k \to \infty$时 $\{\mu_k\}$ 和 $\{\Psi_\tau(\boldsymbol{z}^k)\}$ 都收敛到零．

(2) $\{\boldsymbol{z}^k\}$ 的任意聚点 $\boldsymbol{z}^* = (\boldsymbol{x}^*, \boldsymbol{y}^*, \boldsymbol{s}^*, \mu_*)$ 都是 $\Phi_\tau(\boldsymbol{z}) = \boldsymbol{0}$ 的一个解．

**证明**：不失一般性，假设当 $k \to \infty$时，$\{\boldsymbol{z}^k = (\boldsymbol{x}^k, \boldsymbol{y}^k, \boldsymbol{s}^k, \mu_k)\}$ 收敛于 $\boldsymbol{z}^* = (\boldsymbol{x}^*, \boldsymbol{y}^*, \boldsymbol{s}^*, \mu_*)$．由引理 12.1 和引理 12.3 得

$$0 \leqslant \Psi_\tau(\boldsymbol{z}^k) \leqslant \Theta_k \leqslant \Psi_\tau(\boldsymbol{z}^{l(k)}) \leqslant \Psi_\tau(\boldsymbol{z}^{l(k-1)}) \leqslant \cdots \leqslant \Psi_\tau(\boldsymbol{z}^0)$$

故序列 $\{\Psi_\tau(\boldsymbol{z}^k)\}$ 有界．因而 $\{\Psi_\tau(\boldsymbol{z}^k)\}$ 必存在收敛子列，记作 $\{\Psi_\tau(\boldsymbol{z}^k)\}_{k \in \tilde{J}}$，其中 $\tilde{J} \subseteq \bar{J}$．由 $\Phi_\tau(\cdot)$ 的连续性和引理 12.2 得，当 $\tilde{J} \ni k \to \infty$时 $\{\Psi_\tau(\boldsymbol{z}^k)\}$，$\{\mu_k\}$ 和$\{\beta_\tau(\boldsymbol{z}^k)\}$ 分别收敛于 $\Psi_\tau(\boldsymbol{z}^*)$，$\mu_*$ 和 $\beta_\tau(\boldsymbol{z}^*)$，且

$$\Psi_\tau(\boldsymbol{z}^*) = \| \Phi_\tau(\boldsymbol{z}^*) \|^2, \ \beta_\tau(\boldsymbol{z}^*) = \gamma \min\{1, \Psi_\tau(\boldsymbol{z}^*)\}$$

若 $\Psi_\tau(\boldsymbol{z}^*) = 0$，则结论成立．由反证法，假设 $\Psi_\tau(\boldsymbol{z}^*) > 0$．

(1)由于 $\lambda_k > 0$，现考虑以下两种情形.

**情形 1**　假设存在一个常数 $\varepsilon > 0$，使得对任意 $k \in \tilde{J}$ 有 $\lambda_k \geqslant \varepsilon > 0$. 那么由式(12-20)得

$$\begin{aligned}\Psi_\tau(\boldsymbol{z}^k + \lambda_k \Delta \boldsymbol{z}^k) &= \Psi_\tau(\boldsymbol{z}^{k+1}) \\ &\leqslant \Theta_k - 2\sigma(1-\gamma\mu_0)\lambda_k \Psi_\tau(\boldsymbol{z}^k) \\ &\leqslant \Theta_k - 2\sigma\varepsilon(1-\gamma\mu_0)\Psi_\tau(\boldsymbol{z}^k)\end{aligned}$$

从而

$$\Theta_k - \Psi_\tau(\boldsymbol{z}^{k+1}) \geqslant 2\sigma\varepsilon(1-\gamma\mu_0)\Psi_\tau(\boldsymbol{z}^k) \geqslant 0 \tag{12-41}$$

在式(12-41)中令 $\tilde{J} \ni k \to \infty$，则由推论 12.2 得

$$\lim_{\tilde{J} \ni k \to \infty} \Psi_\tau(\boldsymbol{z}^k) = \Psi_\tau(\boldsymbol{z}^*) = 0$$

这与 $\Psi_\tau(\boldsymbol{z}^*) > 0$ 矛盾.

**情形 2**　假设 $\lim\limits_{\tilde{J} \ni k \to \infty} \lambda_k = 0$. 由算法 12.1 和引理 12.1 知，对任意充分大的 $k \in \tilde{J}$，步长 $\hat{\lambda}_k = \lambda_k/\delta$ 不满足步骤③，即

$$\begin{aligned}\Psi_\tau(\boldsymbol{z}^k + \hat{\lambda}_k \Delta \boldsymbol{z}^k) &\geqslant \Theta_k - 2\sigma(1-\gamma\mu_0)\hat{\lambda}_k \Psi_\tau(\boldsymbol{z}^k) \\ &\geqslant \Psi_\tau(\boldsymbol{z}^k) - 2\sigma(1-\gamma\mu_0)\hat{\lambda}_k \Psi_\tau(\boldsymbol{z}^k)\end{aligned}$$

从而有

$$\frac{\Psi_\tau(\boldsymbol{z}^k + \hat{\lambda}_k \Delta \boldsymbol{z}^k) - \Psi_\tau(\boldsymbol{z}^k)}{\hat{\lambda}_k} \geqslant -2\sigma(1-\gamma\mu_0)\Psi_\tau(\boldsymbol{z}^k) \tag{12-42}$$

由引理 12.2(2)得 $0 < \mu_0 \beta_\tau(\boldsymbol{z}^*) \leqslant \mu^*$. 因此，由定理 12.1 知 $\Phi_\tau'(\boldsymbol{z}^*)$ 存在且可逆. 因此，存在 $\boldsymbol{z}^*$ 的一个闭邻域 $\Gamma(\boldsymbol{z}^*)$，使得对任意 $\boldsymbol{z} \in \Gamma(\boldsymbol{z}^*)$ 有 $\mu > 0$ 且 $\Phi_\tau'(\boldsymbol{z}^*)$ 可逆. 对于任意 $\boldsymbol{z} \in \Gamma(\boldsymbol{z}^*)$，令 $\Delta \boldsymbol{z} = (\Delta \boldsymbol{x}, \Delta \boldsymbol{y}, \Delta \boldsymbol{s}, \Delta \mu) \in \mathbf{R}^n \times \mathbf{R}^m \times \mathbf{R}^n \times \mathbf{R}$ 是下列方程组的唯一解

$$\Phi_\tau(\boldsymbol{z}) + \Phi_\tau'(\boldsymbol{z})\Delta \boldsymbol{z} = \beta_\tau \bar{\boldsymbol{z}} \tag{12-43}$$

对式(12-42)两边取极限，并由式(12-28)和式(12-43)得

$$\begin{aligned}-2\sigma(1-\gamma\mu_0)\Psi_\tau(\boldsymbol{z}^*) &\leqslant 2\Phi_\tau^{\mathrm{T}}(\boldsymbol{z}^*)\Phi_\tau'(\boldsymbol{z}^*)\Delta \boldsymbol{z}^* \\ &\leqslant 2\Phi_\tau^{\mathrm{T}}(\boldsymbol{z}^*)[-\Phi_\tau(\boldsymbol{z}^*) + \beta_\tau(\boldsymbol{z}^*)\bar{\boldsymbol{z}}] \\ &\leqslant 2[-\Psi_\tau(\boldsymbol{z}^*) + \mu_0\beta_\tau(\boldsymbol{z}^*)\|\Phi_\tau(\boldsymbol{z}^*)\|] \\ &\leqslant -2(1-\gamma\mu_0)\Psi_\tau(\boldsymbol{z}^*)\end{aligned}$$

由于 $\Psi_\tau(\boldsymbol{z}^*) > 0$ 且 $\gamma\mu_0 < 1$，故 $\sigma \geqslant 1$，这与 $0 < \sigma < \dfrac{1}{2}$ 矛盾. 所以 $\Psi_\tau(\boldsymbol{z}^*) = 0, \beta_\tau(\boldsymbol{z}^*) = 0$ 且 $\mu_* = 0$.

(2)由(1)和式(12-18)可知 $\Psi_\tau(\boldsymbol{z}^*) = \|\Phi_\tau(\boldsymbol{z}^*)\|^2 = 0$，这表明 $\boldsymbol{z}^*$ 是 $\Phi_\tau(\boldsymbol{z}) = \mathbf{0}$ 的一个

解．证毕．

下面分析算法 12.1 的局部二阶收敛性．由定理 12.1 可知，$\Phi_\tau(z)$ 是在任意点 $z \in \mathbf{R}^n \times \mathbf{R}^m \times \mathbf{R}^n \times \mathbf{R}$ 处是强半光滑的．类似文献[30]的定理 8，可证求解圆锥规划问题的非单调光滑牛顿法的局部二阶收敛性．

**定理 12.4** 假设矩阵 $\boldsymbol{A}$ 行满秩，$z^*$ 是算法 12.1 生成的迭代序列 $\{z^k\}$ 的一个聚点．若所有 $V \in \partial\Psi_\tau(z^*)$ 都是非奇异的，则 $\{z^k\}$ 局部二阶收敛于 $z^*$，即

$$\| z^{k+1} - z^* \| = O(\| z^k - z^* \|^2) \text{ 和 } \mu_{k+1} = o(\mu_k^2)$$

## 12.4 数 值 算 例

本节进行求解圆锥规划问题的数值实验，以验证算法 12.1 的性能．所有实验都是在个人计算机上进行的，CPU 为 Intel(R) Celeron(R) CPU N2930 1.83 GHz×2，内存为 4.0 GB，操作系统为 Windows 8，程序均用 Matlab 8.1.0.604 (R2013a)编写．

随机生成问题进行实验，其中所涉及的矩阵不是稀疏的．随机生成行满秩矩阵 $\boldsymbol{A} \in \mathbf{R}^{m\times n}$ 和随机向量 $\boldsymbol{x} \in \text{int } C_\theta^n$, $\boldsymbol{s} \in \text{int } (C_\theta^n)^*$, $\boldsymbol{y} \in \mathbf{R}^m$．令 $\boldsymbol{b} = \boldsymbol{Ax}$，$\boldsymbol{c} = \boldsymbol{A}^{\mathrm{T}}\boldsymbol{y} + \boldsymbol{s}$．由于问题 (12-1) 与(12-2)的严格可行解集非空，故生成的问题(12-1)与(12-2)都有最优解，且其最优解相同．在实验中，算法 12.1 的参数选取为：$\delta = 0.5, \tau = 0.8, \sigma = 0.1, \mu_0 = 0.1, \gamma = 0.9, M = 2$．停止准则为 $\| \Phi_\tau(z) \| \leqslant 10^{-6}$．下列表中，令 $\boldsymbol{I} = (1,\cdots,1)^{\mathrm{T}}$，$\boldsymbol{e} = (1,0,\cdots,0)^{\mathrm{T}}$，$m$ 和 $n = 2m$ 表示问题的规模，AIT 表示平均迭代次数，ACPU 表示以秒为单位的 CPU 平均迭代时间．

第一个实验利用不同的旋转角度和不同规模的圆锥规划问题进行测试．选取的参数为：$\eta_k = 0.7, \theta_1 = \pi/3$ 或 $\theta_2 = \pi/4$ 或 $\theta_2 = \pi/6$．生成的测试问题规模 $m(n = 2m)$ 为从 100 到 1300，每种规模的问题随机生成 10 次．对所有 $\theta_i (i = 1,2,3)$，令 $\boldsymbol{x}_0 = \boldsymbol{e} \in \mathbf{R}^n, \boldsymbol{y}_0 = \boldsymbol{0} \in \mathbf{R}^m$，$\boldsymbol{s}_0 = \boldsymbol{c} - \boldsymbol{A}^{\mathrm{T}}\boldsymbol{y}_0 \in \mathbf{R}^n$ 为初始点．由表 12-1 知，算法 12.1 能有效求解不同旋转角和不同规模的圆锥规划问题．

**表 12-1 不同旋转角和规模的圆锥规划问题的数值结果**

| $m$ | $n$ | $\theta = \pi/3$ | | $\theta = \pi/4$ | | $\theta = \pi/6$ | |
|---|---|---|---|---|---|---|---|
| | | AIT | ACPU | AIT | ACPU | AIT | ACPU |
| 100 | 200 | 5.4 | 0.360 | 5.2 | 0.355 | 5.4 | 0.361 |
| 200 | 400 | 5.5 | 1.877 | 5.3 | 1.758 | 5.8 | 1.967 |
| 300 | 600 | 5.8 | 5.016 | 5.4 | 4.707 | 5.9 | 5.188 |
| 400 | 800 | 5.8 | 10.673 | 5.6 | 11.592 | 6.7 | 12.362 |
| 500 | 1 000 | 6.5 | 21.700 | 5.7 | 22.073 | 6.7 | 22.057 |
| 600 | 1 200 | 6.1 | 33.598 | 5.5 | 31.408 | 6.8 | 38.076 |
| 700 | 1 400 | 5.0 | 48.680 | 4.8 | 48.293 | 6.2 | 60.298 |
| 750 | 1 500 | 6.3 | 62.485 | 6.0 | 61.358 | 6.6 | 71.987 |

续表

| $m$ | $n$ | $\theta=\pi/3$ | | $\theta=\pi/4$ | | $\theta=\pi/6$ | |
|---|---|---|---|---|---|---|---|
| | | AIT | ACPU | AIT | ACPU | AIT | ACPU |
| 800 | 1 600 | 5.7 | 79.611 | 5.3 | 76.660 | 5.8 | 83.062 |
| 850 | 1 700 | 6.2 | 96.277 | 6.4 | 89.488 | 6.8 | 98.960 |
| 900 | 1 800 | 6.3 | 108.224 | 6.1 | 101.801 | 6.2 | 105.959 |
| 950 | 1 900 | 6.5 | 127.951 | 6.4 | 120.043 | 7.8 | 128.145 |
| 1000 | 2 000 | 5.5 | 147.072 | 5.2 | 138.528 | 5.7 | 152.611 |
| 1050 | 2 100 | 6.6 | 193.127 | 6.8 | 187.573 | 7.4 | 201.509 |
| 1100 | 2 200 | 6.7 | 224.048 | 6.0 | 204.774 | 7.5 | 229.102 |
| 1150 | 2 300 | 6.8 | 247.796 | 6.8 | 241.483 | 7.0 | 252.308 |
| 1200 | 2 400 | 6.5 | 316.866 | 6.3 | 280.733 | 7.8 | 333.818 |
| 1250 | 2 500 | 7.0 | 333.505 | 6.8 | 310.946 | 7.0 | 345.756 |
| 1300 | 2 600 | 6.6 | 351.892 | 6.6 | 321.193 | 7.1 | 365.349 |

第二个实验测试不同规模和 $\eta_k$ 的圆锥规划问题．选取参数 $\theta=\pi/3$．对于给定的 $\eta_k$，每种规模的随机问题会产生 10 次．设 $\boldsymbol{x}_0=\boldsymbol{e}\in\mathbf{R}^n,\boldsymbol{y}_0=\mathbf{0}\in\mathbf{R}^m,\boldsymbol{s}_0=\boldsymbol{c}-\boldsymbol{A}^{\mathrm{T}}\boldsymbol{y}_0\in\mathbf{R}^n$ 为初始点．由表 12－2 知算法 12.1 采用非单调线搜索时比采用单调线搜索时效果更好．此外，参数 $\eta_k$ 在算法 12.1 中起关键作用．

**表 12－2　不同规模和 $\eta_k$ 的圆锥规划问题的数值结果**

| $\eta_k$ | $m$=200 | | $m$=400 | | $m$=600 | |
|---|---|---|---|---|---|---|
| | AIT | ACPU | AIT | ACPU | AIT | ACPU |
| 0.0 | 7.6 | 2.559 | 6.4 | 12.084 | 8.4 | 50.412 |
| 0.1 | 5.8 | 1.952 | 6.0 | 11.521 | 5.8 | 31.568 |
| 0.2 | 6.1 | 2.018 | 6.2 | 11.820 | 6.3 | 34.524 |
| 0.3 | 5.8 | 1.931 | 5.9 | 11.212 | 5.8 | 31.856 |
| 0.4 | 5.8 | 1.955 | 5.8 | 10.673 | 6.0 | 32.206 |
| 0.5 | 6.6 | 2.200 | 6.3 | 11.928 | 6.0 | 32.390 |
| 0.6 | 5.6 | 1.892 | 5.8 | 10.592 | 5.9 | 31.773 |
| 0.7 | 6.0 | 1.982 | 6.0 | 11.486 | 6.2 | 33.958 |
| 0.8 | 5.5 | 1.842 | 5.7 | 10.675 | 5.8 | 32.053 |
| 0.9 | 6.2 | 2.072 | 6.1 | 11.643 | 6.0 | 32.534 |

第三个实验利用不同的初始点对圆锥规划问题进行测试．令 $\theta=\pi/3$，$\eta_k=0.8$ 或 $\eta_k=0.0$，然后生成不同规模的圆锥规划问题进行测试．设 $\boldsymbol{x}_0=\boldsymbol{e}\in\mathbf{R}^n,\boldsymbol{y}_0=\mathbf{0}\in\boldsymbol{R}^m,\boldsymbol{s}_0=\boldsymbol{A}^{\mathrm{T}}\boldsymbol{y}_0-\boldsymbol{c}\in\mathbf{R}^n$ 为初始点．给定 $\eta_k$ 的情况下，随机产生 10 次问题．表 12－3 表明初始点对迭代次数和 CPU 时间的影响很小，这说明算法 12.1 对随机生成的初始点具有鲁棒性．

表 12-3　不同初始点的圆锥规划问题的数值结果

| $(x^0, y^0)$ | $m$ | $n$ | $\eta_k=0.0$ | | $\eta_k=0.8$ | |
|---|---|---|---|---|---|---|
| | | | AIT | ACPU | AIT | ACPU |
| $(\boldsymbol{e},\boldsymbol{0})$ | 200 | 400 | 6.2 | 2.151 | 5.3 | 1.746 |
| $(\boldsymbol{0},\boldsymbol{e})$ | | | 6.5 | 2.123 | 5.4 | 1.847 |
| $(\boldsymbol{1},\boldsymbol{1})$ | | | 6.2 | 2.027 | 5.7 | 1.867 |
| $10\times(\boldsymbol{1},\boldsymbol{1})$ | | | 7.2 | 2.309 | 6.3 | 2.068 |
| $100\times(\boldsymbol{1},\boldsymbol{1})$ | | | 7.8 | 2.517 | 7.3 | 2.362 |
| $1000\times(\boldsymbol{1},\boldsymbol{1})$ | | | 8.5 | 2.739 | 8.1 | 2.622 |
| $10000\times(\boldsymbol{1},\boldsymbol{1})$ | | | 9.8 | 3.627 | 8.8 | 3.619 |
| $-(\boldsymbol{1},\boldsymbol{1})$ | | | 6.9 | 2.733 | 6.4 | 2.529 |
| $-10\times(\boldsymbol{1},\boldsymbol{1})$ | | | 6.2 | 2.465 | 6.0 | 2.397 |
| $-100\times(\boldsymbol{1},\boldsymbol{1})$ | | | 6.9 | 2.746 | 6.1 | 2.398 |
| $-1000\times(\boldsymbol{1},\boldsymbol{1})$ | | | 9.4 | 3.482 | 8.0 | 2.978 |
| $(\boldsymbol{e},\boldsymbol{0})$ | 500 | 1000 | 6.5 | 27.425 | 5.9 | 23.455 |
| $(\boldsymbol{0},\boldsymbol{e})$ | | | 6.2 | 25.728 | 5.8 | 23.592 |
| $(\boldsymbol{1},\boldsymbol{1})$ | | | 8.0 | 31.519 | 5.8 | 22.659 |
| $10\times(\boldsymbol{1},\boldsymbol{1})$ | | | 7.0 | 27.498 | 6.5 | 25.296 |
| $100\times(\boldsymbol{1},\boldsymbol{1})$ | | | 9.3 | 36.659 | 7.7 | 29.708 |
| $1000\times(\boldsymbol{1},\boldsymbol{1})$ | | | 8.8 | 35.148 | 8.5 | 32.932 |
| $10000\times(\boldsymbol{1},\boldsymbol{1})$ | | | 10.6 | 38.758 | 9.2 | 33.836 |
| $-(\boldsymbol{1},\boldsymbol{1})$ | | | 8.8 | 36.192 | 6.5 | 26.674 |
| $-10\times(\boldsymbol{1},\boldsymbol{1})$ | | | 7.8 | 31.793 | 5.8 | 21.112 |
| $-100\times(\boldsymbol{1},\boldsymbol{1})$ | | | 7.8 | 31.716 | 6.7 | 23.321 |
| $-1000\times(\boldsymbol{1},\boldsymbol{1})$ | | | 9.0 | 33.434 | 8.5 | 32.009 |

最后利用算法 12.1 和 Qi-Sun-Zhou[30] 算法对二阶锥规划问题进行测试．选择 $\eta_k=0.8$，$\theta=\pi/4$．类似于之前实验的方式随机产生二阶锥规划问题．设 $\boldsymbol{x}_0=\boldsymbol{e}\in\mathbf{R}^n$，$\boldsymbol{y}_0=\boldsymbol{0}\in\boldsymbol{R}^m$，$\boldsymbol{s}_0=\boldsymbol{A}^{\mathrm{T}}\boldsymbol{y}_0-\boldsymbol{c}\in\mathbf{R}^n$ 为初始点．为了对比实验效果，将文献[30]求解非线性互补问题的单调光滑牛顿法(Qi-Sun-Zhou 算法)推广到二阶锥规划问题中．从表 12-4 可以看出，算法 12.1 在求解二阶锥规划问题上通常优于 Qi-Sun-Zhou 算法．

表 12-4　算法 12.1 与 Qi-Sun-Zhou 算法求解二阶锥规划问题的比较

| $m$ | $n$ | 算法 12.1 | | Qi-Sun-Zhou 算法 | |
|---|---|---|---|---|---|
| | | AIT | ACPU | AIT | ACPU |
| 100 | 200 | 5.3 | 0.361 | 6.2 | 0.379 |
| 200 | 400 | 5.4 | 1.798 | 6.3 | 1.954 |
| 300 | 600 | 5.3 | 4.627 | 6.3 | 5.138 |
| 400 | 800 | 5.7 | 10.392 | 6.6 | 11.255 |

续表

| $m$ | $n$ | 算法 12.1 | | Qi-Sun-Zhou 算法 | |
|---|---|---|---|---|---|
| | | AIT | ACPU | AIT | ACPU |
| 500 | 1 000 | 5.6 | 18.733 | 6.7 | 20.636 |
| 600 | 1 200 | 5.4 | 28.809 | 6.4 | 32.084 |
| 700 | 1 400 | 4.9 | 48.718 | 6.3 | 70.451 |
| 750 | 1 500 | 6.0 | 60.788 | 7.4 | 90.393 |
| 800 | 1 600 | 5.3 | 78.192 | 6.8 | 104.647 |
| 850 | 1 700 | 6.4 | 89.738 | 8.0 | 138.861 |
| 900 | 1 800 | 5.3 | 103.633 | 7.6 | 156.421 |
| 950 | 1 900 | 6.4 | 121.054 | 7.8 | 180.833 |
| 1 000 | 2 000 | 5.5 | 147.087 | 7.0 | 197.918 |
| 1 050 | 2 100 | 6.8 | 186.657 | 7.5 | 231.205 |
| 1 100 | 2 200 | 6.0 | 209.254 | 7.0 | 249.398 |
| 1 150 | 2 300 | 6.7 | 239.428 | 7.2 | 284.930 |
| 1 200 | 2 400 | 6.6 | 287.659 | 7.8 | 343.807 |
| 1 250 | 2 500 | 6.8 | 312.914 | 7.6 | 400.641 |
| 1 300 | 2 600 | 6.7 | 325.278 | 7.5 | 452.909 |

从表 12 - 1～表 12 - 4 所列的数值结果可以看出，非单调光滑牛顿法可以有效解决圆锥规划问题．此外，算法 12.1 运用非单调线搜索比单调线搜索效果更好，因为前者在大多数情况下比后者需要更少的迭代次数和更少的 CPU 时间．

# 第 13 章　圆锥互补问题的正则化非精确光滑牛顿法

本章证明了正则化 Fischer-Burmeister（FB）光滑函数在适当的假设下是强制的，这对算法的全局收敛性起着重要作用．然后，基于正则化 Fischer-Burmeister 光滑函数，提出了求解圆锥互补问题(CCCP)的正则化非精确光滑牛顿算法．在该算法中，正则化参数被看作是一个独立的变量，使得它比许多现有的算法更容易实现．此外，该算法在每次迭代中只要近似求解一个线性方程组，并执行一次线搜索．而且，我们在无须严格互补的条件下证明了该算法具有全局和局部二阶收敛性质．最后，用一些数值结果说明了该算法求解圆锥互补问题的有效性．

## 13.1　模型转化

圆锥互补问题就是找到一个向量 $\boldsymbol{x} \in \mathbf{R}^n$，使得

$$\boldsymbol{x} \in C_\theta^n, F(\boldsymbol{x}) \in (C_\theta^n)^*, \langle \boldsymbol{x}, F(\boldsymbol{x}) \rangle = 0 \tag{13-1}$$

其中，$\langle \cdot, \cdot \rangle$ 表示欧几里得内积，$F: \mathbf{R}^n \to \mathbf{R}^n$ 是一个连续可微函数，而 $C_\theta^n = C_{\theta_1}^{n_1} \times C_{\theta_2}^{n_2} \times \cdots \times C_{\theta_m}^{n_m}$，$n = n_1 + n_2 + \cdots + n_m$，是圆锥的笛卡儿乘积．集合 $C_{\theta_i}^{n_i} (i = 1, \cdots, m)$ 是维数为 $n_i$ 的圆锥

$$C_{\theta_i}^{n_i} = \left\{ \boldsymbol{x}_i = (x_{i0}, \boldsymbol{x}_{i1}) \in \mathbf{R} \times \mathbf{R}^{n_i - 1} \,\middle|\, \cos\theta_i \| \boldsymbol{x}_i \| \leqslant x_{i0} \right\}$$

其中，半幅角 $\theta_i \in \left(0, \frac{\pi}{2}\right)$，$\| \cdot \|$ 表示欧几里得范数．$C_{\theta_i}^{n_i} (i = 1, \cdots, m)$ 的对偶锥和内部分别由下面的式子给出[47]

$$(C_{\theta_i}^{n_i})^* = \{ \boldsymbol{v}_i \in \mathbf{R}^{n_i} \mid \langle \boldsymbol{v}_i, \boldsymbol{x}_i \rangle \geqslant 0, \forall \boldsymbol{x}_i \in C_{\theta_i}^{n_i} \} = C_{\frac{\pi}{2} - \theta_i}^{n_i}$$

$$\operatorname{int} C_{\theta_i}^{n_i} = \left\{ \boldsymbol{x}_i = (x_{i0}, \boldsymbol{x}_{i1}) \in \mathbf{R} \times \mathbf{R}^{n_i - 1} \,\middle|\, \cos\theta_i \| \boldsymbol{x}_i \| < x_{i0} \right\}$$

圆锥[132]是一个有尖点的闭凸锥，其超球截面与旋转轴正交，且绕其旋转轴旋转是不变的．当旋转角 $\theta_i = \frac{\pi}{4}$ 时，圆锥 $C_{\theta_i}^{n_i} (i = 1, \cdots, m)$ 退化为二阶锥 $K^{n_i}$[9]

$$K^{n_i} = \left\{ \boldsymbol{x}_i = (x_{i0}, \boldsymbol{x}_{i1}) \in \mathbf{R} \times \mathbf{R}^{n_i - 1} \,\middle|\, \| \boldsymbol{x}_{i1} \| \leqslant x_{i0} \right\}$$

且二阶锥 $K^{n_i}$ 的内部可以定义为

$$\text{int } K^{n_i} = \{x_i = (x_{i0}, \boldsymbol{x}_{i1}) \in \mathbf{R} \times \mathbf{R}^{n_i - 1} \mid \| \boldsymbol{x}_{i1} \| < x_{i0}\}$$

因此，二阶锥互补问题可视作圆锥互补问题的一个特例．注意到当 $\theta \neq \frac{\pi}{4}$ 时，式(13－1)中的 $(C_\theta^n)^*$ 与 $C_\theta^n$ 不是同一个锥，所以不能直接运用光滑牛顿法求解圆锥互补问题(13－1).

由定理 2.1 知，对任意 $\boldsymbol{x}_i = (x_{i0}, \boldsymbol{x}_{i1}) \in \mathbf{R} \times \mathbf{R}^{n_i - 1}$ 和 $\boldsymbol{y}_i = (y_{i0}, \boldsymbol{y}_{i1}) \in \mathbf{R} \times \mathbf{R}^{n_i - 1}, i = 1, \cdots, m$, 圆锥 $C_{\theta_i}^{n_i}$ 与二阶锥 $K^{n_i}$ 之间的代数关系为

$$\boldsymbol{x}_i \in K^{n_i} \Leftrightarrow \boldsymbol{T}_i^{-1} \boldsymbol{x}_i \in C_{\theta_i}^{n_i}, \quad \boldsymbol{y}_i \in K^{n_i} \Leftrightarrow \boldsymbol{T}_i \boldsymbol{y}_i \in (C_{\theta_i}^{n_i})^*$$

其中，$\boldsymbol{T}_i = \begin{bmatrix} \tan\theta_i & \mathbf{0} \\ \mathbf{0} & \boldsymbol{I}_{n_i - 1} \end{bmatrix}$. 根据上式，问题(13－1)可转化为二阶锥互补问题，即找到一个向量 $\boldsymbol{x} \in \mathbf{R}^n$, 使得

$$\boldsymbol{x} \in K, \boldsymbol{T}^{-1} F(\boldsymbol{T}^{-1} \boldsymbol{x}) \in K, \langle \boldsymbol{x}, \boldsymbol{T}^{-1} F(\boldsymbol{T}^{-1} \boldsymbol{x}) \rangle = 0 \tag{13－2}$$

这里，$K = K^{n_1} \times K^{n_2} \times \cdots \times K^{n_m}$ 是 $m$ 个二阶锥的笛卡儿乘积，其中 $n = n_1 + n_2 + \cdots + n_m$，并且 $\boldsymbol{T} = \boldsymbol{T}_1 \oplus \boldsymbol{T}_2 \oplus \cdots \oplus \boldsymbol{T}_m$ .

基于前两章对圆锥规划的算法研究，本章提出求解圆锥互补问题的正则化非精确光滑牛顿法．该算法具有以下性质：

(1)若 $F$ 具有笛卡儿 $\mathrm{P}_0$－性质，则算法适定．该假设比圆锥互补问题中常用的单调性假设要弱；

(2)与内点法不同，该算法对其初始点没有限制；

(3)该算法在每次迭代中只需求解一个线性方程组，只进行一次线搜索；

(4)在不需要严格互补的条件下，基于正则化 Fischer-Burmeister 光滑函数的强制性，证明该算法是全局收敛的和局部二阶收敛的；

(5)将正则化参数视为一个自变量，因此该算法在理论上比大多数现有算法更简单，且更容易实现．

## 13.2 正则化非精确光滑牛顿法

本节证明，在适当的假设下正则化 Fisher-Burmeister 光滑函数是强制的，这将对算法的全局收敛性起到重要作用．然后，基于正则化 FB 光滑函数，提出求解圆锥互补问题的一种正则化非精确光滑牛顿法．当 $F$ 具有笛卡儿 $\mathrm{P}_0$－性质时，证明算法是适定的．这个假设比在二阶锥互补问题中通常用的单调性假设更弱．

由于圆锥 $C_\theta^n$ 是 $\mathbf{R}^n$ 中的一个闭凸锥，由文献[54]的定理 2.4.4 可知圆锥互补问题有如下存在性结果：如果连续映射 $F$ 是伪单调的，那么问题(13－1)有一个非空紧解集 $S^*$ 当且仅当问题(13－1)是严格可行的，即存在一个 $\bar{\boldsymbol{x}} \in C_\theta^n$ 且 $F(\bar{\boldsymbol{x}}) \in \text{int } (C_\theta^n)^*$ .

在下面的分析中，假设问题(13－1)是严格可行的，这就保证了解集 $S^*$ 的非空和有界

性．考虑用正则化非精确光滑方法求解问题(13－2)．该算法求解了一个 SOCCPs $(F_\mu)$ 序列

$$x \in K, F_\mu(x) \in K, \langle x, F_\mu(x) \rangle = 0 \tag{13-3}$$

其中 $\mu > 0$，是趋于 0 的正则化参数，$F_\mu$ 由下式给出

$$F_\mu(x) = T^{-1}F(T^{-1}x) + \mu x \tag{13-4}$$

由定义 2.6 可得如下结果．

**引理 13.1** 对于任意 $\mu > 0$，设 $F_\mu$ 由式(13－4)定义．如果 $F$ 有笛卡儿 $P_0$－性质，则 $F_\mu$ 具有笛卡儿 P－性质．

现考虑光滑二阶锥互补函数[92] $\phi: \mathbf{R}_+ \times \mathbf{R}^n \times \mathbf{R}^n \to \mathbf{R}^n$ 如下

$$\phi(\mu, x, s) = (1+\mu)(x+s) - \sqrt{(x+\mu s)^2 + (\mu x + s)^2 + 2\mu^2 e} \tag{13-5}$$

上式是文献[6]中的向量值 Fischer-Burmeister 函数 $\phi_{\mathrm{FB}}: \mathbf{R}^n \times \mathbf{R}^n \to \mathbf{R}^n$

$$\phi_{\mathrm{FB}}(x, s) = x + s - \sqrt{x^2 + s^2}$$

的一个光滑函数．光滑函数(13－5)是光滑 Fischer-Burmeister 二阶锥互补函数[6]

$$\hat{\phi}(\mu, x, s) = x + s - \sqrt{x^2 + s^2 + 2\mu^2 e} \tag{13-6}$$

的正则化形式．由文献[92]知

$$\phi(\mu, x, s) = \mathbf{0} \Leftrightarrow x \circ s = \mu^2 e, x \in \operatorname{int} K, s \in \operatorname{int} K$$

特别地，有

$$\phi(0, x, s) = \mathbf{0} \Leftrightarrow x \circ s = \mathbf{0}, x \in K, s \in K \tag{13-7}$$

令 $z = (\mu, x, s) \in \mathbf{R} \times \mathbf{R}^n \times \mathbf{R}^n$．基于光滑函数(13－5)，定义

$$H(z) = \begin{bmatrix} \mu \\ \Phi_\mu(x, s) \end{bmatrix} \tag{13-8}$$

$$\Phi_\mu(x, s) = \begin{bmatrix} T^{-1}F(T^{-1}x) + \mu x - s \\ \phi(\mu, x, s) \end{bmatrix} \tag{13-9}$$

$$\Psi(z) = \| H(z) \|^2$$

由式(13－1)～式(13－4)、式(13－7)～式(13－9)得

$$H(z) = \mathbf{0} \Leftrightarrow (x, s) \text{ 是问题(13-2)的解} \Leftrightarrow (T^{-1}x, Ts) \text{ 是问题(13-1)的解}$$

为了实现算法，将问题(13－2)转化为非线性方程组 $H(z) = \mathbf{0}$，它不包含任何显式的不等式约束，如 $x \in K, s \in K$ 或者 $x \in \operatorname{int} K, s \in \operatorname{int} K$．在每次迭代中运用牛顿法近似求解方程组．通过迭代使 $\| H(z) \| \to 0$，求得问题(13－2)的解，从而得到问题(13－1)的解．

下面研究函数 $H(z)$ 的 Lipschitz 性质、半光滑和可微性质，并推导其雅可比矩阵的可计算公式．这些性质和公式将在算法的设计和分析中起基础性作用．

**定理 13.1** 设 $H(z)$ 由式(13－8)和式(13－9)定义，则下面的结论成立．

(1) $H$ 在 $\mathbf{R}_{+}\times\mathbf{R}^{n}\times\mathbf{R}^{n}$ 上处处 Lipschitz 连续且半光滑．如果 $F'(\cdot)$ 在 $\mathbf{R}^{n}$ 上是 Lipschitz 连续的，则 $H$ 在 $\mathbf{R}_{+}\times\mathbf{R}^{n}\times\mathbf{R}^{n}$ 上是处处强半光滑的．

(2)如果 $\mu>0$，则 $H$ 在 $\mathbf{R}_{++}\times\mathbf{R}^{n}\times\mathbf{R}^{n}$ 上处处连续可微，且其雅可比矩阵为

$$H'(z)=\begin{bmatrix}1 & \mathbf{0} & \mathbf{0}\\ \boldsymbol{x} & \boldsymbol{T}^{-1}F'(\boldsymbol{T}^{-1}\boldsymbol{x})\boldsymbol{T}^{-1}+\mu\boldsymbol{I} & -\boldsymbol{I}\\ \phi_{\mu}'(\boldsymbol{z}) & \phi_{x}'(\boldsymbol{z}) & \phi_{s}'(\boldsymbol{z})\end{bmatrix}\tag{13-10}$$

其中

$$\phi_{\mu}'(\boldsymbol{z})=\boldsymbol{x}+\boldsymbol{s}-\boldsymbol{L}_{w}^{-1}(\boldsymbol{L}_{u}\boldsymbol{s}+\boldsymbol{L}_{v}\boldsymbol{x}+2\mu\boldsymbol{e})$$
$$\phi_{x}'(\boldsymbol{z})=(1+\mu)\boldsymbol{I}-\boldsymbol{L}_{w}^{-1}(\boldsymbol{L}_{u}+\mu\boldsymbol{L}_{v}),\phi_{s}'(\boldsymbol{z})=(1+\mu)\boldsymbol{I}-\boldsymbol{L}_{w}^{-1}(\mu\boldsymbol{L}_{u}+\boldsymbol{L}_{v})$$
$$\boldsymbol{u}=\boldsymbol{u}(\mu,\boldsymbol{x},\boldsymbol{s})=\boldsymbol{x}+\mu\boldsymbol{s},\ \boldsymbol{v}=\boldsymbol{v}(\mu,\boldsymbol{x},\boldsymbol{s})=\mu\boldsymbol{x}+\boldsymbol{s}$$
$$\boldsymbol{w}=\boldsymbol{w}(\mu,\boldsymbol{x},\boldsymbol{s})=\sqrt{\boldsymbol{u}^{2}+\boldsymbol{v}^{2}+2\mu^{2}\boldsymbol{e}}$$

(3)如果 $F$ 具有笛卡儿 $P_0$ - 性质，则对任意 $\mu>0$，矩阵 $H'(z)$ 非奇异．

**证明：**(1)由文献[85]的定理 3.2 易知，$H(\boldsymbol{z})$ 在 $\mathbf{R}_{+}\times\mathbf{R}^{n}\times\mathbf{R}^{n}$ 中处处 Lipschitz 连续且半光滑．如果 $F'(\cdot)$ 在 $\mathbf{R}^{n}$ 中 Lipschitz 连续，则 $F'(\cdot)$ 在 $\mathbf{R}_{+}\times\mathbf{R}^{n}\times\mathbf{R}^{n}$ 处处强半光滑．因此函数 $H$ 在 $\mathbf{R}_{+}\times\mathbf{R}^{n}\times\mathbf{R}^{n}$ 上处处强半光滑．

(2)下面证明雅可比公式(13-10)．对任意 $\mu>0$，根据文献[85]的定理 3.2 知 $\phi(\mu,\boldsymbol{x},\boldsymbol{s})$ 是连续可微的，其雅可比矩阵为

$$\phi_{\mu}'(\boldsymbol{z})=\boldsymbol{x}+\boldsymbol{s}-\boldsymbol{L}_{w}^{-1}(\boldsymbol{L}_{u}\boldsymbol{s}+\boldsymbol{L}_{v}\boldsymbol{x}+2\mu\boldsymbol{e})$$
$$\phi_{x}'(\boldsymbol{z})=(1+\mu)\boldsymbol{I}-\boldsymbol{L}_{w}^{-1}(\boldsymbol{L}_{u}+\mu\boldsymbol{L}_{v})$$
$$\phi_{s}'(\boldsymbol{z})=(1+\mu)\boldsymbol{I}-\boldsymbol{L}_{w}^{-1}(\mu\boldsymbol{L}_{u}+\boldsymbol{L}_{v})$$

其中

$$\boldsymbol{u}=\boldsymbol{u}(\mu,\boldsymbol{x},\boldsymbol{s})=\boldsymbol{x}+\mu\boldsymbol{s},\boldsymbol{v}=\boldsymbol{v}(\mu,\boldsymbol{x},\boldsymbol{s})=\mu\boldsymbol{x}+\boldsymbol{s}$$
$$\boldsymbol{w}=\boldsymbol{w}(\mu,\boldsymbol{x},\boldsymbol{s})=\sqrt{\boldsymbol{u}^{2}+\boldsymbol{v}^{2}+2\mu^{2}\boldsymbol{e}}$$

因而证得雅可比公式(13-10)．

(3)令 $\Delta\boldsymbol{z}=(\Delta\mu,\Delta\boldsymbol{x},\Delta\boldsymbol{s})\in\mathbf{R}\times\mathbf{R}^{n}\times\mathbf{R}^{n}$ 是 $H'(z)$ 的核空间中的一个向量．只需证 $\Delta\boldsymbol{z}=\mathbf{0}$．由式(13-10)可得

$$\Delta\mu=0$$
$$\boldsymbol{x}\Delta\mu+[\boldsymbol{T}^{-1}F'(\boldsymbol{T}^{-1}\boldsymbol{x})\boldsymbol{T}^{-1}+\mu\boldsymbol{I}]\Delta\boldsymbol{x}-\Delta\boldsymbol{s}=\mathbf{0}\tag{13-11}$$
$$\phi_{\mu}'(\boldsymbol{z})\Delta\mu+\phi_{x}'(\boldsymbol{z})\Delta\boldsymbol{x}+\phi_{s}'(\boldsymbol{z})\Delta\boldsymbol{s}=\mathbf{0}\tag{13-12}$$

现假设 $\Delta\boldsymbol{x}\neq\mathbf{0}$，则由式(13-12)得

$$[(1+\mu)\boldsymbol{I}-\boldsymbol{L}_{w}^{-1}(\boldsymbol{L}_{u}+\mu\boldsymbol{L}_{v})]\Delta\boldsymbol{x}+[(1+\mu)\boldsymbol{I}-\boldsymbol{L}_{w}^{-1}(\mu\boldsymbol{L}_{u}+\boldsymbol{L}_{v})]\Delta\boldsymbol{s}=\mathbf{0}\tag{13-13}$$

将式(13-13)的两端都左乘 $\boldsymbol{L}_{w}$ 得

$$[(1+\mu)\boldsymbol{L}_{w}-(\boldsymbol{L}_{u}+\mu\boldsymbol{L}_{v})]\Delta\boldsymbol{x}+[(1+\mu)\boldsymbol{L}_{w}-(\mu\boldsymbol{L}_{u}+\boldsymbol{L}_{v})]\Delta\boldsymbol{s}=\mathbf{0}$$

因此，对于 $i=1,2,\cdots,m$，有

$$[(1+\mu)\boldsymbol{L}_{w_i}-(\boldsymbol{L}_{u_i}+\mu\boldsymbol{L}_{v_i})]\Delta\boldsymbol{x}_i+[(1+\mu)\boldsymbol{L}_{w_i}-(\mu\boldsymbol{L}_{u_i}+\boldsymbol{L}_{v_i})]\Delta s_i=\boldsymbol{0} \quad (13-14)$$

令

$$\overline{\boldsymbol{L}_i}=(1+\mu)\boldsymbol{L}_{w_i}-(\boldsymbol{L}_{u_i}+\mu\boldsymbol{L}_{v_i})$$
$$\underline{\boldsymbol{L}_i}=(1+\mu)\boldsymbol{L}_{w_i}-(\mu\boldsymbol{L}_{u_i}+\boldsymbol{L}_{v_i})$$

对于 $i=1,2,\cdots,m$，直接计算得

$$[(1+\mu)\boldsymbol{w}_i]^2-[(\boldsymbol{u}_i+\mu\boldsymbol{v}_i)^2+(\mu\boldsymbol{u}_i+\boldsymbol{v}_i)^2]=2\mu(\boldsymbol{u}_i-\boldsymbol{v}_i)^2+2\mu^2(1+\mu)^2\boldsymbol{e}_i\in \text{int}\, K^{n_i} \quad (13-15)$$

由式(13－15)和文献[6]的引理3.5可知，$\overline{\boldsymbol{L}_i}$，$\underline{\boldsymbol{L}_i}$ 和 $\overline{\boldsymbol{L}_i}\,\underline{\boldsymbol{L}_i}$ 的对称部分都是正定的，因此它们都是非奇异的．将式(13－14)两端同时左乘 $\Delta\boldsymbol{x}_i^{\mathrm{T}}\underline{\boldsymbol{L}_i}^{-1}$ 得

$$\Delta\boldsymbol{x}_i^{\mathrm{T}}\underline{\boldsymbol{L}_i}^{-1}\overline{\boldsymbol{L}_i}\Delta\boldsymbol{x}_i+\langle\Delta\boldsymbol{x}_i,\Delta\boldsymbol{s}_i\rangle=0,\quad i=1,2,\cdots,m$$

或者等价地，由式(13－11)得

$$\Delta\overline{\boldsymbol{x}_i}^{\mathrm{T}}\overline{\boldsymbol{L}_i}\,\underline{\boldsymbol{L}_i}\Delta\overline{\boldsymbol{x}_i}+\left\langle\Delta\boldsymbol{x}_i,[(\boldsymbol{T}^{-1}F'(\boldsymbol{T}^{-1}\boldsymbol{x})\boldsymbol{T}^{-1}+\mu\boldsymbol{I})\Delta\boldsymbol{x}]_i\right\rangle=0,\quad i=1,2,\cdots,m \quad (13-16)$$

其中，$\Delta\overline{\boldsymbol{x}_i}=\underline{\boldsymbol{L}_i}^{-1}\Delta\boldsymbol{x}_i$．由于 $\overline{\boldsymbol{L}_i}\,\underline{\boldsymbol{L}_i}$ 的对称部分是正定的，故

$$\Delta\overline{\boldsymbol{x}_i}^{\mathrm{T}}\overline{\boldsymbol{L}_i}\,\underline{\boldsymbol{L}_i}\Delta\overline{\boldsymbol{x}_i}\geqslant 0,\ i=1,2,\cdots,m \quad (13-17)$$

因为 $F(\boldsymbol{x})$ 具有笛卡儿 $\mathrm{P}_0$－性质，则由引理13.1知 $F_\mu(\boldsymbol{x})$ 具有笛卡儿P－性质．因此，雅可比矩阵 $\nabla F_\mu(\boldsymbol{x})$ 在任意点 $\boldsymbol{x}\in\mathbf{R}^n$ 处具有对应的笛卡儿P－性质，即存在一个指标 $v\in\{1,2,\cdots,m\}$ 使得

$$\left\langle\Delta\boldsymbol{x}_v,[(\boldsymbol{T}^{-1}F'(\boldsymbol{T}^{-1}\boldsymbol{x})\boldsymbol{T}^{-1}+\mu\boldsymbol{I})\Delta\boldsymbol{x}]_v\right\rangle>0$$

由该不等式和式(13－17)可得

$$\Delta\overline{\boldsymbol{x}_v}^{\mathrm{T}}\overline{\boldsymbol{L}_v}\,\underline{\boldsymbol{L}_v}\Delta\overline{\boldsymbol{x}_v}+\left\langle\Delta\boldsymbol{x}_v,[(\boldsymbol{T}^{-1}F'(\boldsymbol{T}^{-1}\boldsymbol{x})\boldsymbol{T}^{-1}+\mu\boldsymbol{I})\Delta\boldsymbol{x}]_v\right\rangle>0$$

这与式(13－16)相矛盾．因此 $\Delta\boldsymbol{x}=\boldsymbol{0}$，从而由式(13－11)得 $\Delta\boldsymbol{s}=\boldsymbol{0}$．证毕．

下面证明在适当的假设下，式(13－5)所定义的正则化Fischer-Burmeister光滑函数 $\phi$ 是强制的，这将对算法的全局收敛性起到重要作用．

**引理13.2** 设光滑Fischer-Burmeister二阶锥互补函数 $\hat{\phi}:\mathbf{R}_+\times\mathbf{R}^n\times\mathbf{R}^n\to\mathbf{R}^n$ 由式(13－6)定义，且 $\{(\mu_k,\boldsymbol{x}^k,\boldsymbol{s}^k)\}\subset\mathbf{R}_+\times\mathbf{R}^n\times\mathbf{R}^n$，其中 $\{\mu_k\}$ 是一个有界序列，则

(1)若当 $k\to\infty$ 时 $\lambda_1(\boldsymbol{x}^k)\to-\infty$ 或 $\lambda_1(\boldsymbol{s}^k)\to-\infty$，则 $\|\hat{\phi}(\mu_k,\boldsymbol{x}^k,\boldsymbol{s}^k)\|\to+\infty$.

(2)若 $\{\lambda_1(\boldsymbol{x}^k)\}$ 和 $\{\lambda_1(\boldsymbol{s}^k)\}$ 有下界，$\lambda_2(\boldsymbol{x}^k)\to+\infty$，$\lambda_2(\boldsymbol{s}^k)\to+\infty$ 且 $\langle\overline{\boldsymbol{x}}^*,\overline{\boldsymbol{s}}^*\rangle>0$，其中 $\overline{\boldsymbol{x}}^*$ 和 $\overline{\boldsymbol{s}}^*$ 为当 $k\to\infty$ 时 $\left\{\dfrac{\boldsymbol{x}^k}{\|\boldsymbol{x}^k\|}\right\}$ 和 $\left\{\dfrac{\boldsymbol{s}^k}{\|\boldsymbol{s}^k\|}\right\}$ 的任意给定的聚点，则 $\|\hat{\phi}(\mu_k,\boldsymbol{x}^k,\boldsymbol{s}^k)\|\to+\infty$.

**证明：**(1)根据函数 $\hat{\phi}$ 的定义，对任意 $(\mu,\boldsymbol{x},\boldsymbol{s})\in\mathbf{R}_+\times\mathbf{R}^n\times\mathbf{R}^n$ 有

$$\boldsymbol{x}=\hat{\phi}(\mu,\boldsymbol{x},\boldsymbol{s})+(\sqrt{\boldsymbol{x}^2+\boldsymbol{s}^2+2\mu^2\boldsymbol{e}}-\boldsymbol{s}) \tag{13-18}$$

$$\boldsymbol{s}=\hat{\phi}(\mu,\boldsymbol{x},\boldsymbol{s})+(\sqrt{\boldsymbol{x}^2+\boldsymbol{s}^2+2\mu^2\boldsymbol{e}}-\boldsymbol{x}) \tag{13-19}$$

由文献[6]的命题 3.4 知

$$\sqrt{\boldsymbol{x}^2+\boldsymbol{s}^2+2\mu^2\boldsymbol{e}}-\boldsymbol{s}\in K,\quad \sqrt{\boldsymbol{x}^2+\boldsymbol{s}^2+2\mu^2\boldsymbol{e}}-\boldsymbol{x}\in K$$

对任意 $(\mu,\boldsymbol{x},\boldsymbol{s})\in\mathbf{R}_+\times\mathbf{R}^n\times\mathbf{R}^n$，则由文献[142]的引理 14 知

$$\begin{aligned}\lambda_1(\boldsymbol{x})&\geqslant\lambda_1(\hat{\phi}(\mu,\boldsymbol{x},\boldsymbol{s}))+\lambda_1(\sqrt{\boldsymbol{x}^2+\boldsymbol{s}^2+2\mu^2\boldsymbol{e}}-\boldsymbol{s})\\&\geqslant\lambda_1(\hat{\phi}(\mu,\boldsymbol{x},\boldsymbol{s}))\\\lambda_1(\boldsymbol{s})&\geqslant\lambda_1(\hat{\phi}(\mu,\boldsymbol{x},\boldsymbol{s}))+\lambda_1(\sqrt{\boldsymbol{x}^2+\boldsymbol{s}^2+2\mu^2\boldsymbol{e}}-\boldsymbol{x})\\&\geqslant\lambda_1(\hat{\phi}(\mu,\boldsymbol{x},\boldsymbol{s}))\end{aligned}$$

由上述不等式和式(13－18)、式(13－19)可得，若 $\lambda_1(\boldsymbol{x}^k)\to-\infty$ 或 $\lambda_1(\boldsymbol{s}^k)\to-\infty$，则 $\|\hat{\phi}(\mu_k,\boldsymbol{x}^k,\boldsymbol{s}^k)\|\to+\infty$.

(2)反证法．假设 $\{\hat{\phi}(\mu_k,\boldsymbol{x}^k,\boldsymbol{s}^k)\}$ 是有界的．对任意 $k\geqslant 0$，令

$$\hat{\boldsymbol{w}}^k=\sqrt{(\boldsymbol{x}^k)^2+(\boldsymbol{s}^k)^2+2(\mu_k)^2\boldsymbol{e}}$$

根据 $\hat{\phi}$ 的定义，对任意 $k$ 有

$$\boldsymbol{x}^k+\boldsymbol{s}^k=\hat{\phi}(\mu_k,\boldsymbol{x}^k,\boldsymbol{s}^k)+\hat{\boldsymbol{w}}^k$$

上式两边同时平方得

$$2\boldsymbol{x}^k\circ\boldsymbol{s}^k=2(\mu_k)^2\boldsymbol{e}+\hat{\phi}(\mu_k,\boldsymbol{x}^k,\boldsymbol{s}^k)^2+2\hat{\boldsymbol{w}}^k\circ\hat{\phi}(\mu_k,\boldsymbol{x}^k,\boldsymbol{s}^k) \tag{13-20}$$

由已知条件得 $\|\boldsymbol{x}^k\|\to+\infty$ 且 $\|\boldsymbol{s}^k\|\to+\infty$，故

$$\lim_{k\to\infty}\frac{\hat{\boldsymbol{w}}^k}{\|\boldsymbol{x}^k\|\cdot\|\boldsymbol{s}^k\|}=\lim_{k\to\infty}\left[\frac{(\boldsymbol{x}^k)^2+(\boldsymbol{s}^k)^2+2(\mu_k)^2\boldsymbol{e}}{\|\boldsymbol{x}^k\|^2\cdot\|\boldsymbol{s}^k\|^2}\right]^{1/2}=\mathbf{0} \tag{13-21}$$

又由 $\{\hat{\phi}(\mu_k,\boldsymbol{x}^k,\boldsymbol{s}^k)\}$ 的有界性得

$$\lim_{k\to\infty}\frac{\hat{\phi}(\mu_k,\boldsymbol{x}^k,\boldsymbol{s}^k)^2+2\hat{\boldsymbol{w}}^k\circ\hat{\phi}(\mu_k,\boldsymbol{x}^k,\boldsymbol{s}^k)}{\|\boldsymbol{x}^k\|\cdot\|\boldsymbol{s}^k\|}=\mathbf{0} \tag{13-22}$$

由于序列 $\left\{\frac{\boldsymbol{x}^k}{\|\boldsymbol{x}^k\|}\right\}$ 和 $\left\{\frac{\boldsymbol{s}^k}{\|\boldsymbol{s}^k\|}\right\}$ 都有界，不失一般性，假设 $\left\{\frac{\boldsymbol{x}^k}{\|\boldsymbol{x}^k\|}\right\}$ 和 $\left\{\frac{\boldsymbol{s}^k}{\|\boldsymbol{s}^k\|}\right\}$ 收敛．令

$$\bar{\boldsymbol{x}}^*=\lim_{k\to\infty}\frac{\boldsymbol{x}^k}{\|\boldsymbol{x}^k\|},\ \bar{\boldsymbol{s}}^*=\lim_{k\to\infty}\frac{\boldsymbol{s}^k}{\|\boldsymbol{s}^k\|}$$

因为 $\{\lambda_1(\boldsymbol{x}^k)\}$ 和 $\{\lambda_1(\boldsymbol{s}^k)\}$ 都有下界，$\{\lambda_2(\boldsymbol{x}^k)\}\to+\infty$和 $\{\lambda_2(\boldsymbol{s}^k)\}\to+\infty$，易证

$$\bar{\boldsymbol{x}}^*\in K,\quad \bar{\boldsymbol{s}}^*\in K \tag{13-23}$$

因此，由式(13-20)～式(13-22)得

$$\begin{aligned}\bar{\boldsymbol{x}}^*\circ\bar{\boldsymbol{s}}^* &= \lim_{k\to\infty}\frac{\boldsymbol{x}^k}{\|\boldsymbol{x}^k\|}\circ\frac{\boldsymbol{s}^k}{\|\boldsymbol{s}^k\|}\\ &= \lim_{k\to\infty}\left[\frac{(\mu_k)^2\boldsymbol{e}}{\|\boldsymbol{x}^k\|\cdot\|\boldsymbol{s}^k\|}+\frac{\hat{\phi}(\mu_k,\boldsymbol{x}^k,\boldsymbol{s}^k)^2+2\hat{\boldsymbol{w}}^k\circ\hat{\phi}(\mu_k,\boldsymbol{x}^k,\boldsymbol{s}^k)}{2\|\boldsymbol{x}^k\|\cdot\|\boldsymbol{s}^k\|}\right]=\mathbf{0}\end{aligned} \tag{13-24}$$

那么由式(13-23)和式(13-24)得 $\langle\bar{\boldsymbol{x}}^*,\bar{\boldsymbol{s}}^*\rangle=0$，这与 $\langle\bar{\boldsymbol{x}}^*,\bar{\boldsymbol{s}}^*\rangle>0$ 相矛盾．故当 $k\to\infty$时 $\|\hat{\phi}(\mu_k,\boldsymbol{x}^k,\boldsymbol{s}^k)\|\to+\infty$. 证毕．

**注**：引理 13.2 表明光滑 Fischer-Burmeister 二阶锥互补函数(13-6)是强制的．在文献[95]的引理 5.2 中，Pan 和 Chen 证明了 Fischer-Burmeister 二阶锥互补函数

$$\phi_{\mathrm{FB}}(\boldsymbol{x},\boldsymbol{s})=\boldsymbol{x}+\boldsymbol{s}-\sqrt{\boldsymbol{x}^2+\boldsymbol{s}^2}$$

是强制的．为了证明的完整性，现给出(1)的另一种证明方法．

**定理 13.2** 令光滑函数 $\phi$ 由式(13-5)定义，且 $\eta,\tau\in\mathbf{R}_{++}$，$\eta<\tau$．设 $\{(\mu_k,\boldsymbol{x}^k,\boldsymbol{s}^k)\}\subset\mathbf{R}_{++}\times\mathbf{R}^n\times\mathbf{R}^n$ 是一个序列，其中 $\{\mu_k\}$ 是一个非负有界序列．如果

(1) $\mu_k\in[\eta,\tau]$ 和 $\{(\boldsymbol{x}^k,\boldsymbol{s}^k)\}$ 无界；

(2)存在一个有界序列 $\{(\boldsymbol{a}^k,\boldsymbol{b}^k)\}$ 使得 $\{(\boldsymbol{x}^k-\boldsymbol{a}^k,\boldsymbol{s}^k-\boldsymbol{b}^k)\}$ 有下界．

那么 $\{\phi(\mu_k,\boldsymbol{x}^k,\boldsymbol{s}^k)\}$ 无界．

**证明**：由函数 $\phi$ 的定义知

$$\phi(\mu,\boldsymbol{x},\boldsymbol{s})=(\boldsymbol{x}+\mu\boldsymbol{s})+(\mu\boldsymbol{x}+\boldsymbol{s})-\sqrt{(\boldsymbol{x}+\mu\boldsymbol{s})^2+(\mu\boldsymbol{x}+\boldsymbol{s})^2+2\mu^2\boldsymbol{e}}$$

从引理 13.2 可知，若存在一个子列 $\{k_n\}\subseteq\{k\}$ 满足以下条件之一：

① 当 $k\to\infty$时，$\lambda_1(\boldsymbol{x}^{k_n}+\mu_{k_n}\boldsymbol{s}^{k_n})\to-\infty$；

② 当 $k\to\infty$时，$\lambda_1(\mu_{k_n}\boldsymbol{x}^{k_n}+\boldsymbol{s}^{k_n})\to-\infty$；

③ $\lambda_1(\boldsymbol{x}^{k_n}+\mu_{k_n}\boldsymbol{s}^{k_n})$ 和 $\lambda_1(\mu_{k_n}\boldsymbol{x}^{k_n}+\boldsymbol{s}^{k_n})$ 有下界，且当 $k\to\infty$时 $\lambda_2(\boldsymbol{x}^{k_n}+\mu_{k_n}\boldsymbol{s}^{k_n})\to+\infty$，$\lambda_2(\mu_{k_n}\boldsymbol{x}^{k_n}+\boldsymbol{s}^{k_n})\to+\infty$，$\langle\bar{\boldsymbol{u}}^*,\bar{\boldsymbol{v}}^*\rangle>0$，其中 $\bar{\boldsymbol{u}}^*,\bar{\boldsymbol{v}}^*$ 分别为 $\left\{\dfrac{\boldsymbol{x}^{k_n}+\mu_{k_n}\boldsymbol{s}^{k_n}}{\|\boldsymbol{x}^{k_n}+\mu_{k_n}\boldsymbol{s}^{k_n}\|}\right\}$，$\left\{\dfrac{\mu_{k_n}\boldsymbol{x}^{k_n}+\boldsymbol{s}^{k_n}}{\|\mu_{k_n}\boldsymbol{x}^{k_n}+\boldsymbol{s}^{k_n}\|}\right\}$的任意一个给定的聚点，则 $\{\phi(\mu_k,\boldsymbol{x}^k,\boldsymbol{s}^k)\}$ 无界．

不失一般性，假设①和②不会出现，那么根据文献[4]定理 4.1 的证明可知，③一定成立．结合引理 13.2，这意味着当 $k\to\infty$时 $\|\hat{\phi}(\mu_k,\boldsymbol{x}^k,\boldsymbol{s}^k)\|\to+\infty$. 证毕．

**定理 13.3** 设 $F$ 是一个连续可微的单调函数，$\Phi_\mu$ 由式(13-9)定义，那么对任意 $\mu>0$，$\Phi_\mu(\boldsymbol{x},\boldsymbol{s})$ 关于 $(\boldsymbol{x},\boldsymbol{s})$ 是强制的，即 $\lim\limits_{\|(\boldsymbol{x},\boldsymbol{s})\|\to\infty}\|\Phi_\mu(\boldsymbol{x},\boldsymbol{s})\|=+\infty$.

**证明**：反证法．假设存在某 $\mu>0$，$\Phi_\mu(\boldsymbol{x},\boldsymbol{s})$ 关于 $(\boldsymbol{x},\boldsymbol{s})$ 不是强制的，那么存在一个无界

序列 $\{(\boldsymbol{x}^k,\boldsymbol{s}^k)\}$，使得 $\{\Phi_\mu(\boldsymbol{x}^k,\boldsymbol{s}^k)\}$ 有界．又由式(13－9)可知

$$\|\Phi_\mu(\boldsymbol{x}^k,\boldsymbol{s}^k)\|^2=\|\boldsymbol{T}^{-1}F(\boldsymbol{T}^{-1}\boldsymbol{x}^k)+\mu\boldsymbol{x}^k-\boldsymbol{s}^k\|^2+\|\phi(\mu,\boldsymbol{x}^k,\boldsymbol{s}^k)\|^2$$

所以序列 $\{\boldsymbol{T}^{-1}F(\boldsymbol{T}^{-1}\boldsymbol{x}^k)+\mu\boldsymbol{x}^k-\boldsymbol{s}^k\}$ 和 $\{\phi(\mu,\boldsymbol{x}^k,\boldsymbol{s}^k)\}$ 都是有界的．令

$$g(\boldsymbol{x}^k,\boldsymbol{s}^k)=\boldsymbol{T}^{-1}F(\boldsymbol{T}^{-1}\boldsymbol{x}^k)+\mu\boldsymbol{x}^k-\boldsymbol{s}^k$$

则 $\boldsymbol{g}(\boldsymbol{x}^k,\boldsymbol{s}^k)$ 有界且

$$\boldsymbol{s}^k=\boldsymbol{T}^{-1}F(\boldsymbol{T}^{-1}\boldsymbol{x}^k)+\mu\boldsymbol{x}^k-\boldsymbol{g}(\boldsymbol{x}^k,\boldsymbol{s}^k)$$

令 $\{\boldsymbol{a}^k\}$ 为任意有界序列，且

$$\boldsymbol{b}^k=\boldsymbol{T}^{-1}F(\boldsymbol{T}^{-1}\boldsymbol{a}^k)+\mu\boldsymbol{a}^k-g(\boldsymbol{x}^k,\boldsymbol{s}^k)$$

那么 $\{F(\boldsymbol{T}^{-1}\boldsymbol{a}^k)\}$ 有界，因而 $\{\boldsymbol{b}^k\}$ 有界．由于 $F$ 是单调的，故

$$\begin{aligned}\langle\boldsymbol{x}^k-\boldsymbol{a}^k,\boldsymbol{s}^k-\boldsymbol{b}^k\rangle&=\left\langle\boldsymbol{x}^k-\boldsymbol{a}^k,[\boldsymbol{T}^{-1}F(\boldsymbol{T}^{-1}\boldsymbol{x}^k)+\mu\boldsymbol{x}^k]-[\boldsymbol{T}^{-1}F(\boldsymbol{T}^{-1}\boldsymbol{a}^k)+\mu\boldsymbol{a}^k]\right\rangle\\&=\left\langle\boldsymbol{T}^{-1}\boldsymbol{x}^k-\boldsymbol{T}^{-1}\boldsymbol{a}^k,F(\boldsymbol{T}^{-1}\boldsymbol{x}^k)-F(\boldsymbol{T}^{-1}\boldsymbol{a}^k)\right\rangle+\mu\|\boldsymbol{x}^k-\boldsymbol{a}^k\|^2\\&\geqslant\mu\|\boldsymbol{x}^k-\boldsymbol{a}^k\|^2\\&\geqslant0\end{aligned}$$

因此由定理 13.2 得 $\lim\limits_{\|(\boldsymbol{x}^k,\boldsymbol{s}^k)\|\to\infty}\|\phi(\mu,\boldsymbol{x}^k,\boldsymbol{s}^k)\|=+\infty$，这与 $\{\phi(\mu,\boldsymbol{x}^k,\boldsymbol{s}^k)\}$ 的有界性相矛盾．所以对任意 $\mu>0$，$\Phi_\mu(\boldsymbol{x},\boldsymbol{s})$ 关于 $(\boldsymbol{x},\boldsymbol{s})$ 是强制的．证毕．

对于任意 $\mu>0$ 和 $c>0$，令水平集

$$L_\mu(c)=\left\{(\boldsymbol{x},\boldsymbol{s})\in\mathbf{R}^{2n}\,\middle|\,\|H(\mu,\boldsymbol{x},\boldsymbol{s})\|\leqslant c\right\}$$

且对于任意 $0<\underline{\mu}\leqslant\overline{\mu}$ 和 $c>0$，令

$$L(c)=\bigcup_{\underline{\mu}\leqslant\mu\leqslant\overline{\mu}}L_\mu(c)$$

**定理 13.4**　假设 $F$ 是一个连续可微的单调函数，那么对任意 $\mu>0$，问题(13－3)存在唯一有界解 $\boldsymbol{x}(\mu)$．

**证明：** 首先证明解的存在性．对于任意 $\mu>0$，设 $\boldsymbol{z}^0=(\mu,\boldsymbol{x}^0,\boldsymbol{s}^0)$ 为任意点，并定义 $c_0=\sqrt{\Psi(\boldsymbol{z}^0)}$．由定理 13.3 知，水平集 $L_\mu(c_0)$ 是非空紧的．那么连续函数 $\|H(\mu,\boldsymbol{x},\boldsymbol{s})\|$ 在 $L_\mu(c_0)$ 上可得到一个有界的全局极小值点 $\boldsymbol{x}(\mu)$，这也是 $\|H(\mu,\boldsymbol{x},\boldsymbol{s})\|$ 在 $\mathbf{R}^n$ 上的全局最小值点．因此，$\boldsymbol{x}(\mu)$ 是 $\|H(\mu,\boldsymbol{x},\boldsymbol{s})\|$ 的一个稳定点．由于 $F$ 是单调函数，因此由定义 2.6 和引理 13.1 知 $F_\mu$ 具有笛卡儿 P－性质．因此，由文献[53]的命题 3.1(c)可得，$\boldsymbol{x}(\mu)$ 是正则化问题(13－1)的一个有界解．

假设 $\boldsymbol{x}(\mu)$ 和 $\hat{\boldsymbol{x}}(\mu)$ 是问题(13－3)的两个不同解．由于 $F$ 是单调的，故

$$\begin{aligned}&0<\mu\|\boldsymbol{x}(\mu)-\hat{\boldsymbol{x}}(\mu)\|^2\\&\quad\leqslant\left\langle\boldsymbol{T}^{-1}\boldsymbol{x}(\mu)-\boldsymbol{T}^{-1}\hat{\boldsymbol{x}}(\mu),F(\boldsymbol{T}^{-1}\boldsymbol{x}(\mu))-F(\boldsymbol{T}^{-1}\hat{\boldsymbol{x}}(\mu))\right\rangle+\mu\|\boldsymbol{x}(\mu)-\hat{\boldsymbol{x}}(\mu)\|^2\end{aligned}$$

$$= \left\langle \boldsymbol{x}(\mu) - \hat{\boldsymbol{x}}(\mu), F_\mu(\boldsymbol{x}(\mu)) - F_\mu(\hat{\boldsymbol{x}}(\mu)) \right\rangle$$

$$= - \langle \boldsymbol{x}(\mu), F_\mu(\hat{\boldsymbol{x}}(\mu)) \rangle - \langle \hat{\boldsymbol{x}}(\mu), F_\mu(\boldsymbol{x}(\mu)) \rangle$$

其中最后一个等式是由 $\langle \boldsymbol{x}(\mu), F_\mu(\boldsymbol{x}(\mu)) \rangle = 0$ 和 $\langle \hat{\boldsymbol{x}}(\mu), F_\mu(\hat{\boldsymbol{x}}(\mu)) \rangle = 0$ 得到的．这与 $\langle \boldsymbol{x}(\mu), F_\mu(\hat{\boldsymbol{x}}(\mu)) \rangle > 0$ 和 $\langle \hat{\boldsymbol{x}}(\mu), F_\mu(\boldsymbol{x}(\mu)) \rangle > 0$ 矛盾．因此，问题(13－3)存在唯一有界解 $\boldsymbol{x}(\mu)$．证毕．

设 $\gamma \in (0,1)$ 和 $\mu_0 > 0$．定义函数 $\beta: \mathbf{R}_+ \times \mathbf{R}^n \times \mathbf{R}^n \rightarrow \mathbf{R}_+$ 为

$$\beta(\boldsymbol{z}) = \gamma \min\{1, \Psi(\boldsymbol{z})\} \tag{13-25}$$

**算法 13.1** 圆锥互补问题的一种正则化非精确光滑牛顿法．

具体步骤如下．

① 选择常数 $\delta \in (1,0), \sigma \in (0,1/2)$ 和 $\mu_0 > 0$．令 $\bar{\boldsymbol{z}} = (\mu_0, \boldsymbol{0}, \boldsymbol{0}) \in \mathbf{R}_{++} \times \mathbf{R}^n \times \mathbf{R}^n$，$\boldsymbol{z}^0 = (\mu_0, \boldsymbol{x}^0, \boldsymbol{s}^0) \in \mathbf{R}_{++} \times \mathbf{R}^n \times \mathbf{R}^n$ 为任意点．选取 $\varepsilon, \gamma \in (0,1)$ 满足 $\varepsilon\mu_0 + \gamma\mu_0 < 1$ 和 $\gamma\Psi(\boldsymbol{z}^0) < 1$．置 $k = 0$．

② 如果 $\| H(\boldsymbol{z}^k) \| = 0$，算法停止；否则，令 $\beta_k = \beta(\boldsymbol{z}^k)$．

③ 由下式计算 $\Delta \boldsymbol{z}^k = (\Delta\mu_k, \Delta\boldsymbol{x}^k, \Delta\boldsymbol{s}^k) \in \mathbf{R} \times \mathbf{R}^n \times \mathbf{R}^n$

$$H(\boldsymbol{z}^k) + H'(\boldsymbol{z}^k)\Delta\boldsymbol{z}^k = \beta_k \bar{\boldsymbol{z}} + \boldsymbol{r}^k \tag{13-26}$$

其中，$\boldsymbol{r}^k = (0, \boldsymbol{0}, \boldsymbol{r}^k) \in \mathbf{R} \times \mathbf{R}^n \times \mathbf{R}^n$ 是满足 $\| \boldsymbol{r}^k \| \leqslant \varepsilon\mu_0 \min\{1, \Psi(\boldsymbol{z}^k)\}$ 的残差．

④ 设 $\lambda_k = \max\{\delta^l \mid l = 0,1,2,\cdots\}$ 使得

$$\Psi(\boldsymbol{z}^k + \lambda_k \Delta\boldsymbol{z}^k) \leqslant [1 - 2\sigma(1 - \gamma\mu_0 - \varepsilon\mu_0)\lambda_k]\Psi(\boldsymbol{z}^k) \tag{13-27}$$

⑤ 令 $\boldsymbol{z}^{k+1} = \boldsymbol{z}^k + \lambda_k \Delta\boldsymbol{z}^k$，置 $k = k+1$. 转②.

**定理 13.5** 如果 $F$ 具有笛卡儿 $\mathrm{P}_0$－性质，则算法 13.1 是适定的．

**证明：** 假设 $\mu_k > 0$，则由式(13－25)和式(13－26)得

$$\mu_{k+1} = (1 - \lambda_k)\mu_k + \lambda_k \beta(\boldsymbol{z}^k)\mu_0 > 0 \tag{13-28}$$

结合不等式(13－28)及 $\mu_0 > 0$ 知，对于任意 $k \geqslant 0$ 有 $\mu_k \in \mathbf{R}_{++}$．因为 $F$ 具有笛卡儿 $\mathrm{P}_0$－性质，所以由定理 13.1 得矩阵 $H'(\boldsymbol{z}^k)$ 是非奇异的．因此，步骤②适定．

下证步骤③适定．对任意 $\alpha \in (0,1]$，定义

$$r(\alpha) = \Psi(\boldsymbol{z}^k + \alpha\Delta\boldsymbol{z}^k) - \Psi(\boldsymbol{z}^k) - \alpha\Psi'(\boldsymbol{z}^k)\Delta\boldsymbol{z}^k \tag{13-29}$$

又 $\mu_k > 0$，由定理 13.1(1)知 $H(\cdot)$ 在点 $\boldsymbol{z}^k$ 处连续可微，那么由式(13－29)知

$$| r(\alpha) | = o(\alpha) \tag{13-30}$$

故由式(13－25)、式(13－26)、式(13－29)和式(13－30)得，对任意 $\alpha \in (0,1]$ 有

$$\begin{aligned} \Psi(\boldsymbol{z}^k + \alpha\Delta\boldsymbol{z}^k) &= \Psi(\boldsymbol{z}^k) + \alpha\Psi'(\boldsymbol{z}^k)\Delta\boldsymbol{z}^k + r(\alpha) \\ &\leqslant (1 - 2\alpha)\Psi(\boldsymbol{z}^k) + 2\alpha H(\boldsymbol{z}^k)^{\mathrm{T}}(\beta(\boldsymbol{z}^k)\bar{\boldsymbol{z}} + \boldsymbol{r}^k) + o(\alpha) \\ &\leqslant (1 - 2\alpha)\Psi(\boldsymbol{z}^k) + 2\alpha\mu_0\beta(\boldsymbol{z}^k) \| H(\boldsymbol{z}^k) \| + \\ &\quad\ 2\alpha \| \boldsymbol{r}^k \| \cdot \| H(\boldsymbol{z}^k) \| + o(\alpha) \\ &\leqslant (1 - 2\alpha)\Psi(\boldsymbol{z}^k) + 2\alpha(\gamma + \varepsilon)\mu_0\Psi(\boldsymbol{z}^k) + o(\alpha) \\ &= [1 - 2(1 - \gamma\mu_0 - \varepsilon\mu_0)\alpha]\Psi(\boldsymbol{z}^k) + o(\alpha) \end{aligned} \tag{13-31}$$

若 $\|H(z^k)\| \leqslant 1$，则 $\beta(z^k)=\gamma\Psi(z^k)$；若 $\|H(z^k)\|>1$，有 $\beta(z^k)=\gamma$ 且 $\|H(z^k)\| \leqslant \Psi(z^k)$．因此，$\beta(z^k)\|H(z^k)\| \leqslant \gamma\Psi(z^k)$．因为 $\|\boldsymbol{r}^k\| \leqslant \varepsilon\mu_0\min\{1,\Psi(z^k)\}$，同理可证 $\|\boldsymbol{r}^k\| \cdot \|H(z^k)\| \leqslant \varepsilon\mu_0\Psi(z^k)$．因此，第三个不等式成立．不等式(13－31)意味着存在一个常数 $\bar{\alpha}\in(0,1]$，使得

$$\Psi(z^k+\alpha\Delta z^k)\leqslant[1-2\sigma(1-\gamma\mu_0-\varepsilon\mu_0)\alpha]\Psi(z^k)$$

对任意 $\alpha\in(0,\bar{\alpha}]$ 都成立，这说明步骤③适定．证毕．

## 13.3　收敛性分析

由定理 13.5 知，算法 13.1 在适当的假设下生成一个无穷序列 $\{z^k\}=\{(\mu_k,\boldsymbol{x}^k,\boldsymbol{s}^k)\}$．本节基于式(13－5)所定义的函数 $\phi$ 的强制性，证明序列 $\{z^k\}$ 是有界的．此外，如果迭代序列 $\{z^k\}$ 的一个聚点满足非奇异性假设，可以证明此序列在非严格互补条件下全局和局部二阶收敛到该聚点．为了证明算法 13.1 的全局收敛性，需要以下两个引理．

**引理 13.3**　假设 $F$ 具有笛卡儿 $P_0$－性质，$\{z^k\}$ 是算法 13.1 生成的无穷序列．那么对任意 $k\geqslant 0$ 有 $\mu_k\in\mathbf{R}_{++}$ 和 $z^k\in\Omega$，其中

$$\Omega=\left\{z=(\mu,\boldsymbol{x},\boldsymbol{s})\in\mathbf{R}_{++}\times\mathbf{R}^n\times\mathbf{R}^n \,\middle|\, \mu\geqslant\beta(z)\mu_0\right\}$$

**证明：** 根据定理 13.5，对于任意 $k\geqslant 0$ 有 $\mu_k\in\boldsymbol{R}_{++}$．现运用数学归纳法证明对任意 $k\geqslant 0$ 有 $\mu_k\geqslant\beta(z^k)\mu_0$．由 $\beta(z^0)\leqslant\gamma<1$ 知，显然 $\mu_0\geqslant\beta(z^0)\mu_0$ 成立．现假设 $\mu_k\geqslant\beta(z^k)\mu_0$．为了证明 $\mu_{k+1}\geqslant\beta(z^{k+1})\mu_0$，考虑以下两种情况．

**情况(1)**　如果 $\|H(z^k)\|>1$，则由式(13－25)知

$$\beta(z^k)=\gamma \tag{13－32}$$

因为 $\mu_k\geqslant\beta(z^k)\mu_0$，所以由式(13－28)和式(13－32)可得

$$\begin{aligned}\mu_{k+1}-\beta(z^{k+1})\mu_0&=(1-\lambda_k)\mu_k+\lambda_k\beta(z^k)\mu_0-\beta(z^{k+1})\mu_0\\&\geqslant(1-\lambda_k)\beta(z^k)\mu_0+\lambda_k\gamma\mu_0-\gamma\mu_0\\&=0\end{aligned} \tag{13－33}$$

**情况(2)**　如果 $\|H(z^k)\|\leqslant 1$，那么由式(13－25)知

$$\beta(z^k)=\gamma\Psi(z^k) \tag{13－34}$$

由式(13－25)和式(13－27)知 $\Psi(z^{k+1})\leqslant\Psi(z^k)\leqslant 1$，因此

$$\beta(z^{k+1})=\gamma\Psi(z^{k+1}) \tag{13－35}$$

又 $\mu_k\geqslant\beta(z^k)\mu_0$，则由式(13－28)、式(13－34)和式(13－35)得

$$\begin{aligned}\mu_{k+1}-\beta(z^{k+1})\mu_0&=(1-\lambda_k)\mu_k+\lambda_k\beta(z^k)\mu_0-\gamma\mu_0\Psi(z^{k+1})\\&\geqslant(1-\lambda_k)\beta(z^k)\mu_0+\lambda_k\gamma\mu_0\Psi(z^k)-\gamma\mu_0\Psi(z^k)\\&=0\end{aligned} \tag{13－36}$$

结合式(13-33)和式(13-36)知，对任意 $k\geqslant 0$ 有 $\mu_k\geqslant\beta(z^k)\mu_0$．证毕．

**引理 13.4** 假设 $F$ 是一个连续可微的单调函数，那么算法 13.1 生成的序列 $\{\Psi(z^k)\}$ 是收敛的．如果它不收敛于 0，则序列 $\{z^k\}$ 是有界的．

**证明：** 由算法 13.1 的步骤 3 知，序列 $\{\Psi(z^k)\}$ 是单调递减的，因此它是收敛的，即存在 $\Psi^*$ 使得 $\Psi(z^k)\to\Psi^*$．若 $\{\Psi(z^k)\}$ 不收敛于 0，则 $\Psi^*>0$．由式(13-28)和引理 13.3 知，$z^k\in\Omega$ 且

$$0<\mu_{k+1}=(1-\lambda_k)\mu_k+\lambda_k\beta(z^k)\mu_0\leqslant\mu_k$$

这表明 $\{\mu_k\}$ 是有界的，那么存在 $\underline{\mu},\overline{\mu}>0$，使得对任意 $k\geqslant 0$ 有

$$0<\underline{\mu}\leqslant\mu_k\leqslant\overline{\mu}$$

令 $c_0=\sqrt{\Psi(z^0)}$，且

$$L(c_0)=\bigcup_{\underline{\mu}\leqslant\mu\leqslant\overline{\mu}}L_{\mu_k}(c_0)$$

由 $(x^k,s^k)\in L_{\mu_k}(c_0)$，易知 $(x^k,s^k)\in L(c_0)$．根据定理 13.3，集合 $L(c_0)$ 是有界的，因而 $\{(x^k,s^k)\}$ 也是有界的．故序列 $\{z_k\}=\{(\mu_k,x^k,s^k)\}$ 是有界的．证毕．

**定理 13.6** 设 $F$ 是一个连续可微的单调函数，$\{z_k\}$ 是算法 13.1 生成的迭代序列．那么当 $k\to\infty$ 时 $\{\mu_k\}$ 和 $\{\|H(z_k)\|\}$ 都收敛到 0，因此 $\{z_k\}$ 的任意聚点 $z^*=(\mu^*,x^*,s^*)$ 都是 $H(z)=\mathbf{0}$ 的一个解．

**证明：** 由算法 13.1 知序列 $\{\Psi(z^k)\}$ 是单调递减的，设其极限为 $\Psi^*$．如果 $\Psi^*=0$，则结论显然成立．反证法．假设 $\Psi^*>0$．由引理 13.4 知 $\{z_k\}$ 是有界的，故假设当 $k\to\infty$ 时 $\{z_k\}=\{(\mu_k,x^k,s^k)\}$ 收敛于 $z^*=(\mu^*,x^*,s^*)$，如果有必要可取子列．由式(13-27)得 $\|H(z^{k+1})\|\leqslant\|H(z^k)\|$．由 $H(\cdot)$ 的连续性和式(13-25)可知，当 $k\to\infty$ 时 $\{\|H(z^k)\|\}$ 和 $\{\beta_k\}$ 分别收敛于 $\|H(z^k)\|$ 和 $\beta^*$，且

$$\Psi^*=\Psi(z^*)=\|H(z^*)\|^2,\ \beta^*=\gamma\min\{1,\Psi^*\}$$

由引理 13.3 可得 $0<\beta^*\mu_0\leqslant\mu^*$，故根据定理 13.1 知 $H'(z^k)$ 存在且可逆．因此存在 $z^*$ 的一个闭邻域 $N(z^*)$ 使得对任意 $z\in N(z^*)$，都有 $\mu\in\mathbf{R}_{++}$ 且 $H'(z)$ 可逆．对任意 $z\in N(z^*)$，设 $\Delta z=(\Delta\mu,\Delta x,\Delta s)\in\mathbf{R}\times\mathbf{R}^n\times\mathbf{R}^n$ 是下面方程组的唯一解

$$H(z)+H'(z)\Delta z=\beta(z)\bar{z}+r \tag{13-37}$$

那么由式(13-37)和定理 13.5 的证明知，存在一个正数 $\bar{\alpha}\in(0,1]$ 使得对任意 $\alpha\in[0,\bar{\alpha}]$ 和 $z\in N(z^*)$ 有

$$\Psi(z+\alpha\Delta z)\leqslant[1-2\sigma(1-\gamma\mu_0-\varepsilon\mu_0)\alpha]\Psi(z)$$

成立．因此存在一个非负整数 $\bar{l}$ 使得 $\delta^{\bar{l}}\in[0,\bar{\alpha}]$，且对于任意 $z\in N(z^*)$ 有

$$\Psi(z+\delta^{\bar{l}}\Delta z)\leqslant[1-2\sigma(1-\gamma\mu_0-\varepsilon\mu_0)\delta^{\bar{l}}]\Psi(z) \tag{13-38}$$

对所有充分大的 $k$，由 $\lambda_k=\delta^{l_k}\geqslant\delta^{\bar{l}}$ 以及式(13-27)和式(13-38)得

$$\begin{aligned}\Psi(z^{k+1}) &= \Psi(z^k+\lambda_k\Delta z^k)\\ &\leqslant [1-2\sigma(1-\gamma\mu_0-\varepsilon\mu_0)\lambda_k]\Psi(z^k)\\ &\leqslant [1-2\sigma(1-\gamma\mu_0-\varepsilon\mu_0)\delta^{\bar{l}}]\Psi(z^k)\end{aligned}$$

这与 $\{\Psi(z^k)\}$ 收敛于 $\Psi(z^*)>0$ 相矛盾. 证毕.

下面分析正则化非精确光滑牛顿法的局部二阶收敛性. 为了证明算法 13.1 的收敛速度，假设 $z^*$ 满足非奇异条件，但可能不满足严格互补条件.

**定理 13.7**　设 $F$ 是一个连续可微的单调函数，$z^*=(\mu^*,x^*,s^*)$ 是算法 13.1 生成的迭代序列 $\{z^k\}$ 的聚点. 如果 $F'(\cdot)$ 在 $\mathbf{R}^n$ 上是 Lipschitz 连续的，且所有 $V\in\partial H(z^*)$ 都是非奇异的，则序列 $\{z^k\}$ 局部二阶收敛到 $z^*$，即

$$\|z^{k+1}-z^*\|=O(\|z^k-z^*\|^2),\ \mu_{k+1}=O((\mu_k)^2)$$

**证明：**由定理 13.6 知 $z^*$ 是 $H(z)=\mathbf{0}$ 的解. 由于所有 $V\in\partial H(z^*)$ 都是非奇异的，根据文献[38]的命题 3.1，对于所有充分接近 $z^*$ 的 $z^k$ 有

$$\|H'(z^k)^{-1}\|=O(1) \tag{13-39}$$

由定理 13.1 可知，由于 $F(\cdot)$ 在 $\mathbf{R}^n$ 上是 Lipschitz 连续的，所以 $H(\cdot)$ 是全局 Lipschitz 连续且在点 $z^*$ 处是强半光滑的. 那么，对于所有充分接近 $z^*$ 的 $z^k$ 有

$$\|H(z^k)-H(z^*)\|=O(\|z^k-z^*\|) \tag{13-40}$$

$$\|H(z^k)-H(z^*)-H'(z^k)(z^k-z^*)\|=O(\|z^k-z^*\|^2) \tag{13-41}$$

因此，由式(13-25)和式(13-40)知，对所有充分接近 $z^*$ 的 $z^k$ 有

$$\beta(z^k)\mu_0=\gamma\mu_0\|H(z^k)\|^2=O(\|z^k-z^*\|^2) \tag{13-42}$$

$$\|r^k\|\leqslant\varepsilon\mu_0\|H(z^k)\|^2=O(\|z^k-z^*\|^2) \tag{13-43}$$

由式(13-26)、式(13-39)和式(13-41)～式(13-43)可知，对所有充分接近 $z^*$ 的 $z^k$ 有

$$\begin{aligned}&\|z^k+\Delta z^k-z^*\|\\ &=\|z^k+H'(z^k)^{-1}[-H(z^k)+\beta(z^k)\bar{z}+r^k]-z^*\|\\ &\leqslant\|H'(z^k)^{-1}\|[\|H(z^k)-H(z^*)-H'(z^k)(z^k-z^*)\|+\\ &\quad\beta(z^k)\mu_0+\|r^k\|]\\ &=O(\|z^k-z^*\|^2)+O(\|z^k-z^*\|^2)\\ &=O(\|z^k-z^*\|^2)\end{aligned} \tag{13-44}$$

类似文献[51]定理 3.1 可证，对所有充分接近 $z^*$ 的 $z^k$ 有

$$\|z^k-z^*\|=O(\|H(z^k)-H(z^*)\|) \tag{13-45}$$

由定理 13.1 知，$H(\cdot)$ 在 $\mathbf{R}_+\times\mathbf{R}^n\times\mathbf{R}^n$ 上是 Lipschitz 连续的，由式(13-44)、式(13-45)和定理 13.6 可知

$$\begin{aligned}\Psi(z^k+\Delta z^k)&=\|H(z^k+\Delta z^k)\|^2\\ &=O(\|z^k+\Delta z^k-z^*\|^2)=O(\|z^k-z^*\|^4)\\ &=O(\|H(z^k)-H(z^*)\|^4)=O(\|H(z^k)\|^4)\end{aligned}$$

$$= O(\Psi(z^k)^2).$$

因此，由算法 13.1 的步骤 3 知，对所有充分接近 $z^*$ 的 $z^k$ 有

$$z^{k+1} = z^k + \Delta z^k \tag{13-46}$$

由式(13－42)和式(13－44)得

$$\| z^{k+1} - z^* \| = O(\| z^k - z^* \|^2) \tag{13-47}$$

另外，根据定理 13.6 和式(13－25)，对于所有充分大的 $k$，

$$\beta(z^k)\mu_0 = \gamma\mu_0 \| H(z^k) \|^2 \tag{13-48}$$

由于式(13－26)、式(13－46)和式(13－48)，对所有充分大的 $k$ 有

$$\mu_{k+1} = \mu_k + \Delta\mu_k = \beta(z^k)\mu_0 = \gamma\mu_0 \| H(z^k) \|^2 \tag{13-49}$$

由式(13－40)、式(13－45)、式(13－47)和式(13－49)得

$$\begin{aligned}
\mu_{k+1} &= O(\| H(z^k) \|^2) = O(\| H(z^k) - H(z^*) \|^2) \\
&= O(\| z^k - z^* \|^2) = O[(\| z^{k-1} - z^* \|^2)^2] \\
&= O[(\| H(z^{k-1}) - H(z^*) \|^2)^2] \\
&= O[(\| H(z^{k-1}) \|^2)^2] \\
&= O((\mu_k)^2)
\end{aligned}$$

证毕．

## 13.4 数值算例

为了验证算法 13.1 的有效性，本节给出一些求解线性和非线性圆锥互补问题的数值算例．所有实验都在 Intel(R)Pentium(R)Dual T2390 CPU 1.86 GHz 和 1.00 GB 内存的台式计算机上进行，操作系统为 Windows XP，算法在 Matlab 7.0.1 中实现．

在整个数值实验中，算法 13.1 的参数选取如下：

$$\theta \in \left(0, \frac{\pi}{2}\right), \quad \mu_0 = 0.001, \quad \sigma = 0.25, \quad \delta = 0.75$$

$$\gamma = 0.5\min\{1, 1/\Psi(z^0)\}, \varepsilon = 0.5$$

以 $\Psi(z^k) \leqslant 10^{-16}$ 作为终止准则．

在数值结果中，$n$ 表示问题的规模，Iter 为平均迭代次数，CPU 为平均 CPU 时间（单位为秒），Gap 为 $|F(x^k)^{\mathrm{T}} x^k|$ 的平均值，FV 表示算法终止时效益函数 $\Psi(z^k) \leqslant 10^{-16}$ 的最终值．

首先求解随机生成的规模 $n$ 为 50～800 且 $m=1$ 的线性圆锥互补问题．生成一个随机矩阵 $\boldsymbol{N}[= \mathrm{rand}(n,n)]$ 和一个随机向量 $\boldsymbol{q}[= \mathrm{rand}(n,1)]$．令 $\boldsymbol{M} = \boldsymbol{N}^{\mathrm{T}}\boldsymbol{N}$．由于矩阵 $\boldsymbol{M}$ 是半正定的，因此当 $F(\boldsymbol{x}) = \boldsymbol{M}\boldsymbol{x} + \boldsymbol{q}$ 时生成的圆锥互补问题(13－1)是单调的，即在 $\boldsymbol{T}^{-1}F(\boldsymbol{T}^{-1}\boldsymbol{x}) = \boldsymbol{T}^{-1}(\boldsymbol{M}\boldsymbol{T}^{-1}\boldsymbol{x} + \boldsymbol{q})$ 条件下生成的二阶锥互补问题(13－2)是单调的．每种规模的问题随机产生

10 次，选取初始点为 $\boldsymbol{x}^0=\boldsymbol{s}^0=\boldsymbol{e}$，$\boldsymbol{x}^0=\boldsymbol{s}^0=0.5\boldsymbol{e}$ 和 $\boldsymbol{x}^0=\boldsymbol{s}^0=\boldsymbol{0}$，数值结果分别列于表13-1、表 13-2 和表 13-3 中，其中 $\boldsymbol{e}$ 是 $K^n$ 的单位元.

**表 13-1　当 $x^0=s^0=e$ 时算法 13.1 求解圆锥互补问题的数值结果**

| $n$ | Iter | CPU/s | Gap | FV |
|---|---|---|---|---|
| 50 | 6.1 | 0.031 | 9.60E−10 | 5.39E−19 |
| 100 | 6.8 | 0.109 | 1.72E−12 | 3.69E−24 |
| 150 | 7.0 | 0.328 | 2.52E−15 | 1.03E−27 |
| 200 | 7.5 | 0.766 | 1.54E−14 | 2.33E−26 |
| 250 | 7.8 | 1.625 | 5.45E−15 | 1.65E−26 |
| 300 | 7.9 | 2.907 | 5.44E−13 | 8.06E−25 |
| 350 | 8.0 | 4.469 | 1.52E−11 | 7.90E−22 |
| 400 | 8.0 | 6.391 | 6.89E−15 | 4.27E−26 |
| 450 | 7.9 | 8.781 | 1.54E−14 | 1.31E−25 |
| 500 | 8.0 | 11.687 | 2.79E−12 | 4.34E−23 |
| 550 | 9.1 | 17.313 | 1.36E−13 | 7.20E−25 |
| 600 | 8.9 | 21.812 | 5.16E−13 | 2.59E−24 |
| 650 | 9.1 | 27.313 | 1.34E−12 | 1.46E−23 |
| 700 | 9.2 | 33.765 | 9.10E−12 | 6.17E−22 |
| 750 | 8.9 | 40.89 | 9.15E−12 | 5.76E−22 |
| 800 | 9.1 | 49.437 | 1.86E−11 | 2.49E−21 |

**表 13-2　当 $x^0=s^0=0.5e$ 时算法 13.1 求解圆锥互补问题的数值结果**

| $n$ | Iter | CPU/s | Gap | FV |
|---|---|---|---|---|
| 50 | 6.2 | 0.032 | 5.71E−12 | 1.40E−23 |
| 100 | 7.0 | 0.125 | 2.03E−12 | 5.99E−24 |
| 150 | 6.9 | 0.316 | 5.69E−15 | 5.12E−27 |
| 200 | 7.2 | 0.75 | 5.25E−11 | 7.45E−21 |
| 250 | 7.6 | 1.61 | 3.52E−15 | 5.75E−27 |
| 300 | 7.9 | 2.896 | 1.10E−13 | 5.20E−26 |
| 350 | 7.9 | 4.437 | 2.11E−13 | 2.78E−25 |
| 400 | 7.9 | 6.375 | 5.00E−14 | 6.85E−26 |
| 450 | 8.0 | 8.797 | 7.75E−12 | 2.49E−22 |
| 500 | 8.1 | 11.688 | 5.69E−11 | 1.49E−20 |
| 550 | 8.2 | 15.234 | 3.98E−09 | 4.78E−17 |
| 600 | 8.8 | 21.781 | 8.69E−14 | 5.35E−25 |
| 650 | 8.9 | 27.282 | 7.79E−12 | 5.70E−22 |
| 700 | 9.0 | 33.594 | 6.04E−11 | 3.99E−20 |
| 750 | 8.9 | 40.781 | 8.81E−11 | 7.58E−20 |
| 800 | 9.0 | 49.297 | 1.89E−10 | 3.51E−19 |

**表 13-3　当 $x^0=s^0=0$ 时算法 13.1 求解圆锥互补问题的数值结果**

| $n$ | Iter | CPU/s | Gap | FV |
|---|---|---|---|---|
| 50 | 5.6 | 0.015 | 1.64E−12 | 4.33E−24 |
| 100 | 6.9 | 0.11 | 1.34E−10 | 1.21E−20 |
| 150 | 7.1 | 0.328 | 8.73E−10 | 9.74E−19 |
| 200 | 8.0 | 0.875 | 6.78E−13 | 4.03E−24 |
| 250 | 8.1 | 1.641 | 5.50E−12 | 1.87E−22 |
| 300 | 8.0 | 2.984 | 4.67E−12 | 1.07E−22 |
| 350 | 8.2 | 4.562 | 9.53E−11 | 2.01E−20 |
| 400 | 8.2 | 6.546 | 1.36E−10 | 4.30E−20 |
| 450 | 8.6 | 10.359 | 3.73E−10 | 2.50E−19 |
| 500 | 9.0 | 13.172 | 7.32E−14 | 5.30E−25 |
| 550 | 8.9 | 17.156 | 8.83E−14 | 2.88E−25 |
| 600 | 9.0 | 21.812 | 2.94E−14 | 6.49E−25 |
| 650 | 9.0 | 27.297 | 1.40E−12 | 9.77E−24 |
| 700 | 9.1 | 33.641 | 3.16E−12 | 5.18E−23 |
| 750 | 9.0 | 40.938 | 2.04E−11 | 2.73E−21 |
| 800 | 9.2 | 48.984 | 1.65E−11 | 1.45E−21 |

其次考虑当 $\theta=\frac{\pi}{4}$ 时的非线性圆锥互补问题(13-1)，即在 $K=K^3\times K^2$ 上的二阶锥互补问题，其中 $F$ 由下式给出

$$F(\boldsymbol{x})=\begin{bmatrix} 24\,(2x_1-x_2)^3+e^{x_1-x_3}-4x_4+x_5 \\ -12(2x_1-x_2)^3+3(x_1+3x_2)/\sqrt{1+(x_1+3x_2)^2}-6x_4-7x_5 \\ -e^{x_1-x_3}+(x_1+3x_2)/\sqrt{1+(x_1+3x_2)^2}-3x_4+5x_5 \\ 4x_1+6x_2+3x_3-1 \\ -x_1+7x_2-5x_3+2 \end{bmatrix}$$

由算法 13.1 得到解

$$\boldsymbol{x}^*\approx(0.231\,996,0.013\,019,0.231\,630,0.189\,174,-0.189\,174)$$

运用不同的初始点对问题进行测试，测试结果如表 13-4 所示．

综合上述数值结果，可知：

(1)所有的随机问题都在较少的迭代次数和很短的 CPU 时间内得到了解决．

(2)问题规模对迭代次数的影响很小．

(3)对于相同维数的线性圆锥互补问题，不同的初始点一般对迭代次数和 CPU 时间影响不大；但对于相同的非线性圆锥互补问题，迭代次数和 CPU 时间也随初始点的变化而变化．

(4)算法对于求解线性和非线性圆锥互补问题都是有效的 .

**表 13-4　算法 13.1 求解非线性二阶锥互补问题的数值结果**

| $x^0 = s^0$ | Iter | CPU/s | Gap | FV |
|---|---|---|---|---|
| (0，0，0，0，0) | 9 | 0.031 | 5.31E−10 | 5.26E−18 |
| (0.5，0，0，0.5，0) | 11 | 0.031 | 1.06E−10 | 2.11E−19 |
| (−0.5，0，0，−0.5，0) | 10 | 0.031 | 4.53E−11 | 3.82E−20 |
| (1，0，0，1，0) | 15 | 0.047 | 5.24E−11 | 5.11E−20 |
| (−1，0，0，−1，0) | 12 | 0.032 | 2.09E−10 | 8.16E−19 |
| (1，1，1，1，1) | 12 | 0.031 | 3.65E−11 | 2.48E−20 |
| (−1，−1，−1，1，−1) | 10 | 0.016 | 9.05E−11 | 1.53E−19 |
| (10，10，10，10 10) | 16 | 0.047 | 5.47E−10 | 5.57E−18 |
| (−10，−10，−10，−10 −10) | 14 | 0.032 | 4.43E−10 | 3.65E−18 |

# 参考文献


[1] FARAUT J, KORÁNYI A. Analysis on symmetric cones [M] . Oxford: Oxford Mathematical Monographs, 1994.

[2] SCHMIETA S H, ALIZADEH F. Associative and Jordan algebras, and polynomial time interior-point algorithms for symmetric cones [J] . Mathematics of Operations Research, 2001, 26(3): 543-564.

[3] FANG L, HE G P, HU Y H. A new smoothing Newton-type method for second-order cone programming problems [J] . Applied Mathematics and Computation, 2009, 215 (3): 1020-1029.

[4] HUANG Z H, NI T. Smoothing algorithms for complementarity problems over symmetric cones [J] . Computational Optimization and Applications, 2010, 45(3): 557-579.

[5] NI T, GU W Z. Smoothing Newton algorithm for symmetric cone complementarity problems based on a one-parametric class of smoothing funtions [J] . Journal of Applied Mathematics and Computing, 2011, 35(1-2): 73-92.

[6] FUKUSHIMA M, LUO Z Q, TSENG P. Smoothing functions for second-order-cone complementarity problems [J] . SIAM Journal on Optimization, 2002, 12(2): 436-460.

[7] 修乃华，韩继业. 对称锥权互补问题 [J] . 数学进展，2007，40(1)：3-14.

[8] LIU Y J, ZHANG L W, LIU M J. Extension of smoothing functions to symmetric cone complementarity problems [J] . Applied Mathematics, 2007, 22(2): 245-252.

[9] ALIZADEH F, GOLDFARB D. Second-order cone programming [J] . Mathematical Programming, 2003, 95 (1): 3-51.

[10] KUO Y J, MITTELMANN H D. Interior point methods for second-order cone programming and OR Applications [J] . Computational Optimization & Applications, 2004, 28 (3): 255-285.

[11] POTRA F A. Sufficient weighted complementarity problems [J] . Computational Optimization and Applications, 2016, 64(2): 467-488.

[12] CHEN X J. Smoothing methods for complementarity problems and their applications: A survey [J] . Journal of the Operational Research Society, 2000, 43(1): 32-47.

[13] CHEN X J, XIANG S H. Computation of error bounds for P-matrix linear complementarity problems [J] . Mathematical Programming, 2006, 106(3): 513-525.

[14] 韩继业，修乃华，戚厚铎．非线性互补理论与算法［M］．上海：上海科学技术出版社，2006.

[15] ZHOU J，CHEN J S. On the existence of saddle points for nonlinear second-order cone programming problems [J]. Journal of Global Optimization，2014，62(3)：1 - 22.

[16] HUANG Z H，LU N. Global and global linear convergence of smoothing algorithm for the Cartesian P*(κ)-SCLCP [J]. Journal of Industrial and Management Optimization，2012，8(1)：67 - 86.

[17] LIU X H，GU W Z. Smoothing Newton algorithm based on a regularized one-parametric class of smoothing functions for generalized complementarity problems over symmetric cones [J]. Journal of Industrial and Management Optimization，2010，6(2)：363 - 380.

[18] CHI X N，WAN Z P，HAO Z J. A two-parametric class of merit functions for the second-order cone complementarity problem [J]. Journal of Applied Mathematics，2013，Article ID 571927：1 - 10.

[19] CHI X N，WAN Z P，HAO Z J. Second order sufficient conditions for a class of bilevel programs with lower level second-order cone programming problem [J]. Journal of Industrial and Management Optimization，2015，11(4)：1111 - 1125.

[20] ZHOU J C，CHEN J S. The vector-valued functions associated with circular cones [J]. Abstract and Applied Analysis，2014，Article ID 603542：1 - 21.

[21] ZHOU J C，CHEN J S，HUNG H F. Circular cone convexity and some inequalities associated with circular cones [J]. Journal of Inequalities and Applications，2013，2013(571)：1 - 17.

[22] ZHOU J C，CHEN J S，MORDUKHOVICH B S. Variation analysis of circular cone programs [J]. Optimization，2014，64(1)：113 - 147.

[23] MIAO X H，GUO S J，QI N，et al. Constructions of complementarity functions and merit functions for circular cone complementarity problem [J]. Computational Optimization and Applications，2016，63(2)：495 - 522.

[24] BAI Y Q，GAO X R，WANG G Q. Primal-dual interior-point algorithms for convex quadratic circular cone optimization [J]. Numerical Algebra Control and Optimization，2015，5(2)：211 - 231.

[25] BAI Y Q，MA P F，ZHANG J. A polynomial-time interior-point method for circular cone programming based on kernel functions [J]. Journal of Industrial and Management Optimization，2016，12(2)：739 - 756.

[26] ALZALG B，PIRHAJI M. Primal-dual path-following algorithms for circular programming [J]. Communications in Combinatorics and Optimization，2017，2：65 - 85.

[27] CHI X N，WAN Z P，ZHU Z B，et al. A nonmonotone smoothing newton method for circular cone programming [J]. Optimization，2016，65(12)：2227 - 2250.

[28] BAI Y Q. Kernel function-based interior-point algorithms for conic optimization [M]. Beijing：Science Press，2010.

[29] CHI X N, WEI H J, WAN Z P, et al. Smoothing Newton algorithm for the circular cone programming with a nonmonotone line search [J]. Acta Mathematica Scientia, 2017, 37B(5): 1262-1280.

[30] QI L Q, SUN D F, ZHOU G L. A new look at smoothing Newton methods for nonlinear complementarity problems and box constrained variational inequalities [J]. Mathematical Programming, 2000, 87(1): 1-35.

[31] TANG J Y, DONG L, FANG L, et al. A one-parametric class of smoothing functions for second-order cone programming [J]. Computational and Applied Mathematics, 2014, 33(3): 655-669.

[32] PAN S H, CHEN J S. A one-parametric class of merit functions for the symmetric cone complementarity problem [J]. Journal of Mathematical Analysis and Applications, 2009, 355(1): 195-215.

[33] MA C F. regularized smoothing Newton method for solving the symmetric cone complementarity problem [J]. Mathematical and Computer Modelling, 2011, 54(9-10): 2515-2527.

[34] CHEN J S, TSENG P. An unconstrained smooth minimization reformulation of the second-order cone complementarity problem [J]. Mathematical Programming, 2005, 104(2-3): 293-327.

[35] LU N, HUANG Z H. Three classes of merit functions for the complementarity problem over a closed convex cone [J]. Optimization, 2013, 62(4): 545-560.

[36] LIU Y J, ZHANG L W, WANG Y H. Some properties of a class of merit functions for symmetric cone complementarity problems [J]. Asia-Pacific Journal of Operational Research, 2006, 23(4): 473-495.

[37] SMALE S. Algorithms for solving equations [M]. Rhode Island: Proceeding of International Congress of Mathematicians, American Mathematics Society Providence, 1987.

[38] QI L Q, SUN J. A nonsmooth version of Newton's method [J]. Mathematical Programming, 1993, 58: 353-367.

[39] CHEN X J, QI L Q, SUN D F. Global and superlinear convergence of the smoothing Newton method and its application to general box constrained variational inequalities [J]. Mathematics of Computation, 1998, 67(222): 519-540.

[40] KANZOW C, FUKUSHIMA M. Theoretical and numerical investigation of the D-gap function for box constrained variational inequalities [J]. Mathematical Programming, 1998, 83(1-3): 55-87.

[41] QI H D, LIAO L Z. A smoothing Newton method for general nonlinear complementarity problems [J]. Computational Optimization and Applications, 2000, 17(2): 231-253.

[42] 孔令臣. 对称锥互补问题的互补函数和价值函数研究 [D]. 北京: 北京交通大学, 2007.

[43] 方述诚, 邢文训. 线性锥约束优化 [M]. 北京: 科学出版社, 2013.

[44] 张立卫．锥约束优化：最优性理论与增广 Lagrange 方法［M］．北京：科学出版社，2010.

[45] CHI X N，LIU S Y. An infeasible-interior-point predictor-corrector algorithm for the second-order cone program［J］. Acta Mathematica Scientia，2008，28B(3)：551－559.

[46] LIU Y J，ZHANG L W，WANG Y H. Analysis of a smoothing method for symmetric conic linear programming. Journal of Applied Mathematics and Computing，2006，22(1－2)：133－148.

[47] ZHOU J C，CHEN J S. Properties of circular cone and spectral factorization associated with circular cone［J］. Journal of Nonlinear and Convex Analysis，2013，14(4)：807－816.

[48] HAYASHI S，YAMASHITA N，FUKUSHIMA M. A combined smoothing and regularization method for monotone second order cone complementarity problems［J］，SIAM Journal on Optimization，2005，15(2)：593－615.

[49] QI L Q，SUN J. A nonsmooth version of Newton's method［J］. Mathematical Programming，1993，58(1－3)：353－367.

[50] CLARKE F H. Optimization and nonsmooth analysis［M］. Wiley，1983.

[51] MIFFLIN R. Semismooth and semiconvex functions in constrained optimization［J］. SIAM Journal on Control and Optimization，1977，15(6)：959－972.

[52] ZHANG J. A smoothing Newton algorithm for weighted linear complementarity problem［J］. Operations Research Letters，2016，10(3)：499－509.

[53] PAN S H，CHEN J S. A regularization method for the second-order cone complementarity problem with the Cartesian $P_0$-property［J］，Nonlinear Analysis：Theory，Methods and Applications，2009，70(4)：1475－1491.

[54] FACCHINEI F，PANG J S. Finite-Dimensional Variational Inequalities and Complementarity Problems［M］. New York：Springer，2003.

[55] CHEN X，QI H D. Cartesian P-property and its applications to the semidefinite linear complementarity problem［J］. Mathematical Programming，2006，106(1)：177－201.

[56] KONG L C，TUNEL L，XIU N H. Vector-Valued implicit lagrangian for symmetric cone complementarity problems［J］. Asia Pacific Journal of Operational Research，2009，26(2)：199－233.

[57] NARUSHIMA Y，SAGARA N，OGASAWARA H. A smoothing Newton method with Fischer-Burmeister function for second-order cone complementarity problems［J］. Journal of Optimization Theory and applications，2011，149(1)：79－101.

[58] Ben-Tal A，Ghaoui L El，Nemirovski A. Robust Optimization［M］. Princeton：Princeton University Press，2009.

[59] Dempe S. Foundations of Bilevel Programming［M］. New York：Kluwer Academic Publishers，2002.

[60] HERMANNS P，THOAI N. Global optimization algorithm for solving bilevel programming problems with quadratic lower levels［J］. Journal of industrial & management optimization，2012，6(1)：177－196.

[61] EJIRI T. A smoothing method for mathematical programs with second-order cone complementarity constraints [D] . Department of Applied Mathematics and Physics, Graduate School of Informatics, Kyoto University, 2007.

[62] JIANG Y. Optimization problems with second-order cone equilibrium constraints [D] . Da Lian: Da Lian University of Technology, 2011.

[63] Ding C, SUN D F, YE J J. First order optimality conditions for mathematical programs with semidefinite cone complementarity constraints [J] . Mathematical Programming, 2013, 147(1-2): 539-579.

[64] WU J, ZHANG L W, ZHANG Y. A smoothing Newton method for mathematical programs governed by second-order cone constrained generalized equations [J] . Journal of Global Optimization, 2013, 55(2): 359-385.

[65] ZHANG Y, ZHANG L W, WU J. Convergence properties of a smoothing approach for mathematical programs with second-order cone complementarity constraints [J] . Set-Valued and Variational Analysis, 2011, 19(4): 609.

[66] YAMAMURA H, OKUNO T, HAYASHI S, et al. A smoothing SQP method for mathematical programs with linear second-order cone complementarity constraints [J] . Pacific Journal of Optimization, 2013, 9(2): 345-372.

[67] YAN Y, Fukushima M. Smoothing method for mathematical programs with symmetric cone complementarity constraints [J] . Optimization, 2011, 60(1-2): 113-128.

[68] MONTEIRO R D C, TSUCHIYA T. Polynomial convergence of primal-dual algorithms for the second-order cone program based on the MZ-family of directions [J] . Mathematical Programming, 2000, 88(1): 61-83.

[69] CHI X N, WAN Z P, HAO Z J. The models of bilevel programming with lower level second-order cone programs [J] . Journal of Inequalities and Applications, 2014, 2014(168): 1-23.

[70] DE MPE S, DUTTA J. Is bilevel programming a special case of a mathematical program with complementarity constraints?[J] . Mathematical Programming, 2012, 131(1-2): 37-48.

[71] GIANNESSI F. Variational analysis and generalized differentiation [J] . Journal of Optimization Theory and Applications, 2006, 131(2): 313-314.

[72] Rockafellar, R T, Wets R J-B. Variational analysis [M] . Berlin: Springer, 1998.

[73] LIU Y J, ZHANG L W. Convergence analysis of the augmented Lagrangian method for nonlinear second-order cone optimization problems [J] . Nonlinear Analysis-Theory Methods & Applications, 2007, 67(5): 1359-1373.

[74] OUTRATA J V, SUN D. On the coderivative of the projection operator onto the second-order cone [J] . Set-Valued and Variational Analysis, 2008, 17(3): 999-1014.

[75] KOJIMA M. Strongly stable stationary solutions in nonlinear programs [J] . Analysis & Computation of Fixed Points, 1980, 43: 93-138.

[76] JONGEN H T, WEBER G W. Nonlinear optimization: Characterization of structural stability [J] . Journal of Global Optimization, 1991, 1(1): 47-64.

[77] ZHANG F, LIN Y Y, MIN W J, et al. Computational discovery, structural optimization and biological evaluation of novel inhibitors targeting transient receptor potential vanilloid type 3 (TRPV3) [J]. Bioorganic Chemistry, 2021, 114(5): 1-21.
[78] GOWDA M S, SZNAJDER R, TAO J. Some P-properties for linear transformations on Euclidean Jordan algebras [J]. Linear Algebra and its Applications, 2004, 393(1): 203-232.
[79] BONNANS J F, SHAPIRO A. Perturbation analysis of optimization problems [M]. Berlin: Springer, 2000.
[80] CHEN X D, SUN D F, Sun J. Complementarity functions and numerical experiments on some smoothing Newton methods for second-order-cone complementarity problems [J]. Computational Optimization and Applications, 2003, 25(1-3): 39-56.
[81] MIGUEL S L, LIEVEN B V, STEPHEN B, et al. Applications of second-order cone programming [J]. Linear Algebra and its Applications, 1998, 284(1-3): 193-228.
[82] CHEN J S, XIN C, TSENG P. Analysis of nonsmooth vector-valued functions associated with second-order cones [J]. Mathematical Programming, 2004, 101(1): 95-117.
[83] CHEN J S, PAN S H. A one-parametric class of merit functions for the second-order cone complementarity problem [J]. Computational Optimization and Applications, 2010, 45(3): 581-606.
[84] OGASAWARA H, NARUSHIMA Y. The Jacobian consistency of a smoothed Fischer-Burmeister function associated with second-order cones [J]. Journal of Mathematical Analysis and Applications, 2012, 394(1): 231-247.
[85] SUN D F, SUN J. Strong semismoothness of the Fischer-Burmeister SDC and SOC complementarity functions [J]. Mathematical Programming, 2005, 103(3): 575-581.
[86] PAN S H, BI S J, CHEN J S. Nonsingularity conditions for FB system of reformulating nonlinear second-order cone programming [J]. Abstract and Applied Analysis, 2013, Article ID 602735: 1-21.
[87] HAN L, BI S, PAN S H. Nonsingularity of FB system and constraint nondegeneracy in semidefinite programming [J]. Numerical Algorithms, 2013, 62(1): 79-113.
[88] CHI X N, WAN Z P, ZHU Z B. The Jacobian consistency of a smoothed generalized Fischer-Burmeister function for the second-order cone complementarity [J]. Pacific Journal of Optimization, 2015, 11(1): 3-27.
[89] CHI X N, WAN Z P, ZHU Z B, et al. Jacobian consistency of a one-parametric class of smoothing Fischer-Burmeister functions for SOCCP [J]. Computational and Applied Mathematics, 2016, 37(1): 439-455.
[90] CHI X N, TAO J Y, ZHU Z B, et al. A regularized inexact smoothing Newton method for circular cone complementarity problem [J]. Pacific Journal of Optimization, 2017, 13(02): 197-217.
[91] CHEN J S, PAN S H, LIN T C. A smoothing Newton method based on the generalized Fischer-Burmeister function for MCPs [J]. Nonlinear Analysis: Theory

Methods & Applications, 2010, 72(9-10): 3739-3758.

[92] CHI X N, LIU S Y. A one-step smoothing Newton method for second-order cone programming [J]. Journal of Computational and Applied Mathematics, 2009, 223 (1): 114-123.

[93] HUANG Z H, HAN J Y, XU D C, et al. The non-interior continuation methods for solving the $P_0$ function nonlinear complementarity problem [J]. Science in China (Series A), 2001, 44(9): 1107-1114.

[94] PAN S, KUM S, LIM Y, et al. On the generalized Fischer-Burmeister merit function for the second-order cone complementarity problem [J]. Mathematics of Computation, 2014, 83(287): 1143-1171.

[95] PAN S H, CHEN J S. A damped Gauss-Newton method for the second-order cone complementarity problem [J]. Applied Mathematics and Optimization. 2009, 59(3): 293-318.

[96] CHEN J S, PAN S H. A survey on SOC complementarity functions and solution methods for SOCPs and SOCCPs [J]. Pacific Journal of Optimization, 2012, 8(1): 33-74.

[97] CHEN J S. Two classes of merit functions for the second-order cone complementarity problem [J]. Mathematical Methods of Operational Research, 2006, 64(3): 495-519.

[98] CHEN J S. A new merit function and its related properties for the second-order cone complementarity problem [J]. Pacific Journal of Optimization, 2006, 2(1): 167-179.

[99] GOWDA M S, SZNAJDER R, TAO J. Some P-properties for linear transformations on Euclidean algebras. Linear Algebra and its Applications, 2004, 393(1): 203-232.

[100] BYRD R H, LU P, NOCEDAL J, et al. A limited memory algorithm for bound constrained optimization [J]. SIAM Journal on Scientific Computing, 1995, 16(5): 1190-1208.

[101] NOCEDAL J, WRIGHT S J. Numerical optimization [M]. Berlin: Springer, 1999.

[102] GRIPPO L, LAMPARIELLO F, LUCIDI S. A nonmonotone line search technique for Newton's method [J]. SIAM Journal on Numerical Analysis, 1986, 23(4): 707-716.

[103] CHEN B, XIU N. A global linear and local quadratic non-interior continuation method for nonlinear complementarity problems based on Chen-Mangasarian smoothing functions [J]. SIAM Journal on Optimization, 1999, 9(3): 605-623.

[104] BURKE J, SONG X. A non-interior predictor corrector path following algorithm for the monotone linear complementarity problem [J]. Mathematical Programming, 2000, 87 (1): 113-130.

[105] ENGELKE S, KANZOW C. Predictor-corrector smoothing methods for linear programs with a more flexible update of the smoothing parameter [J]. Computational Optimization and Applications, 2002, 23(3): 299-320.

[106] CHE H T, WANG Y J, LI M X. A smoothing inexact Newton method for $P_0$ nonlinear complementarity problem [J]. Frontiers of Mathematics in China, 2012,

7(6): 1043 - 1058.

[107] CHI X N, WAN Z P, CHEN J W. A novel inexact smoothing method for second-order cone complementarity problems [J] . WSEAS Transactions on Mathematics, 2013, 12(11): 1114 - 1123.

[108] QI L Q. Convergence analysis of some algorithms for solving nonsmooth equations [J] . Mathematics of Operations Research, 1993, 18: 227 - 244.

[109] POTRA F A. Weighted complementarity problems-a new paradigm for computingequilibria [J] . SIAM Journal on Optimization, 2012, 22(4): 1634 - 1654.

[110] POTRA F A. Sufficient weighted complementarity problems [J] . Computational Optimization & Applications, 2016, 64(2): 467 - 488.

[111] EISENBERG E, GALE D. Consensus of subjective probabilities: the pari-mutuel method [J] . Annals of Mathematical Statistics, 1959, 30(1): 165 - 168.

[112] YE Y Y. A path to the Arrow-Debreu competitive market equilibrium [J] . Mathematical Programming, 2008, 111(1 - 2): 315 - 348.

[113] ANSTREICHER K M. Interior-point algorithms for a generalization of linear programming and weighted centring [J] . Optimization Methods and Software, 2012, 27 (4 - 5): 605 - 612.

[114] KOJIMA M, MIZUNO S, NOMA T. Limiting behavior of trajectories generated by a continuation method for monotone complementarity problems [J] . Mathematics of Operations Research, 1990, 15(4): 662 - 675.

[115] YOSHISE A. Interior point trajectories and a homogeneous model for nonlinear complementarity problems over symmetric cones [J] . SIAM Journal on Optimization, 2006, 17(4): 1129 - 1153.

[116] CHI X N, GOWDA M S, TAO J Y. The weighted horizontal linear complementarity problem on a Euclidean Jordan algebra [J] . Journal of Global Optimization, 2019, 73(1): 1 - 17.

[117] OUELLETTE D V. Schur complements and statistics [J] . Linear Algebra and its Applications, 1981, 36: 187 - 295.

[118] LLOYD N G. Degree theory [M] . London: Cambridge University Press, 1978.

[119] ORTEGA J M, RHEINBOLDT W C. Iterative Solutions of Nonlinear Equations in Several Variables [M] . New York: Academic Press, 1970.

[120] GOWDA M S. Applications of degree theory to linear complementarity problems [J] . Mathematics of Operations Research, 1993, 18(4): 868 - 879.

[121] SZNAJDER R. Degree-theoretic analysis of the vertical and horizontal linear complementarity problems [D] . Maryland: University of Maryland Baltimore County, 1994.

[122] COTTLE R W, PANG J S, STONE R. The Linear Complementarity Problem [M] . Boston: Academic Press, 1992.

[123] KOJIMA M, MEGIDDO N, NOMA T, et al. A Unified Approach to Interior Point Algorithms for Linear Complementarity Problems [M] . Lecture Notes in Computer Scieme 538, Berlin: Springer-Verlag, 1991.

[124] SZNAJDER R, GOWDA M S. Generalizations of $P_0$ - and $P$-properties; extended vertical and horizontal linear complementarity problems [J]. Linear Algebra and its Applications, 1995, 223 - 224(1): 695 - 715.

[125] 迟晓妮，曾荣，刘三阳，等．对称锥权互补问题的正则化非单调非精确光滑牛顿法 [J]．数学物理学报，2021，41A(2)：507 - 522.

[126] KONG L C, SUN J, XIU N H. A regularized smoothing Newton method for symmetric cone complementarity problems. SIAM Journal on Optimization, 2008, 19 (3): 1028 - 1047.

[127] ZHANG H C, HAGER W W. A nonmonotone line search technique and its application to unconstrained optimization. SIAM Journal on Optimization, 2004, 14(4): 1043 - 1056.

[128] AHOOKHOSH M, GHADERI S. On efficiency of nonmonotone Armijo-type line searches [J]. Applied Mathematical Modelling, 2017, 43: 170 - 190.

[129] MATSUKAWA Y, YOSHISE A. A primal barrier function Phase I algorithm for nonsymmetric conic optimization problems [J]. Japan Journal of Industrial and Applied Mathematics, 2012, 29(3): 499 - 517.

[130] NESTEROV Y. Towards non-symmetric conic optimization [J]. Optimization Methods and Software, 2012, 27(4 - 5): 893 - 917.

[131] SKAJAA A, YE Y Y. A homogeneous interior-point algorithm for nonsymmetric convex conic optimization [J]. Mathematical Programming, 2015, 150(2): 391 - 422.

[132] DATTORRO J. Convex Optimization and Euclidean Distance Geometry [M]. California: Meboo Publishing, 2005.

[133] TANG J, DONG L, ZHOU J, et al. A smoothing-type algorithm for the second-order cone complementarity problem with a new nonmonotone line search [J]. Optimization, 2015, 64(9): 1935 - 1955.

[134] HUANG S, WAN Z, CHEN X H. A new nonmonotone line search technique for unconstrained optimization [J]. Numerical Algorithms, 2015, 68(4): 671 - 689.

[135] BOYD S P, WEGBREIT B. Fast computation of optimal contact forces. IEEE Transactions on Robotics [J]. 2007, 23(6): 1117 - 1132.

[136] ZHOU J C, CHEN J S, MORDUKHOVICH B S. Variational analysis of circular cone programs [J]. Optimization, 2014, 64(1): 113 - 147.

[137] CHI X N, WAN Z P, HAO Z J. The Jacobian consistency of a one-parametric class of smoothing functions for SOCCP [J]. Abstract and Applied Analysis, 2013, Article ID 965931: 1 - 12.

[138] KO C H, CHEN J S. Optimal grasping manipulation for multifingered robots using semismooth Newton method [J]. Mathematical Problems in Engineering, 2013, Article ID 681710: 1 - 9.

[139] HU S L, HUANG Z H, WANG P. A nonmonotone smoothing Newton algorithm for solving nonlinear complementarity problems [J]. Optimization Methods and Software,

2009, 24(3): 447 - 460.

[140] AMINI K, AHOOKHOSH M, NOSRATIPOUR H. An inexact line search approach using modified nonmonotone strategy for unconstrained optimization [J]. Numerical Algorithms, 2014, 66(1): 49 - 78.

[141] LI Z J, SAM GE S Z, LIU S B. Contact-force distribution optimization and control for quadruped robots using both gradient and adaptive neural networks [J]. IEEE Transactions on Neural Networks, 2014, 25(8): 1460 - 1473.

[142] SCHMIETA S H, ALIZADEH F. Extension of primal-dual interior-point algorithms to symmetric cones [J]. Mathematical Programming, 2003, 96(3): 409 - 438.

[143] WAN Z P, WANG X J, HE J L, et al. Asymptotic approximation method and its convergence on semi-infinite programming [J]. Acta Mathematica Scientia, 2006, 26B(1): 17 - 24.

[144] HUANG C C, WANG S. A power penalty approach to a nonlinear complementarity problem [J]. Operations Research Letters, 2010, 38(1): 72 - 76.

[145] WANG G Q, BAI Y Q. A class of polynomial interior point algorithms for the Cartesian P-Matrix linear complementarity problem over symmetric cones [J]. Journal of Optimization Theory and Applications, 2012, 152(3): 739 - 772.

[146] LIU X W, YUAN Y X. A null-space primal-dual interior-point algorithm for nonlinear optimization with nice convergence properties [J]. Mathematical Programming, 2010, 125(1): 163 - 193.